U0274377

中国航天技术进展丛书

吴燕生　总主编

国家出版基金项目
NATIONAL PUBLICATION FOUNDATION

远程火箭重力场重构与补偿

吴燕生　王增寿　郑　伟
李建成　李新星　刘晓刚　　著

中国宇航出版社

·北京·

图书在版编目（CIP）数据

远程火箭重力场重构与补偿 / 吴燕生等著 . -- 北京 ：
中国宇航出版社，2019.11（2020.9重印）

ISBN 978 - 7 - 5159 - 1726 - 9

Ⅰ.①远… Ⅱ.①吴… Ⅲ.①火箭－飞行力学－重力
场性质－研究 Ⅳ.①V412.1

中国版本图书馆 CIP 数据核字（2019）第 280917 号

责任编辑 侯丽平	封面设计 宇星文化

出　版
发　行　**中国宇航出版社**

社　址　北京市阜成路 8 号　　邮　编　100830
　　　　（010）60286808　　（010）68768548
网　址　www.caphbook.com
经　销　新华书店
发行部　（010）60286888　　（010）68371900
　　　　（010）60286887　　（010）60286804（传真）
零售店　读者服务部　　（010）68371105
承　印　天津画中画印刷有限公司

版　次　2019 年 11 月第 1 版
　　　　2020 年 9 月第 2 次印刷
规　格　787 × 1092
开　本　1/16
印　张　18.25　　彩　插　8 面
字　数　444 千字
书　号　ISBN 978 - 7 - 5159 - 1726 - 9
定　价　98.00 元

本书如有印装质量问题，可与发行部联系调换

总　序

中国航天事业创建 60 年来，走出了一条具有中国特色的发展之路，实现了空间技术、空间应用和空间科学三大领域的快速发展，取得了"两弹一星"、载人航天、月球探测、北斗导航、高分辨率对地观测等辉煌成就。航天科技工业作为我国科技创新的代表，是我国综合实力特别是高科技发展实力的集中体现，在我国经济建设和社会发展中发挥着重要作用。

作为我国航天科技工业发展的主导力量，中国航天科技集团公司不仅在航天工程研制方面取得了辉煌成就，也在航天技术研究方面取得了巨大进展，对推进我国由航天大国向航天强国迈进起到了积极作用。在中国航天事业创建 60 周年之际，为了全面展示航天技术研究成果，系统梳理航天技术发展脉络，迎接新形势下在理论、技术和工程方面的严峻挑战，中国航天科技集团公司组织技术专家，编写了《中国航天技术进展丛书》。

这套丛书是完整概括中国航天技术进展、具有自主知识产权的精品书系，全面覆盖中国航天科技工业体系所涉及的主体专业，包括总体技术、推进技术、导航制导与控制技术、计算机技术、电子与通信技术、遥感技术、材料与制造技术、环境工程、测试技术、空气动力学、航天医学以及其他航天技术。丛书具有以下作用：总结航天技术成果，形成具有系统性、创新性、前瞻性的航天技术文献体系；优化航天技术架构，强化航天学科融合，促进航天学术交流；引领航天技术发展，为航天型号工程提供技术支撑。

雄关漫道真如铁，而今迈步从头越。"十三五"期间，中国航天事业迎来了更多的发展机遇。这套切合航天工程需求、覆盖关键技术领域的丛书，是中国航天人对航天技术发展脉络的总结提炼，对学科前沿发展趋势的探索思考，体现了中国航天人不忘初心、不断前行的执着追求。期望广大航天科技人员积极参与丛书编写、切实推进丛书应用，使之在中国航天事业发展中发挥应有的作用。

雷凡培

2016 年 12 月

前　言

随着远程火箭设计研究的不断发展，地球物理学在航天领域所发挥的作用愈发明显。重力场是地球重要的物理属性，对近地飞行器的运动有显著的影响。远程火箭飞行全程受到重力场作用，重力场计算精准程度直接影响火箭的飞行精度。

地球重力场对远程火箭飞行精度的影响因素主要包括发射点垂线偏差和飞行过程中的扰动重力，这两者计算越精准，越有利于提高飞行精度。同时，地球形状和内部物质密度分布不规则，造成重力场模型复杂，高精度的重力场模型带来计算量呈几何级数增长。研究适用于远程火箭的重力场重构方法，需要兼顾计算模型精度和计算效率。因此，须深度联合地球物理学与航天科技两大领域，形成面向远程火箭应用的扰动重力场快速计算及补偿方法。

本书基于飞行力学、制导控制、地球物理学、大地测量等多个学科和技术的长期研究，在扰动重力场研究方面，突破了基于有限元思想的模型重构技术，实现了模型快速高精度构建；建立了等效补偿理论与补偿模式，实现了改进飞行精度的箭上实时补偿，解决了重构理论及应用基础问题。本书的出版，将促进地球物理学在航天领域中的应用，为远程火箭的研制提供技术支撑，并可为相关领域的科技工作者提供参考。

本书编写期间，得到了国防科技大学、信息工程大学、武汉大学、西安测绘研究所、总参卫星导航定位总站和北京宇航系统工程研究所等单位相关学者的大力支持，在此表示衷心感谢。本书的出版得到了航天科技图书出版基金的大力支持，中国宇航出版社的编辑为本书的出版花费了大量精力，在此向航天科技图书出版基金评审委员会和中国宇航出版社表示诚挚的感谢。

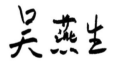

2019 年 10 月

目　录

第1章 概　论

　　远程火箭在飞行过程中始终受到地球重力场的作用和影响，随着远程火箭技术的快速发展，建立准确、有效、可用的地球重力场相关模型和方法，对于提升远程火箭效能有着重大意义。飞行过程中的扰动重力和发射点垂线偏差是影响火箭飞行精度的两大因素，获得准确的地球重力场模型是远程火箭提升精度的一项重要措施。由于地球自然表面的形状及其内部的质量分布极不规则，地球的实际重力场（后文简称为地球重力场）是很复杂的。为了便于地球重力场的研究，需要引入一个形状和质量分布规则接近于实际地球的物体所产生的重力场作为参考场，这个物体称为正常地球，它所形成的重力场称为正常重力场，扰动重力场是地球真实重力场和正常重力场之差，研究扰动重力场与研究地球重力场是等价的；而垂线偏差是地面或空间一点重力垂线方向与该点参考椭球面法线方向的夹角，是基准坐标系建立的依据之一，其误差直接导致基准坐标的偏差。远程火箭飞行过程中始终受到地球重力场的作用，而箭上的惯性器件却无法敏感到地球重力，只能由制导系统在飞行时使用地面构建的地球重力场模型进行实时补偿，显然地球重力场模型的精度决定着制导系统的补偿精度，进而影响远程火箭的飞行精度。

1.1　地球重力场研究现状

1.1.1　基础理论研究现状

　　对于地球外部重力场的认识，就是获得外部重力场的数学描述。由于地球重力场产生于地球及宇宙物质的万有引力和地球的旋转离心力，地球形状的不规则和内部质量分布的复杂性，导致地球重力场在空间变化的复杂性。目前的科学水平对于内部质量的认识尚很肤浅，而利用重力观测信息反演地球内部的物质分布及其变化恰恰是地球物理学研究的主要手段。将地球外部重力场的确定从数学上抽象成以地球外部扰动重力位满足 Laplace 方程、在地面上的边界面上具有一定边界条件的边值问题，求解这一边值问题从而得到地球外部扰动重力位的数学表示成为地球重力场研究的理论基石。这一边值问题描述为：在大地水准面或地球自然表面给定边值条件及相应的边值，确定该边界面及其外部的引力位，并满足边值条件，同时在无限空间内是调和函数。目前，人们已提出许多求解物理大地测量边值问题的方法。Moritz 把它们归纳为两类：模型逼近和算法逼近。前者是应用相应的观测信息最佳地确定模型，它相对于连续型边界函数情况；后者则是最佳地利用各种观测信息，它相对于有限离散型的边界约束。最早提出的边值理论是以大地水准面为边界面的 Stokes 理论，然后出现的是以似地球表面为边界面的 Molodensky 理论。继 Molodensky 理论之后出现的 Bjerhammar 边值问题和 Hotine 边值问题，也是重力场逼近最常用的方法。随着科学技术的发展，以最小二乘配置理论为代表的配置解及球谐函数解成为当前领域研究的一个热点。

1.1.1.1 Stokes 理论

Stokes 是英国著名的数学家，他发展和完善了 Newton 和 Clairaut 关于地球形状的理论，并于 1849 年建立了著名的 Stokes 定理及其逆定理，由此导出了 Stokes 公式，首次将地球形状和它表面的重力值联系起来。由于 Stokes 定理所研究的边界面是大地水准面，并假定其外部没有质量存在，因此 Stokes 问题的解算需要通过归算方法将大地水准面外部地形质量调整到其下某一深度，同时要已知地形密度，但至今没有明确严格的处理方法来实现这一理论要求，也难于精确估计间接影响。尽管如此，在经典大地测量边值问题的精度允许范围内，Stokes 方法具有的简单数学形式和物理意义，仍具有较强的理论研究价值和实用价值。

1.1.1.2 Molodensky 理论

大地测量边值问题的一个重大发展是 1945 年提出的 Molodensky 边值问题。在这个问题的论述中，摒弃了 Stokes 方法中的大地水准面，代之以地球自然表面，从而克服了 Stokes 方法中需要假设地壳密度的困难，直接用不加归算的地面重力观测值同时确定地球表面形状及其外部位，这与经典大地测量的实践一致，其重大意义在于提出了一种几乎没有任何人为假设的研究地球形状和重力场的严格方法。

Molodensky 问题存在两大数学难点：第一个难点本身是一个高度非线性的自由边界问题，它的解是在调和函数空间求解一个非线性超反函数问题以确定未知的边界面和外部的引力位函数；第二个难点是边值函数非正则性和 Molodensky 级数的高次项连续使用微分算子产生的粗糙化问题。这两个难点起因于问题定义的本身和研究对象所固有的客观物理属性（地球自然表面和场源物质分布的粗糙化），因此在理论上给问题的适定性证明带来了困难，在方法上使解算过程变得异常复杂，也难于用现有的数学物理方法进行处理。尽管如此，Molodensky 问题在近几十年来理论大地测量学中起了根本性的作用。针对上述两大难点，自 20 世纪 70 年代以来，众多数学家和大地测量学家投身于揭示和研究 Molodensky 问题的数学结构和本质，取得了若干重要进展，主要涉及以下几个方面：Molodensky 问题线性化的精确数学表示；Molodensky 问题解的适定性；Molodensky 原（矢量）问题的新解法；Molodensky 问题的纯量固定与自由边值问题。

经典 Molodensky 问题的解法包括著名的 Molodensky 级数解、Brovar 解等解法，其后提出的最有意义的解法是 Sanso 于 1977 年推导的重力空间法。重力空间法不仅实现了该问题的线性化，同时完成了非线性问题的严密数学解法，证明了问题的适定性，它的理论价值在于利用一种独特的方法将自由边值问题简单而又严密地转变为固定边值问题，大大简化了由于自由边界所产生的数学上的复杂性。相比于 Hoormander 及处理高难度的反函数问题的繁杂数学过程，Sanso 的方法为研究 Molodensky 问题的数学性质提供了一种简单有效的途径。

1.1.1.3 Bjerhammar 边值问题

为了克服 Molodensky 问题不光滑自由边界面带来的困难，将自由边值问题转换为固定边值问题。Bjerhammar 提出的"虚拟球法"，即 Bjerhammar 理论，开辟了另外一条通向成功之路。Bjerhammar 方法最初的思想来自 Molodensky 1949 年曾考虑采用的向下解析延拓方法，但 Bjerhammar 做出了独特的发展，用一个地球内的虚拟球代替海水面（大地水准面），但不是"球近似"，而是地面边值到球面的严格转换，从而将自然边界面严格转换成固定球面。1984 年，许厚泽和朱灼文又将这一理论发展为虚拟单层密度法，得到了与 Bjerhammar 方法等价的但数学结构更简单的结果。之后，Bjerhammar（1987）进一步将他的理论发展，给出在一个虚拟球上，以几个有限重力异常"脉冲"求解外部重力场的确定性离散方法，并导出简洁易算的封闭公式，后又出现了与此类似、计算简单而实用的点质量法和 Meissel 提出的多极子模型。Bjerhammar 方法是 Molodensky 理论的新发展，是将解析延拓理论用于求解 Molodensky 边值问题的方法之一，与 Moritz 的解析延拓方法在理论上是等价的。这一方法明显的优点是：避开了 Molodensky 边值问题涉及的复杂的地形表面以及斜导数问题；由于 Bjerhammar 球完全埋置在地球内部，导出的关于虚拟场元的积分方程不存在奇异性，且可以化为普通线性方程求解，在球面上应用广义 Stokes 公式也显得简单而严格。

1.1.1.4 Hotine 边值问题

继 Molodensky 问题之后出现的 Hotine 边值问题，也是重力场逼近的主要方法之一。假定地面扰动重力已可精确求得，Hotine 积分的应用逐渐受到重视。Hotine 边值问题是以大地水准面为边界面的第二外部边值问题，即已知扰动位在边界面上的径向导数，然后求扰动位。Hotine 边值问题采用的数据是扰动重力。有很多学者认为，Hotine 公式在一定程度上优于 Stokes 公式，但是由于计算扰动重力要求知道重力测点在参考椭球上的高度，而陆地上的重力点都是以正常高（或者正高）作为高程基准，不易计算扰动重力。但是，Hotine 边值问题仍然有其重要的理论意义。随着空间技术的发展，特别是 GPS 技术和卫星测高技术的快速发展，Hotine 边值问题得到发挥的空间。

1.1.1.5 虚拟压缩恢复法

综上所述，无论是 Stokes 方法、Molodensky 方法、Bjerhammar 方法，还是 Hotine 积分，均没有在理论上给出问题的严密算式。2004 年，申文斌提出了一种新的方法——虚拟压缩恢复法。虚拟压缩恢复法借鉴了 Bjerhammar 虚拟球的概念，但与 Bjerhammar 方法的重要区别在于：Bjerhammar 先设想了一个虚拟分布，然后通过解积分方程求解这种分布，但不能得到该方程的严密解析解，必须采用一种比较复杂的迭代过程求得虚拟分布的逼近解，而迭代过程的收敛性至今未得到证明；而申文斌方法则无须事先假定虚拟分布，通过采用压缩恢复（或压缩释放）的思想直接求解外部场，给出了严密的、一致收敛的级数解。其数学本质是：Bjerhammar 方法是将地球表面的调和边值场量，通过 Poisson 积分逆算子向下延拓到虚拟球面，其困难在于该逆算子不存在解析形式，且由于迭代过程涉及的积分核函数有放大误差效应，致下延解失稳；而申文斌方法完全舍去了这一环节，直接采用单位下延算子取代位置的 Poisson 积分逆算子，再通过利用完全适定的 Poisson 积分上延算子的迭代过程，确定球面上的虚拟分布，并在理论上严格证明了迭代过程构成的级数展开是一致收敛的，从而克服了 Bjerhammar 原方法本身存在的理论和实用上的缺陷，是该方法的一个重大发展。

1.1.2　地球重力场表征研究现状

近年来随着卫星重力探测技术的不断发展，拥有了多源卫星重力相关信息（包括低轨卫星摄动轨道、卫星测高，以及高-低卫星跟踪、低-低卫星跟踪和卫星重力梯度数据等），为大地测量边值问题的研究注入了新的活力，提出并解决了众多理论上和实用上都具有重要意义的新边值问题。已经进行广泛深入研究的有测高-重力混合边值问题、超定边值问题、卫星重力梯度边值问题等，这些边值问题的研究已经超越经典的 Molodensky 问题的理论框架。

对于上述新边值问题，一般研究的基本思路是：首先根据实际问题建立物理模型，然后对物理模型进行数学表达，利用数学表达进行适定性、线性化和求解等实用化研究。对于测高-重力混合边值问题，目前仅在线性化方面取得了进展，包括 Dirichlet 斜导数混合边值问题和 Neumann 斜导数混合边值问题，其解和适定性至今难以完全解决。超定边值问题是在一个边值问题中给出了多于确定一个适定解所要求的边值条件，即含有多余边值条件，由于同一边界面上给出了多种类型含有观测误差的边值，必然产生解的不相容性，类似于矛盾方程，理论上不存在解，需要设计一种正则化准则寻求某种意义上的最优估计解，相当于边值问题在函数空间的平差问题。面对卫星重力技术的发展，重力场观测数据的类型区域多样化，超定边值问题将为最佳综合利用对重力场频谱有不同贡献的多种观测数据确定一个全波段的重力场提供一种非常有潜力的研究方向。人们开始注意寻求能容纳多种类型边值数据的解析算法，或介于解析法与统计法之间的方法。

在此期间，出现了两种重力场逼近的新理论和新方法。其一是 Krarup 和 Moritz 等创建发展的最小二乘配置法，首次把统计理论和分析方法引入到物理大地测量学，用类似经典最小二乘平差的统计模型逼近估计重力场参数；其二是 Wenzel 于 1982 年提出的"最小二乘谱组合法"，其实质是处理超定边值问题的一种"最小二乘平差法"，它是解析法和统计法的一种综合型方法。

最小二乘配置法的基本观点是：把扰动重力场视为一随机信号场，并假定是一平稳随机过程，即该随机场是均匀和各向同性的，协方差函数是两点间距离的单值函数，与点位无关。实际的地球重力场存在某些区域和局部趋势性，通过重力归算方法，例如地形均衡归算，可以排除这种趋势性，得到一种到处都呈随机性的重力异常场。地球重力场只有一个，但可以把它想象为无数虚拟"样本地球重力场"中的一个，对于一个确定的重力异常全球分布的样本函数，其是这个随机过程的一个实现，这个函数的采样值可用于分析过程的统计特征，即均值、方差、自协方差、不同异常场参数的互协方差、功率谱等，据此对场信号或参数做统计估计和预测，即完全根据同类信号（参数）和非同类信号（参数）之间的统计相依关系，利用采样值（观测值）去推估预测非采样点的同类或非同类信号。

最小二乘谱组合法从扰动位的球谐展开式出发，将其按阶做谱分解，表达为谱分量的无穷和。通过地面重力异常、大地水准面高和垂线偏差等观测数据及其各自用谱展开式表达的误差-协方差函数，根据每类观测与扰动位的泛函关系，得到用扰动位球谐展开系数表达的谱展开式，利用球函数的正交性得到位系数的积分解及扰动位各阶"观测"谱分量。同时由协方差传播定律和观测量误差-协方差函数，确定各阶谱分量的谱权函数，最后按最小二乘准则，形成各阶所有各类"观测"谱分量组合的误差-协方差函数矩阵，得到谱分量组合最小二乘解及用误差-协方差函数表示的精度估计。这一方法在计算中避免了大规模协方差矩阵的求逆，其中涉及的误差-协方差矩阵的阶数为应用的重力数据的类型数。按目前可获得的重力数据模型，协方差矩阵最大阶数大致不会超过 6 阶，其中包括一类卫星重力扰动位模型，这一点比最小二乘配置法更具实用意义。该方法另一个值得注意的特点是：它既可用于全球重力场的确定，也可用于局部重力场的确定；同时不同类型的数据并不要求覆盖同一地区，它是在谱域内求解，不是在空域内求解，因此这一方法也可用于处理陆海大地水准面的拼接问题。

值得一提的是，这里讨论的大地测量边值问题都是基于重力场地面静态观测量，不涉及时间变量。而由卫星观测数据解算地球重力场模型参数的理论和方法，一般超出静态大地测量边值问题的研究范畴，属于轨道动力学领域，其理论基础是牛顿力学第二定律，即描述物体受力做加速运动的动力学方程，基础方程是关于卫星运动状态（空间位置和速度）的一阶常微分方程，即描述卫星做轨道运动的动力学方程；观测量是单一卫星在地球重力和其他非保守力作用下的运动状态，或双星之间距离及其变率，是一个观测量的时间序列，其观测方程是关于卫星初始状态参数及力模型参数的非线性方程，并利用卫星动力方程做线性化处理，其中涉及解二阶常微分方程的初值问题，最后应用最小二乘法处理线性观测方程，解算待求参数的统计最优估计，同时完成卫星的定轨和力模型参数的求解，对有星载加速度计的新一代重力卫星，非保守力可精确测定，则求解的力模型参数即重力模型的位系数。以上基于卫星轨道动力学确定地球重力场的理论和方法，虽然不同于基于大地测量边值问题的理论和方法，但其间存在内在联系和本质上的一致性。卫星运动的动力方程和观测方程中以球谐函数级数展开式表示的地球重力位模型，就是大地测量边值问题中满足 Laplace 方程的通解，其最大差别是各自边值条件的性质和形式不同。卫星动力法的"边界"是卫星运动轨道，边值条件是时域中卫星在地球重力作用下运动的状态微分方程和观测方程；大地测量边值问题的边值条件是空域中关于重力位的微分方程，又可视为观测方程。前者是动态边值条件，后者是静态边值条件，但边值条件算子都是微分算子，解算方法都包含积分法和最小二乘法。以上所述是利用卫星观测数据确定地球重力场的"动力法"，还有"能量法"和"加速度法"等方法，都是相对于时域中给出不同"边值条件"形成的方法。基于上述对两大类不同质数据确定地球重力场的内在联系，可以认为利用卫星观测数据确定地球重力场是大地测量边值问题由静态发展到动态，是物理大地测量学与卫星轨道动力学交叉发展的体现，两者互为支持、联系紧密。

1.1.3　地球重力场模型构建研究现状

地球重力场模型，即地球全球引力位模型，是一个逼近地球质体外部引力位在无穷远处收敛到零值的（正则）调和函数，通常展开成一个在理论上收敛的整阶次球谐或椭球谐函数的无穷级数，这个级数展开系数的集合定义一个相应的地球重力场模型。

地球引力位函数是表征地球重力场的基本函数，一切重力场参数都是该函数的泛函：定义地球几何形状的大地水准面是这个函数的一个特定等值曲面；这个纯量函数的梯度场与地球自转产生的离心力场合成地球外空间重力矢量场；其二阶导数形成描述重力梯度结构的二阶引力张量。引入适当的参考位（正常位）函数，可定义地球引力场的扰动位函数，对大地水准面上的扰动位函数施以简单的线性算子运算可导出重力异常、大地水准面起伏和垂线偏差等有重要应用的重力场参数（函数）。由于一切所需要的重力场参数都可以从给定的地球重力场模型导出，使地球重力场模型在重力场研究和应用中具有很高的理论和应用价值。

建立重力场模型的经典方法是对全球重力观测数据（地面重力观测或由卫星海洋测高数据推算）进行调和分析。由于重力值的观测误差以及不满足理论上连续分布要求决定了任何重力场模型都只能是以一定的精度和分辨率对真实地球引力位的逼近。根据数据采样定理，分辨率取决于全球重力场空间采样率的 Nyquist 频率 $N = \dfrac{\pi}{\Delta\lambda}$（半波），其中 $\Delta\lambda$ 为采样间隔，理论上高于该频率的重力场频谱成分不可能分辨，N 为级数展开模型的截断阶，即模型的最高阶，或简称模型的阶。模型的精度主要取决于模型输入数据的精度，现代重力测量精度一般可达到 $\pm(10 \sim 20)\,\mu\mathrm{Gal}$，但输入数据通常取等间隔格网的平均值，其精度取决于观测点的密度和分布，目前全球 $1° \times 1°$ 格网平均重力值约有 70% 精度优于 $\pm 5\ \mathrm{mGal}$；此外还取决于地面观测值归算到大地水准面（Stokes 理论要求）或其他选定的边界面（如参考椭球面）时由于归算模型参数不准产生的精度损失；还有构建模型所做的某些理论假设与客观实际不符所产生的影响，例如将边界面做球近似假设，假设大地水准面外无质量等。目前全球重力场模型的精度大致为分米级水平，正在向厘米级精度的目标努力，这不仅需要获取新的重力数据源，还需要模型构建理论的精化和发展。

由于全球重力场测量数据的分布非常有限，一度阻碍了重力场模型的发展。1937 年，Dubovskii 首次推求了展开到 6 阶的两个重力场模型，一个模型假定未测量区域的重力异常等于零，另外一个假定 Pratt 均衡异常等于零；1941 年至 1943 年间，Jeffreys 利用 10° 格网的空间重力异常基于最小二乘平差计算了 4 阶位系数；1952 年，Zhongolovich 利用全球近 26 000 个地面重力异常导出了一个 8 阶的重力位模型；1962 年，Uotila 分析了 $1° \times 1°$ 分辨率的重力异常，利用最小二乘平差确定了 4 阶的重力位系数；Rapp（1969）基于 5° 分辨率的重力异常恢复位系数到 8 阶，其中 55% 的数据来源于地面重力的估值。这些是早期单纯利用地面重力数据确定的重力位模型。

随着 1957 年苏联第一颗人造卫星 Sputnik 的成功发射，美国开始大力发展卫星技术。与此同时，卫星观测资料用于建立全球重力场模型的理论和技术迅速取得进展，国际各个研究机构相继研制和公布多个重力位模型。在早期（20 世纪 60 年代）主要包括：史密松天体物理台（SAO）的 SE 系列，其中 SEⅠ、SEⅡ和 SEⅢ分别完全到 8、16 和 18 阶；约翰霍普金斯大学的应用物理实验室（APL）的 APL 系列，此系列首次引入了多普勒数据，最高展开到 8 阶；海军武器实验室（NWL）公布了 NWL 系列，最好的是 NWL - 8D，展开到 12 阶。随着重力位模型球谐展开理论的不断发展，更多的关注转向于联合处理不同类型新的重力观测数据，在此时期（20 世纪 70 年代），戈达德航天飞行中心（GSFC）公布了 GEM 系列，从 GEM - 1 到 GEM - 10，联合使用了地面重力数据和卫星跟踪数据，最高阶数在某些项达到了 30；欧洲主要研制了 GRIM - 1 和 GRIM - 2 模型；世界大地参考系统 WGS - 72 使用的模型是联合 NWL - 10E 模型的多普勒跟踪数据、卫星跟踪数据、地面数据以及天文大地测量数据确定的 19 阶重力位模型。

自 20 世纪 80 年代起，由于地球重力场理论研究逐渐深入，数学模型日渐精确，观测数据不断丰富，精度大幅提高，尤其随着多种测高卫星和激光卫星的成功发射，地球重力位模型的研制工作异常活跃。GEM 系列持续推出 GEM - L2 和 GEM - T1 模型，分别展开到 20 阶和 36 阶；GRIM 系列公布了 36 阶的 GRIM - 3 模型，使用了包括光学、激光和多普勒跟踪、地面和卫星测高推求的 $1° × 1°$ 重力异常的多种数据源；得克萨斯大学的空间研究中心（CSR）公布了 TEG 系列，包括 TEG - 1S 和 TEG - 1（50 阶）。自 1978 年 Rapp 公布第一个 180 阶重力位模型以来，利用不同的技术和改进的地面与卫星测高数据推求的重力异常，推出了一系列高阶重力场模型。俄亥俄州立大学（OSU）计算了 OSU 系列模型，从 OSU81 的 180 阶到 OSU86C/D 的 250 阶，1986 年公布的 OSU86E/F 达到了 360 阶，使用了全球分布的 $30' × 30'$ 重力异常数据，1990 年 Rapp 和 Pavlis 又推出了 360 阶 OSU89A/B；德国汉诺威大学的 Wenzel 计算了 200 阶的 GPM - 2 模型；德国大地测量研究所（DGFI）的 Grub 和 Bosch 提出了 360 阶的 DGFI92A；德国地学研究中心（GFZ）公布了 GFZ 系列，包括展开到 360 阶的 GFZ93a 和 GFZ93b，之后通过改进的地面数据、联合卫星测高数据和海面地形模型确定的大地水准面高数据重新计算了 GFZ95A（360 阶）；美国海军研制的 180 阶 WGS - 84 模型用于建立 GPS 坐标系；在 20 世纪，重力场模型研究的一个顶峰是 EGM96 模型的公布，EGM96 模型不仅在计算方法上具有很高的严密性，更重要的是它收集了当时所有能获取的重力资料，使得 EGM96 模型达到了前所未有的精度水平，在相当长时间内成为国际上采用的标准模型。在此期间，国内的学者和相关单位密切关注跟踪国际进展，结合国内需求，独立开展研制了适用于中国的重力场模型，从最早 DQM 系列到后来 WDM 系列，模型的精度和阶数不断提高。

进入 21 世纪，随着重力卫星 CHAMP、GRACE 和 GOCE 的成功发射，重力场模型的研究发展到一个新的高度。星载 GPS 连续精密测轨、加速度计非保守力测定、K 波段星间测距和星载重力梯度测量等多项新技术成功应用，确保了重力卫星探测地球重力场设计目标的实现。这些卫星计划所获取的重力场信息，不仅大大提高了位模型的恢复精度，更为重要的贡献是首次实现了高时空分辨率、高精度时变重力场监测。GRACE 卫星所提供的以月为单位的重力位模型为当今全球气候变化的研究提供了全新的信息，发挥了重要作用。国内外掀起了卫星重力研究的热潮，多个机构公布了一系列卫星重力场模型。由于新一代重力卫星具有近极地圆形轨道以及自主空基数据采集的特点，克服了地面站对卫星的被动式激光跟踪的局限性，大大提高了卫星重力数据全球空间尺度的高密度覆盖，使极地数据空白半径缩小到 1°左右。联合多代多源测高卫星观测数据和不断增加的地面、海洋船载、航空重力观测数据，高阶和超高阶重力位模型将迅速进入更新换代期。

1.1.4　垂线偏差确定研究现状

垂线偏差是地面或空间一点重力垂线方向与该点参考椭球面法线方向的夹角。垂线偏差反映了地球内部物质分布与标准模型的差异，是地球物理学家认识地球内部结构的途径。反过来，正因为地球物质分布与垂线偏差的紧密关系，使得有可能在一定的条件下用新的手段研究垂线偏差。作为地球物理和大地测量领域的研究对象，垂线偏差具有重要的科学和工程意义。绝大部分的测量设备需要确定自身的"姿态"，所谓的整平工作由水准气泡或者类似的装置完成，这就意味着测量设备以局部重力垂线作为参考线之一，因此在观测量的归算中必须利用到垂线偏差。

目前垂线偏差的确定方法主要有两类。一是传统方法，主要采用天文大地测量的方法进行观测。即在同一点上进行天文观测，获取该点的自然坐标或者天文坐标，然后通过大地测量手段获得该点的大地坐标，经过简单的理论公式转换获得垂线偏差。直接观测法能给出优于 1″精度的点值垂线偏差，但是传统的观测方法需要结合天文和大地两种测量手段，非常耗时，每个测站上的天文观测需要 3～5 h 才能完成，远不能满足远程武器发射的时效性要求。针对传统测量手段的局限性，国内外都进行了大量的技术攻关。德国和瑞士正在发展一种新型的垂线偏差观测方法，它主要利用 CCD 传感器取代传统的观测方法，可以实现恒星的自动观测。同时，它配备有 GPS 接收机，可确定测站的大地坐标和观测时间。在这些现代观测技术的支持下，这种新型垂线偏差观测设备可以实现几乎自动化的垂线偏差测量，其中，恒星的跟踪处理可以完全做到自动化，精度上也高于传统水平。

另一类方法是在重力场边值理论框架下，通过重力数据、地形数据以及卫星重力数据等多元数据，采用边值理论建立垂线偏差模型。当对地球重力场的谱结构进行划分时，可以分为长波、中波、短波和甚短波等多个波段。高精度垂线偏差确定的关键是精密计算由地形产生的短波和甚短波分量。Jekeli 在 1999 年对高阶重力场模型计算的垂线偏差和天文测量结果进行比较后也指出，EGM96 重力场模型计算的垂线偏差存在 200 阶以后信号微弱的情况，也可以理解为垂线偏差的高频部分，必须由地形数据提供。重力场模型的谱结构分析也是一种重要的技术途径。

综上所述，为了满足远程火箭发射的时效性和精度要求，目前只有采用模型法可行。通过对现有边值理论问题的梳理，第 6 章提出了确定垂线偏差的两种技术路线：一是基于

Stokes - Helmert 理论，精密考虑地形影响后解算重力垂线偏差模型；一是在 Molodensky 理论框架下，考虑 G_1 项在不同地形区域的贡献，同样顾及地形精细影响后，采用解析延拓的方法获得地面重力垂线偏差。

1.2 远程火箭与地球重力场

在远程火箭的早期，惯性元器件的误差占主要地位，地球扰动重力场误差占次要地位。在这一时期，可以简单地将地球看作旋转椭球，根据理论公式考虑有限的几个带谐项即可对地球外部扰动重力场进行模型化。

目前，随着惯性测量系统硬件水平的提高，可有效修正部分制导工具误差，使得其对飞行精度的影响逐渐降低，而地球扰动重力场逐渐成为影响远程火箭飞行精度的主要因素，且飞行高度越低、飞行时间越长，地球扰动重力因素对远程火箭飞行弹道影响越明显。同时，通过研究地球扰动重力场对远程火箭运动特性的补偿技术来提高飞行精度也远比一味追求高精度惯性测量系统硬件要更易实现、成本也更低。

为了实现远程火箭的快速使用和高精度飞行能力，扰动重力场影响的快速精确补偿方法已成为亟待解决的关键问题。扰动重力场影响机理又是快速精确补偿的前提和基础，对有效提高飞行精度具有重要的意义。

1.3 各章节内容及全书结构

本书内容共 7 章，主要内容如下。

第 1 章为概论，介绍地球重力场理论的发展以及地球重力场对远程火箭运动的影响；第 2 章介绍地球外部重力场及其表征，介绍了面向远程火箭应用的地球外部重力场表征理论体系的概念和理论架构；第 3 章介绍格网平均重力异常构建，从不同维度给出重力异常模型的构建方法；第 4 章介绍地球重力场建模与赋值方法，发展了点质量模型、球冠谐模型及非奇异严密直接赋值模型；第 5 章介绍地球扰动重力场快速重构，为在远程火箭领域的实际应用提供了理论保障；第 6 章介绍垂线偏差确定，内容相对独立。第 2 章至第 6 章形成了面向远程火箭应用的重力场理论基础。第 7 章介绍远程火箭重力场补偿，建立了扰动重力场等效补偿理论与补偿模式，形成地球重力场影响的地面和箭上补偿方法，最终将本书对重力场方面的研究推广至远程火箭的应用。全书形成从表征理论，到建立模型，再到补偿应用的整体理论和应用架构。全书各章节内容与结构逻辑如图 1-1 所示。

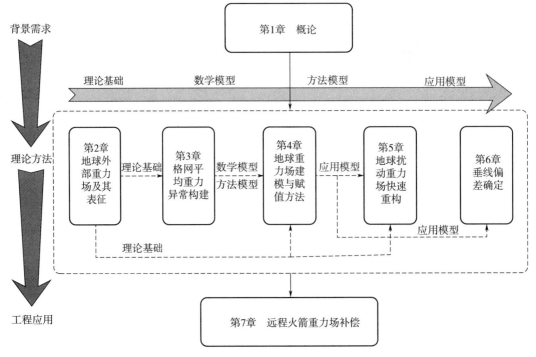

图 1-1 全书各章节内容与结构逻辑

第 2 章 地球外部重力场及其表征

地球重力场通常分为正常重力场和扰动重力场两部分。正常重力场一般采用布隆斯扁球正常重力位，即只考虑地球重力场的 J_2 项。实际上，由于地球质量分布的复杂性，导致了地球重力场的复杂性，使它不同于正常重力场。实际重力场与正常重力场的差称为地球扰动重力场；实际重力加速度与正常重力加速度之差称为扰动重力加速度，简称扰动重力。本章介绍了地球外部重力场及其表征理论，建立了面向远程火箭应用的地球外部重力场表征理论体系的概念和理论架构。

2.1 重力场基本概念

2.1.1 位理论基础

（1）质点引力及引力位

根据牛顿万有引力定律，宏观尺度上相距为 l 的两个质点之间存在相互吸引力 $\boldsymbol{F}$，并满足如下关系

$$\boldsymbol{F} = -G\,\frac{m_1 m_2}{l^2} l \tag{2-1}$$

式中 G ——万有引力常数；

       m_1，m_2 ——分别为两个质点的质量。

质点 m_1 的坐标为 $(x'，y'，z')$，质点 m_2 的坐标为 $(x，y，z)$。如果假定其中一个质点的质量为单位质量，不妨设 $m_2 = 1$，并假设 $m_1 = m$，则式（2-1）可以简化为

$$\boldsymbol{F} = -G\,\frac{m}{l^2} l \tag{2-2}$$

其中

$$l = \sqrt{(x - x')^2 + (y - y')^2 + (z - z')^2}$$

把引力写为分量形式，在三个坐标轴上的投影可以表达如下

$$
\begin{aligned}
F_x &= F\cos(\boldsymbol{F}，x) = F\,\frac{x - x'}{l} \\
F_y &= F\cos(\boldsymbol{F}，y) = F\,\frac{y - y'}{l} \\
F_z &= F\cos(\boldsymbol{F}，z) = F\,\frac{z - z'}{l}
\end{aligned}
\tag{2-3}
$$

式（2-3）给出的是质点引力的分量形式。对于引力，存在一个所谓的位函数 V，并满足该函数的梯度等于引力，该函数被称为引力位函数，本书简称为位函数或引力位。对

于上述的质点引力位，可表示如下

$$V = G\,\frac{m}{l} \qquad\qquad (2-4)$$

（2）质体位及其基本性质

根据质点引力位函数的表达式以及位具有的累加特性，可以导出任意质体的外部引力位。假定任一总质量为 M 的质体（质心记为 O ）在其外部空间产生引力场，外部空间任意一点 P 处的引力位如图 2-1 所示。

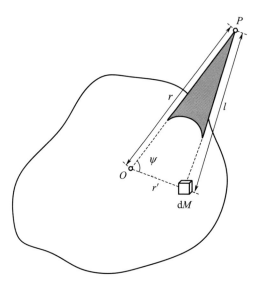

图 2-1　任意质体的外部空间引力场

显然 P 点处的引力位为

$$V = G\int_M \frac{\mathrm{d}M}{l} = G\int_v \frac{\rho\,\mathrm{d}v}{l} \qquad\qquad (2-5)$$

式中　G——万有引力常数；

　　　ρ——质体密度；

　　　$\mathrm{d}M$，$\mathrm{d}v$——分别为质体的质量元和体积元。

注意到对积分流动点和外部点 P 之间的距离满足下式

$$\frac{\partial^2 l}{\partial x^2} = \frac{l^2 - (x-x')^2}{l^3}$$

$$\frac{\partial^2 l}{\partial y^2} = \frac{l^2 - (y-y')^2}{l^3} \qquad\qquad (2-6)$$

$$\frac{\partial^2 l}{\partial z^2} = \frac{l^2 - (z-z')^2}{l^3}$$

因 $l^2 = (x-x')^2 + (y-y')^2 + (z-z')^2$，可得位函数满足的 Laplace 方程

$$\Delta V \equiv \frac{\partial^2 V}{\partial x^2} + \frac{\partial^2 V}{\partial y^2} + \frac{\partial^2 V}{\partial z^2} = 0 \qquad\qquad (2-7)$$

（3）格林函数

格林函数在位理论的边界问题中有广泛的应用。在具体介绍格林函数方法时，首先回顾高斯积分定理。假定 F、G 和 H 是单值、有限的连续函数，并且它们的一阶导数在某个区域有限，则下列积分成立

$$\int_{\tau}\left(\frac{\partial F}{\partial x}+\frac{\partial G}{\partial y}+\frac{\partial H}{\partial z}\right)\mathrm{d}\tau=\iint_{\Sigma}(\alpha F+\beta G+\gamma H)\,\mathrm{d}\sigma \qquad (2-8)$$

式中 α，β，γ ——区域 τ 外表面 Σ 上微分曲面外法线方向余弦。

如果把函数 F、G 和 H 看作矢量函数 $\boldsymbol{A}$ 的分量，且记外法线方向为 $\boldsymbol{n}$，则高斯积分定理可以表达为

$$\int_{\tau}\nabla\cdot\boldsymbol{A}\,\mathrm{d}\tau=\iint_{\Sigma}\boldsymbol{n}\cdot\boldsymbol{A}\,\mathrm{d}\sigma \qquad (2-9)$$

假定函数 U 和 V 及其一阶导数在区域 τ 及其表面上是连续的，对上式做一个替换 $\boldsymbol{A}=V\nabla U$，则

$$\int_{\tau}(V\Delta U+\nabla U\cdot\nabla V)\,\mathrm{d}\tau=\iint_{\Sigma}\boldsymbol{n}\cdot\nabla UV\mathrm{d}\sigma \qquad (2-10)$$

因

$$\boldsymbol{n}\cdot\nabla U=\alpha\frac{\partial U}{\partial x}+\beta\frac{\partial U}{\partial y}+\gamma\frac{\partial U}{\partial z}=\frac{\partial U}{\partial n} \qquad (2-11)$$

可得

$$\int_{\tau}(V\Delta U+\nabla U\cdot\nabla V)\,\mathrm{d}\tau=\iint_{\Sigma}V\frac{\partial U}{\partial n}\mathrm{d}\sigma \qquad (2-12)$$

交换上式中的 U 和 V，并相减有

$$\int_{\tau}(V\Delta U-U\Delta V)\,\mathrm{d}\tau=\iint_{\Sigma}\left(V\frac{\partial U}{\partial n}-U\frac{\partial V}{\partial n}\right)\mathrm{d}\sigma \qquad (2-13)$$

假定 U 为调和函数，$V=1/r$，其中 r 为计算点到积分区域 τ 内某一点的距离，下面直接给出格林积分公式

$$\iint_{\Sigma}\left(\frac{1}{r}\frac{\partial U}{\partial n}-U\frac{\partial\frac{1}{r}}{\partial n}\right)\mathrm{d}\sigma=\begin{cases}0 & P\text{ 在区域 }\tau\text{ 之内}\\-2\pi U & P\text{ 在区域 }\tau\text{ 之上}\\-4\pi U & P\text{ 在区域 }\tau\text{ 之外}\end{cases} \qquad (2-14)$$

上式对于位理论边值问题研究非常重要，它表明，如果质体的外表面形状已知，表面的法向导数和位已知，则外部的引力位可以通过其边界值推算。

2.1.2 正常重力场

具体到地球外部重力场，则 P 处重力位 W 为

$$W=V+\Phi=G\int_{v}\frac{\rho\,\mathrm{d}v}{l}+\Phi \qquad (2-15)$$

式中 Φ —— P 处的离心力位（与地球自转角速度 ω 和 P 到地球自转轴的距离有关）。

可见，要精确确定地球外部重力位 W，须先确定地球表面形状（即 v 形成的形状）

和地球内部密度分布（即 ρ）。但地球内部密度分布极其复杂，目前尚无法准确知晓，而地球外部形状又是大地测量学的研究目标之一。因此无法通过式（2-15）确定地球外部重力位，只能首先引入一个近似的地球重力位，即正常重力位。

在进一步阐述正常椭球及正常重力场之前有必要先介绍椭球坐标系。旋转椭球方程为

$$\frac{x^2+y^2}{a^2}+\frac{z^2}{b^2}=1(a>b) \tag{2-16}$$

以该椭球作为参考面建立椭球坐标系，椭球坐标系具有和参考椭球相同的坐标原点、x，y，z 坐标轴以及焦点 F_1 和 F_2，可用椭球坐标 $(u，\vartheta，\lambda)$ 来描述参考椭球外部 P 点的位置，其中 u 为过 P 点的椭球的短半轴，ϑ 和 λ 分别为 P 点的归化余纬和经度，如图 2-2 所示。

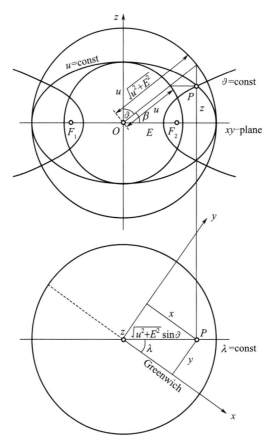

图 2-2　椭球坐标系下相关量

则 P 点的椭球坐标 $(u，\vartheta，\lambda)$ 与其三维直角坐标 $(x，y，z)$ 之间存在下述关系

$$\begin{cases} x=\sqrt{u^2+E^2}\sin\vartheta\cos\lambda \\ y=\sqrt{u^2+E^2}\sin\vartheta\sin\lambda \\ z=u\cos\vartheta \end{cases} \tag{2-17}$$

式中　E ——正常椭球的焦距（也是过 P 点椭球的焦距），即 $E=\sqrt{a^2-b^2}$ 。

为与地球较好符合，一般取大地水准面上的重力位 W_0 为正常椭球在其表面 S_0 上产生的重力位 U_0，即

$$W_0 = U_0 \qquad (2-18)$$

再结合正常椭球体在其外部产生的引力位 V 是调和、正则的性质，可列出如下边值问题的方程

$$\begin{cases} V\,|_{S_0} = U_0 - \varPhi_0 = U_0 - \dfrac{1}{2}\omega^2 a^2 \sin^2\vartheta \\ \Delta V = 0 \\ \lim\limits_{u \to \infty} V = 0 \end{cases} \qquad (2-19)$$

上述边值问题即为正常椭球体外部引力位的第一类边值问题，略去推导过程，直接用椭球谐函数的形式给出其解（正常椭球外部引力位 V）

$$V = \sum_{n=0}^{\infty} \sum_{m=0}^{n} \frac{Q_{nm}\left(\mathrm{i}\dfrac{u}{E}\right)}{Q_{nm}\left(\mathrm{i}\dfrac{b}{E}\right)} (A_{nm}\cos m\lambda + B_{nm}\sin m\lambda)\,P_{nm}(\sin\beta) \qquad (2-20)$$

式中　$Q_{nm}(x)$ ——第二类 Legendre 函数；

$\beta = \dfrac{\pi}{2} - \vartheta$ ——椭球坐标系中的归化纬度；

A_{nm}，B_{nm} ——待定系数。

由于该椭球为旋转对称，故引力位应与 λ 无关，即 $m \equiv 0$。因此正常椭球体外部的重力位可简化为

$$U = V + \varPhi = \sum_{n=0}^{\infty} \frac{Q_n\left(\mathrm{i}\dfrac{u}{E}\right)}{Q_n\left(\mathrm{i}\dfrac{b}{E}\right)} A_n P_n(\sin\beta) + \frac{1}{2}\omega^2 (u^2 + E^2)\cos^2\beta \qquad (2-21)$$

P 至 $\mathrm{d}M$ 的距离倒数 $1/l$ 可展开为级数形式

$$\frac{1}{l} = (r^2 + r'^2 - 2rr'\cos\psi)^{-1/2} = \frac{1}{r}\left[1 + \left(\frac{r'^2}{r^2} - 2\frac{r'}{r}\cos\psi\right)\right]^{-1/2} = \sum_{n=0}^{\infty} \frac{r'^n}{r^{n+1}} P_n(\cos\psi) \qquad (2-22)$$

式中　$P_n(\cos\psi)$ ——第一类 Legendre 函数；

ψ —— $\mathrm{d}M$ 至 P 的角距。

将式（2-22）代入式（2-5），可得

$$V = \sum_{n=0}^{\infty} \frac{G}{r^{n+1}} \int_v \rho r'^n P_n(\cos\psi)\,\mathrm{d}v = \sum_{n=0}^{\infty} V_n \qquad (2-23)$$

以下将考虑式（2-23）中的前两项的物理含义。$n=0$ 时

$$V_0 = \frac{G}{r} \int_v \rho\,\mathrm{d}v = \frac{GM}{r} \qquad (2-24)$$

显然，该结果与零阶矩 M 有关，记 $V_0 = \dfrac{a_{00}}{r}$，$a_{00} = GM$。$n=1$ 时

$$V_1 = \frac{G}{r^2} \int_v \rho r' P_1(\cos\psi)\, \mathrm{d}v = \frac{G}{r^2} \int_v \rho r' \cos\psi\, \mathrm{d}v \tag{2-25}$$

记 P 点的球坐标为 (r, θ, λ)，θ 和 λ 分别表示余纬（极距）和经度（也可用纬度 $\varphi = \frac{\pi}{2} - \theta$ 代替 θ），P 和 $\mathrm{d}M$ 在以地球质心 O 为球心的单位球面上的投影分别记为 $P'(\theta, \lambda)$ 和 $\mathrm{d}M(\theta', \lambda')$，由球面三角形知识可知

$$\cos\psi = \cos\theta\cos\theta' + \sin\theta\sin\theta'\cos(\lambda - \lambda') \tag{2-26}$$

将式（2-26）代入式（2-25），并计算，得

$$V_1 = \frac{G}{r^2}\left(\cos\theta \int_v \rho r' \cos\theta'\, \mathrm{d}v + \sin\theta\cos\lambda \int_v \rho r' \sin\theta' \cos\lambda'\, \mathrm{d}v + \sin\theta\sin\lambda \int_v \rho r' \sin\theta' \cos\lambda'\, \mathrm{d}v\right)$$

$$= \frac{1}{r^2}(a_{10}\cos\theta + a_{11}\sin\theta\cos\lambda + b_{11}\sin\theta\sin\lambda)$$

$$\tag{2-27}$$

其中，待定系数 a_{10}，a_{11} 和 b_{11} 的表达式分别为

$$\begin{cases} a_{10} = G \int_v \rho r' \cos\theta'\, \mathrm{d}v = G \int_v \rho z'\, \mathrm{d}v = GMZ_0 \\[2mm] a_{11} = G \int_v \rho r' \sin\theta' \cos\lambda'\, \mathrm{d}v = G \int_v \rho x'\, \mathrm{d}v = GMX_0 \\[2mm] b_{11} = G \int_v \rho r' \sin\theta' \cos\lambda'\, \mathrm{d}v = G \int_v \rho y'\, \mathrm{d}v = GMY_0 \end{cases} \tag{2-28}$$

式中　(X_0, Y_0, Z_0) ——地球质心在三维直角坐标系下的坐标。

显然，a_{10}，a_{11} 和 b_{11} 是与一阶矩有关的量。若将坐标原点选在地球质心上，则 $X_0 = Y_0 = Z_0 = 0$，即 $V_1 = 0$。

对于 n 阶的情况，此时待定系数有 a_{n0}，a_{n1}，a_{n2}，$\cdots$，a_{nn} 和 b_{n1}，b_{n2}，$\cdots$，b_{nn}，共计 $(2n+1)$ 个，统称为 Stokes 系数。不加证明地给出 V_n 的形式如下

$$V_n = \frac{1}{r^{n+1}}\left[a_{n0}P_n(\cos\theta) + \sum_{k=1}^{n}(a_{nk}\cos k\lambda + b_{nk}\sin k\lambda)P_{nk}(\cos\theta)\right] \tag{2-29}$$

式中，$P_n(\cos\theta)$ 为第一类 Legendre 函数，$P_{nk}(\cos\theta)$ 为缔合 Legendre 函数，$P_{nk}(\cos\theta)\cos k\lambda$ 与 $P_{nk}(\cos\theta)\sin k\lambda$ 称为缔合球函数。

因此，正常椭球体外部 P 点处引力位的球谐展开式如下

$$V(r, \theta, \lambda) = \sum_{n=\infty}^{\infty} V_n$$

$$= \sum_{n=0}^{\infty} \frac{1}{r^{n+1}} \sum_{n=0}^{\infty}\left[a_{n0}P_n(\cos\theta) + \sum_{k=1}^{n}(a_{nk}\cos k\lambda + b_{nk}\sin k\lambda)P_{nk}(\cos\theta)\right]$$

$$= \sum_{n=0}^{\infty} \frac{1}{r^{n+1}} \sum_{m=1}^{n}\left[a_{nm}P_{nm}(\cos\theta)\cos m\lambda + b_{nm}P_{nm}(\cos\theta)\sin m\lambda\right]$$

$$\tag{2-30}$$

由于正常椭球体旋转对称，故式（2-30）中应只含带谐项（即 $m=0$ 的项，此时 a_{nm} 和 P_{nm} 分别退化为 a_n 和 P_n），又由于其引力位应关于赤道对称，故仅含偶阶项。因此式（2-30）可表示为

$$V(r,\theta,\lambda)=\frac{a_0}{r}+\sum_{n=1}^{\infty}\frac{a_{2n}P_{2n}(\cos\theta)}{r^{2n+1}}=\frac{GM}{r}+\sum_{n=1}^{\infty}a_{2n}\frac{P_{2n}(\cos\theta)}{r^{2n+1}} \qquad (2-31)$$

上式中的 a_0 即为前文所述的 a_{00}。

根据正常引力位的表达式（2-20），可得

$$V=\left(U_0-\frac{1}{3}\omega^2 a^2\right)\frac{Q_0\left(\mathrm{i}\frac{u}{E}\right)}{Q_0\left(\mathrm{i}\frac{b}{E}\right)}+\frac{1}{3}\omega^2 a^2\frac{Q_2\left(\mathrm{i}\frac{u}{E}\right)}{Q_2\left(\mathrm{i}\frac{b}{E}\right)}P_2(\sin\beta) \qquad (2-32)$$

上式即边值问题［式（2-19）］的解，它以 a，b（或 E），ω 和 U_0 四个参数确定正常椭球体外部的引力位。但参数 U_0 是未知的，可通过下式由地球总质量 M 来代替

$$U_0=\frac{GM}{E}\arctan\frac{E}{b}+\frac{1}{3}\omega^2 a^2 \qquad (2-33)$$

故式（2-32）可写为

$$V=\frac{GM}{E}\arctan\frac{E}{u}+\frac{1}{3}\omega^2 a^2\frac{q(u)}{q(b)}P_2(\sin\beta) \qquad (2-34)$$

式中　$q(u)$——$Q_2\left(\mathrm{i}\frac{u}{E}\right)$ 的虚部。

因此，正常椭球体外部重力位的计算式为

$$U=\frac{GM}{E}\arctan\frac{E}{u}+\frac{1}{3}\omega^2 a^2\frac{q(u)}{q(b)}P_2(\sin\beta)+\frac{1}{2}\omega^2(u^2+E^2)\cos\beta \qquad (2-35)$$

或

$$U=\frac{GM}{E}\arctan\frac{E}{u}+\frac{1}{3}\omega^2 a^2\frac{q(u)}{q(b)}+\frac{1}{2}\omega^2 a^2\left[\frac{u^2+E^2}{a^2}-\frac{q(u)}{q(b)}\right]\cos^2\beta \qquad (2-36)$$

上述两式用 a，b（或 E），ω 和 M 四个参数确定正常椭球体外部的重力位，与 Stokes 定理相符。当 $u=b$（正常椭球体表面）时，式（2-36）退化为式（2-33），其结果为常数 U_0。在正常椭球体外部 $u\neq b$ 时，式（2-36）的结果不再是常数，而与归化纬度 β 有关。反之，$U\neq U_0$ 时对应的不是椭球面。因此，正常椭球体表面是正常重力位的等位面，正常椭球体外部的等位面不是椭球面。

正常重力 γ 是正常重力位 U 的梯度，以三维直角坐标系来表示点 $P(x,y,z)$ 处的正常重力为

$$\gamma=\gamma(x,y,z)=(\gamma_x,\gamma_y,\gamma_z)=\left(\frac{\partial U}{\partial x},\frac{\partial U}{\partial y},\frac{\partial U}{\partial z}\right) \qquad (2-37)$$

若以椭球坐标 (u,β,λ) 的形式来给出 P 点位置，则正常重力公式可写为

$$\gamma=\gamma(u,\beta,\lambda)=(\gamma_u,\gamma_\beta,\gamma_\lambda) \qquad (2-38)$$

式中，三分量不加证明地给出

$$
\begin{cases}
\gamma_u = -\dfrac{A'(u)\sin^2\beta + [A'(u)+B'(u)]\cos^2\beta}{\sqrt{a_1^2\cos^2\beta + b_1^2\sin^2\beta}} \\[4mm]
\gamma_\beta = -\dfrac{2B(u)\sin\beta\cos\beta}{\sqrt{a_2^2\cos^2\beta + b_2^2\sin^2\beta}} \\[4mm]
\gamma_\lambda = 0
\end{cases}
\tag{2-39}
$$

其中，分量 $\gamma_\lambda = 0$ 是因为正常重力位中由于旋转对称而不含 λ 造成的。利用式（2-39）可求得正常椭球体外部任意一点的正常重力。为简化上述公式，引入以下符号

$$
m = \frac{\omega a^2 b}{GM}
\tag{2-40}
$$

$$
\widetilde{Q}(u) = -\frac{u^2 + E^2}{u}\frac{1}{q(b)}\frac{\partial q(u)}{\partial u}
\tag{2-41}
$$

并令 $\gamma^e = \gamma_u\big|_{\beta=0}$ 和 $\gamma^p = \gamma_u\big|_{\beta=\pi/2}$ 分别为赤道上方和两极上方正常重力的 u 分量值，可得

$$
\gamma_u = \frac{\sqrt{u^2+E^2}\,\gamma^p\sin^2\beta + u\gamma^e\cos^2\beta}{\sqrt{(u^2+E^2)\sin^2\beta + u^2\cos^2\beta}}
\tag{2-42}
$$

$$
\gamma_\beta = \frac{u\gamma^\chi\sin\beta\cos\beta}{\sqrt{(u^2+E^2)\sin^2\beta + u^2\cos^2\beta}}
\tag{2-43}
$$

其中

$$
\gamma^\chi = -\frac{\omega^2}{u}\left[u^2 + E^2 - a^2\frac{q(u)}{q(b)}\right] = -\frac{GM}{bu}m\left[\frac{u^2+E^2}{a^2} - \frac{q(u)}{q(b)}\right]
$$

在正常椭球体表面 S_0 上有 $u=b$，正常重力分别退化为赤道处和两极处正常重力的 u 分量值 γ_e 和 γ_p（注意：上标 e，p 和下标 e，p 表示的含义完全不同！），即

$$
\gamma_e = \gamma_0^e = \gamma_u(b,0,\lambda) = \frac{GM}{ab}\left[1 - m - \frac{1}{6}m\widetilde{Q}(b)\right]
\tag{2-44}
$$

$$
\gamma_p = \gamma_0^p = \gamma_u\left(b,\frac{\pi}{2},\lambda\right) = \frac{GM}{a^2}\left[1 + \frac{1}{3}m\widetilde{Q}(b)\right]
\tag{2-45}
$$

不难证明，$u=b$ 时 $\gamma_\beta\big|_{u=0}=0$，再顾及 $\gamma_\lambda=0$。因此在正常椭球体表面上，正常重力 γ_0 仅含有 γ_u 分量，即

$$
\gamma_0 = \gamma_u\big|_{u=b} = \frac{a\gamma_p\sin^2\beta + b\gamma_e\cos^2\beta}{\sqrt{a^2\sin^2\beta + b^2\cos^2\beta}}
\tag{2-46}
$$

若再考虑归化纬度 β 和地理纬度 φ 之间的关系式 $\tan\beta = \dfrac{b}{a}\tan\varphi$，则式（2-46）可改写为

$$
\gamma_0 = \frac{b\gamma_p\sin^2\varphi + a\gamma_e\cos^2\varphi}{\sqrt{b^2\sin^2\varphi + a^2\cos^2\varphi}}
\tag{2-47}
$$

由式（2-40）~式（2-43）可得

$$
\gamma^e + \frac{\sqrt{u^2+E^2}}{2u}\gamma^p = \frac{GM}{u\sqrt{u^2+E^2}}\left(\frac{3}{2} - \frac{u^2+E^2}{a^2}\frac{u}{b}m\right)
\tag{2-48}
$$

当 $u=b$ 时，上式为

$$\gamma_e + \frac{a}{2b}\gamma_p = \frac{GM}{ab}\left(\frac{3}{2}-m\right) \qquad (2-49)$$

或再顾及式（2-40），将上式改写为

$$2\frac{\gamma_e}{a} + \frac{\gamma_p}{b} = 3\frac{GM}{a^2 b} - 2\omega^2 \qquad (2-50)$$

以上式（2-48）～式（2-50）称为 Pizzetti 公式。

由式（2-40）～式（2-43）亦可得下式

$$\frac{\sqrt{u^2+E^2}\,\gamma^p - u\gamma^e}{\sqrt{u^2+E^2}\,\gamma^e} = \frac{GM}{a^2\gamma^e}\frac{u}{b}m\left[1 + \frac{\widetilde{Q}(u)}{2}\frac{a^2}{u^2+E^2}\right] \qquad (2-51)$$

在正常椭球体表面上有 $u=b$，则式（2-51）退化为

$$f + f^* = \frac{GM}{a\gamma_e}m\left[1 + \frac{\widetilde{Q}(b)}{2}\right] = \frac{\omega^2 b}{\gamma_e}\left[1 + \frac{\widetilde{Q}(b)}{2}\right] \qquad (2-52)$$

上式即为 Clairaut 公式，式中 $f = \dfrac{a-b}{a}$ 和 $f^* = \dfrac{\gamma_p - \gamma_e}{\gamma_e}$ 分别为正常椭球体的几何扁率和重力扁率。

2.1.3　扰动重力场

由于地球形状以及内部质量分布的不规则，真实的地球重力场实际上非常复杂。上节所述的正常重力场，与真实的地球重力场有一定的偏移。但是，又可以认为正常重力场是真实重力场的很好近似。这实际上将真实重力场分为两个部分。一个是由旋转椭球体产生的正常重力场，是重力场的主要部分。一个是很不规则的剩余量，称之为扰动重力场。由于正常重力场可以通过解析表达式直接计算，因此，求解地球外部重力场的问题可以归结为求解地球扰动重力场。由于扰动重力场只是地球重力场中不规则的部分，它是一个小量，因此很多问题的讨论中取至一阶项即可满足精度的要求，也就是采用线性项。

（1）扰动位

引入正常重力场的概念后，在地球外部空间任意点，均存在两个重力位值：真实的重力位和正常重力位，两者之差即为扰动位，一般用 T 表示。对于同一点，无论是真实重力位还是正常重力位，它的离心力位是相同的，因此地球外部一点的扰动位也等于该点的真实引力位与正常引力位之差。由于重力位是调和函数，所以地球外部一点的扰动位是调和函数。

（2）大地水准面

定义上大地水准面与静止的海洋面重合，并延伸构成一个封闭的曲面。它是大地测量学中高程基准的起算面，也是物理大地测量研究中的主要对象。

（3）垂线偏差

狭义地讲，大地水准面上的任意点垂线方向与过该点所做的正常椭球法线之间的夹角为垂线偏差，它描述了大地水准面相对正常椭球面之间的倾斜。推而广之，空间任意一点

也可以定义垂线偏差，在实用上，又以地面垂线偏差为主。

（4）重力异常

大地水准面上一点的重力值与对应的正常椭球上的正常重力值之差定义为重力异常。它是大地测量边值问题中广泛使用的边值条件。

2.1.4　边值问题

地球重力场的研究在理论上归结为解算大地测量边值问题，边值问题可以分为内部边值问题和外部边值问题。位理论外部边值问题是在某一个区域的边界面上已知某些能满足一定条件的函数值，然后根据边界面上的已知数据和给定的条件求出在外部空间是调和的、在无穷远处是正则的函数。

大地测量边值问题是物理大地测量学的主要理论支柱，是研究地球重力场的理论基础，也是局部重力场逼近的基本理论，因此边值问题的求解是确定外部扰动重力场的关键。根据不同边界条件，常用的边值问题分为三类：第一边值问题（Dirichlet 外部边值问题）、第二边值问题（Neumann 外部边值问题）、第三边值问题（Robin 外部边值问题）。

$$边值问题 = \begin{cases} 微分方程 \\ 边界条件 \\ （附加条件） \end{cases}$$

第一类边界条件也称为 Dirichlet 条件。即位在边界上是已知的连续函数，即

$$u \big|_S = f \tag{2-53}$$

式中　S ——物体的边界面；

　　　f ——已知函数。

第二类边界条件也称为 Neumann 条件。即位的法向导数在边界上为已知函数，即

$$\frac{\partial u}{\partial n} \bigg|_S = f \tag{2-54}$$

式中　n ——曲面 S 的外法向。

第三类边界条件也称为混合条件，在物理大地测量学中也称为 Stokes 条件，即

$$\alpha \frac{\partial u}{\partial n} + \beta u \bigg|_S = f \tag{2-55}$$

式中　α，β ——常数，且 $\alpha^2 + \beta^2 \neq 0$。

附加条件：指有界性质、周期性质、连续性质、衔接条件、正则性质等，它们在某些情况下对问题的求解将带来帮助；这些条件有时直接给出表达式，有时被默认存在；在物理大地测量学中，一般情况下前面三个性质总认为应该被满足。

假设所讨论的物体的边界面 S 一般是封闭的曲面，调和函数存在的区域大多被限制在一部分空间之中，或者是 S 所包围的内部区域，或者是它的外部。相应的边值问题分别称为内部边值问题或外部边值问题。外部边值问题一般应有解在无穷远处的性质：正则性条件，该条件以保证解具有唯一性。例如：$u = 1$ 和 $u = \dfrac{1}{r} = \dfrac{1}{\sqrt{x^2 + y^2 + z^2}}$ 同时满足 $\Delta u = 0$

和 $u|_S = 1$，这里 S 为单位球面，显然后者为正则函数而前者不是，即只有后者为外部边值问题具有正则性质的解。因此，外部边值问题可写成为

$$
\begin{cases}
\quad \Delta u = 0 \\
\alpha\, \dfrac{\partial u}{\partial n} + \beta u \bigg|_S = f \\
\quad \lim_{r \to \infty} u = 0
\end{cases}
\tag{2-56}
$$

内部边值问题可写成

$$
\begin{cases}
\quad \Delta u = 0 \\
\alpha\, \dfrac{\partial u}{\partial n} + \beta u \bigg|_S = f
\end{cases}
\tag{2-57}
$$

其中，常数 α、β 满足 $\alpha^2 + \beta^2 \neq 0$，这里的 f 为已知函数。

2.2　地球外部重力场地面边值表征

2.2.1　Molodensky 问题重力场表征

Molodensky 理论是研究地球自然表面形状问题，即已知地球自然表面 S 上所有点的重力位 W 和重力矢量 $\boldsymbol{g}$，要求确定表面 S 及其外部位 V。位 W 可用水准测量结合重力测量来测定，重力矢量 $\boldsymbol{g}$ 的数值由重力测量测得，相应的垂线方向由地面上测定的天文纬度 φ 和天文经度 λ 确定。这个问题称为 Molodensky 问题。其主要着眼点是要避开 Stokes 理论需要地壳密度假设的缺陷，建立新的更严密的地球形状和外部重力场理论。对地球形状它强调地球的自然形状，或者说地球的真正形状。Molodensky 问题及其解算方法曾是现代物理大地测量学研究的前沿领域。下面介绍与 Molodensky 问题有关的基本概念和经典解算方法。

S 面（地面）重力矢量 $\boldsymbol{g}$ 和位 W 可以看成是这个面上关于曲面坐标天文纬度 φ 和天文经度 λ 的函数

$$
\boldsymbol{g} = \boldsymbol{g}(\varphi, \lambda),\ W = W(\varphi, \lambda)
\tag{2-58}
$$

若已知曲面 S 及其上的重力位 W，则可唯一确定 S 上的重力矢量 $\boldsymbol{g}$，即 $\boldsymbol{g}$ 可表示为 S 和 W 的函数

$$
\boldsymbol{g} = F(S, W)
\tag{2-59}
$$

假定由式（2-59）解出 S

$$
S = F^{-1}(\boldsymbol{g}, W)
\tag{2-60}
$$

式中　F^{-1} —— F 关于 S 和 $\boldsymbol{g}$ 的逆算子，这里假设 F^{-1} 存在且唯一。

Molodensky 问题相应的边值问题是一个非线性自由边值问题，首先需要采用线性化方法建立线性边值条件，线性化是这一边值条件关于 S 的初始曲面 $S_0 = \Sigma$ 的 Taylor 展开取一次项，并取正常位 U 为参考重力位，其简单几何关系如图 2-3 所示。

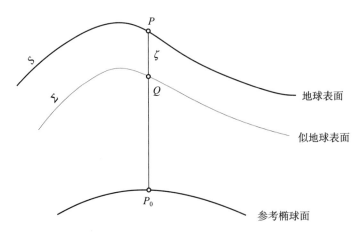

图 2-3　地球表面、似地球表面与参考椭球面之间的简单几何关系

设点 $P \in S$ 和点 $Q \in \Sigma$，通常称 Σ 为似地球表面。点 Q 的位置矢量为 $\boldsymbol{X}_Q$，正常位和正常重力矢量分别为 U_Q 和 $\boldsymbol{\gamma}_Q$，点 Q 到点 P 之间位置矢量之差为 $\boldsymbol{\zeta}$，点 P 的位置矢量为 $\boldsymbol{X}_P$，该点的重力位 W_P 和重力矢量 $\boldsymbol{g}_P$ 认为是已知的，则边值条件可写为以下形式

$$U_Q + \Delta W = W_P \tag{2-61}$$

$$\boldsymbol{\gamma}_Q + \Delta\boldsymbol{g} = \boldsymbol{g}_P \tag{2-62}$$

$$\boldsymbol{X}_Q + \boldsymbol{\zeta} = \boldsymbol{X}_P \tag{2-63}$$

因

$$W_P = U_P + T_P$$

将所有 P 点的量在 Q 点展开取一次项

$$U_P = U_Q + \frac{\mathrm{d}U}{\mathrm{d}\boldsymbol{X}} \cdot \boldsymbol{\zeta} = U_Q + \boldsymbol{\gamma} \cdot \boldsymbol{\zeta} \tag{2-64}$$

$$\boldsymbol{\gamma}_P = \boldsymbol{\gamma}_Q + \frac{\mathrm{d}\boldsymbol{\gamma}}{\mathrm{d}\boldsymbol{X}} \cdot \boldsymbol{\zeta} \tag{2-65}$$

$$T_P = T_Q + \frac{\mathrm{d}T}{\mathrm{d}\boldsymbol{X}} \cdot \boldsymbol{\zeta} \tag{2-66}$$

在一次近似下（略去二阶和高于二阶微小量）有

$$T = T_P \approx T_Q \tag{2-67}$$

将式（2-64）～式（2-67）代入式（2-61）～式（2-63），并顾及

$$\boldsymbol{g}_P - \boldsymbol{\gamma}_P = \left(\frac{\mathrm{d}T}{\mathrm{d}\boldsymbol{X}}\right)_P \approx \left(\frac{\mathrm{d}T}{\mathrm{d}\boldsymbol{X}}\right)_Q = \frac{\mathrm{d}T}{\mathrm{d}\boldsymbol{X}}$$

得

$$T + \boldsymbol{\gamma} \cdot \boldsymbol{\zeta} = \Delta W \tag{2-68}$$

$$\frac{\mathrm{d}T}{\mathrm{d}\boldsymbol{X}} + \frac{\mathrm{d}\boldsymbol{\gamma}}{\mathrm{d}\boldsymbol{X}} \cdot \boldsymbol{\zeta} = \Delta\boldsymbol{g} \tag{2-69}$$

式中，$\mathrm{d}\boldsymbol{\gamma}/\mathrm{d}\boldsymbol{X}$ 是一个矩阵，即正常位的二阶梯度张量，用 $\boldsymbol{M}$ 表示

$$\boldsymbol{M} = \langle M_{ij} \rangle = \frac{\mathrm{d}\boldsymbol{\gamma}}{\mathrm{d}\boldsymbol{X}} = \left\{ \frac{\partial \gamma_i}{\partial x_j} \right\} = \left[\frac{\partial^2 U}{\partial x_i \partial x_j} \right] \quad i = 1,2,3; j = 1,2,3 \tag{2-70}$$

正常重力矢量空间 $\boldsymbol{\gamma} \in \Gamma$ （如由均质圆球产生的正常重力）与矢量空间 $\boldsymbol{x} \in X$ 是同构的（意即两空间之间存在连续的正逆映射），故 $\boldsymbol{M}^{-1}$ 存在，$\boldsymbol{M}$ 是 $\boldsymbol{\gamma} = \boldsymbol{\gamma}(\boldsymbol{x})$ 变换的 Jacobi 矩阵，引入矢量

$$\boldsymbol{m} = -\boldsymbol{M}^{-1}\boldsymbol{\gamma} \tag{2-71}$$

得

$$T + \boldsymbol{m}^{\mathrm{T}} \cdot \frac{\mathrm{d}T}{\mathrm{d}\boldsymbol{X}} = \Delta W + \boldsymbol{m}^{\mathrm{T}} \Delta \boldsymbol{g} = f \tag{2-72}$$

上式是在似地球表面 Σ 上建立的线性化 Molodenky 问题的基本边界条件。它是 20 世纪 70 年代初由 P. Meissl 和 T. Krarup 分别提出来的。

为与球近似 Stokes 问题的边值条件做比较，以及明确矢量 $\boldsymbol{m}$ 的几何意义和实用化，引入新坐标参数 (ρ, φ, λ)，其中 (φ, λ) 为正常纬度和正常经度，即正常重力矢量的方向，坐标 ρ 按下式定义

$$\rho = |\boldsymbol{\gamma}|^{-1/2} \tag{2-73}$$

或

$$|\boldsymbol{\gamma}| = \gamma = \frac{1}{\rho^2} \tag{2-74}$$

(ρ, φ, λ) 称为似球坐标，其中 ρ 与向径 $\boldsymbol{\gamma} = -\boldsymbol{x}$ 方向一致，则 $\boldsymbol{\gamma}$ 在此坐标系中的分量为

$$\begin{bmatrix} \gamma_1 \\ \gamma_2 \\ \gamma_3 \end{bmatrix} = - \begin{bmatrix} \dfrac{1}{\rho^2}\cos\varphi\cos\lambda \\[2mm] \dfrac{1}{\rho^2}\cos\varphi\sin\lambda \\[2mm] \dfrac{1}{\rho^2}\sin\varphi \end{bmatrix} \tag{2-75}$$

顾及

$$\frac{\partial T}{\partial \gamma_i} = -\frac{\rho}{2\gamma_i} \cdot \frac{\partial T}{\partial \rho} \tag{2-76}$$

与

$$T - \sum_{i=1}^{3} \gamma_i \frac{\partial T}{\partial \gamma_i} = f \tag{2-77}$$

式（2-72）可以写成

$$\rho \frac{\partial T}{\partial \rho} + 2T = 2f \tag{2-78}$$

式中，$\dfrac{\partial T}{\partial \rho}$ 是在曲线坐标系中，$\varphi =$ 常数和 $\lambda =$ 常数的 ρ 坐标线方向上的偏导数。ρ 曲线称为等天顶线，相应的弧长参数为 τ。建立弧长参数 $(\tau, s_\varphi, s_\lambda)$ 与相应坐标参数 (ρ, φ, λ) 的关系可引用 Riemann 几何 （R^n 空间微分几何）中的度量张量，在 R^n 中距离 $\mathrm{d}s$ 的度

量张量一般表达式为（用求和约定标号缩减式表示）

$$\mathrm{d}s^2 = g_{ij}\,\mathrm{d}x^i\,\mathrm{d}x^j \tag{2-79}$$

这是一个正定二次型，g_{ij} 是一个二阶协变张量的分量，在此情况下，$\rho: = x^1$，$\varphi: = x^2$，$\lambda: = x^3$，对 ρ 曲线，$\mathrm{d}\varphi = \mathrm{d}\lambda = 0$，有

$$\mathrm{d}\tau^2 = g_{11}\,\mathrm{d}\rho^2 \tag{2-80}$$

上式可写成

$$\frac{\partial\tau}{\partial\rho} = \sqrt{g_{11}} \tag{2-81}$$

由于 $\mathrm{d}\gamma = \dfrac{\partial\gamma}{\partial\rho}\mathrm{d}\rho = \dfrac{\partial\gamma}{\partial\rho} \cdot \dfrac{\mathrm{d}\tau}{\sqrt{g_{11}}}$，顾及 ρ 的定义得

$$\sqrt{g_{11}} = \frac{\partial\gamma}{\partial\rho} \cdot \frac{\mathrm{d}\tau}{\mathrm{d}\gamma} = -\frac{2\gamma}{\rho} \cdot \frac{\mathrm{d}\tau}{\mathrm{d}\gamma} \tag{2-82}$$

为了将对 ρ 的偏导数变换为对 τ 的偏导数，顾及上式，有 $\dfrac{\partial T}{\partial\rho} = \dfrac{\partial T}{\partial\tau}\dfrac{\partial\tau}{\partial\rho} = -\dfrac{2\gamma}{\rho}\dfrac{\partial\tau}{\partial\gamma}\dfrac{\partial T}{\partial\tau}$，即

$$\frac{\partial T}{\partial\rho} = -\frac{2\gamma}{\rho}\frac{\dfrac{\partial T}{\partial\tau}}{\dfrac{\partial\gamma}{\partial\tau}} \tag{2-83}$$

以及

$$\frac{\partial T}{\partial\tau} - \frac{1}{\gamma}\frac{\partial\gamma}{\partial\tau}T = -\frac{1}{\gamma}\frac{\partial\gamma}{\partial\tau}f \tag{2-84}$$

$$f = \Delta W + \boldsymbol{m}^{\mathrm{T}}\Delta\boldsymbol{g} \tag{2-85}$$

现在建立矢量 $\boldsymbol{m}$ 与等天顶线切矢量的关系，由 $\boldsymbol{m}$ 的定义可写出

$$\boldsymbol{m} = -\frac{\mathrm{d}\boldsymbol{x}}{\mathrm{d}\boldsymbol{\gamma}} \cdot \boldsymbol{\gamma} = -\frac{\mathrm{d}\boldsymbol{x}}{\mathrm{d}\tau} \cdot \left(\frac{\mathrm{d}\tau}{\mathrm{d}\boldsymbol{\gamma}}\right)^{\mathrm{T}} \cdot \boldsymbol{\gamma} \tag{2-86}$$

在等天顶线上的正常重力矢量函数为

$$\boldsymbol{\gamma} = \gamma(\tau) \tag{2-87}$$

显然存在反函数

$$\tau = \tau(\gamma) \tag{2-88}$$

则有

$$\left|\frac{\mathrm{d}\tau}{\mathrm{d}\boldsymbol{\gamma}}\right| = \frac{\partial\tau}{\partial\gamma} = \frac{1}{\dfrac{\partial\gamma}{\partial\tau}} \tag{2-89}$$

又 $\left(\dfrac{\mathrm{d}\tau}{\mathrm{d}\boldsymbol{\gamma}}\right)^{\mathrm{T}} \cdot \boldsymbol{\gamma} = \left|\dfrac{\partial\tau}{\partial\gamma}\right| \cdot |\boldsymbol{\gamma}| \cdot \cos\theta$，因矢量 $\dfrac{\mathrm{d}\tau}{\mathrm{d}\boldsymbol{\gamma}}$ 与矢量 $\boldsymbol{\gamma}$ 平行，$\theta = 0$，故

$$\left(\frac{\mathrm{d}\tau}{\mathrm{d}\boldsymbol{\gamma}}\right)^{\mathrm{T}} \cdot \boldsymbol{\gamma} = \left(\frac{1}{\gamma}\frac{\partial\gamma}{\partial\tau}\right)^{-1} \tag{2-90}$$

由于 $\dfrac{\mathrm{d}\boldsymbol{x}}{\mathrm{d}\tau} = \boldsymbol{e}_\tau$ 为等天顶线方向的单位矢量，则

$$\boldsymbol{m}^{\mathrm{T}} = -\left(\frac{1}{\gamma}\frac{\partial\gamma}{\partial\tau}\right)^{-1}\cdot\boldsymbol{e}_\tau^{\mathrm{T}} \tag{2-91}$$

上式表示矢量 $\boldsymbol{m}$ 是等天顶线的切线，因为 τ 是向上（τ 值增大方向）为正，负号表示 $\boldsymbol{m}$ 与 $\boldsymbol{e}_\tau$ 方向相反（向下）

$$\frac{\partial T}{\partial\tau} - \frac{1}{\gamma}\frac{\partial\gamma}{\partial\tau}T = \boldsymbol{e}_\tau^{\mathrm{T}}\cdot\Delta\boldsymbol{g} - \frac{1}{\gamma}\frac{\partial\gamma}{\partial\tau}\Delta W \tag{2-92}$$

现在按 Molodensky 投影（或称 Helmert 投影）定义似地球表面。这个投影规定在 P 点的参考椭球法线上确定 Q 点，且满足条件

$$\Delta W = W_P - U_Q = 0 \tag{2-93}$$

由此边值问题简化为

$$\frac{\partial T}{\partial\tau} - \frac{1}{\gamma}\frac{\partial\gamma}{\partial\tau}T = \boldsymbol{e}_\tau^{\mathrm{T}}\cdot\Delta\boldsymbol{g} \tag{2-94}$$

或

$$\frac{\partial T}{\partial\tau} - \frac{1}{\gamma}\frac{\partial\gamma}{\partial\tau}T = -\Delta g' \tag{2-95}$$

式中　$\Delta g'$ ——重力异常矢量 $\Delta\boldsymbol{g}$ 在等天顶线方向 $\boldsymbol{e}_\tau$ 上的投影，由于 $\boldsymbol{e}_\tau$ 与 $\boldsymbol{g}$ 和 $\boldsymbol{\gamma}$ 反向，故取负号。

等天顶线上各点的正常重力矢量都互相平行，如果正常重力线是直线，则等天顶线与正常重力线重合，由于正常重力线的曲率非常小，因此，两者差别甚微，在实用中通常假定等天顶线方向，正常重力线方向和参考椭球法线一致，略去其间微小差异，边界条件可以进一步写成

$$\frac{\partial T}{\partial h} - \frac{1}{\gamma}\frac{\partial\gamma}{\partial h}T = -\Delta g \tag{2-96}$$

式中　$\partial/\partial h$ ——沿正常重力线方向取导数。

式（2-96）与 Stokes 问题中的边值条件形式上很相似，但意义不同，其中的扰动位 T 和重力异常 Δg 都是地球表面的值；更重要的是，等天顶线或正常重力线不是边界面 Σ 的法线，所以 Molodensky 问题是一个斜导数问题，其解算要比 Stokes 边值问题困难得多。

在边值条件（2-96）中的偏导数是沿着参考椭球 P 点的法线方向或正常重力线方向，为进一步简化这一方程，用一个静止圆球近似代替参考椭球，取球半径 $R = \sqrt[3]{a^2 b}$，a 和 b 分别为椭球的长短半轴，将 P 点的大地坐标 (B, L, H)、正常坐标 (φ, λ, h) 和天文坐标 (ϕ, λ, h) 均视为球面坐标，即 H 为 P 点沿球半径方向到球面的距离，B，L 分别为球面纬度和经度。因此在球近似情况下等天顶线、正常重力线和球半径重合，球的正常重力可简单取为

$$\gamma = \frac{GM}{r^2} \tag{2-97}$$

其中

$$r = R + H \qquad\qquad (2-98)$$

或

$$r = R + h \qquad\qquad (2-99)$$

且有

$$\frac{\partial}{\partial \tau} = \frac{\partial}{\partial H} = \frac{\partial}{\partial h} = \frac{\partial}{\partial r} \qquad\qquad (2-100)$$

则式（2-96）左边第二项变为

$$\frac{1}{\gamma} \frac{\partial \gamma}{\partial h} = \frac{1}{\gamma} \frac{\partial \gamma}{\partial r} = -\frac{2}{r} \qquad\qquad (2-101)$$

由此，在球近似下 Molodensky 边值问题可表示为

$$\left.\begin{array}{ll} \Delta T = 0 & \text{在 } \Sigma \text{ 外空间} \\[2mm] \dfrac{\partial T}{\partial r} + \dfrac{2}{r} T = -\Delta g & \text{在 } \Sigma \text{ 上} \\[2mm] T \to 0 & \text{当 } r \to \infty \end{array}\right\} \qquad (2-102)$$

式（2-102）又称简化 Molodensky 问题。球近似下的边值方程中忽略了正常重力场计算中的椭球扁率（约为 0.3%）项，对求解 ζ 的影响可达几个厘米，精密解算则需加椭球改正。

2.2.2　Molodensky 级数解

Molodensky 求解边值问题（2-102）的基本方法是将待求扰动位 T 表示成 Σ 上的单层位，从而将其中的边值条件方程转换为一个积分方程，在处理这个方程时引入一个收缩因子 $k \in [0, 1]$（即所谓 Molodensky 收缩），将积分方程展开成为 k 的级数，将原积分方程转化为一组含单层位的简单积分方程，最后利用 Stokes 积分得到扰动位的级数解。以下对级数的推导做简单介绍。

令

$$T = \iint_{\Sigma} \frac{\varphi}{l} \mathrm{d}\Sigma \qquad\qquad (2-103)$$

式中　φ —— Σ 面上定义的单层密度函数（注意与纬度符号区别）；

　　　T —— 计算点 P 的扰动位；

　　　l —— 点 P 至面元 $\mathrm{d}\Sigma$ 之间的距离（如图 2-4 所示）。

顾及单层位的导数在层面上不连续，则有

$$\frac{\partial T}{\partial r_P} = \iint_{\Sigma} \varphi \frac{\partial l^{-1}}{\partial r_P} \mathrm{d}\Sigma \text{（在 } \Sigma \text{ 外部）} \qquad (2-104)$$

$$\frac{\partial T}{\partial r_P} = -2\pi \varphi_P \cos\beta_P + \iint_{\Sigma} \varphi \frac{\partial l^{-1}}{\partial r_P} \mathrm{d}\Sigma \text{（从 } \Sigma \text{ 外部趋近 } \Sigma \text{）} \qquad (2-105)$$

式中　β —— 计算点上似地球面的坡度角。

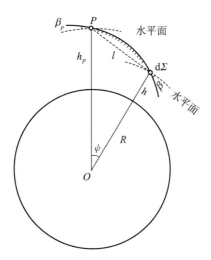

图 2 - 4　Molodensky 问题的几何关系

将上式代入式（2 - 102）中的边值条件方程得

$$2\pi\varphi\cos\beta - \iint\limits_{\Sigma}\left[\frac{\partial l^{-1}}{\partial r_P} + \frac{2l^{-1}}{r_P}\right]\varphi\,\mathrm{d}\Sigma = \Delta g \tag{2-106}$$

其中，自由项 $2\pi\varphi\cos\beta$ 和 Δg 是 P 点的函数。Σ 面上点的向径为

$$r_P = R + h_P, \quad r = R + h \tag{2-107}$$

式中　h_P, h——分别为 P 点和流动点的正常高。

$$l^{-1} = (r_P^2 + r^2 - 2rr_P\cos\psi)^{-1/2} \tag{2-108}$$

对 r_P 求导后代入式（2 - 106），并将 $\mathrm{d}\Sigma = r^2\sec\beta\mathrm{d}\sigma$ 代入得

$$2\pi\varphi\cos\beta - \iint\limits_{\sigma}\left[\frac{3}{2l} + \frac{r^2 - r_P^2}{2l^3}\right]\frac{r^2}{r_P}\sec\beta\varphi\,\mathrm{d}\sigma = \Delta g \tag{2-109}$$

式中，σ 是单位球面，上式是与边值条件方程等价的积分方程，但待求函数已转换为单层密度函数 φ。

将式（2 - 109）中的 l 化为 h 和 h_P 的函数，并展开为级数，略去其中 l/R 及其高次项。r 和 h 的关系为

$$r = R + h = R\left(1 + \frac{h}{R}\right) \tag{2-110}$$

令 $\dfrac{r^2}{r_P} = R$，　$r^2 - r_P^2 = (h - h_P)(r + r_P) = 2R(h - h_P)$，　得

$$l = l_0\left[1 + \left(\frac{h - h_P}{l_0}\right)^2\right]^{1/2} = l_0\left[1 + \eta^2\right]^{1/2} \tag{2-111}$$

其中

$$l_0 = 2R\sin\frac{\psi}{2}, \eta = \frac{h - h_P}{l_0} \tag{2-112}$$

引入新的辅助函数

$$\chi = \varphi \sec\beta \tag{2-113}$$

并用 kh 代替 h，用 $k\tan\beta$ 代替 $\tan\beta$，$k \in [0, 1]$ 为收缩参数，式（2-109）变为

$$2\pi\chi\,(1 + k^2\tan^2\beta)^{-1} - \frac{3}{2}R\iint\limits_{\sigma}\frac{\chi}{l_k}\mathrm{d}\sigma - R^2\iint\limits_{\sigma}\frac{k(h-h_P)}{l_k^{\,3}}\chi\,\mathrm{d}\sigma = \Delta g \tag{2-114}$$

式中

$$l_k = l_0\left[1 + k^2\eta^2\right]^{1/2} \tag{2-115}$$

将式（2-114）按 k 展成幂级数，并将未知函数 χ 展开

$$\chi = \sum_{n=0}^{\infty} k^2\chi_n \tag{2-116}$$

展开式中的相乘级数项，将 k 的同次幂相乘项合并，则得以下方程

$$\left[2\pi\chi_0 - \frac{3}{2}R\iint\limits_{\sigma}\frac{\chi_0}{l_0}\mathrm{d}\sigma - \Delta g\right] + k\left[2\pi\chi_1 - \frac{3}{2}R\iint\limits_{\sigma}\frac{\chi_1}{l_0}\mathrm{d}\sigma - R^2\iint\limits_{\sigma}\frac{\eta}{l_0^2}\chi_0\,\mathrm{d}\sigma\right] +$$

$$k^2\left[2\pi\chi_2 - \frac{3}{2}R\iint\limits_{\sigma}\frac{\chi_2}{l_0}\mathrm{d}\sigma - R^2\iint\limits_{\sigma}\frac{\eta}{l_0^2}\chi_1\,\mathrm{d}\sigma + \frac{3R}{4}\iint\limits_{\sigma}\frac{\eta^2}{l_0}\chi_0\,\mathrm{d}\sigma - 2\pi\chi_0\tan^2\beta\right] + \cdots = 0$$

$$\tag{2-117}$$

由于 $k > 0$，要上式成立必须所有 $k^n\,(n = 0, 1, 2, \cdots)$ 的系数为零，由此得出一组积分方程

$$2\pi\chi_n - \frac{3}{2}R\iint\limits_{\sigma}\frac{\chi_n}{l_0}\mathrm{d}\sigma = G_n \quad(n = 0, 1, 2, \cdots) \tag{2-118}$$

顾及 η 的定义式，则式中

$$G_0 = \Delta g$$

$$G_1 = R^2\iint\limits_{\sigma}\frac{h-h_P}{l_0^3}\chi_0\,\mathrm{d}\sigma$$

$$G_2 = R^2\iint\limits_{\sigma}\frac{h-h_P}{l_0^3}\chi_1\,\mathrm{d}\sigma - \frac{3R}{4}\iint\limits_{\sigma}\frac{(h-h_P)^2}{l_0^3}\chi_0\,\mathrm{d}\sigma + 2\pi\chi_0\tan^2\beta$$

$$G_3 = R^2\iint\limits_{\sigma}\frac{h-h_P}{l_0^3}\chi_2\,\mathrm{d}\sigma - \frac{3R}{4}\iint\limits_{\sigma}\frac{(h-h_P)^2}{l_0^3}\chi_1\,\mathrm{d}\sigma - \frac{3}{2}R^2\iint\limits_{\sigma}\frac{(h-h_P)^3}{l_0^5}\chi_0\,\mathrm{d}\sigma + 2\pi\chi_1\tan^2\beta$$

$$\tag{2-119}$$

在积分方程中令

$$R^2\iint\limits_{\sigma}\frac{\chi_n}{l_0}\mathrm{d}\sigma = T_n \tag{2-120}$$

这是以 χ_n 为密度函数的球面上的单层位，可写成

$$2\pi\chi_n - \frac{3}{2R}T_n = G_n \tag{2-121}$$

当 $n = 0$，有

$$2\pi\chi_0 - \frac{3}{2R}T_0 = G_0 = \Delta g \tag{2-122}$$

式中

$$T_0 = R^2 \iint_\sigma \frac{\varphi_0}{l_0} \mathrm{d}\sigma = R^2 \iint_\sigma \frac{\chi_0}{l_0} \mathrm{d}\sigma \qquad (2-123)$$

上式可以认为是 $h=0$ 的情况，即似地球表面与参考椭球面相重合，因此 T_0 可用 Stokes 积分表示

$$T_0 = \frac{R}{4\pi} \iint_\sigma G_0 S(\psi) \mathrm{d}\sigma = \frac{R}{4\pi} \iint_\sigma \Delta g S(\psi) \mathrm{d}\sigma \qquad (2-124)$$

这是积分方程在 $n=0$ 时的解；当 $n=1, 2, \cdots$ 时，一般解为

$$T_n = R^2 \iint_\sigma \frac{\chi_n}{l_0} \mathrm{d}\sigma = \frac{R}{4\pi} \iint_\sigma G_n S(\psi) \mathrm{d}\sigma \qquad (2-125)$$

由式（2-122）可解得

$$\chi_0 = \frac{1}{2\pi}\left[\Delta g + \frac{3}{2R}T_0\right] = \frac{1}{2\pi}\Delta g + \frac{3}{16\pi^2}\iint_\sigma \Delta g S(\psi) \mathrm{d}\sigma \qquad (2-126)$$

当 $n=1, 2, \cdots$，有

$$\chi_n = \frac{1}{2\pi}\left[G_n + \frac{3}{2R}T_n\right] = \frac{1}{2\pi}G_n + \frac{3}{16\pi^2}\iint_\sigma G_n S(\psi) \mathrm{d}\sigma \qquad (2-127)$$

回到 T 的单层位表达式，顾及 $\mathrm{d}\Sigma = r^2 \sec\beta \mathrm{d}\sigma \approx R^2 \sec\beta \mathrm{d}\sigma$，同理有

$$T = \iint_\Sigma \frac{\varphi}{l} \mathrm{d}\Sigma = R^2 \iint_\sigma \frac{\chi}{l} \mathrm{d}\sigma$$

$$= R^2 \iint_\sigma \frac{1}{l_0}\left[\chi_0 + k\chi_1 + k^2\chi_2 + \cdots\right] \cdot \left[1 - \frac{1}{2}k^2\eta^2 + \frac{3}{8}k^4\eta^4\cdots\right]\mathrm{d}\sigma \qquad (2-128)$$

在平面近似下略去 $\dfrac{\eta^2}{l_0}$ 及其高次项，则有

$$T = T_0 + kT_1 + k^2T_2 + \cdots \qquad (2-129)$$

对于实际地球，$k=1$，由此可写出

$$T_0 = \frac{R}{4\pi} \iint_\sigma G_0 S(\psi) \mathrm{d}\sigma$$

$$T_1 = \frac{R}{4\pi} \iint_\sigma G_1 S(\psi) \mathrm{d}\sigma$$

$$T_2 = \frac{R}{4\pi} \iint_\sigma G_2 S(\psi) \mathrm{d}\sigma - \frac{R^2}{2} \iint_\sigma \frac{(h-h_P)^2}{l_0^3}\chi_0 \mathrm{d}\sigma \qquad (2-130)$$

$$T_3 = \frac{R}{4\pi} \iint_\sigma G_3 S(\psi) \mathrm{d}\sigma - \frac{R^2}{2} \iint_\sigma \frac{(h-h_P)^2}{l_0^3}\chi_1 \mathrm{d}\sigma$$

$$\cdots$$

上式就是 Molodensky 球近似下的级数解。这个级数比 Stokes 公式复杂得多，其零阶项就是 Stokes 积分，而 $n \geqslant 1$ 的高阶项，T_1，T_2，$\cdots$，都是涉及地形起伏的复杂积分。

2.2.3 解析延拓梯度解

解析延拓梯度解的基本思想是，将地面重力异常 Δg 利用泰勒级数通过形式上的解析延拓"归算"到海水面，得到 Δg^*，由普通 Stokes 公式计算得到海水面上的高程异常 ζ^*，再加上 ζ 的梯度项改正，向上归化到地面。这进一步显示了 Molodensky 理论与 Stokes 理论的内在联系，Moritz 论证了这一方法理论上的正确性和与 Molodensky 解的等价性，以及实用上的合理性和优点，并指出有利于地面垂线偏差的计算。后来又把延拓到海水面推广到过计算点 P 的水准面，并导出了 Δg 泰勒级数展开的高次项。一次项 $g_1 = -\dfrac{\partial \Delta g}{\partial h} h$ 的计算公式为

$$g_1 = -h \frac{R^2}{2\pi} \iint_\sigma \frac{\Delta g - \Delta g_P}{l_0^3} \mathrm{d}\sigma - \frac{3}{2} \frac{h}{R} \Delta g \tag{2-131}$$

当 $\dfrac{h}{R}$ 很小时，通常将上式右边第二项改正略去。

Moritz 通过对 G_1 和 ζ_1 的几何解释研究，将 G_1 和 ζ_1 分解为 $G_1 = G_{11} + G_{12}$，$\zeta_1 = \zeta_{11} + \zeta_{12}$，并得出

$$\begin{cases} G_{11} = -h \dfrac{\partial \Delta g}{\partial h} \\[2mm] \zeta_{11} = -\dfrac{R}{4\pi\gamma} \iint_\sigma h \dfrac{\partial \Delta g}{\partial h} S(\psi) \mathrm{d}\sigma \\[2mm] \zeta_{12} = \dfrac{R}{4\pi\gamma} \iint_\sigma G_{12} S(\psi) \mathrm{d}\sigma = \dfrac{\partial \zeta}{\partial h} h \end{cases} \tag{2-132}$$

因此有

$$\zeta = \frac{R}{4\pi\gamma} \iint_\sigma \left(\Delta g - \frac{\partial \Delta g}{\partial h} h \right) S(\psi) \mathrm{d}\sigma + \frac{\partial \zeta}{\partial h} h \tag{2-133}$$

或

$$\zeta = \frac{R}{4\pi\gamma} \iint_\sigma \Delta g^* S(\psi) \mathrm{d}\sigma + \frac{\partial \zeta}{\partial h} h \tag{2-134}$$

2.3 地球外部重力场等效逼近表征

2.3.1 Runge - Kutta 稠密定理

根据 Stokes 定理，如果已知一个包含质量 M 的封闭水准面 S 的形状和旋转角速度 ω，又已知 S 面上的位 W_0，则可单值地求定 S 面上及其外部空间任一点的重力位及重力，且不需要任何关于 M 的分布信息。这就表明可能有无穷多个 M 的分布模式作为场源在 S 及其外部空间产生同一个位场。同时已知牛顿（Newton）引力位 $V = N(\mu)$ 的算子 N 对密度函数 μ 是适定的，即当 μ 给定，则有唯一解 V；但其逆算子 N^{-1} 是不适定的，即

当给定位函数 V，可能有无穷多个密度函数满足 $V=N(\mu)$，N^{-1} 不存在。这和 Stokes 定理是一致的。重力场这种正演（已知 μ 求解 V）的确定性（唯一性），为构造一种虚拟质量分布 μ^* 去逼近地球外部真实重力位 W 提供了理论根据和可能。

在数学上已证明了上述逼近的存在，这就是 Runge - Krarup 定理：即在地球外部空间定义的任一正则谐函数 T，总可用定义在地球内部任意给定的一个球外部空间的正则函数 T' 一致逼近。又根据解析延拓理论，一个定义域为 Ω 的谐函数 T，另一个定义域为 Ω' 的谐函数 T'，存在交集 $\Omega \cap \Omega'=\Sigma$，且有 $T(P)=T'(P)$，当 $P\in\Sigma$，则 T 和 T' 互为直接延拓，即 T' 是 T 在 Ω' 的延拓，T 是 T' 在 Ω 的延拓，或者说在并集 $\Omega\cup\Omega'$ 中定义了同一个谐函数。这一理论提供了实现 $T'\in\Omega'$ 一致逼近 $T\in\Omega$（或 T' 向 Ω 延拓）的数学方法，即给定 Σ，以 $T(P\in\Sigma)=T'(P\in\Sigma)$ 为约束，即要求 T 和 T' 在 Σ 上满足相同的边界条件，这里的 Σ 是地球表面，由此实现 T' 向地球表面和外部的延拓，并在延拓空间确定 $T'=T$，实现对地球外部真实位 T 的确定。

2.3.2　Bjerhammar 问题重力场表征

Bjerhammar（1964 年）基于上述理论提出将 Molodensky 边值问题等价地转换为一个简单的虚拟球面边值问题。如图 2 - 5 所示，Σ 为地球表面，地球外部空间为 Ω；S 为虚拟球面，球的半径为 R_B，完全嵌入在地球内部，球心与地球质心重合，和地球有相同的旋转角速度；S 和 Σ 之间的空间域为 Ω'，Σ 是 Ω 和 Ω' 的共同边界面。根据 Molodensky 边值问题，在 Σ 上已知重力位 W_Σ 和重力 g_Σ，以及重力点的水平位置 (φ,λ)（例如天文纬度和经度），要求解的是地球外部位 $W=U+T$，U 是正常位，T 是扰动位。Bjerhammar 在 S 上构造一个虚拟重力异常场 Δg^*，在 S 面上应用 Stokes 公式求解球外部（$\Omega\cup\Omega'$）扰动位 T'，这时假定 Ω' 中无物质存在，当要求 T' 和 T 在 Σ 面上均满足 Molodensky 球近似边值条件时，$r\Delta g_S^*(P')$ 向上延拓到地面与 $r\Delta g_\Sigma(P)$ 等值，点 P' 是点 P 沿地球径向方向在 S 面上的对应点。根据这种强制约束条件，可建立 Δg_S^* 与 Δg_Σ 之间转换的积分方程，通过解算积分方程求定待求函数 Δg_S^*，由此确定虚拟球外部位 T' 在地球外部的延拓，即真实位 T，同样得到了 Molodensky 边值问题的解。

（1）连续边值问题

如图 2 - 5 所示，假定在 Bjerhammar 球面 S 上有连续分布的重力异常 Δg^*，球外部空间（$\Omega\cup\Omega'$）无质量，则以 S 作边界的第三边值问题（Robin 问题）为

$$\begin{cases} \Delta T'=0 & \text{在 } S \text{ 的外部空间} \\ \dfrac{\partial T'}{\partial r}+\dfrac{2T'}{r}=-\Delta g^* & \text{在 } S \text{ 面上} \\ T'=0 & \text{当 } r\to\infty \end{cases} \tag{2-135}$$

则在球外部扰动位 $T'(r,\varphi,\lambda)$ 的解为

$$T'(r,\varphi,\lambda)=\frac{R_B}{4\pi}\iint\limits_{\sigma}\Delta g^*\left[\sum_{n=2}^{\infty}\frac{2n+1}{n-1}t^{n+1}P_n(\cos\psi)\right]\mathrm{d}\sigma \tag{2-136}$$

其中

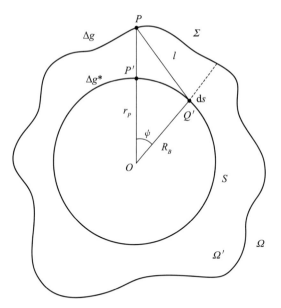

图 2 - 5　Bjerhammar 球

$$t = R_B/r$$

式中　σ——单位球面；

　　　(r, φ, λ)——球外空间任一点的球坐标；

　　　$P_n(\cos\psi)$——n 阶 Legendre 多项式；

　　　Δg^*——待定。

　　式（2 - 136）可写成以下形式

$$T' = \frac{R_B}{4\pi} \iint_\sigma \Delta g^* S(\psi,t) \mathrm{d}\sigma \qquad (2-137)$$

式中，$S(\psi, t)$ 为广义 Stokes 函数。其封闭形式为

$$S(\psi,t) = t(1 + 2/d - 3d - 5t\cos\psi - 3t\cos\psi \ln u) \qquad (2-138)$$

其中

$$d^2 = 1 + t^2 - 2t\cos\psi \qquad (2-139)$$

$$u = [(d+1)^2 - t^2]/4 = (1 - t\cos\psi + d)/2 \qquad (2-140)$$

当 $t = 1$ 时，$S(\psi, t)$ 退化为普通 Stokes 函数 $S(\psi)$。

　　当要求地球外部"真实"位 $T(r, \varphi, \lambda)$，就是 $T'(r, \varphi, \lambda)$ 在 Ω 中的解析延拓时，T' 必须在 Σ 面上满足 Molodensky 边值条件

$$\frac{\partial T'}{\partial r} + \frac{2T'}{r} = -\Delta g \quad （在 \Sigma 面上） \qquad (2-141)$$

　　将式（2 - 137）代入式（2 - 141），经整理可得

$$\Delta g = \frac{1}{4\pi} \iint_\sigma \Delta g^* \left[\frac{(t^2 - t^4)}{D^3} - 3t^3\cos\psi - t^2 \right] \mathrm{d}\sigma \qquad (2-142)$$

　　上式就是 Δg 与 Δg^* 应满足的关系，即将 Δg^* 向上延拓的 Poisson 积分，但这里 Δg

是地球表面 Σ 上的观测值，是已知的，而 Δg^* 是球面 S 上的待定值，因此式（2-142）是关于未知函数 Δg^* 的积分方程。当

$$l = (R_B^2 + r^2 - 2R_B r\cos\psi)^{\frac{1}{2}}, \ D = \frac{l}{r} \tag{2-143}$$

则式（2-142）可写成

$$\Delta g = \frac{R_B^2}{4\pi r}\iint\limits_{\sigma} \Delta g^* \left(\frac{r^2 - R_B^2}{l^3} - \frac{1}{r} - \frac{3R_B}{r^2}\cos\psi\right)\mathrm{d}\sigma \tag{2-144}$$

式（2-144）或式（2-142）是不包括零阶项和一阶项的所谓改进的 Poisson 积分，在推导 Hotine 函数时将应用这一形式的 Poisson 核。若将式（2-136）代入式（2-141），且其中的球谐级数展开形式的 Stokes 函数（级数）包括零阶和一阶项，则式（2-142）可写成

$$\Delta g = \frac{1}{4\pi}\iint\limits_{\sigma} \Delta g^* \left[\sum_{n=0}^{\infty}(2n+1)t^{n+2}P_n(\cos\psi)\right]\mathrm{d}\sigma \tag{2-145}$$

显然有 $\sum\limits_{n=0}^{1}(2n+1)t^{n+2}P_n(\cos\psi) = 3t^3\cos\psi + t^2$，式（2-145）的封闭形式就是通常的 Poisson 积分

$$\Delta g = \frac{R_B^2}{4\pi r}\iint\limits_{\sigma} \Delta g^* \left(\frac{r^2 - R_B^2}{l^3}\right)\mathrm{d}\sigma \tag{2-146}$$

这里注意，地面重力异常数据在用于计算大地水准面时，都移去了由全球位模型计算的重力异常的模型值 Δg_M，在余下的残差重力异常 $\delta\Delta g$ 中不包含零阶和一阶项，因此严格说来，求解 Δg^* 应采用式（2-144），但式（2-146）比式（2-144）简单，应用上有时仍采用式（2-146），这时在应用式（2-136）时应考虑确定 T_0（或 N_0）的问题。式（2-146）的解目前还没有 Poisson 逆算子的封闭公式，可采用迭代算法或将这一积分方程离散化近似转化成线性方程组求解。

（2）单层密度法

Bjerhammar 于 1987 年给出了一种以单层密度为参数的虚拟球面边值问题的解，在 S 面上定义以下单层位

$$T' = \iint\limits_{S} \frac{\mu^*}{l}\mathrm{d}S \tag{2-147}$$

式中　μ^*——单层密度（在假定万有引力常数 $G = 1$ 的意义下）函数。

当去掉 $1/l$ 球谐展开的零阶和一阶项时，式（2-147）可表示为

$$T' = R_B\iint\limits_{\sigma} \mu^* (td^{-1} - t^2\cos\psi - t)\mathrm{d}\sigma \tag{2-148}$$

式中 d，t 的意义同前，对 r 求偏导数得

$$\frac{\partial T'}{\partial r} = \iint\limits_{\sigma} \mu^* \left[(t^3\cos\psi - t^2)d^{-3} + 2t^2\cos\psi + t^2\right]\mathrm{d}\sigma \tag{2-149}$$

将式（2-148）和式（2-149）代入 Σ 面上的边值条件得

$$\Delta g = \iint_\sigma \mu^* \left[(t^2 - t^3 \cos\psi) d^{-3} - 2t^2 d^{-1} + t^2 \right] \mathrm{d}\sigma \qquad (2-150)$$

上式就是由地面 Δg 观测值求解参数 μ^* 的积分方程。许厚泽等提出的单层密度模型与式（2-148）和式（2-150）略有不同，其形式为

$$T = \frac{R_B^2}{2\pi} \iint_\sigma \frac{\mu^*}{l} \mathrm{d}\sigma \qquad (2-151)$$

μ^* 定义为

$$\mu^* = \Delta g^* + \frac{3}{2} \frac{T'}{R_B} \qquad (2-152)$$

$$\mu = \Delta g + \frac{3}{2} \frac{T}{R_B} \qquad (2-153)$$

式中，Δg^* 和 Δg 意义同前，μ 是 μ^* 向球外延拓至地球表面上的值，μ^* 由以下积分方程求解

$$\mu = \frac{t^2 (1 - t^2)}{4\pi} \iint_\sigma \frac{\mu^*}{D^3} \mathrm{d}\sigma \qquad (2-154)$$

上式是 Poisson 积分，可按迭代算法求解 μ^*。

（3）离散边值问题

Bjerhammar 在其连续（埋置虚拟球）边值问题理论框架下提出了离散边值问题（如图 2-6 所示），并做了系统的研究。离散边值问题的提法是：在地球表面有有限个离散重力异常观测值 $\Delta g_j (j=1, 2, \cdots, N)$，要寻求扰动位 T' 的一个解，使其"满足"所有的观测值，且在无穷远正则。同样在地球内部埋置一个虚拟球，并假定球面与地球表面之间无物质，则解应满足以下条件

$$\begin{cases} \Delta T' = 0 & \text{在球外部}(\Omega' \cup \Omega) \\ \dfrac{\partial T_j'}{\partial r_j} + \dfrac{2 T_j'}{r_j} = -\Delta g_j & \text{在地球表面} \Sigma \text{及外部} \Omega \\ T' = 0 & \text{当} r \to \infty \end{cases} \qquad (2-155)$$

如图 2-6（右边）所示，假定虚拟球面 S 上定义了一个虚拟重力异常场，用 Δg^* 表示，Δg^* 是这个虚拟场的"脉冲"信号，即在 S 上除了与地面观测点有关的位置外，其余球面部分都有 $\Delta g^* = 0$。引用 Dirac 赋值泛函 δ（即 δ 函数），则对某个实函数 $f(\bar{x}) \in S$，$[\bar{x} = (\varphi, \lambda)]$，在 δ 函数作用下得到赋值

$$f(\bar{x}_i) = \frac{1}{4\pi} \iint_\sigma f(\bar{x}) \delta(\bar{x} - \bar{x}_i) \mathrm{d}\sigma \qquad (2-156)$$

当已知 $f(\bar{x})$ 采样值的无穷集合 $f_n (n=0, 1, 2, \cdots, \infty)$ 时，通过 δ 函数的作用可再生该函数

$$f(\bar{x}) = \sum_{n=0}^{\infty} f_n \delta(\bar{x} - n\Delta\bar{x}) = \sum_{n=0}^{\infty} f_n (n\Delta\bar{x}) \delta(\bar{x} - n\Delta\bar{x}) \qquad (2-157)$$

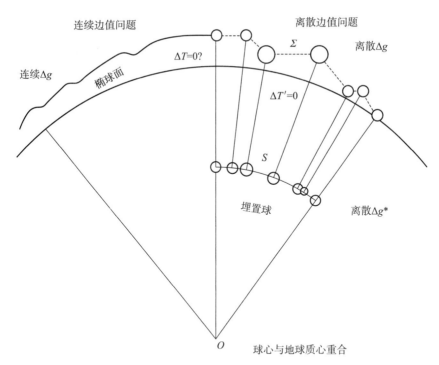

图 2-6　经典连续边值问题和离散边值问题（Bjerhammar, 1987）

对上式做有限项求和，则可获得关于 $f(\bar{x})$ 的一个包含截断误差的逼近函数。将这一原理用于函数 Δg^* 得

$$\Delta g^*(\bar{x}) = \sum_{i=1}^{n} \Delta g^*(\bar{x}_i)\delta(\bar{x} - \bar{x}_i) \qquad (2-158)$$

将积分方程（2-146）写成以下形式

$$\Delta g = \frac{t^2(1-t^2)}{4\pi} \iint_{\sigma} \Delta g^* \, d^{-3} \mathrm{d}\sigma \qquad (2-159)$$

式中，Δg 和 Δg^* 都是连续函数，进一步整理可得

$$\Delta g = \frac{t^2(1-t^2)}{4\pi} \iint_{\sigma} \frac{\sum_{i=1}^{n} \Delta g^*(\bar{x}_i)\delta(\bar{x} - \bar{x}_i)}{d^3} \mathrm{d}\sigma \qquad (2-160)$$

交换求和与积分次序得

$$\Delta g = \frac{t^2(1-t^2)}{4\pi} \sum_{i=1}^{n} \Delta g^*(\bar{x}_i) \iint_{\sigma} \frac{1}{d^3}\delta(\bar{x} - \bar{x}_i)\mathrm{d}\sigma \qquad (2-161)$$

离散化可得

$$\Delta g_j = t^2(1-t^2) \sum_{i=1}^{n} \frac{\Delta g_i^*}{d_{ji}^3} \qquad (2-162)$$

上式中的 Δg_j，Δg_i^* 和 d_{ji} 分别相当于连续边值问题中的 Δg_P，$\Delta g_{Q'}^*$ 和 $d_{PQ'}$，其中 t 略去了下标 j。在上述"δ 方法"中已没有积分面元 ΔS 的概念，其中的 4π 已不存在，Δg^* 的意义也有区别。用同样的方法可导出 T' 的表达式

$$T'_j = R_B \sum_{i=1}^{n} \Delta g_i^* \cdot S(\psi_{ji}, t_j) \qquad (2-163)$$

或

$$T'(r, \varphi, \lambda) = R_B \sum_{i=1}^{n} \Delta g^*(\varphi_i, \lambda_i) S(r, \varphi, \lambda, \varphi_i, \lambda_i)$$
$$\qquad\qquad (2-164)$$
$$= R_B t \sum_{i=1}^{n} \left[1 - 3d + \frac{2}{d} - t\cos\psi(5 + 3\ln u) \right] \Delta g_i^*$$

式中，$S(\psi_{ji}, t_j)$ 是 Stokes 函数。

Bjerhammar 把连续边值问题中的积分方程离散化处理方法，或数值积分法，也纳入了他的离散边值问题的范围，可以看出，与上面引入 δ 函数的方法有明显区别。

地面观测值的垂线偏差（ξ, η），或大地水准面高 N（如在海洋上的测高大地水准面高），同样可以作为 Bjerhammar 边值问题中的"约束"，利用相应的泛函关系 $LT = f$（f 为 ξ, η 或 N 等观测值）作边值条件，采用前面的推导方法，可分别导出由相应观测量求解 Δg^* 的积分方程或线性方程组。

2.3.3　虚拟质量等效逼近

在 Bjerhammar 球面 S 上构造一个点质量集合的虚拟扰动场源，要求在地球外部产生的扰动位 T' 与真实扰动位 T 一致，由此求解 Bjerhammar 离散边值问题，即虚拟点质量模型。

设 S 面上点质量集合为 $\{m_i\}(i=1, 2, \cdots, n)$，由位的叠加原理，$T'$ 可表示为

$$T'_j = \sum_{i=1}^{n} m_i l_{ji}^{-1} \qquad (2-165)$$

式中，距离 l_{ji} 的意义同前。现有地面重力异常观测值 $\{\Delta g_j\}(j=1, 2, \cdots, N)$，将式（2-165）代入边值条件，即

$$\frac{\partial T'_j}{\partial r_j} + \frac{2T'_j}{r_j} = -\Delta g_j \qquad (2-166)$$

得

$$\Delta g_j = \sum_{i=1}^{n} \left[(r_j - R_B \cos\psi_{ji}) l_{ji}^{-3} - 2r_j^{-1} l_{ji}^{-1} \right] m_i \qquad (2-167)$$

将上式写成矩阵方程

$$\Delta g = Am \qquad (2-168)$$

其中，矩阵 A 的元素为

$$a_{ji} = \frac{r_j - R_B \cos\psi_{ji}}{l_{ji}^3} - \frac{2}{r_j l_{ji}} \qquad (2-169)$$

由式（2-168）可解得 $m = (m_1, m_2, \cdots, m_n)^T$，代入式（2-165）即可确定地球外部扰动位 $T = T'$。

以上虚拟点质量模型简单实用，若地面（或海洋）有大地水准面高 N 和垂线偏差（ξ, η）观测值，则相应的点质量模型为

$$N_j = \frac{1}{\gamma} T_j' = \frac{1}{\gamma} \sum_{i=1}^{n} l_{ji}^{-1} m_i \tag{2-170}$$

$$\xi_j = -\frac{\partial T'}{\gamma r_j \partial \varphi} = -\frac{1}{\gamma} \sum_{i=1}^{n} (R_B \sin\psi_{ji} \cos\alpha_{ji} l_{ji}^{-3}) m_i \tag{2-171}$$

$$\eta_j = -\frac{1}{\gamma r_j \cos\varphi_j} \frac{\partial T'}{\partial \lambda} \tag{2-172}$$

$$= -\frac{1}{\gamma} \sum_{i=1}^{n} (R_B \sin\psi_{ji} \sin\alpha_{ji} l_{ji}^{-3}) m_i$$

$$\tan\alpha_{ji} = \frac{\cos\varphi_j \sin(\lambda_i - \lambda_j)}{\cos\varphi_i \sin\varphi_j - \sin\varphi_i \cos\varphi_j \cos(\lambda_i - \lambda_j)} \tag{2-173}$$

式中　　α_{ji}——观测点 j 至质量点 i 的方位角。

以上各类观测量的点质量模型可联合解算，组成联合线性方程组，当观测值总个数多于待求质点数时（$N > n$），则应按最小二乘平差方法解算。

2.3.4　压缩恢复等效逼近

（1）理论模型

重力位虚拟压缩恢复法的基本思想是通过虚拟的"压缩"与"释放"，精确地给出地球外部重力场（如不考虑观测值误差），无须事先假定在 Bjerhammar 球上存在任何虚拟分布，从而克服了任何先验的人为假设（如无须引入并不是严格成立的物理大地测量基本微分方程），同时克服了不适定性问题（已求出了在地球外部唯一而稳定的解）。

选取一个半径为 R 的虚拟球，其边界记为 ∂K，它被完全包含在地球 $\partial\Omega$ 之中，将地球表面的调和函数 U 沿径向等值地压缩到地球内部的虚拟球面上，即 $U_A = U_B$，如图 2-7 所示。

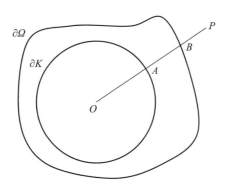

图 2-7　虚拟压缩恢复法示意图

利用 Poisson 积分可由虚拟球面上的 $U^{(0)}$ 值求得地面上的 $U^{(1)}$，得到地球表面上的残差 $U^{*(1)} = U^{(0)} - U^{(1)}$，将地球表面的 $U^{*(1)}$ 再沿径向等值地压缩到地球内部的虚拟球面上，按前述做法可求得 $U^{*(2)}$，如此反复进行，即可得到一个在虚拟球外部调和、在无穷远处正则的虚拟调和函数级数解

$$U^* = U^{(0)} + \sum_{i=1}^{n} U^{*(i)} \qquad (2-174)$$

则虚拟球外部任一点的调和函数值便可由 U^* 按照 Poisson 积分求得。

地面上的已知调和函数 U 选为 $r\Delta g$，按照虚拟压缩恢复法便可求得虚拟球面上的调和函数的级数解 U^*，则虚拟球外任一待求点 P 的 $U(P)$ 便可利用 Poisson 积分求得

$$U(P) = (r^2 - R^2)/(4\pi R) \iint_{\partial K} U^* \mid_{\partial K} /l^3 \mathrm{d}\sigma \qquad (2-175)$$

实际应用中，上式应变为离散求和的形式。其中 r 为 P 点至球心点的距离，R 为虚拟球的半径，l 为 P 点至球面积分点的距离。

实际应用中，观测值是 Δg，而需要的调和函数往往是扰动位，所以，必须先由重力异常来推求出扰动位，方法是：以 $r\Delta g$ 作为调和函数 U 通过虚拟压缩恢复法求得虚拟球面上的调和函数的级数解 U^*，进而由 $U^* = R\Delta g$ 很容易求得 Δg，再由公式

$$T = \frac{1}{4\pi} \iint_{\Sigma} \Delta g \left[\sum_{n=2}^{\infty} \frac{2n+1}{n-1} \frac{R^n}{r^{n+1}} P_n(\cos\psi) \right] \mathrm{d}\Sigma \qquad (2-176)$$

便可求得虚拟球面上所分布的点的扰动位，而虚拟球外部点的扰动位便可由虚拟球上点的扰动位通过 Poisson 积分计算得到。然后在向径、经纬方向上计算扰动位的导数便可得到扰动重力。

评判一种方法是否为计算扰动重力的适合方法，其关键一点是看这种方法的计算速度的快慢。点质量方法以其在计算速度方面的优势而得到较好的应用。相比于点质量方法，虚拟压缩恢复法在计算速度上明显处于劣势，所以，还需要对虚拟压缩法进行改进：思路是采用与点质量方法相同的数据分布；与点质量方法的数据分布稍微不同的一点是：改进虚拟压缩恢复法中数据范围内的数据没有重叠的。

（2）实用方法

这里对虚拟压缩恢复法的基本过程，用一个实例进行阐述，并进行归纳。

同样，Bjerhammar 球 K 的边界记为 ∂K，它被完全包含在地球 Ω 之中（ Ω 是地球所占据的区域，也是一开集，其边界记为 $\partial\Omega$ ），K 的中心与地球质心重合。因此，要构造出一个位函数 V^*，它在 K 的整个外部空间 $\bar{K}$ 满足

$$\Delta V^*(P) = 0, P \in \bar{K}$$
$$V^*(P) \mid_{\partial K} = V^*_{\partial K} \qquad (2-177)$$
$$\lim_{P\to\infty} V^*(P) = 0$$

式中，Δ 是 Laplace 算符，而在地球的边界 $\partial\Omega$ 上，V^* 具有与地球真实引力位 V 相同的值，即

$$V^*(P) \mid_{\partial\Omega} \equiv V(P) \mid_{\partial\Omega} \qquad (2-178)$$

如果满足上述条件的虚拟引力位 V^* 存在，那么，在地球的整个外部空间 $\bar{\Omega}$（包括地球边界），它必定与地球的真实引力位 V 一致，因为满足同样边界条件的正则调和函数是唯一的。

假定已知地球表面的重力位 $W_{\partial\Omega}$，就可求出地球表面的引力位 $V_{\partial\Omega}$。将该引力位沿径向等值地压缩到虚拟球面 ∂K 上，然后寻求如下边值问题

$$\Delta V^{*(1)}(P)=0, P\in\bar{K}$$
$$V^{*(1)}(P)\big|_{\partial K}=V_{\partial\Omega} \tag{2-179}$$
$$\lim_{P\to\infty}V^{*(1)}(P)=0$$

的解，其解由著名的 Poisson 积分公式

$$V^{*(1)}(P)=\frac{r^2-R^2}{4\pi R}\iint_{\partial K}\frac{V^{*(1)}}{l^3}\mathrm{d}\sigma\equiv\frac{r^2-R^2}{4\pi R}\iint_{\partial K}\frac{V_{\partial\Omega}}{l^3}\mathrm{d}\sigma, P\in\bar{K} \tag{2-180}$$

给出。它是在上述所选虚拟球的外部空间 $\bar{K}$ 中调和并在无穷远处正则的位函数，其中，r 和 l 分别是场点 P 至地心以及积分面元 $\mathrm{d}\sigma$ 的距离。当把位函数（2-180）限定在地球的外部空间区域 $\bar{\Omega}$（包括地球边界）之后，可将它作为地球真实引力位的一级近似。令

$$T^{(1)}(P)=V(P)-V^{*(1)}(P), P\in\bar{\Omega} \tag{2-181}$$

称之为一阶残余引力位（注意，它定义在地球外部空间 $\bar{\Omega}$ 之中），它在地球边界上的值可表示为

$$T^{(1)}(P)_{\partial\Omega}=V(P)_{\partial\Omega}-V^{*(1)}(P)_{\partial\Omega} \tag{2-182}$$

类似于前面的推理过程，将一阶残余引力位 $T_{\partial\Omega}^{(1)}$ 沿径向等值地压缩到虚拟球面 ∂K 上，然后寻求如下边值问题

$$\Delta V^{*(2)}(P)=0, P\in\bar{K}$$
$$V^{*(2)}(P)\big|_{\partial K}=T_{\partial\Omega}^{(1)} \tag{2-183}$$
$$\lim_{P\to\infty}V^{*(2)}(P)=0$$

的解，其解由

$$V^{*(2)}(P)=\frac{r^2-R^2}{4\pi R}\iint_{\partial K}\frac{V^{*(2)}}{l^3}\mathrm{d}\sigma\equiv\frac{r^2-R^2}{4\pi R}\iint_{\partial K}\frac{T_{\partial\Omega}^{(1)}}{l^3}\mathrm{d}\sigma, P\in\bar{K} \tag{2-184}$$

给出，它是在虚拟球的外部空间 $\bar{K}$ 中调和并在无穷远处正则的位函数。当把它限定在地球的外部空间 $\bar{\Omega}$ 之后，可将此位函数作为一阶残余位的一级近似，或者可将 $V^{*(1)}+V^{*(2)}$ 作为地球真实引力位的二级近似。

一般地，令

$$T^{(0)}(P)\equiv V(P)$$
$$T^{(n)}(P)=T^{(n-1)}(P)-V^{*(n)}(P), P\in\bar{\Omega}, n\geqslant 1 \tag{2-185}$$

将 $T^{(n)}(P)$ 称为 n 阶残余引力位（它定义在包含了地球边界的地球之外部空间，其中零阶残余引力位被定义为地球的真实外部引力位），它在地球边界上的值可表示为

$$T^{(0)}(P)_{\partial\Omega}\equiv V(P)_{\partial\Omega}$$
$$T^{(n)}(P)_{\partial\Omega}=T^{(n-1)}(P)_{\partial\Omega}-V^{*(n)}(P)_{\partial\Omega}, n\geqslant 1 \tag{2-186}$$

将 $(n-1)$ 阶残余引力位 $T_{\partial\Omega}^{(n-1)}$ 沿径向等值地压缩到虚拟球面 ∂K 上，寻求如下边值问题

$$\Delta V^{*(n)}(P)=0,P\in\bar{K}$$
$$V^{*(n)}(P)\,|_{\partial K}=T^{(n-1)}(P)_{\partial\Omega} \qquad (2-187)$$
$$\lim_{P\to\infty}V^{*(n)}(P)=0,n\geqslant 1$$

的解，其解由 Poisson 积分公式

$$V^{*(n)}=\frac{r^2-R^2}{4\pi R}\iint_{\partial K}\frac{V^{*(n)}}{l^3}\mathrm{d}\sigma\equiv\frac{r^2-R^2}{4\pi R}\iint_{\partial K}\frac{T_{\partial\Omega}^{(n-1)}}{l^3}\mathrm{d}\sigma,P\in\bar{K},n\geqslant 1 \quad (2-188)$$

给出，它是在虚拟球的外部空间 $\bar{K}$ 中调和并在无穷远处正则的位函数。当把它限定在地球的外部空间区域 $\bar{\Omega}$ 之后，可将此位函数作为 $(n-1)$ 阶残余位 $T^{(n-1)}(P)$ 的一级近似，或者，可将 $V^{*(1)}+V^{*(2)}+\cdots+V^{*(n)}$ 作为地球真实引力位 V 的 n 级近似。于是，可得到一个在虚拟球域外部的级数解

$$V^*(P)=\sum_{n=1}^{\infty}V^{*(n)}(P),P\in\bar{K} \qquad (2-189)$$

它在边界 ∂K 上有

$$V^*\,\big|_{\partial K}=\Big(\sum_{n=0}^{\infty}T^{(n)}\Big)\,|_{\partial\Omega}$$

式中，$T^{(n)}\,|_{\partial\Omega}$ 由式（2-186）给出。

期望由式（2-189）决定的虚拟引力位场 $V^*(P)$ 在地球的外部与地球真实的引力位场 $V(P)$ 一致。因此，对于实际情况，采用地面重力异常数据，表征地球外部扰动重力场时，应用虚拟压缩恢复法的基本过程可以表述如下。

1）首先根据重力异常和向径已知观测值构造调和函数 $r\Delta g$，采用与点质量方法相同的数据分布。

2）由虚拟压缩法求得虚拟球面上的调和函数的级数解，只是其中由虚拟球上的调和函数计算球外一点的调和函数公式，不再是公式（2-175），因为现在调和函数的数据分辨率不再单一

$$U(P)=(r^2-R^2)/(4\pi R)\Big(\iint_{\partial a}U_a^*\,|_{\partial a}/l^3\mathrm{d}\sigma_a+\iint_{\partial b}U_b^*\,|_{\partial b}/l^3\mathrm{d}\sigma_b+\iint_{\partial c}U_c^*\,|_{\partial c}/l^3\mathrm{d}\sigma_c\Big)$$

$$(2-190)$$

3）计算出虚拟球上的调和函数值 $r\Delta g$ 后，进而由 $U^*=R\Delta g$ 很容易求得 Δg，再由公式（2-191）便可求得虚拟球面上所分布的点的扰动位，而虚拟球外部点的扰动位便可由虚拟球上点的扰动位通过 Poisson 积分计算得到。然后在向径、经纬方向上计算扰动位的导数便可得到扰动重力

$$T = \frac{1}{4\pi} \iint\limits_{\Sigma a} \Delta g \left[\sum_{n=2}^{\infty} \frac{2n+1}{n-1} \frac{R^n}{r^{n+1}} P_n(\cos\psi) \right] d\Sigma +$$

$$\frac{1}{4\pi} \iint\limits_{\Sigma b} \Delta g \left[\sum_{n=2}^{\infty} \frac{2n+1}{n-1} \frac{R^n}{r^{n+1}} P_n(\cos\psi) \right] d\Sigma + \qquad (2-191)$$

$$\frac{1}{4\pi} \iint\limits_{\Sigma c} \Delta g \left[\sum_{n=2}^{\infty} \frac{2n+1}{n-1} \frac{R^n}{r^{n+1}} P_n(\cos\psi) \right] d\Sigma$$

2.4 地球外部重力场球冠谐表征

以 Sturm – Liouville 问题为基础，提出了球冠谐分析的严密边界条件，并导出了相应 S – L 型方程的本征函数——非整阶缔合 Legendre 函数，系统地建立了用球冠谐展开表达局部重力场的数学模型，为精确地描述局部重力场提供了理论基础。

2.4.1 球冠谐分析边界条件

球冠谐分析与球谐分析不同，余纬变量 θ 不再是 $0 \sim \pi$，而是在给定的某一球冠（半角 θ_0），使得 $0 \leqslant \theta \leqslant \theta_0$ 满足 S – L 型方程的自由边界条件。为了使经度变量 λ 仍满足 S – L 型方程的周期性条件，需将地球的北极 Z 旋转到球冠的中心位置 P。定义在全球上的球谐函数在整个球上的基函数 $P_{nm}(\cos\theta) \begin{Bmatrix} \cos m\lambda \\ \sin m\lambda \end{Bmatrix}$ 是正交的，类似地，球冠谐分析的基函数同样也可以是正交的，但这样导致 Legendre 函数不再是整阶，而是非整数阶，次 m 仍然保持正整数，因为球冠谐分析与球谐分析在经度方向都满足周期性条件。

$r = a$ 时用来分析地面重力观测值；$r = b$ 时可用来分析空中重力观测值。

（1）经度 λ 的 S – L 型方程的边界条件

为了简化边界条件，把地球北极 Z 旋转至球冠中心 P，使得经度仍然满足周期性边界条件，即在球冠坐标系中有

$$V_{nm}(r, \theta, \lambda) = V_{nm}(r, \theta, \lambda + 2\pi) \qquad (2-192)$$

$$\frac{\partial V_{nm}(r, \theta, \lambda)}{\partial \lambda} = \frac{\partial V_{nm}(r, \theta, \lambda + 2\pi)}{\partial \lambda} \qquad (2-193)$$

因此，球冠谐分析中 λ 的 S – L 型方程的边界条件与球谐分析中 λ 的边界条件完全相同，即满足周期性条件。

（2）余纬 θ 的 S – L 型方程的边界条件

在球冠谐分析中，余纬 θ 应满足 S – L 问题的自由边界条件，即

$$\frac{1}{\sin\theta} \frac{d}{d\theta} \left(\sin\theta \frac{dY}{d\theta} \right) + \left(k - \frac{m^2}{\sin^2\theta} \right) Y = 0, \quad 0 \leqslant \theta \leqslant \theta_0 \qquad (2-194)$$

可以看出，当 $\theta = 0$ 时，这一自由边界条件与球谐分析的自由边界条件相同；当 θ 为给定的 θ_0 时，与球谐分析的 S – L 型自由边界条件不同，也就是说 $\theta = \pi$ 只是 $\theta = \theta_0$ 的一种特殊情形，或者说球谐分析是球冠谐分析的一种特例。

对于球冠谐分析，在 θ_0 处位函数 V 及其导数为

$$V(r,\theta,\lambda)\big|_{\theta=\theta_0}=f(r,\lambda) \qquad (2-195)$$

$$\frac{\partial V(r,\theta,\lambda)}{\partial\theta}\bigg|_{\theta=\theta_0}=g(r,\lambda) \qquad (2-196)$$

这里函数 $f(r,\lambda)$ 和 $g(r,\lambda)$ 分别满足位 V 及其导数 $\dfrac{\partial V}{\partial\theta}$ 在 r，λ 的边界条件，即对于所有的正整数 m，应使得 n 满足下列条件

$$\frac{\partial V_{nm}(r,\theta,\lambda)}{\partial\theta}\bigg|_{\theta=\theta_0}=0 \qquad (2-197)$$

$$V_{nm}(r,\theta,\lambda)\big|_{\theta=\theta_0}=0 \qquad (2-198)$$

在上述条件下，由方程解出的根 n 不再是整数，当 $\theta=\theta_0$ 时，V_{nm} 及其导数 $\dfrac{\partial V_{nm}}{\partial\theta}$ 不能同时为零，即

$$\frac{\partial P_{nm}(\cos\theta)}{\partial\theta}\bigg|_{\theta=\theta_0}=0 \qquad (2-199)$$

和

$$P_{nm}(\cos\theta)=0 \qquad (2-200)$$

不能对一个 n 值同时成立，因此在以上两式中已知 m 和 θ_0 时，可以求出两组 n 的实数根。令 k 是根 n_k 的序号，且 k 为整数，$k=0$，1，…，且 $k>m$，n 的实根可用 $n_k(m)$ 表示。实数阶应取下述两种情形的根，即：

当 $k-m$ 为偶数时，取方程（2-199）的根，并使 $n_k(m)$ 既满足条件（2-197）又满足式（2-198）；

当 $k-m$ 为奇数时，取方程（2-200）的根，并使 $n_k(m)$ 同时满足条件（2-197）和式（2-198）。

2.4.2 非整阶 Legendre 函数特性

2.4.1 节讨论了球冠谐分析中经度 λ 和余纬 θ 的边界条件，其中 λ 的边界条件是满足 S-L 型方程的周期性条件，根据 S-L 问题的正交性定理，其本征函数 $\cos m\lambda$ 和 $\sin m\lambda$ 是一组正交基函数；θ 的边界条件同时满足式（2-197）和式（2-198），即 $n_k(m)$ 分别取这两式的根，相应的本征函数有两组，即一组是 $n_k(m)$（当 $k-m$ 为偶数时）取方程（2-199）的根的本征函数，另一组是 $n_k(m)$（$k-m$ 为奇数时）取方程（2-200）的根的本征函数。根据 S-L 问题正交性定理，每一组本征函数在对应的球冠上是相互正交的，即有下列正交关系

$$\int_0^{\theta_0}P_{n_j(m)m}(\cos\theta)P_{n_k(m)m}(\cos\theta)\sin\theta\,\mathrm{d}\theta=0 \qquad (2-201)$$

式中，$j\neq k$，并且 $j-m$ 和 $k-m$ 同时为奇数或同时为偶数。

讨论规格化非整阶缔合 Legendre 函数的确定方法。当 n 为实数、m 为正整数时，缔合 Legendre 函数 $\bar{P}_{nm}(\cos\theta)$ 对于 $0\leqslant\theta\leqslant\pi$ 区间可由下式表达

$$\bar{P}_{nm}(\cos\theta) = K_{nm}\ \sin^m\theta\, \mathrm{F}\left(m-n, n+m+1, 1+m, \sin^2\frac{\theta}{2}\right) \tag{2-202}$$

公式中 K_{nm} 为规格化因子，F 为超几何函数，它们的函数形式为

$$K_{nm} = \begin{cases} 0 & m=0 \\[2mm] \sqrt{\dfrac{2(2n+1)(n-m)!}{(n+m)!}} & m>0 \end{cases} \tag{2-203}$$

$$\mathrm{F}(a,b,c,x) = \sum_{k=0}^{\infty} \frac{(a)_k\,(b)_k}{k!\,(c)_k} x^k,\ \mid x \mid < 1 \tag{2-204}$$

式中，$(a)_k$ 的递推公式为：$(a)_0 = 1$，　$(a)_1 = a$，　$(a)_k = (a+k-1)(a)_{k-1}$。$(b)_k$ 和 $(c)_k$ 与此类似。

第3章　格网平均重力异常构建

如果已知一个物体的外水准面形状、物体的总质量以及其绕一固定旋转轴旋转的角速度，则其表面和外部空间的重力位都可唯一确定，不需要知道物体内部的质量分布情况。这就是斯托克斯定理。基于斯托克斯定理求解外部扰动场元时，需要已知大地水准面上的重力异常，且在大地水准面外部没有质量。实际上，由于观测重力值分布在地球的表面，大地水准面外部（尤其是在陆地）仍然存在质量，这就使得在运用斯托克斯公式求解地球外部重力场时，必须对地表的重力观测值进行归算。本章介绍了格网平均重力异常的构建方法，从不同维度给出了重力异常模型的构建方法，并重点阐述了区域 $1' \times 1'$ 和全球 $5' \times 5'$ 格网平均重力异常模型的构建方法。

3.1　重力归算

重力归算不仅要把地表的重力观测值归算到大地水准面上，而且要保证大地水准面外部没有质量（实际上要把大地水准面的外部质量，通过某种方式分布到大地水准面内部）。要完成这样的归算，显然要求给出地表的重力垂直变化梯度，以及给出如何将大地水准面外部的质量分布到大地水准面的内部。一般说来，给出不同的梯度公式，不同的质量移动和密度分布形式，导致的重力归算量值不一样，相应地将得到不同的重力异常。本节将介绍几种常用的重力归算方法以及它们所对应的重力异常。

3.1.1　空间、层间与局部地形改正

如图 3-1 所示，假定地面观测点到大地水准面的距离为 H，地表的重力观测值为 g，如果假设大地水准面外部原本就没有质量，利用泰勒级数将重力值由地面处展开，并只顾及至二阶项，则大地水准面上的重力 g_0 表示为

$$g_0 = g - \frac{\partial g}{\partial H}H + \frac{1}{2}\frac{\partial^2 g}{\partial H^2}H^2 \tag{3-1}$$

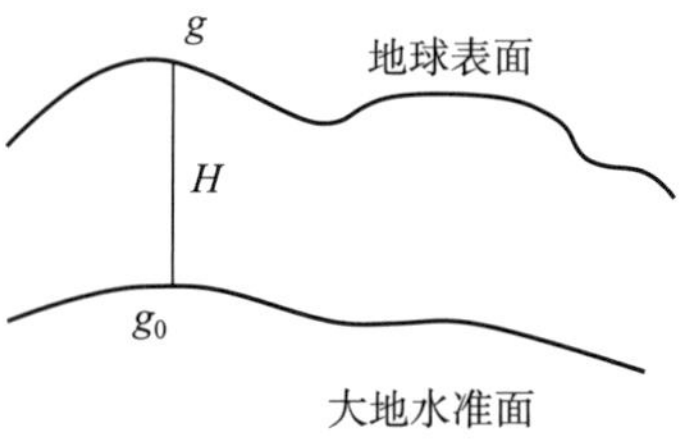

图 3-1　重力归算

但 $\dfrac{\partial g}{\partial H}$ 和 $\dfrac{\partial^2 g}{\partial H^2}$ 的值都不知道，用正常重力梯度 $\dfrac{\partial \gamma}{\partial h}$ 和 $\dfrac{\partial^2 \gamma}{\partial h^2}$ 来近似代替它们。根据正常重力公式可得

$$\left[\frac{\partial \gamma}{\partial h}\right] = -0.308\,6(1 + 0.000\,7\cos 2B) \tag{3-2}$$

$$\frac{1}{2}\left[\frac{\partial^2 \gamma}{\partial h^2}\right] = \frac{1}{2}\frac{\partial^2 \gamma}{\partial a^2} = 3\frac{\gamma_a}{a^2} = 0.72 \times 10^{-7} \tag{3-3}$$

其中的二阶项和与纬度有关的项量级都很小，可以省略不计，代入式（3-1）得

$$g_0 = g + 0.308\,6H \tag{3-4}$$

$$\delta g_A = -0.308\,6H \tag{3-5}$$

上式称为重力空间改正，单位为 mGal，H 单位为 m。相应地，求得的重力异常称为空间重力异常

$$\Delta g_空 = g + \delta g_A - \gamma_0 \tag{3-6}$$

式中　γ_0——对应的平均椭球体表面的正常重力（下同）。

　　上述空间改正和空间重力异常也称为自由空气改正和自由空气重力异常。然而上述空间改正中，假设大地水准面外部不存在质量，这显然是不合理的。下面用布格提出的方法来求测站与大地水准面之间的质量对重力归算的影响。

　　首先，假定大地水准面和测站所在的地表面是相互平行的水平面。现在考虑将这两个面之间的水平层质量去掉后如何对重力观测值加以改正。该项改正称之为层间改正，记 δg_F。由于去掉的质量层在观测点的下方，该项改正值应该为负值。假定该平面质量层为无限均质平面质量层，密度为常数 ρ，则 δg_F 的计算公式为

$$\delta g_F = -2\pi G \rho \cdot H \tag{3-7}$$

式中　G——万有引力常数。

　　取地球表面的岩石密度 $\rho = 2.67$ g/cm³，代入式（3-7），得

$$\delta g_F = -0.111\,9H \tag{3-8}$$

式中，δg_F 的单位为 mGal，H 单位为 m。称 $\delta g_A + \delta g_F$ 为不完全布格改正，对应的重力异常称之为不完全布格重力异常

$$\delta g_B = g + \delta g_A + \delta g_F - \gamma_0 \tag{3-9}$$

　　进一步，考虑站点周围的地形起伏对测站重力的影响，因为地球表面毕竟不是前面假设的水平面。如图 3-2 所示，不完全布格改正是去掉了 A 点的地平面与大地水准面之间的一个质量层。要去掉大地水准面外的所有质量，还必须去掉地平面以上部分 I 的质量和补上地平面以下被层间改正所移去的空白部分 II 的质量。显然，去掉 I 部分的质量和补上 II 部分的质量，都会使得测站点的重力值增大，所以该项局部地形改正 δg_D 应该取正值。

　　局部地形改正是计算点水平面局部地形起伏的重力改正，其计算的近似公式可表示为

$$C_P = G\rho \iiint_{\sigma_0} \int_0^{h-h_P} \frac{z}{(x^2+y^2+z^2)^{3/2}}\mathrm{d}z\,\mathrm{d}x\,\mathrm{d}y + \frac{G\rho}{2}\iint_{\sigma-\sigma_0} \frac{(h-h_P)^2}{(x^2+y^2)^{3/2}}\mathrm{d}\omega \tag{3-10}$$

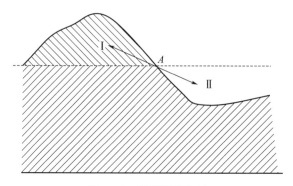

图 3-2　局部地形改正

该公式是以计算点为原点建立的相对坐标系，x 指向东，y 指向北；该项改正中所有量都是相对于计算点而言的。通常在计算时兼顾计算精度，将该项积分分成两个部分，中央区 σ_0 和近区域 $\sigma - \sigma_0$，积分值受中央区域影响比近区域大。中央区计算积分时采用棱柱积分的方法，而近区域则采用线性卷积分的方法去逼近真实积分。即

$$C_P = C_P^s + C_P^r$$

$$C_P^s = G\rho \iiint_{\sigma_0} \int_0^{h - h_P} \frac{z}{(x^2 + y^2 + z^2)^{3/2}} \mathrm{d}z \, \mathrm{d}x \, \mathrm{d}y \qquad (3-11)$$

$$C_P^r = \frac{G\rho}{2} \iint_{\sigma - \sigma_0} \frac{(h - h_P)^2}{(x^2 + y^2)^{3/2}} \mathrm{d}\omega$$

中央区积分半径一般选取计算点在内周围 9 个格网点；近区域积分半径则一般选取 $30 \sim 60$ km。中央区和近区域计算局部地形改正的时候采用的是相对于计算点移动的窗口，如图 3-3 所示。

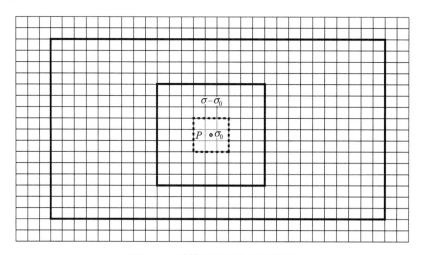

图 3-3　计算点地形改正示意图

由于地形数据和重力异常数据为网格数据，因此，将积分半径等有关物理量用网格数表示。平面网格的步长近似为 $\Delta x = R \Delta B$，$\Delta y = R \cos B_m \Delta L$，$B_m$ 为球面区域的平均纬

度，ΔB、ΔL 为球面网格的分辨率。设地形数据范围的大小为 $N \times M$，N 为行数，M 为列数，其分布形式与地理一致。计算点位于网格中央，以 (i_P, j_P) 表示其位置。中央区积分半径分别指向经度和纬度方向，经度方向积分半径点数用 s_L 表示，纬度方向积分半径点数用 s_B 表示。如此对于计算点 P，在其中央区内需要调用的地形数据有 $(2s_L + 1) \times (2s_B + 1)$。近区域积分半径在经度方向和纬度方向分别为 r_L 和 r_B，同样对于 P 点，在近区域需要调用的地形数据有 $(2r_B + 1) \times (2r_L + 1) - (2s_B + 1) \times (2s_L + 1)$。计算区域的点数，在本章中是 $(N - 2r_B) \times (M - 2r_L)$。

对式（3-11）中的中央区 C_P^s 积分取离散积分得如下形式

$$C^s(i_P, j_P) = -G\rho \sum_{i=i_P-s_B}^{i=i_P+s_B} \sum_{j=j_P-s_L}^{j=j_P+s_L} f(x,y,z) \Bigg|_{(i-i_P-0.5)\Delta x}^{(i-i_P+0.5)\Delta x} \Bigg|_{(j-j_P-0.5)\Delta y}^{(j-j_P+0.5)\Delta y} \Bigg|_0^{h(i,j)-h(i_P,j_P)}$$

$$f(x,y,z) = x\log(y+l) + y\log(x+l) - z\arctan\left(\frac{xy}{zl}\right)$$

$$l = \sqrt{x^2 + y^2 + z^2}$$

$$(3-12)$$

在积分过程中要注意的是 z 的积分上限可能为零，在编程时需要对 z 做判断。对式（3-11）中的 C_P^r 积分在近区域做离散积分得

$$C^r(i_P, j_P) = \frac{G\rho}{2} \sum_{i=i_P-r_B}^{i=i_P+r_B} \sum_{j=j_P-r_L}^{j=j_P+r_L} [h(i,j) - h(i_P, j_P)]^2 g(x,y) \Bigg|_{(i-i_P-0.5)\Delta x}^{(i-i_P+0.5)\Delta x} \Bigg|_{(j-j_P-0.5)\Delta y}^{(j-j_P+0.5)\Delta y}$$

$$g(x,y) = \begin{cases} -\dfrac{\sqrt{x^2+y^2}}{xy} & (x,y) \notin \left\{ \begin{matrix} [-(s_B+0.5)\Delta x, +(s_B+0.5)\Delta x] \\ \otimes [-(s_L+0.5)\Delta y, +(s_L+0.5)\Delta y] \end{matrix} \right\} \\ 0 & (x,y) \in \left\{ \begin{matrix} [-(s_B+0.5)\Delta x, +(s_B+0.5)\Delta x] \\ \otimes [-(s_L+0.5)\Delta y, +(s_L+0.5)\Delta y] \end{matrix} \right\} \end{cases}$$

$$(3-13)$$

在近区域积分过程中由于上下限都不为零，因此不存在奇异积分问题。按照上述进行离散积分求解，编程计算可以得到计算区域的局部地形改正，称 $\delta g_A + \delta g_F + \delta g_D$ 为完全布格改正，相应地称

$$g_0 - \gamma_0 = g + \delta g_A + \delta g_F + \delta g_D - \gamma_0 \tag{3-14}$$

为完全布格异常，它显然是将大地水准面外部质量去掉后，再由空间改正将重力值归算到大地水准面上后得到的重力异常。$\delta g_A + \delta g_D$ 为法耶改正，相应地称

$$g_0 - \gamma_0 = g + \delta g_A + \delta g_D - \gamma_0 \tag{3-15}$$

为法耶异常。

3.1.2　均衡理论和均衡改正

如果大地水准面外部的质量是引起重力异常的主要原因，那么在完全布格重力异常改正后（把大地水准面外部的质量全部移到无穷远处），重力异常值应该很小，但实际情况

并非如此，山区的布格重力异常一般量级都很大，而且是负值，说明山区地下有质量亏损。最早发现山区地下有质量亏损起因于在喜马拉雅山区进行的大地测量。当时的英国测量师发现测量得到的垂线偏差并不像事先设想的那样偏向高山区（因为有地形质量的吸引），说明山区下面有质量亏损。从那时候起，产生了各种各样对质量亏损的解释和数学计算模型，统称为地壳均衡学术，它是基于流体静力平衡原理提出的一种对地壳构造进行解释的理论。地球物理学存在两种均衡系统，即：普拉特—海福特系统和艾黎—海斯卡宁系统。

3.1.2.1　普拉特—海福特均衡理论

该系统是由普拉特提出来，由海福特推出数学计算公式，并通过普拉特提出的理论进行了实验计算。

根据普拉特的假说，地壳下界面在平均海水面以下的深度处处一样，通常用 D 表示，称为均衡深度。在地壳下有岩浆，要使它达到静力平衡，就必须保持地壳对岩浆的压力在地壳下界面处处相等，也即地壳下界面是个均衡面。然而，实际地表高低起伏，错综复杂，说明地壳的厚度不是一个常数，以 H 表示高出海平面的高程，以 H' 表示低于海平面的海深。为了保证地壳下界面的压力处处相等，就必须满足一定截面的各个垂直柱体的质量为一常数，如图 3-4 所示。

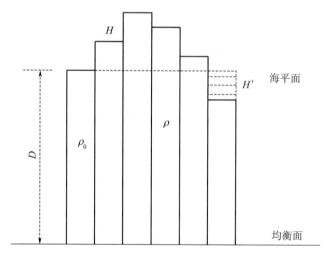

图 3-4　普拉特—海福特系统

设地壳厚度为 D 的物质密度为 ρ_0（2.67 g/cm³），而厚度为 $D+H$ 的物质密度为 ρ，依据普拉特假说

$$(D+H)\rho = D\rho_0 \tag{3-16}$$

对于大陆地区，有 $H>0$，地壳的实际密度 ρ 小于标准密度 ρ_0，由式（3-16）可得密度差

$$\Delta\rho = \rho_0 - \rho = \frac{H}{D+H}\rho_0 \tag{3-17}$$

对于海洋地区，有平衡条件

$$(D - H')\rho + H'\rho_w = D\rho_0 \qquad (3-18)$$

式中　H'——海深；

　　　ρ_w——海水的密度（1.027 g/cm³）。

由此计算得到密度增量为

$$\Delta\rho = \rho - \rho_0 = \frac{H'}{D - H'}\rho_0 - \rho_w \qquad (3-19)$$

根据这种假说，山不是某种不相干的附属物需要消除，而是地壳的组成部分，是由地壳下层膨胀而成的，高出海水面的物质是由地壳下部膨胀而升起的，上部多余的质量正好等于下部质量的不足。只有保持这个条件，地壳才能均衡。

普拉特—海福特均衡理论假定在大陆地区（山区）地下有质量亏损，所以又叫山轻学说。该均衡模型改正在大陆地区和海洋部分增加了质量补偿，在洋底到均衡深度间去掉了质量过剩。做了这种均衡改正后，补偿深度以上都是一个密度等于标准密度的等密度层，从而消除了地壳表层密度的横向不均匀分布的影响。不过需要指出的是，通过地震波速度反演得到的地壳密度横向是很均匀的，并不支持普拉特—海福特模型。只是该模型得到均衡重力异常值较小，满足大地测量问题的解算要求，因而在大地测量中多有应用。

3.1.2.2　艾黎—海斯卡宁均衡理论

该系统最早由艾黎提出，后来由海斯卡宁给出了实用的计算公式。该模型的原理如图3-5所示，它假设密度较小的地壳浮在密度较大的地幔之上，地表面越高，地壳沉入地幔也越深，这相当于在山下面有一个山根，故又称山根学说。

艾黎—海斯卡宁地形均衡抵偿模型如图3-5所示，图中海平面至岩浆面的深度为抵偿深度 D，也即地壳平均厚度。该模型认为，地壳下部是岩浆层，密度为 3.27 g/cm³，岩浆层面上"漂浮"着一座座山，密度为地壳密度 2.67 g/cm³。这山高出海平面的部分是可见的地形，是地球表面上一座座山体，山越高，沉入岩浆层的部分就越深。沉入岩浆体中的"山体"称为山根，形状大体与陆地山体一致，并且相对于岩浆面近似对称。山根和岩浆之间形成一个密度差 $\Delta\rho_1 = (3.27 - 2.67)$ g/cm³ $= 0.6$ g/cm³，是岩浆层中局部密度亏损，可看成相对于正常椭球的一种密度异常。可以设想一个正常椭球是一个椭球或者圆球，其表面相当于海平面或者大地水准面，表面上部无任何地形起伏，岩浆层上面的地壳有均匀的密度和厚度，岩浆层的密度也是均匀的，这样的正常椭球产生正常重力场。现实的地球表面有地形起伏，相对于正常椭球来说是局部密度异常，布格改正把这部分地形质量的重力影响消除了，将地形质量移到无穷远处，但是做了布格改正和空间改正的重力值与该点对应的正常重力值之差即布格重力异常并不接近于零，在山区往往是绝对值较大的负值。由前述知道普拉特和艾黎相继提出了均衡假说来解释这种现象。根据艾黎假说，地壳上不规则的高山起伏的"多余"物质，可能被下面岩浆层存在的对应亏损物质所抵偿，由此实测重力值比正常重力值小了，使重力异常为负值。设想把地形起伏的"多余"物质填补在下面亏损的地方，给予补偿，让补偿密度正好等于亏损密度，补偿密度将使地面点的重力值增大，并接近正常重力值，相应的重力异常可望接近于零，且变化平缓，这也即地形均衡重力异常 Δg_I。将补偿密度 $\Delta \rho_1$ 对地面点 P 的重力所加的改正称为地形均衡改正 δg_{IC}，由公式表示为

$$\Delta g_I = g - \gamma_0 + \delta g_F + \delta g_{BP} + \delta g_{TC} + \delta g_{IC} = \Delta g_空 + A_T + A_C \qquad (3-20)$$

式中　　δg_F ——空间改正；

　　　　δg_{BP} ——层间改正；

　　　　δg_{TC} ——局部地形改正。

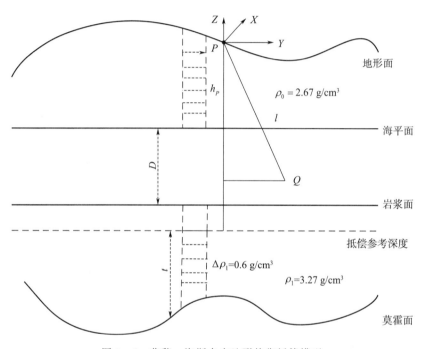

图 3-5　艾黎—海斯卡宁地形均衡抵偿模型

　　图 3-5 中，莫霍面与岩浆面之间的部分是海平面上部的地形物质产生的山根体，其中的长条阴影是山根体的一部分，仅表示地形高与对应山根深度的关系。

　　对于海洋地区的均衡抵偿模式与陆地有所差别。在陆地，如果山体的自重大于岩浆的浮力，下面的山体就要沉入岩浆形成山根，从而达到静力平衡；在海洋，如图 3-6 所示，有一层低密度的海水，还有一层厚度通常只有十几千米的洋壳，其密度与地壳密度相同。由这两层物质组成的柱形物质，其自重将小于岩浆的浮力，只有在这柱体中补充高密度的物质才能和岩浆的浮力达到静力平衡，这必然导致岩浆物质向海洋地区上涌形成"反山根"。这样对于假想的正常椭球来讲，平均海面与岩浆面之间应该是密度均匀的地壳，而现在形成了两层密度异常的物质，海水密度亏损 $\Delta \rho_2 = \rho_0 - \rho_w = 1.64 \ \text{g/cm}^3$ 和反山根密度过剩 $\Delta \rho_1 = 0.6 \ \text{g/cm}^3$，只有洋壳密度正常。在海洋地区，海水层的密度亏损 $\Delta \rho_2$ 应予补偿，和去掉陆地地形质量相反，要填进物质，在海水中填入多少物质取决于海底地形，这也是一种地形改正，和陆地布格改正一样，通常称其为海底地形改正。其差别只是前者要

填入地形质量，后者是移去平均海平面以上的地形质量。反山根中的过剩质量 $\Delta\rho_1$ 则应移去，并将其补偿为海水的质量亏损。

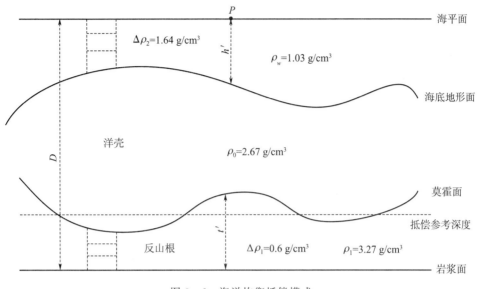

图 3 - 6　海洋均衡抵偿模式

对于陆地，根据漂浮平衡条件有

$$t\Delta\rho_1 = \rho_0 h \qquad\qquad (3-21)$$

即

$$t = \frac{\rho_0}{\Delta\rho_1}h = 4.45h \qquad\qquad (3-22)$$

而对于海洋，相应的条件为

$$t'\Delta\rho_1 = h'(\rho_0 - \rho_w) \qquad\qquad (3-23)$$

式中，h' 是海深，$\rho_w = 1.027\ \mathrm{g/cm^3}$ 是海水的密度，代入相应的值后，有

$$t' = \frac{\rho_0 - \rho_w}{\rho_1 - \rho_0}h' = 2.73h' \qquad\qquad (3-24)$$

显然，该均衡模型使得在补偿深度以上为一个等密度层，得到的均衡重力异常应该消除了局部质量不均效应，其值应该比较小。所采用的山根假说与实际地壳、地幔结构比较类似。

3.1.2.3　均衡补偿改正

均衡补偿是为了保持地壳均衡将大地水准面以上去掉的质量填补在大地水准面以下适当位置时所加的改正，也称地形均衡改正。在图 3 - 5 中，如果把山根体看成一种特殊的地形，其密度为 $\Delta\rho_1 = 0.6\ \mathrm{g/cm^3}$，地形均衡改正就是计算这一虚拟（亏损）地形物质引力对 P 点重力的影响。亏损质量使 P 点重力值减小，补偿质量则使 P 点重力值增大，故陆地地形均衡改正总为正值，采用艾黎—海斯卡宁模型，有

$$\Delta A_C^{i,j} = -G\Delta\rho_{i,j}\iint_{\Delta\sigma_{i,j}}\left[\int_{z_1}^{z_2}\frac{z}{(x^2+y^2+z^2)^{3/2}}\right]\mathrm{d}z\,\mathrm{d}x\,\mathrm{d}y \tag{3-25}$$

其中，$\Delta\rho_{i,j}=0.60$ g/cm^3，由于 h 相对于 T 是小量，可以忽略不计，所以 $z_1=-(T+t_{i,k})$，$z_2=-T$。T 为地壳厚度，通常取 30～40 km。

实际编程计算时也同局部地形改正计算，采取中央区棱柱积分和近区域离散积分，在实际计算中，参照局部地形改正，得中央区地形均衡改正公式

$$A_C = -G\Delta\rho\iiint_{\sigma_0}^{z_2}\frac{z\,\mathrm{d}x\,\mathrm{d}y\,\mathrm{d}z}{(x^2+y^2+z^2)^{3/2}} \tag{3-26}$$

对式（3-25）在中央区取离散积分得

$$A_C^s(i_P,j_P) = G\Delta\rho\sum_{i=i_P-s_B}^{i=i_P+s_B}\sum_{j=j_P-s_L}^{j=j_P+s_L}f(x,y,z)\Big|_{(i-i_P-0.5)\Delta x}^{(i-i_P+0.5)\Delta x}\Big|_{(j-j_P-0.5)\Delta y}^{(j-j_P+0.5)\Delta y}\Big|_{-(T+t)}^{-T}$$

$$f(x,y,z)=x\log(y+l)+y\log(x+l)-z\arctan\left(\frac{xy}{zl}\right) \tag{3-27}$$

$$l=\sqrt{x^2+y^2+z^2}$$

由式（3-22）知 $t=4.45h$，h 为高程。由于积分上下限均不为零，故地形均衡改正不存在奇异积分问题。

近区域计算则采用平面近似公式

$$A_C^r = G\Delta\rho\iint_{\sigma-\sigma_0}\frac{Tt}{(x^2+y^2+T^2)^{3/2}}\mathrm{d}x\,\mathrm{d}y \tag{3-28}$$

在实际编程计算时对近区域取离散积分

$$A_C^r(i_P,j_P) = G\Delta\rho\sum_{i=i_P-r_B}^{i=i_P+r_B}\sum_{j=j_P-r_L}^{j=j_P+r_L}t_{i,j}g(x,y)\Big|_{(i-i_P-0.5)\Delta x}^{(i-i_P+0.5)\Delta x}\Big|_{(j-j_P-0.5)\Delta y}^{(j-j_P+0.5)\Delta y}$$

$$g(x,y)=\arctan(\frac{xy}{T\sqrt{x^2+y^2+T^2}}) \tag{3-29}$$

式（3-27）和式（3-29）分别计算中央区域和近区域的流动点对计算点地形均衡改正，将两式的贡献相加即可得到计算点的地形均衡改正值。

3.1.3　重力异常特点与应用

从 3.1.2 节的内容可以看出，计算重力异常要涉及地面重力梯度和如何将大地水准面外部质量调整到大地水准面内部。在上面的计算当中，采用正常重力梯度代替未知的真正重力梯度，并且对大地水准面外部的质量进行了不同的调整。

图 3-7 表示了上述各种重力异常对应的质量移动情况。其中（1）表示没有做归算时的情形；（2）表示加了局部地形改正后的重力，相当于以 P 点的高程为标准，将高出 P 点的地形质量移去（移到无穷远处），而在低于 P 点的地形处填补质量，使得填补后的高

程与 P 点的高程相等；由于涉及物质的移去和填补，对地球总质量的影响很小；（3）表示在加了局部地形改正的基础上，再加上层间改正后的重力，是去掉 P 点下方均质的厚度等于 P 点高程的一层质量的引力而得到，显然，它使得地球的总质量减小；（4）表示在（3）的基础上再加空间改正后的重力，得到的总的改正就是前面提到的布格改正，显然它涉及了质量的移动和质量增减；（5）表示均衡改正后的重力，它是在布格改正后的重力之中，加上了亏损或过剩质量的引力而得到的，显然该项改正也涉及质量的增减和再分布，均衡理论给出的质量再分配，使得有机会将在布格改正中移去的质量再补回到大地水准面以下，尽量使得地球的总质量不变。

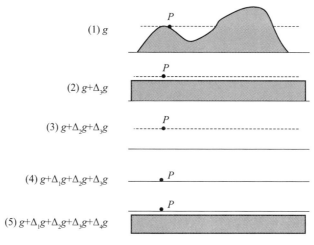

图 3 - 7　重力归算涉及的质量移动

　　综上所说，前面介绍的布格改正、法耶改正、局部地形改正和均衡改正都涉及质量的移动和再分配，目的是把大地水准面外部的质量调整到大地水准面内部。希望所施加的质量移动和再分配不会改变地球质心的位置和地球的总质量，也不会改变大地水准面的形状和地球外部的重力场。但实际上这些要求是不可能实现的，只能做到加了这些改正后对地球重力场的影响尽可能小。下面介绍如何估计重力异常改正对解算地球重力场的影响，即所谓的间接效应。

　　设想在调整了地表质量的同时，大地水准面的形状也已经变了，称之为调整以后的大地水准面。重力边值问题也要相应地变成针对调整以后的大地水准面的边值问题，最后按 Stokes 公式解得的大地水准面高当然也是相对于调整以后大地水准面的，必须加上相应的改正才能得到真实的大地水准面高。这种由于在计算重力异常时，涉及质量调整而导致的大地水准面高变化，称之为间接效应。设真实的大地水准面高为 N，调整后大地水准面高为 N^c，间接效应为 δN，则

$$N = N^c + \delta N \qquad (3-30)$$

　　由于各种重力异常改正引起的大地水准面处的重力位变化 δW 是可以按照类似前面介绍的重力改正公式进行计算的。所以，当确定使用某种重力异常来解算重力场时，就可以利用该种重力异常改正引起的重力位变化来计算间接效应（由布隆斯公式）

$$\delta N = \frac{\delta W}{\gamma} \qquad\qquad (3-31)$$

相应的重力异常改正，也要归算到调整以后的大地水准面，即在计算重力归算时，要将公式中的正高 H 用调整后大地水准面的高度 $H - \delta N$ 来代替。

用式（3-31）估算的布格异常的间接效应，最大可达到 ± 440 m，远比 N 本身的 ± 100 m 大；若利用均衡异常，间接效应最大可达到 ± 10 m。

通过边值问题求解得到调整以后的大地水准面高 N^c，要按式（3-30）换算成要求的大地水准面高，其中间接效应 δN 的计算要与所采用的重力异常相同的质量移动来计算。这样就可以保证，无论用什么样的重力异常，得到的大地水准面高都是一样的。

一般说来，由于布格异常的间接效应太大，通常不用来解算地球的外部重力场和大地水准面形状，而多用于地质及物探方面的研究。而均衡异常和空间异常的间接效应都比较小，可以用于解算地球外部的重力场。不过均衡异常涉及的计算要繁杂得多，所以在求解Stokes 边值问题时，用得最多的还是空间重力异常。

3.2　格网平均重力异常确定

重力边值问题求解涉及重力异常的全球积分。但由于人们进行重力测量的区域有限，以及重力测量点的密度不够，在进行具体计算时就要求对没有重力观测的地区，或者重力测量密度不够的地区，进行重力异常内插或预报。另外，3.1 节介绍的都是点重力异常，而在实际计算中常采用面重力异常，即采用一系列规则的经纬度划分成的小方格内的平均重力异常，例如 $5° \times 5°$、$1° \times 1°$ 或 $5' \times 5'$ 平均异常等。而重力异常是用点重力异常取平均来求得的。

重力异常可以通过在重力异常图上进行内插得到。如果要计算的区域有足够的重力观测数据，则可以按每一个测点上的重力异常值绘制重力异常等值线图。一般来说空间重力异常变化较大，绘制空间重力异常图要求的测点密度较高。而布格重力异常变化比较平缓，对测点的密度要求相对较低。有了重力异常图，就可以在图上直接内插得到重力异常。有时，在重力测量较少的地区，直接绘制空间重力异常比较困难。要内插得到空间重力异常，通常是先绘制该地区的布格重力异常图或均衡重力异常图，在布格重力异常图或均衡重力异常图上先内插出待求点的布格重力异常或均衡重力异常，然后再反算成空间重力异常。

3.2.1　最小二乘配置基本原理

通过函数最小二乘拟合也可以内插未知点重力异常。首先假定重力异常随空间变化的规律满足某种函数关系，比如

$$\Delta g = a + b \Delta B + c \Delta \lambda \qquad\qquad (3-32)$$

$$\Delta g = a + b \Delta B + c \Delta \lambda + d \Delta B \Delta \lambda \qquad\qquad (3-33)$$

$$\Delta g = a + b\Delta B + c\Delta\lambda + d\Delta B\Delta\lambda + e\Delta B^2 + f\Delta\lambda^2 \tag{3-34}$$

式中　ΔB，$\Delta\lambda$ ——分别表示测点位置之间的纬度差和经度差；

　　　a，b，$\cdots$，f ——函数的待定系数。

采用式（3-32）～式（3-34）中的一种，可以在每一个观测点上列出观测方程。一般观测方程的个数都多于待求的未知系数个数，可以采用最小二乘方法求解未知系数。求得函数未知系数后，重力异常与位置的函数关系也就确定了，从而可以计算相关区域内的任一点重力异常值。同样地，如果观测点数不够，也可以先转换成布格异常或均衡异常进行拟合，然后，再反算成空间重力异常。

拟合推估是又一种根据已测点上的重力异常来内插或预报重力异常的方法。它把测点上的重力异常看成是信号，通过已测点上的重力异常观测值或者是经验公式来建立不同点（包括已测点和待求点）之间的重力异常的互协方差（一般为两点间的距离函数），然后通过顾及参数（信号）随机特性的最小二乘法求解待求点的重力异常。在这种方法中，信号（也就是重力异常的协方差函数）的确定是至关重要的。下面介绍最小二乘配置用于重力异常拟合推估的计算公式。

假设，已知某一区域有 n 个重力异常点值 $\begin{pmatrix} \Delta g_1 \\ \Delta g_2 \\ \vdots \\ \Delta g_n \end{pmatrix}$，需要推求未知的重力异常 Δg_p

$$\Delta g_p = f(\Delta g_1, \Delta g_2, \cdots, \Delta g_n) \tag{3-35}$$

实际上，只采用 Δg_p 的线性函数。如将估算的 Δg_p 以 $\Delta g'_p$ 表示，其线性估算的形式为

$$\Delta g'_p = \alpha_{p1}\Delta g_1 + \alpha_{p2}\Delta g_2 + \cdots + \alpha_{pn}\Delta g_n = \sum_{i=1}^{n}\alpha_{pi}\Delta g_i \tag{3-36}$$

其解有多种形式，下面给出在最小二乘原则下的最佳解。

设重力异常的估值与其真值的差为

$$\varepsilon_p = \Delta g_p - \Delta g'_p = \Delta g_p - \sum_{i=1}^{n}\alpha_{pi}\Delta g_i \tag{3-37}$$

$$\varepsilon_p^2 = \left(\Delta g_p - \sum_{i=1}^{n}\alpha_{pi}\Delta g_i\right)^2 \tag{3-38}$$

$$= \Delta g_p^2 - 2\sum_{i=1}^{n}\alpha_{pi}\Delta g_p\Delta g_i + \sum_{i=1}^{n}\sum_{k=1}^{n}\alpha_{pi}\alpha_{pk}\Delta g_i\Delta g_k$$

令 $M(\cdot)$ 代表数学期望，假定

$$C_{pi} = M(\Delta g_p, \Delta g_i)$$
$$C_{ik} = M(\Delta g_i, \Delta g_k) \tag{3-39}$$

为重力异常协方差。则

$$m_p^2 = M(\varepsilon_p^2) = C_0 - 2\sum_{i=1}^{n}\alpha_{pi}C_{pi} + \sum_{i=1}^{n}\sum_{k=1}^{n}\alpha_{pi}\alpha_{pk}C_{ik} \tag{3-40}$$

在最小二乘原则下，即 m_p^2 在极小条件下确定未知系数 α_{pi} 。求极小的必要条件是

$$\frac{\partial m_p^2}{\partial \alpha_{pi}} = -2\sum_{i=1}^{n} C_{pi} + 2\sum_{k=1}^{n} \alpha_{pk} C_{ik} = 0 \quad i=1,2,\cdots n \tag{3-41}$$

或写成矩阵形式

$$\begin{bmatrix} C_{p1} \\ C_{p2} \\ \vdots \\ C_{pn} \end{bmatrix} = \begin{pmatrix} C_{11} & \cdots & C_{1n} \\ \vdots & \ddots & \vdots \\ C_{n1} & \cdots & C_{nn} \end{pmatrix} \begin{bmatrix} \alpha_{p1} \\ \vdots \\ \alpha_{pn} \end{bmatrix} \tag{3-42}$$

可得到

$$\begin{bmatrix} \alpha_{p1} \\ \vdots \\ \alpha_{pn} \end{bmatrix} = \begin{pmatrix} C_{11} & \cdots & C_{1n} \\ \vdots & \ddots & \vdots \\ C_{n1} & \cdots & C_{nn} \end{pmatrix}^{-1} \begin{bmatrix} C_{p1} \\ C_{p2} \\ \vdots \\ C_{pn} \end{bmatrix} \tag{3-43}$$

将此解代入式（3-36），得到

$$\Delta g_p = \begin{pmatrix} C_{p1} & C_{p2} & \cdots & C_{pn} \end{pmatrix} \begin{pmatrix} C_{11} & \cdots & C_{1n} \\ \vdots & \ddots & \vdots \\ C_{n1} & \cdots & C_{nn} \end{pmatrix}^{-1} \begin{bmatrix} \Delta g_1 \\ \vdots \\ \Delta g_n \end{bmatrix} \tag{3-44}$$

这就是最小二乘推估，即由 n 个已知重力异常在方差极小条件下推求未知重力异常。从式（3-44）可以看出，最小二乘配置的关键问题是确定协方差。

3.2.1.1　局部重力异常协方差模型

重力异常的协方差函数是进行重力异常统计分析的基本依据，如果协方差函数正确地反映了本区域重力异常变化规律和相关性，那么由此可以导出比较好的结果，反之就会歪曲结果。

已知所选择的经验协方差函数是相关函数。设 l 为距离，从数学角度分析，由相关函数的定义可知协方差函数应当满足：1）当点的距离为0时，相关性为正，即 $C(0)=C_0>0$ ；2）协方差函数应为偶函数，即 $C(-l)=C(l)$ ；3）当点的距离为0时相关性最强，即 $C(0) \geqslant C(l)$ ，当且仅当 $l=0$ 时等号成立。同时满足这三个条件的经验协方差函数为强相关协方差函数。一般研究中都选择"强相关协方差函数"作为经验协方差函数。例如，选择 Moritz 局部经验空间调和协方差公式作为统计的经验协方差函数

$$C(l) = C(0)/(1+B^2 l^2)^{1/2} \tag{3-45}$$

调和扩展到 $Z>0$ 的外部空间

$$C(P,Q) = \frac{C_0 b}{[r^2+(Z_P+Z_Q+b)^2]^{1/2}} \tag{3-46}$$

式中　C_0——重力异常的方差；

　　　B ——模型参数，为待求参数，$b=1/B$ 。

局部重力异常协方差模型可以用三个基本参数来表征：重力异常方差 C_0 、相关长度

S 以及曲率参数 χ 。其中 C_0 的大小反映了本区域内重力异常变化的幅度；相关长度 S 是当协方差值为 $\dfrac{1}{2C_0}$ 时的 l 值，体现了本区域内重力异常的相关程度；曲率参数 χ 表明了本区域重力异常变化的激烈程度，它是一个与均方差函数曲线在 $l=0$ 处的曲率 τ_0 有关的量，即 $\chi = \tau_0 / C_0 \cdot S^2$。

当选定了协方差模型函数（3-45）时，可以得出

$$S = (2^2 - 1)^{1/2}/B \tag{3-47}$$

$$\chi = 3 \times (2^2 - 1) \tag{3-48}$$

3.2.1.2　重力场统计特征分析

重力异常方差可表示为

$$C_0 = \frac{1}{NM} \sum_{i=1}^{N} \sum_{j=1}^{M} (\Delta g_{i,j} - \overline{\Delta g_{i,j}})^2 \tag{3-49}$$

式中　　N，M ——分别表示重力图横、纵方向格网点数；

　　　　$\overline{\Delta g_{i,j}}$ ——区域平均异常值；

　　　　q ——正整数 1，2，3，4，…。

（1）计算归中后的异常值 $\Delta g_{i,j}^{*}$

将选择的统计区域内的所有格网 $\Delta g_{i,j}$ 值取中数，作为区域平均异常值，以减去这个平均值得到归中后的异常值 $\Delta g_{i,j}^{*}$，即

$$\Delta g_{i,j}^{*} = \Delta g_{i,j} - \frac{1}{NM} \sum_{i=1}^{N} \sum_{j=1}^{M} \Delta g_{i,j} \tag{3-50}$$

（2）计算均方差 C_0

用式（3-50）计算的归中后的异常值 $\Delta g_{i,j}^{*}$ 作为计算协方差值的起始观测数据，均方差 C_0 的计算公式为

$$C_0 = \frac{1}{NM} \sum_{i=1}^{N} \sum_{j=1}^{M} \Delta g_{i,j}^{*\,2} \tag{3-51}$$

（3）统计实际协方差

若以 q 表示正整数 1，2，3，4，…，相应距离的协方差值可以分别按纵横两方向计算，计算公式为

$$C(l_q)_\varphi = \frac{1}{(N-q)M} \sum_{i=1}^{N-q} \sum_{j=1}^{M} (\Delta g_{i,j}^{*} \Delta g_{i+q,j}^{*})$$
$$C(l_q)_\lambda = \frac{1}{N(M-q)} \sum_{i=1}^{N} \sum_{j=1}^{M-q} (\Delta g_{i,j}^{*} \Delta g_{i,j+q}^{*}) \tag{3-52}$$

把所有具有系统距离 l 值的纵横方向算得的协方差值取中数作为 $C(l_q)$ 的统计数值

$$C(l_q) = \frac{1}{2} \left[C(l_q)_\varphi + C(l_q)_\lambda \right] \tag{3-53}$$

实际计算中式（3-53）只适合于纵横格网数量相同即正方形区域的情况，而通常情况下测量区域多为长方形区域，即纵横向格网数量不一致，此时式（3-53）改进为

$$C(l_q) = \frac{1}{N(M-q)-M(N-q)} \left[\sum_{i=1}^{N-q}\sum_{j=1}^{M}(\Delta g_{i,j}^* \Delta g_{i+q,j}^*) + \sum_{i=1}^{N}\sum_{j=1}^{M-q}(\Delta g_{i,j}^* \Delta g_{i,j+q}^*) \right]$$

$$(3-54)$$

下面举一个计算观测值之间协方差的例子，这种方法仅用于协方差是测点之间距离的简单函数的情况。如图 3-8 所示，在 A_1 点到 A_7 点进行了重力测量，观测值记为：b_i，$i=1,\cdots,7$。

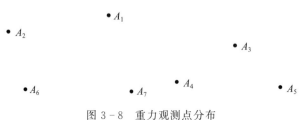

图 3-8　重力观测点分布

考虑测站之间距离介于 1～20 km 的点集，它们之间的平均距离为 S_1。假如这些点能组成 n_1 对，则对应于平均距离的协方差按下式计算

$$C(S_1) = \frac{\sum b_k b_1}{n_1}$$

$$(3-55)$$

同样再考虑测站之间距离介于 20～40 km 的点集、介于 40～60 km 的点集等，计算各自对应的平均距离的协方差，进而绘制如图 3-9 所示的曲线。

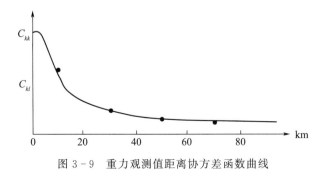

图 3-9　重力观测值距离协方差函数曲线

有了这样的一条曲线，就可以从中量得任意两个测站之间的协方差。注意这里计算的是重力观测值大小之间的协方差，而不是重力测量误差的协方差，假定观测误差等于零。

图 3-9 中的离散点也可以用一个指数函数来拟合。指数函数一般取如下形式

$$C(S) = r_1 \exp(-s_1 S^2) + r_2 \exp(-s_2 S^2)$$

$$(3-56)$$

式中，r_1，r_2，s_1，s_2 是待定系数。式（3-56）称为观测值间的协方差函数，它也适用于计算观测值与预测值之间的协方差。

3.2.2　多项式解析拟合

目前最常用的算法主要有反距离加权插值法、克里金插值法、径向基函数插值法、改进谢别德法和移动曲面拟合法。

3.2.2.1 反距离加权插值法

反距离加权插值法是很多软件（如 Sufer、GIS 等）根据点数生成规则栅格文件的最常见方法。其基本原理是假设平面上分布了一系列离散点，其位置坐标 (x_i, y_i) 和属性值 z_i 已知，假设未知 P 点的属性值 z_P 是在局部区域内所有点的反距离加权平均值，即

$$z_P = \frac{\sum_{i=1}^{n} \frac{z_i}{[d_i(x,y)]^u}}{\sum_{i=1}^{n} \frac{1}{[d_i(x,y)]^u}} \tag{3-57}$$

其中

$$d_i(x,y) = \sqrt{(x-x_i)^2 + (y-y_i)^2}$$

式中 $d_i(x, y)$ ——由离散点 (x_i, y_i) 至 P 点 (x, y) 的距离；

z_P ——要求的 P 点的属性值。

3.2.2.2 克里金插值法

20 世纪 50 年代，地质学家克里金和统计学家西舍尔提出了克里金插值方法，又称空间局部估计或者空间局部插值，在数学上实质属于最佳线性无偏估计。克里金插值法进行估值的基础是空间结构分析，它首先寻找的是空间属性在空间位置的变异分布，然后确定对待插值点有影响的一个距离范围，最后通过该范围内的采样点来获得待插点的属性值。

设在一个区域内，X_i 为采样位置坐标，变量观测值为 Z_i，$i = 1, 2, \cdots, n$，则预测点 X_0 的属性估计值 $\bar{Z}(X_0)$ 用这 n 个样本点属性值的线性组合可表示为

$$\bar{Z}(X_0) = \sum_{i=1}^{n} \lambda_i Z(X_i) \tag{3-58}$$

式中 λ_i ——有关已测点上的权系数。

由于克里金插值满足方差最小和无偏估计两个假设条件，因而满足以下方程

$$\begin{cases} \sum_{i=1}^{n} \lambda_i \gamma(X_i, X_j) + \psi = \gamma(X_i, X_0) \\ \sum_{i=1}^{n} \lambda_i = 1 \end{cases} \tag{3-59}$$

式中 $\gamma(X_i, X_j)$ ——观测点 X_i 与 X_j 相互之间的半变异数值；

$\gamma(X_i, X_0)$ ——依据半变异图模型计算得到的内插点 X_0 与样本点 X_i 之间的半变异数值；

ψ ——与方差最小有关的拉格朗日常数。

3.2.2.3 径向基函数插值法

径向基函数是由单个变量函数构成的。一个点 (x, y) 的基函数的形式往往是 $h_i(x, y) = h(d_i)$，d_i 表示由点 (x, y) 到第 i 个数据点的距离。径向基函数插值法是多个数值方法的组合，表面经过每一个已知样点，就如同将一个橡胶膜插入并经过每个已知采样点，同时又使表面的总曲率最小。常用的基函数类型有复对数、复二次函数、自然三

次样条函数、薄板样条函数等，一般参考书中均有论述，本书不再赘述。

3.2.2.4　改进谢别德法

改进谢别德法实质也是使用反距离加权的最小二乘方法，但存在两方面的改进。

1) 通过对反距离加权的权函数 $W_i(x,y)=1/[d_i(x,y)]^u$ 进行修改，使其只能作用在局部范围内，从而改变反距离加权的全局插值性质，即它是采取局部最小二乘以消除或减少等值线的生成外观。

2) 同时选择节点函数 $Q_i(x,y)$ 替代离散点 (x_i,y_i) 的属性值 z_i，$Q_i(x,y)$ 为插值于 (x_i,y_i) 点的二次多项式，即 $Q_i(x,y)=z_i(i=1,2,\cdots n)$，且 $Q_i(x,y)$ 在点 (x_i,y_i) 附近与函数属性值 $z(x,y)$ 具有局部近似的特性。因而如果认为距 (x_i,y_i) 较远的点对 $Q_i(x,y)$ 影响不大，则可认为在 (x_i,y_i) 点附近 $Q_i(x,y)$ 能近似表示函数属性值 $z(x,y)$。

3.2.2.5　移动曲面拟合法

移动曲面拟合是指在以待定点为中心的搜索椭圆内，通过曲面拟合搜索椭圆内已知节点值，从而求取待定点上的属性值。由于待定点位置不断变化，使得搜索椭圆就像移动窗口一样不断移动，移动曲面一般采用双二次拟合。

3.2.3　代表误差分析

在重力场研究中，经常要用到的数据是经纬线所围格网的平均重力异常。一个格网的平均重力异常应该是格网内所有点的重力异常的积分中数。为得到平均重力异常，最简便的方法是在一块面积内只测一个重力点，以该点的重力异常作为此面积的平均重力异常。这样会带来误差，如果这个点的重力异常接近于该面积的平均重力异常，则误差就小，这样的点一般位于高程接近于面积平均高程的地方，反之如果该点接近于该面积内最高或最低处，那么误差就大。

代表误差是以面积内任一点的重力异常代表该面积的平均重力异常所产生的中误差 E。其计算公式为

$$E^2=\frac{1}{n-1}\sum_{i=1}^{n}\Delta g_i^2-\frac{1}{n(n-1)}\left(\sum_{i=1}^{n}\Delta g_i\right)^2 \tag{3-60}$$

式中　n ——该面积内的实测重力点数；

　　　Δg_i ——第 i 个点的重力异常。

按式（3-60）计算的 E 称为全代表误差，从中扣除了重力异常测定误差 m 以后所得的值称为纯代表误差。即

$$E^2=E_0^2+m^2 \tag{3-61}$$

由于 m 的值很小，因而近似认为 $E=E_0$。

代表误差的规律：1) 对同一地区，代表误差的数值随面积的增大而增大。但当面积增大到一定的数值后，再增大面积也不会引起代表误差明显增大了。2) 对不同地区，同样大小面积的代表误差的数值有明显的差别，地形起伏大的区域的代表误差比地形平坦的

区域的代表误差要大。

1935 年，英国学者 J. Graaff Hunfer 第一次引入代表误差的概念，并给出一个计算纯代表误差的经验公式

$$E_0 = C(\sqrt{x} + \sqrt{y}) \tag{3-62}$$

式中　x，y ——分别为矩形面积的长和宽；

　　　C ——常数，通常称之为代表误差系数。

在有较多实测重力数据的地区，可按式（3-60）计算代表误差，使用时还应注意到，其准确性一方面与所用重力点的数目 n 有关，另一方面还与所用重力点在面积内的分布情况有关。

对于尚未进行或只进行了少量重力测量的地区，只能应用式（3-62）来估算。此时，代表误差系数值只能借用地形条件相类似的地区所算得的值。由于实际地形变化各不相同，完全找到相似的地区是很难的，从实用角度出发，通常归纳出几种典型的地形类别，规定相应的代表误差系数的数值。

3.3　格网平均重力异常模型构建

3.3.1　地面数据分析与预处理方法

全球高分辨率、高精度地面重力异常数据对于构建全球重力场模型来说是至关重要的，重力场模型在近几年飞速发展且阶数不断提高，与不断丰富完善的高精度地面数据是分不开的，包括不断丰富与精化的测高数据、不断精化重力场长波分量的重力卫星数据、高精度高分辨率的地形模型和海面地形模型等。

3.3.1.1　地面重力数据

地面重力数据的构成主要包括几项：陆地重力数据、卫星测高数据计算的重力异常数据和空白区填补的重力异常数据，除此之外，还有部分地区有大量的航空重力数据和船测重力数据。

（1）陆地重力数据

陆地重力测量是恢复大陆重力场细部结构的基础，但因为野外测量受地形限制，在山区很难开展，所以陆地重力数据具有很大的空白区以及不均匀性，同时由于政治等各种原因，使得陆地重力数据共享存在困难。对于地面的重力观测数据，要进行复杂的计算和精化处理，得到离散点的重力异常数据，再基于离散点生成最终需要的格网平均重力异常。

对于重力异常点的计算，首先，需要将不同重力基准下的实测重力值归算到全球统一的重力基准上，例如，我国绝对重力曾经采用波兹坦系统，而全球采用 IGSN—71 基准，两者之间系统差大约 -13.5 mGal；其次，还要将重力点的高程换算到 WGS-84 参考系下；然后引入所采用的参考椭球，根据椭球参数计算椭球表面的正常重力，得到离散点重力异常；最后点重力异常还要考虑大气改正，因为采用的 WGS 椭球包含了大气的质量，所以必须考虑大气改正，得到最终的点重力异常。

（2）卫星测高数据计算的重力异常数据

卫星测高数据确定的重力异常覆盖全球近 70%，对确定高分辨率海域大地水准面的全球 $5' \times 5'$ 格网重力异常具有关键性作用。

1973 年，美国国家航空航天局首次发射 SKYLAB 卫星进行海洋卫星雷达测高，后陆续发射了多代测高卫星，其中有美国 NASA 的 GEO - 3、SEASAT、GEOSAT，欧空局的 ERS - 1、ERS - 2，NASA 和法国国家空间研究中心合作的 TOPEX/POSEIDON（T/P）、JASON - 1、JASON - 2。

利用卫星测高数据反演海洋重力异常的方法主要有最小二乘配置法、整体求解法和 Sandwell 方法。其中，Sandwell 方法是由测高剖面梯度数据计算海洋重力垂线偏差，再通过逆 Vening - Meinesz 反解重力异常。其主要优点在于垂线偏差由测高观测值的一次差分得到，可以削弱多种系统误差，消除地理位置相关的径向轨道误差以及长波海面地形等影响。在利用卫星测高计算重力异常时，精度较高的海面地形（DOT）模型是必不可少的，一般采用循环迭代的方法在精化模型的同时不断提高海面地形模型和平均海面（MSS）模型精度，具体流程如图 3 - 10 所示。

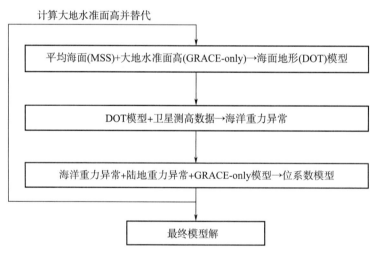

图 3 - 10　海面地形模型在卫星测高数据中的作用

EGM2008 模型中使用的卫星测高数据主要来源于两个机构：丹麦国家宇航中心（DNSC）和斯克里普斯海洋学机构联合国家海洋和大气局（SIO/NPAA）。其中，DNSC 提供的测高重力异常 DNSC07 是利用（残余）海平面高（SSH）来估计重力异常的，而 SIO/NPAA 提供的测高重力异常 SS v18.1 是使用由邻点测高数据差分计算的（残余）海平面倾斜来估计重力异常的。比较这两种数据，差异基本上小于 2 mGal。这两种方法各有优缺点，利用有限阶参考重力场模型的残余 SSH 的方法受沿海陆地一侧的测高数据缺乏的影响较小，而使用残余 SSH 倾斜方法比使用残余 SSH 计算的重力异常高频信息更丰富，所以在近沿海区域 DNSC07 要比 SS v18.1 的更稳定可靠，通过与国家地理空间情报局（NGA）的结果比较也证明了这一点。

EGM2008 中采用图 3-11 中方法联合测高重力异常数据，生成统一的海面区域 1′重力异常，通过椭球谐分析，取 2～2 159 阶系数生成仅含 2～2 159 阶系数贡献的 5′重力异常数据。

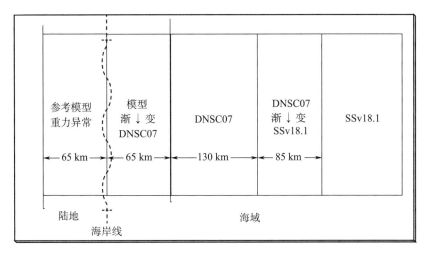

图 3-11　EGM2008 中联合测高重力异常的方法

（3）空白区填补的重力异常数据

对于所谓的重力空白区，可以分为两种情况：一种是重力数据比较稀疏，分辨率不能达到要求的 5′分辨率，只能达到 15′水平的情况，另一种是几乎没有重力数据覆盖的区域，该区域占全球陆地数据的 12%，分布于非洲、南美洲部分地区和南极地区。对于这些空白区域，最传统的方法是使用地形/均衡补偿来进行填补。

最新的 EGM2008 构建中摒弃了均衡这一理论，对于上述第一种情况，通过使用残余地形（RTM）来填补 15′到 5′分辨率所对应的 720 阶到 2 159 阶之间的重力场信息。而对于完全空白区域，EGM2008 使用了 Arctic Gravity Project（ArcGP）提供的 5′平均重力异常，从而避开使用地形/均衡理论，南极区域单纯地使用纯卫星模型 ITG-Grace03S 的 180 阶系数计算较为平滑的重力异常。

（4）航空、船测重力数据

构建全球重力场模型中，航空重力数据较好地使用主要是在格陵兰岛和南北极地区。格陵兰岛的 GAP（Greenland Aerogeophysics Project）任务进行了测高 4.1 km、分辨率 15～20 km、交叉点内符合精度 3.4 mGal、测线长达 200 000 km 的航空重力测量，使用最小二乘配置方法将航空重力数据向下延拓到地形面上，延拓中还使用了"移去—恢复"方法、地形模型和冰盖厚度数据估计的残余地形（RTM）来提高向下延拓的精度。

船测重力数据在卫星测高数据缺乏和测量精度不高的区域发挥了重大作用。Pavlis 将用于计算 EGM96 模型时的全球 1°×1°平均重力异常和纯卫星模型 EGM96S 做了比较，结果显示在海洋部分，船测重力数据存在大的系统误差，而该数据却用于 EGM96 的构建是因为该数据能辅助 Satellite-only 模型 EGM96S 分离测高数据中的大地水准面（N）和海面地形（DOT）信号。如今已有精度很高的 GRACE-only 模型可以获得，这些船测重力异常是否能在广阔海洋区域有积极影响还是个有待讨论的问题。高精度的海洋重力数据在测高数据缺乏或不能保证精度的地区还是有用的。EGM2008 中只在海面变化剧烈的地区使用了船测重力数据，像日本的 Kuroshio 暖流和墨西哥南部的湾流区域。

3.3.1.2 地形数据应用

Molodensky 定义的地面点空间重力异常表达式为

$$\Delta g_{FA} = g_{obs} - \gamma_{ell} \left[1 - 2(1 + f + m - 2f \sin^2 \varphi)(H^*/a) + 3(H^*/a)^2 \right] \quad (3-63)$$

其中

$$f = \frac{a-b}{a}, m = \frac{\omega^2 a}{\gamma_a} = \frac{赤道上离心力}{赤道上重力}$$

式中 γ_{ell} ——椭球面正常重力；

a，b ——地球椭球半径；

ω ——自转角速率。

布格异常定义为空间重力异常加层间改正

$$\Delta g_B = \Delta g_{FA} - 2\pi G\rho H = \Delta g_{FA} - 0.111\,9H^* \quad (3-64)$$

因此，从上式可以看出，估计模型所用的重力异常数据需要正常高 H^* 这一资料，但是 H^* 通常不能获取，通常使用正高 H 来代替。所以地形数据资料是必不可少的。计算模型所用重力数据的预处理过程很重要，这过程中也需要高精度的、分辨率高于 $5'\times5'$ 的平均重力异常的地形资料，尤其是在陆地地区。Factor 在 （Lemoine，1998）中讨论了地形数据在模型构建中的应用，包括其在估计残余地形模型（RTM）的影响、解析延拓的计算、填补数据空白区的地形/均衡模型的计算，以及将高程异常转换为大地水准面高的模型计算中的作用等，而这些计算过程都需要高分辨率的 DTM 来保证与地形相关数据的质量。

EGM96 模型中采用了全球 $5'\times5'$ 分辨率的数字地形数据（JGP95E），它有 29 个独立的公认的数据源，精度和全球一致性较好。随着"航天飞机雷达地形测量"（SRTM）计划的开展，地球空间地形图得到重要发展。2000 年（2 月 11 日—2 月 22 日）近 12 天时间，SRTM 收集了南纬 56°到北纬 60°覆盖全球陆地 80% 的高精度的高程数据。Rodriguez 等详细讨论了 SRTM 海拔数据的特点，与独立的地面动态 GPS 定位控制点的水准高相比较，90% 的 SRTM 的差异在 ±（6～10）m，该差异主要依赖于地形面积的大小（Rodriguez，2005）。

EGM2008 中使用的 DTM2006.0 地形数据是将 SRTM 数据覆盖到 DTM2002.0 框架下得到的，除了 SRTM 数据以外，DTM2006.0 还包括由冰盖激光测高卫星测量的覆盖格陵兰岛和南极的冰面海拔数据，在南极洲由"BEDMAP"工程获取的数据可获得冰柱和水柱的厚度。海洋上，DTM2006.0 包含了与 DTM2002.0 一样的水深测量的信息，这由测高数据和船测水深数据估计得到。DTM2006.0 只收集编辑了分辨率 $30''\times30''$ 的高程和深度信息，而 $2'$，$5'$，$30'$，$60'$ 分辨率的数据还包括了湖深和冰厚数据。

下面以 DTM2006.0 地形数据为例，一般需要计算以下内容。

1）利用海拔高数据（$\bar{H}_{nm}$）计算其完全正常化球谐系数，模型为

$$\bar{H}_{ij} = \bar{H}(\theta_i, \lambda_j) = \frac{1}{\Delta\sigma_i} \sum_{n=0}^{K} \sum_{m=-n}^{n} \bar{H}_{nm} \cdot IY_{nm}^{ij} \qquad (3-65)$$

$\bar{H}_{ij}$ 代表格网平均海拔高，即高出或者低于平均海水面（MSL）的值。这里用的是余纬 θ 而不是归化纬度 β。利用式（3-65）中计算的海拔高球谐系数的前 2 160 阶系数，可将高程异常转换为大地水准面高，用前 360 阶可得到一个用来计算 RTM 重力异常（即残余地形重力异常）的参考面。

2）利用 $30''$ 的 DTM2006.0 海拔数据，估算全部陆地 $30''$ 的解析延拓值 g_1（见3.3.3.2 节），然后合成 $2'$ 和 $5'$ 分辨率的延拓值，对 $2'$ 的延拓值调和分析获得 g_1 仅到2 700 阶的延拓异常椭球谐系数。

3）利用 $30''$ 的 DTM2006.0 计算陆地以及向海域拓展 10 km 的区域的 $30''$ 的残余地形（RTM）重力异常。RTM 是相对于一个地形表面的参考面，该参考面由步骤 1）中 360 阶的海拔球谐系数计算得到。按照（Forsberg，1984）计算 RTM 重力异常 Δg_{RTM}，然后生成 $2'$ 的陆地 Δg_{RTM} 值并对海洋和上述的边缘区域补 0 值，调和分析这些格网 Δg_{RTM} 得到2 700 阶的椭球谐系数，这使得能够对 Δg_{RTM} 进行频谱分析，且对于用地面数据估计一组频带限制在 2 160 阶的 $5'$ 平均重力异常和计算用于填补数据空白区域的重力异常具有重要作用。

4）根据（Pavlis and Rapp，1990）介绍的公式，用艾黎—海斯卡宁均衡假说计算地形均衡（T/I）2 160 阶的位球谐系数，补偿深度一般使用 30 km。值得注意的是，在EGM2008 模型中并没有使用该均衡模型填补数据空白区，而是使用 Δg_{RTM} 模型来填补的。

需要强调的是，在计算模型的各个环节中都要使用同一个 DTM 模型，因为 DTM 和所建立的模型是紧紧相关的。当 DTM 海拔高存在误差时，会通过向下延拓的过程传播到重力异常中，当用含有该项误差的重力异常恢复的模型再次利用该 DTM 模型反算地面重力异常和高程异常时，结果会将上述传播误差消掉，否则用不同的 DTM 海拔信息就会使结果产生矛盾并有大的误差。所以高精度高分辨率的 DTM 是计算超高阶模型必不可少的数据。

3.3.1.3 陆地格网平均重力异常计算

通常使用"移去—计算—恢复"形式的 LSC（最小二乘配置）预测算法，利用统一重力基准、参考椭球下的离散点重力异常估计格网平均重力异常。对于处理的步骤，可分为两种情况，一种是布格异常的方法，因为布格异常比空间重力异常平滑得多，能很好地消除地形影响，所以在内陆地区全部使用的是该方法，另一种是使用式（3-63）定义的Molodensky 离散点空间重力异常来估计，该方法在陆海交界区域使用，能够很好地联合船测重力异常。

（1）点布格异常估计格网平均重力异常

布格异常估计格网平均重力异常使用最小二乘配置法，基本公式为

$$\overline{\Delta g} = C_{\overline{\Delta g}\Delta g} \cdot (C_{\Delta g \Delta g} + V)^{-1} \cdot L + (\overline{\Delta g_B}(SH) - \overline{TC} + \Delta g(\text{mean}))$$

$$M^2(\overline{\Delta g}) = C_{\overline{\Delta g}\,\overline{\Delta g}} - C_{\overline{\Delta g}\Delta g} \cdot (C_{\Delta g \Delta g} + V)^{-1} \cdot C_{\Delta g\overline{\Delta g}} \qquad (3-66)$$

$$L = \Delta g_B - \Delta g_B(SH) + TC - \Delta g(\text{mean})$$

式中　$\overline{\Delta g}$——所求的一定分辨率的格网平均重力异常;

$\qquad C_{\Delta g \Delta g}$——离散点布格异常的信号协方差矩阵;

$\qquad C_{\overline{\Delta g}\Delta g}$——离散点布格异常和格网平均重力异常信号的互协方差矩阵;

$\qquad C_{\overline{\Delta g}\,\overline{\Delta g}}$——格网平均重力异常的信号协方差矩阵;

$\qquad V$——离散点布格异常的噪声协方差;

$\qquad TC$——点重力异常的地形改正;

$\qquad \Delta g_B(SH)$——用参考位系数模型计算的点布格异常;

$\qquad \Delta g(\text{mean})$——计算区域内归算的点重力异常 $\Delta g_B - \Delta g_B(SH) + TC$ 的平均值;

$\qquad \Delta g_B$——点布格异常;

$\qquad \overline{\Delta g_B}(SH),\ \overline{TC}$——$\Delta g_B(SH)$ 和 TC 的格网平均值;

$\qquad M^2(\overline{\Delta g})$——格网平均重力异常的误差协方差。

计算步骤:

1) 选取满足一定分辨率的离散点布格异常,根据地形数据计算地形改正 TC, 得到完全布格异常,其中,点 P 的地形改正 TC 计算如下

$$TC_P = G\rho \int_{-\infty}^{+\infty}\int_{-\infty}^{+\infty}\int_{z=H_P}^{z=H(x,y)} \frac{(z - H_P)}{[(x - x_P)^2 + (y - y_P)^2 + (z - H_P)^2]^{3/2}} dz\,dx\,dy$$

$$(3-67)$$

2) 采用"移去—恢复",用参考模型系数计算对应点空间重力异常 $\Delta g_{FA}(SH)$, 由地形模型可以计算格网海拔高 $H(SH)$, 由式 (3-64) 计算模型格网布格异常这一长波分量再内插计算点的值

$$\Delta g_B(SH) = \Delta g_{FA}(SH) - 0.111\,9H(SH) \qquad (3-68)$$

3) $\Delta g(\text{mean})$ 和 L 按定义,由前两步计算的结果求解;

4) 构建局部协方差模型,用 1) ~3) 整理过的异常数据计算观测的协方差,再用 Forsberg 或其他协方差模型逼近来求解模型的参数;

5) 最小二乘配置求解,见式 (3-66),其中

$$C_{\overline{\Delta g}\Delta g} = \frac{1}{ab}\iint C\sqrt{(x - x_i)^2 + (y - y_i)^2}\,dx\,dy \qquad (3-69)$$

$$C_{\overline{\Delta g}\,\overline{\Delta g}} = \frac{1}{a^2 b^2}\iiiint C\sqrt{(x - x')^2 + (y - y')^2}\,dx\,dy\,dx'\,dy' \qquad (3-70)$$

6) 恢复第 3) 步中移去的 $\overline{\Delta g_B}(SH) - \overline{TC} + \Delta g(\text{mean})$ 部分;

7) 根据步骤 1) ~6) 计算的布格异常恢复对应的空间重力异常

$$\overline{\Delta g}_{FA}(\text{mGal}) = \overline{\Delta g}_B(\text{mGal}) + 0.111\,9H(\text{m}) \qquad (3-71)$$

（2）点空间重力异常估计格网平均重力异常

区别于上述方法，利用点空间重力异常估计格网平均重力异常，通过计算残余地形来削弱地形的影响，与式（3-66）相比较，该最小二乘配置法基本公式为

$$\overline{\Delta g} = C_{\overline{\Delta g}\Delta g} \cdot (C_{\Delta g \Delta g} + V)^{-1} \cdot L + RES(\text{mean}) \tag{3-72}$$

所有协方差矩阵的定义与前一种方法一样，其中

$$L = \Delta g_{FA} - \Delta g_{FA}(SH) - \Delta g_{RTM} - \Delta g(\text{mean}) \tag{3-73}$$

$$RES(\text{mean}) = \overline{\Delta g_{FA}(SH)} + \overline{\Delta g_{RTM}} + \Delta g(\text{mean}) \tag{3-74}$$

式中　　$\Delta g(\text{mean})$ ——计算区域内归算的点重力异常 $\Delta g_{FA} - \Delta g_{FA}(SH) - \Delta g_{RTM}$ 的平均值；

Δg_{FA} ——点空间重力异常；

$\Delta g_{FA}(SH)$ ——用参考位系数模型计算的点空间重力异常；

Δg_{RTM} ——残余地形对重力异常的影响；

$\overline{\Delta g_{FA}(SH)}$，$\overline{\Delta g_{RTM}}$ ——这些平均值由高分辨率格网点值取平均得到。

该方法最小二乘配置的步骤与前一方法基本相同，区别在于：与式（3-66）中 TC 不同的是，在计算式（3-72）中的 RTM 影响时需要引入一个参考地形面 h_{ref}，其理论上可由局部海拔数据通过低通滤波获得，该参考地形面对重力的影响与所使用的相同分辨率的重力场模型中所包含的地形影响是一致的，P 点的残余地形影响为

$$\Delta g_{RTM_P} = G\rho \int_{-\infty}^{+\infty} \int_{-\infty}^{+\infty} \int_{z=h_{\text{ref}}(x,y)}^{z=h(x,y)} \frac{z - h_P}{[(x - x_P)^2 + (y - y_P)^2 + (z - h_P)^2]^{3/2}} dz\,dx\,dy \tag{3-75}$$

上述 TC 和 Δg_{RTM} 均可用 FFT 方法加快求解速度，以上计算时采用近区高分辨率的地形和远区低分辨率的地形。

3.3.1.4　重力异常数据改正

在由陆地重力异常、海洋重力异常和空白区填补的重力异常生成全球分辨率 5′ 的平均重力异常数据之前，要对各种数据进行必要的预处理。

（1）大气改正

因为采用的 WGS 椭球包含了大气的质量，所以对通过重力减去正常重力方式得到的重力异常，必须考虑大气改正 $\delta \bar{g}_A$。常用的改正方法是 Wichiencharoen 于 1982 年对 IAG 编制的大气改正数表按高程做二次多项式拟合

$$\delta \bar{g}_A^{ij} (\text{mGal}) = 0.865\,8 - 9.727 \times 10^{-5} \bar{H}_{ij}(\text{m}) + 3.482 \times 10^{-9} \bar{H}_{ij}^2(\text{m}) \tag{3-76}$$

Dimitrijevich 于 1987 年也推导了一改正公式并运用于 EGM96 模型中

$$\begin{cases} \delta \bar{g}_A^{ij} = 0.87 \cdot e^{-0.116 \cdot \bar{H}_{ij}^{1.047}} & \bar{H}_{ij} \geq 0 \\ \delta \bar{g}_A^{ij} = 0.87 & \bar{H}_{ij} < 0 \end{cases} \tag{3-77}$$

其中，$\delta \bar{g}_A^{ij}$ 单位是 mGal，$\bar{H}_{ij}$ 单位是 km，高程为 0 的地面大气改正为 0.87 mGal，直到高

空 34 km 处大气改正随高度递减为 0 mGal。

大气改正只需要加于陆地平均重力异常，海洋测高重力异常和空白区填补的重力异常数据由于不涉及正常重力的计算，所以不用考虑该项改正。

（2）正常重力二阶梯度项改正

计算平均重力异常所用的空间重力异常为地面点的重力值减去对应近似地形面上的正常重力，计算公式为

$$\Delta g = g_P - \gamma_{Q_0} + 0.308\,6H \tag{3-78}$$

由于式（3-78）中计算的正常重力只考虑了 0.308 6 一阶梯度项系数，与式（3-63）相比，因为二次项的影响较小，在以往计算中常常忽略了二次以上的项。随着模型计算精度的不断提高，对通过重力减去正常重力方式得到的重力异常在计算中必须考虑该项改正。该项改正与大气改正一样，只用于陆地重力异常

$$\delta g_{h^2} = -3\gamma_0 \left(\frac{\bar{H}_{ij}}{a}\right)^2 \tag{3-79}$$

式中　γ_0——格网中间纬度计算的正常重力；

　　　a——参考椭球的长半径。

（3）向下延拓改正

在椭球谐分析中，需要将地面空间重力异常观测值 $\Delta \bar{g}^t$ 向下延拓至参考椭球面上，获得椭球面上的重力异常值 $\Delta \bar{g}^e$。$\Delta \bar{g}^t$ 是由式（3-78）定义的 Molodensky 表面平均空间重力异常，t 表示 topography。该延拓需要格网平均空间重力异常的梯度信息

$$\Delta \bar{g}^t = \Delta \bar{g}^e + \sum_{k=1}^{\infty} \frac{1}{k!} \frac{\partial^k \Delta \bar{g}^e}{\partial h^k} h^k \tag{3-80}$$

式中　h——代表 $\Delta \bar{g}^t$ 所对应地面的大地高格网平均值。

h 可用数字地面模型（DTM）计算的格网平均正高和由现有的重力场模型估计的大地水准面高 N 计算得到，$h = H + N$。这里暂不区分近似地形面和地球表面。将式（3-80）展开取一阶线性化，有

$$\Delta \bar{g}^e = \Delta \bar{g}^t + g_1 = \Delta \bar{g}^t - \overline{hL(\Delta g)} \tag{3-81}$$

其中

$$L(\Delta g) = \frac{R^2}{2\pi} \iint_{\sigma} \frac{\Delta g - \Delta g_P}{l_0^3} \mathrm{d}\sigma \tag{3-82}$$

式中　l_0——流动点和计算点 P 之间的球面距离；

　　　R——平均地球半径（例如 6 371 km）。

另外，假设空间重力异常与海拔高程呈线性关系

$$\Delta g = a + bh \tag{3-83}$$

其中

$$b = 2\pi G\rho$$

式中　ρ——地壳密度。

那么式（3-81）中的 g_1 变为

$$g_1 = -G\rho R^2 h_P \iint_\sigma \frac{h - h_P}{l_0^3} \mathrm{d}\sigma \qquad (3-84)$$

给定 $\rho = 2\,670\ \mathrm{kg/m^3}$，那么在上述假设和近似下，$g_1$ 的计算单纯地只与海拔信息有关。

为了构建 EGM96，计算并比较 3 种不同的解析延拓方法将 $30' \times 30'$ 平均重力异常向下延拓，分别通过式（3-84）、Poisson 积分和由完全至 360 阶的参考重力场模型计算的空间重力异常一次梯度求解 g_1。最终 EGM96 模型采用的是式（3-84）的计算方法。

EGM2008 模型中采用了两种方法解析延拓 $5' \times 5'$ 平均重力异常数据。

方法 A：根据式（3-84）和 DTM2006.0 资料库中的 $30'' \times 30''$ 海拔数据计算 g_1 的全球 $2' \times 2'$ 和 $5' \times 5'$ 等角格网平均值。

方法 B：根据式（3-80）迭代计算得到。对式（3-80）变形

$$\overline{\Delta g^e} = \overline{\Delta g^t} - \sum_{k=1}^{M} \frac{1}{k!} \frac{\partial^k \overline{\Delta g^e}}{\partial h^k} h^k \qquad (3-85)$$

用一循环方法估计空间重力异常梯度。给定初值

$$\overline{\Delta g_0^e} = \overline{\Delta g^t} \qquad (3-86)$$

用这些初值 $\overline{\Delta g_0^e}$ 可以估计一个初始的、2 159 阶次的椭球谐系数，再由这些系数可计算一个初始的梯度数据，用式（3-85）计算向下延拓的重力异常 $\overline{\Delta g_1^e}$。重复这些过程直到收敛。经数值测试，采用 $M=10$ 并循环 10 次就可满足精度并收敛。

EGM2008 中通过比较两种延拓方法，发现方法 B 比方法 A 好，因为它自符合性较好且只依赖于给定的重力异常，避免了只考虑一次梯度的截断误差和式（3-83）这一线性假设。

（4）频谱混叠问题

构建模型所需要的输入数据一般都是经过实测获得的点值，例如使用重力异常估计 2 160 阶重力场模型，所使用的每个实测点重力异常都覆盖全频谱范围，即包含模型 $0 \sim \infty$ 阶的信号能量

$$\Delta g = \sum_{n=0}^{\infty} \Delta g_n \qquad (3-87)$$

为了减小频谱混叠效应，有必要滤除超过 2 159 阶的谱贡献，为了实现模型的最佳恢复，必须使得重力异常尽量满足

$$\Delta g = \sum_{n=0}^{2\,159} \Delta g_n \qquad (3-88)$$

所以收集全球重力数据时，需要将 2 160 阶往后的频谱能量从观测值中剔除，得到频带限制于 2 160 阶的量。对于使用格网平均值，一定程度上削弱了重力异常 2 160 阶以上的频谱含量，卫星测高重力异常编辑时，使用 $1'$ 格网重力异常进行椭球谐分析得到 10 800 阶系数，再使用 $2 \sim 2\,159$ 阶对应系数生成 $5'$ 格网重力异常也是出于此目的。这里主要讨论在估计陆地格网平均重力异常过程中，该种问题的处理方法。

分析式（3-73）、式（3-74）中各量的频谱含量，地面空间重力异常点值 Δg_{FA} 包括

重力场的全谱信息；$\Delta g_{FA}(SH)$ 和 $\overline{\Delta g}_{FA}(SH)$ 包含所用参考模型阶数范围的带宽，即只到 360 阶；由于计算 RTM 重力异常的参考面是使用 DTM 球谐系数前 360 阶得到的，而计算使用了 $30''$ 分辨率的地形，因此 Δg_{RTM} 的频谱能量包含 360 阶到 $30''$ DTM 数据对应的 21 600 阶。$5'$ 分辨率的 $\overline{\Delta g}_{RTM}$ 由于通过高分辨率格网点值取平均值获得，包括的频谱信息不止 2 159 阶。

构建最终模型时所用的格网平均重力数据，通过对式（3 - 73）、式（3 - 74）进行如下改化，可严格将重力异常能量限制于 2 159 阶。

$$L = \Delta g_{FA} - [\Delta g_{FA}(SH,n=2159) - \Delta g_{RTM}(RTM,n=2159)] - \Delta g_{RTM} - \Delta g(\text{mean})$$

$$(3 - 89)$$

$$RES(\text{mean}) = \overline{\Delta g}_{FA}(SH,n=2159) + \Delta g(\text{mean}) \qquad (3 - 90)$$

其中，$\Delta g(\text{mean})$ 是 $\Delta g_{FA} - [\Delta g_{FA}(SH,n=2159) - \Delta g_{RTM}(RTM,n=2159)] - \Delta g_{RTM}$ 平均值。

上述两个式子相比式（3 - 73）、式（3 - 74），能够得到与指定频谱相近的 $\overline{\Delta g}$，这样计算得到的模型系数比前期模型有更好的精度。

在球谐分析中，经过上述方法，对观测重力异常进行各项改正，这里无须加入延拓改正，得到地面观测格网平均重力异常 $\Delta \bar{g}_{ij}^c$

$$\Delta \bar{g}_{ij}^c = \Delta \bar{g}_{ij} + \delta g_A^{ij} - (I\hat{E}_h^{ij} + I\hat{E}_\gamma^{ij} + IE_P^{ij}) + \delta g_{h2} \qquad (3 - 91)$$

式（3 - 91）适用于陆地重力异常，对于卫星测高重力异常只需要考虑椭球改正而无须考虑大气改正、正常重力二阶梯度改正和延拓改正。空白区用模型和均衡模型填补的重力异常不需要加任何改正。

3.3.2　$1' \times 1'$ 高分辨率重力异常数值模型构建

3.3.2.1　计算过程

实际应用中，若地形起伏大、地理因素变化剧烈，空间重力异常变化呈现高度非线性，由点值直接取格网平均值误差大。通常采用地形布格归算或地形均衡归算平滑重力异常场。采用地形均衡归算得到的地形均衡异常比布格异常平滑度高得多，且量值小。因此可采用艾黎—海斯卡宁地形均衡模型，首先计算 $1' \times 1'$ 地形均衡异常，然后再恢复空间异常或者完全空间异常。

如图 3 - 12 所示，具体计算过程如下。

1）采用观测高程计算重力点的空间改正和布格改正，得到测量点的布格异常；

布格异常如下式所示

$$\Delta g_B = \Delta g - 2\pi G\rho h + C \qquad (3 - 92)$$

式中，Δg_B 表示完全布格异常，右端第一项为空间异常，第二项为层间改正项，第三项为局部地形改正项，G 为万有引力常数，ρ 为地壳平均密度，h 为高程。

2）对布格异常进行粗差探测以剔除粗差；

3）利用 $1' \times 1'$ DEM 计算每个 $1' \times 1'$ 格网节点的均衡改正；利用双三次多项式内插重

力点的均衡改正，由此得到所有重力点的地形均衡异常；

4）采用 Shepard 方法对重力数据格网化，将重力点的地形均衡异常内插为 $1' \times 1'$ 格网地形均衡异常；

Shepard 格网化方法又称反距离加权格网化法，格网值计算如下

$$\Delta g = \begin{cases} \dfrac{\displaystyle\sum_{i=1}^{N} \Delta g_i \ (p(r_i))^\mu}{\displaystyle\sum_{i=1}^{N} (p(r_i))^\mu} & (r_i \neq 0) \\ \Delta g_i & (r_i = 0) \end{cases} \qquad (3-93)$$

其具体的权函数定义如下

$$P(r_i) = \begin{cases} \dfrac{1}{r_i} & 0 < r_i \leqslant \dfrac{R}{3} \\ \dfrac{27}{4R}\left(\dfrac{r_i}{R} - 1\right)^2 & \dfrac{S}{3} < r_i \leqslant R \\ 0 & R < r_i \end{cases} \qquad (3-94)$$

式中　r_i ——第 i 个点与格网中点的距离。

5）在 $1' \times 1'$ 格网地形均衡异常中移去该点的地形均衡改正，最终恢复 $1' \times 1'$ 格网重力异常。

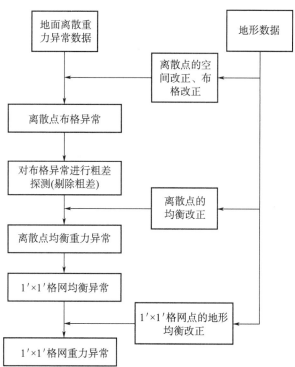

图 3-12　$1' \times 1'$ 格网重力异常计算过程

3.3.2.2 重力异常数值模型

利用重力异常离散数据，采用间接格网化方法，基于 SRTM 地形数据移去布格改正部分，转化为布格异常，对布格异常进行粗差探测，剔除包含粗差的数据，然后再用 SRTM 地形数据计算离散点的均衡异常；利用 Shepard 插值方法进行格网化计算；最后移去均衡改正，得到区域 $1' \times 1'$ 分辨率格网重力异常数值模型。若存在数据空白区，可利用基于艾黎—海斯卡宁均衡理论的格网重力异常模型及 EIGEN - 6c2 模型予以填充。最终融合得到 $1' \times 1'$ 重力异常数值模型。

3.3.3 $5' \times 5'$ 格网平均重力异常模型构建方法

3.3.3.1 重力资料的诊断分析方法

尽管国际重力局付出很大努力，但到目前为止，国际重力数据库才拥有 10 000 多个重力点值（大多还是绝对点值，需要说明用途后提供）和一些地区和国家的网格平均重力异常值以及多个版本不同分辨率的海洋卫星测高反演的网格平均重力异常值。除了国际重力局之外，一些研究机构和单位也收集整理并发布了全球重力场数据。即使能够拥有这些数据，其真伪也需要诊断分析，以便拼接生成一个完整的全球重力信息库，为其他研究提供数据支持。

就目前所拥有资料的情况，诊断分析方法大体可以分为三类。第一类是采用均衡方法和有限重力点值进行综合分析；第二类是重力场信息相互检验分析；第三类利用高阶重力场模型比较分析。

（1）均衡重力异常诊断分析

长期以来，地壳均衡学在大地测量学中发挥了重要的作用。海福特利用普拉特（J. H. Pratt）模型在 1911 年导出了一个椭球，它于 1924 年被采纳为国际椭球。海斯卡宁应用艾黎模型计算了相应的国际重力公式（1930 年）。在实践中，人们发现，均衡归算可以和莫洛金斯基理论相匹敌。事实说明，均衡异常比空间异常更平滑，比布格异常的"系统性"效应更轻，所以这些优点使得均衡异常很适合于内插或是最小二乘配置。

均衡重力异常诊断分析基本原理：首先利用构制的全球高程和海深数据，计算生成全球均衡改正网格模型，再加上（若可以收集到）稀疏的重力值，求得区域随机系统差，得到区域基于均衡的空间重力异常，然后对收集到的平均空间重力异常求与区域基于均衡的空间重力异常的差，统计分析它们的差异，给出可靠性评判。基于均衡的境外重力资料的诊断分析技术如图 3 - 13 所示。

（2）重力场信息相互检验分析

重力场信息常见的有平均重力异常、平均高、重力场模型、GPS 水准等数据。它们之间存在着一定的泛函关系，利用这一特性，可以判定数据的真伪。

平均重力异常与平均高：依据布格异常较重力异常光滑的特性，在同一个区域，绘制这两个量的等值线图，根据图形态一致性进行判定。在此基础上，利用重力异常与高程的相关性再做进一步的判定。

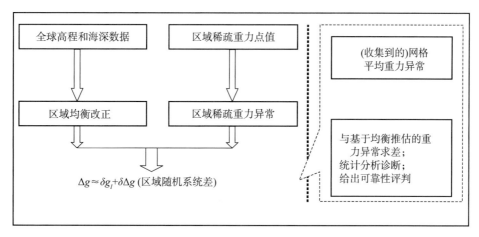

图 3-13　基于均衡的境外重力资料的诊断分析技术

重力场模型、GPS 水准：若有 GPS 水准数据，可以结合重力场模型与重力异常数据，计算重力高程异常，再与 GPS 水准比较，若区域等值线图形出入较大，则认为重力数据不真实。

由于高阶重力场模型已具有一定的逼近精度，在高程数据缺乏地区，用高阶重力场模型判定之。

总之，对境外数据的诊断是一个非常繁杂的数据判定工作，目前技术上仍然存在一定的难度。

3.3.3.2　$5' \times 5'$ 平均重力异常模型拼接

全球重力异常数据的构建，是依据 $\Delta g = \delta g_I - \delta \Delta g$ 模型，按照均衡理论，利用全球 $5' \times 5'$ 平均高程和平均海深数据文件，推估得到全球 $5' \times 5'$ 的均衡异常 δg_I，然后利用 EGM08 的数据源生成全球 $30' \times 30'$ 的平均重力异常 Δg，再将由地形推求的 δg_I 化为 $30' \times 30'$，求出 $30' \times 30'$ 的 $\delta \Delta g$，按双二次插值移动加密为 $5' \times 5'$ 的 $\delta \Delta g$，与 $5' \times 5'$ 的 δg_I 相加得到全球 $5' \times 5'$ 的 Δg 推估值，该数据集合在 $30' \times 30'$ 意义下具有 EGM08 数据源框架。然后，在整个南北 $72°$ 之间的海洋地区用收集到的卫星测高平均重力异常填充，美国用经地形改正后的值填充，中国用 1978 年版 $5' \times 5'$ Δg 经加入 -13.5 mgal 改正后填充，如此生成完整的全球 $5' \times 5'$ Δg 模型，如图 3-14 所示。

该数据是广泛搜集整理国内外重力场数据，通过研究分析各种数据来源、种类、结构、覆盖范围、数据说明以及数据量大小，对不同来源、不同规格的数据资料进行可靠性验证，通过粗差剔除与质量评估、统一重力与坐标系统的归算，最终整合而成的。计算该全球重力异常数据文件过程中主要用到了以下数据源：1）美国 NGS 重力观测数据约 164 万点；2）澳大利亚重力观测数据约 120 万点；3）SRTM30 和 SRTM30＿plus 全球陆地高程数据；4）美国 GRAV96US，RAPP，EGM08 源数据，以格网平均重力异常数据集给出；5）卫星测高数据及其反演的海面重力异常数据；6）海洋大地水准面模型；7）全球地壳厚度模型；8）全球海深模型；9）国内外地球重力场模型。

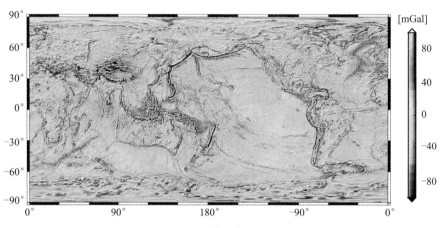

图 3 - 14　全球 $5' \times 5'$ 重力异常模型

第 4 章　地球重力场建模与赋值方法

地球重力场是地球的基本物理场，它约束着近地空间所有物体的运动，可以反映地球内部的物质分布及运动与变化状态。地球重力场是大地测量学的基础研究对象，同时广泛应用于地球物理等相关学科。扰动重力场是指地球真实重力场和正常重力场之差。所谓正常重力场是指将地球近似为旋转椭球体后，与该旋转椭球体相匹配的重力场。航天领域采用的正常重力场一般取至 J_2 项，所以研究地球扰动重力场与研究地球真实重力场是等价的。本章介绍地球重力场建模与赋值方法，包括点质量模型、球冠谐模型及扰动重力的直接赋值模型。

4.1　全球重力场模型构建

地球重力场模型，是指描述地球重力场的一组基本参数的集合，是对地球重力场的数字描述，是对地球重力场基础数据如点重力异常、平均重力异常的解析表达。因为实际观测的是离散重力数据，不便于快速计算扰动重力场的各种场元，也不便于研究场元的频谱特性，所以理论上要用一数学方程式拟合地球重力场，又由于地球重力位满足 Laplace 方程这一特殊性，所以通常采用球谐函数或椭球谐函数系数的集合来表示地球重力场模型。

地球重力场模型在应用中，将复杂的重力场解析化，基于扰动位的泛函，可以简便快捷地提供重力异常、大地水准面、扰动重力、垂线偏差等任意扰动场元。因此，随着地球重力场模型表示地球场元精度的不断提高，其在大地测量学、地球动力学、海洋学、地球物理学、国防科学等学科和领域的价值也越来越重要，使用价值越来越显著，例如确定高精度的高程基准、卫星的精密定轨、精确计算远程火箭实时重力加速度以提高飞行精度、研究地球内部构造和板块运动、研究海面地形等，地球重力场及其时变也反映了地球表层及其内部物质的空间分布、运动和变化，为预测地震提供了重要信息。目前来看，高分辨率、高精度重力场模型还有以下两方面重要作用：第一，在陆地地区使用简便快捷的高精度 GPS 定位测量和高精度的重力场模型模拟的重力大地水准面能够代替传统繁杂的水准测量给出正高以及高差；第二，在海面区域采用卫星测高获得的是平均海水面（MSL），如果求解统一的全球高程基准，必须要有绝对海面地形（DOT）及其倾斜，而海面地形的确定也需要高分辨率、高精度的地球重力场模型。因此，确定地球重力场的精细结构以及时变不仅是大地测量学、空间科学、海洋学、地震学、国防建设等的需求，同时也为保护环境、寻求资源和预测灾害提供了重要的信息资源。鉴于此，不断地应用所获取的观测信息构制地球重力场模型已成为这一领域的长期任务之一。

地球重力场模型的精度直接影响着它的应用。随着重力卫星的发射，有了卫星重力测量建立的不断精化的中低阶全球重力场模型，使得超高阶重力场模型达到 2 190 阶次。这一进展使得用大地测量来确定地球形状以及外部重力场的目标达到了一个新的历史阶段，并成为以空间大地测量技术为核心的现代大地测量发展的重要基础。

国际上推出了多个超高阶重力场模型，其中有美国地理空间情报局（NGA）求解的完全到 2 159 阶 2 190 次的地球重力场模型 EGM2008，德国地学研究中心（GFZ）等机构联合发布的 EIGEN 系列地球重力场模型。我国所具有的超高阶地球重力场模型包括西安测绘研究所发布的 DQM 系列和武汉大学的 UGM 系列模型。

4.1.1　球谐模型概述

对于一个抛出物体的运动轨迹，可以用一系列点的坐标 (x_1, y_1)，(x_2, y_2)，…，(x_n, y_n) 来描述，但因为抛物线运动本身是匀加速运动，满足一定物理运动规律，即抛物线轨迹满足一元二次方程，因此，还可以使用一元二次方程表示式 $y(x) = ax^2 + bx + c$ 和特定的三个系数 (a, b, c) 来描述这一轨迹，相比一系列的坐标点 (x_1, y_1)，(x_2, y_2)，…，(x_n, y_n) 更加方便、简洁。

与抛物线运动轨迹相比，地球重力场场元更加复杂且分布不规则。对于一定分辨率的重力场元，使用一个二维数组 V 即可表示，其中元素的位置（行、列）对应于点的点位（纬度、经度），元素值的大小表示重力场元的大小。为更加方便、简洁地描述地球重力场，根据物理场所满足的物理规律，需要寻找重力场元所满足的解析表达形式，并确定其对应表达式的系数。

根据位理论，地球引力位满足 Laplace 方程，即引力位是一个调和函数，所以它可以用一个球谐函数的无穷级数来表示，即

$$V(r, \theta, \lambda) = \frac{GM}{r}\left[1 + \sum_{n=1}^{\infty}\left(\frac{a_e}{r}\right)^n \sum_{m=0}^{n}(\bar{C}_{nm}\cos m\lambda + \bar{S}_{nm}\sin m\lambda)\bar{P}_{nm}(\cos\theta)\right] \quad (4-1)$$

式中　(r, θ, λ) ——点的以地心为坐标原点的球坐标；

GM ——万有引力常数与地球质量的乘积；

a_e ——参考椭球的长半径；

$\bar{P}_{nm}(\cos\theta)$ ——完全正常化的伴随 Legendre 多项式；

$\bar{C}_{nm}$，$\bar{S}_{nm}$ ——相应的重力场模型位系数。

如果能够已知这些位系数，则任一位置处的地球引力位就可以求得。但是系数值的个数总是有限的。因此，人们只能得到有限阶数的引力位球谐函数的级数式，即

$$V(r, \theta, \lambda) = \frac{GM}{r}\left[1 + \sum_{n=1}^{N}\left(\frac{a_e}{r}\right)^n \sum_{m=0}^{n}(\bar{C}_{nm}\cos m\lambda + \bar{S}_{nm}\sin m\lambda)\bar{P}_{nm}(\cos\theta)\right] \quad (4-2)$$

式中，N 为已知系数值的最高阶次。显然，N 的数值越大，其表示的引力位就越接近于真实情况。

对于一坐标为 (x, y, z) 的质点，以角速度 ω 绕 Z 轴旋转，则根据离心力公式，可

知离心力大小为

$$P = \omega^2 (x^2 + y^2)^{1/2} \tag{4-3}$$

它在三个坐标轴方向的分量为

$$\begin{cases} P_x = \omega^2 x \\ P_y = \omega^2 y \\ P_z = 0 \end{cases} \tag{4-4}$$

根据力的位函数的定义，即位函数是以点坐标 (x, y, z) 为变量的数量函数，它对三个坐标轴的偏导数分别等于该力在这三个坐标轴方向上的分量，可以找到对应上述离心力的位函数表达式

$$Q = \frac{\omega^2}{2} (x^2 + y^2) \tag{4-5}$$

将上述引力位加上离心力位，则可以得到任意一点的地球重力位，从而得到重力的三个分量。由此看来，引力位的展开是描述重力场的关键，所以通常将式（4-1）中的地球引力位表达称为地球引力场模型，其核心是一组位系数值 $\bar{C}_{nm}$ 和 $\bar{S}_{nm}$，所以也叫位系数模型，这样一组有限的位系数模型能够近似真实地球重力场。

根据式（4-2），可知道对于最高阶次为 N 的地球重力场模型，其系数的个数是固定的。对式（4-2）展开各项，图 4-1 统计了对于 N 阶次地球重力场模型所包含的位系数个数。由图可知，根据等差数列求和，$\bar{C}_{nm}$ 系数个数一共 $(N-1) \times (N+4)/2$ 个。根据式（4-2），$m = 0$ 时，$\bar{S}_{nm} \sin m\lambda$ 该项中 $\sin m\lambda$ 恒等于 0，因此系数 $\bar{S}_{n0}$ 是无意义的，因此去掉 $m = 0$ 时所有的 $\bar{S}_{nm}$，如图 4-1 所示，得 $\bar{S}_{nm}$ 系数个数一共 $(N-1) \times (N+2)/2$ 个。N 阶重力场模型位系数 $\bar{C}_{nm}$ 和 $\bar{S}_{nm}$ 一共 $(N-1) \times (N+3)$ 个。

当以水准椭球的重力场作为正常重力场时，正常引力位可以表示为

$$V(r, \theta) = \frac{GM}{r} \left[1 - \sum_{n=1}^{\infty} J_{2n} \left(\frac{a_e}{r} \right)^{2n} \bar{P}_{2n}(\cos\theta) \right] \tag{4-6}$$

式中　J_{2n}——偶阶带谐项系数，其值大小可由水准椭球的基本参数确定。

正常椭球中心与地球质心重合，正常椭球的短轴与地球旋转轴一致的情况下，根据扰动位定义，扰动位 T 等于地球引力位减正常引力位，因此可得

$$T(r, \theta, \lambda) = \frac{GM}{r} \sum_{n=2}^{N} \left(\frac{a_e}{r} \right)^n \sum_{m=0}^{n} (\bar{C}_{nm}^* \cos m\lambda + \bar{S}_{nm} \sin m\lambda) \bar{P}_{nm}(\cos\theta) \tag{4-7}$$

其中，$\bar{C}_{nm}^* = \bar{C}_{nm} + J_{nm}$，实际上只有 J_{20}，J_{40} 和 J_{60} 最多至 J_{80} 的值需要顾及，其他各阶次的 J_{nm} 数值都为零。

地面上的重力异常、高程异常和垂线偏差等重力场元与扰动位之间的关系如下

$$\Delta g = -\left(\frac{\partial T}{\partial r} + \frac{2}{r} T \right)_{r=R} \tag{4-8}$$

$$\zeta = \frac{T_R}{\gamma} \tag{4-9}$$

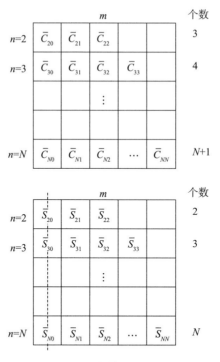

图 4-1 重力场模型位系数个数

$$\xi = \frac{1}{\gamma R} \frac{\partial T_R}{\partial \theta} \tag{4-10}$$

$$\eta = -\frac{1}{\gamma R \sin\theta} \frac{\partial T_R}{\partial \lambda} \tag{4-11}$$

式中 T_R ——球面上的扰动位。

将式（4-7）代入上述关系式，可得以下各重力场元的球谐展开形式

$$\Delta g(r,\theta,\lambda) = \frac{GM}{r^2} \sum_{n=2}^{N} (n-1) \left(\frac{a_e}{r}\right)^n \sum_{m=0}^{n} (\bar{C}_{nm}^* \cos m\lambda + \bar{S}_{nm} \sin m\lambda) \bar{P}_{nm}(\cos\theta)$$

$$\tag{4-12}$$

$$\zeta(r,\theta,\lambda) = r \sum_{n=2}^{N} \left(\frac{a_e}{r}\right)^n \sum_{m=0}^{n} (\bar{C}_{nm}^* \cos m\lambda + \bar{S}_{nm} \sin m\lambda) \bar{P}_{nm}(\cos\theta) \tag{4-13}$$

$$\xi(r,\theta,\lambda) = \sum_{n=2}^{N} \left(\frac{a_e}{r}\right)^{n+2} \sum_{m=0}^{n} (\bar{C}_{nm}^* \cos m\lambda + \bar{S}_{nm} \sin m\lambda) \frac{\mathrm{d}\bar{P}_{nm}(\cos\theta)}{\mathrm{d}\theta} \tag{4-14}$$

$$\eta(r,\theta,\lambda) = -\sum_{n=2}^{N} \left(\frac{a_e}{r}\right)^{n+2} \sum_{m=0}^{n} m(\bar{C}_{nm}^* \sin m\lambda - \bar{S}_{nm} \cos m\lambda) \frac{\bar{P}_{nm}(\cos\theta)}{\sin\theta} \tag{4-15}$$

上式中，近似认为 $GM/r^2 = \gamma$，其差值小于扁率级，不会影响精度。利用上述式子，就可由地球重力场模型求出各种地球重力场元的大小。

地球重力场模型的构建即模型求解的本质，就是已知全球一定格网分辨率的重力场元，求解对应的模型位系数 $\bar{C}_{nm}$ 和 $\bar{S}_{nm}$ 的过程。

4.1.2　球谐系数解算

4.1.2.1　调和分析方法

由于在地球物理当中，各种重力场元使用最为广泛的当属重力异常数据，因此以重力异常的球谐表达式（4-12）为例，说明重力场模型的构建。根据式（4-12）建立的关系，用最简单的最小二乘方法解方程组，就能够计算求得位系数，该方法称为最小二乘方法。但是，在最初建立模型过程中发现解算该方程的计算量巨大，计算水平完全不能满足需求，所以提出了另一种方法，通过使用球函数的正交特性，得出使用全球分布的离散数据计算位系数的积分公式，称其为积分方法，又称调和方法。

（1）传统调和分析方法

球函数的正交性描述为：只有在 $k=n$ 且 $l=m$ 时，下面积分式的值为 4π，其他情况下均为零

$$\iint_\omega \bar{P}_{kl}(\cos\theta)\begin{Bmatrix}\cos l\lambda\\\sin l\lambda\end{Bmatrix}\bar{P}_{nm}(\cos\theta)\begin{Bmatrix}\cos m\lambda\\\sin m\lambda\end{Bmatrix}\mathrm{d}\omega=4\pi\quad(k=n\ \text{且}\ l=m)\qquad(4-16)$$

式中，单位面元 $\mathrm{d}\omega=\sin\theta\,\mathrm{d}\theta\,\mathrm{d}\lambda$。

因此根据观测方程（4-12），两边同时乘以 $\bar{P}_{nm}(\cos\theta)\cos m\lambda$ 或者 $\bar{P}_{nm}(\cos\theta)\sin m\lambda$，并在单位球面上积分，就可以得到位系数的计算式

$$\begin{Bmatrix}\bar{C}^*_{nm}\\\bar{S}_{nm}\end{Bmatrix}=\frac{1}{4\pi\gamma(n-1)}\iint_\omega\Delta g\,\bar{P}_{nm}(\cos\theta)\begin{Bmatrix}\cos m\lambda\\\sin m\lambda\end{Bmatrix}\mathrm{d}\omega\qquad(4-17)$$

当采用式（4-17）计算位系数时，如果用 $\Delta g(\theta,\lambda)$ 的函数式代入右端，则可通过积分求得位系数。但是实际只有很多的离散重力异常值，因此只能将积分形式改化为有限离散求和的形式，即

$$\begin{Bmatrix}\bar{C}^*_{nm}\\\bar{S}_{nm}\end{Bmatrix}=\frac{1}{4\pi\gamma(n-1)}\sum_{i=0}^{N-1}\sum_{j=0}^{j=2N-1}\Delta g_{ij}\bar{P}^i_{nm}\begin{Bmatrix}\cos m\lambda_j\\\sin m\lambda_j\end{Bmatrix}\qquad(4-18)$$

根据 Nyquist 采样定律，通常认为地面 $1°\times1°$ 的重力异常数据最多只能求解出完全到 180 阶次的模型，若用 $30'\times30'$ 的重力异常数据，则可建立完全到 360 阶次的位系数模型。

同理，对于 Δg 的格网平均值 $\overline{\Delta g}_{ij}$，同样可得格网平均重力异常计算位系数的解算公式

$$\begin{Bmatrix}\bar{C}^*_{nm}\\\bar{S}_{nm}\end{Bmatrix}=\frac{1}{4\pi\gamma(n-1)}\sum_{i=0}^{N-1}\frac{1}{q^i_n}\sum_{j=0}^{j=2N-1}\overline{\Delta g}_{ij}I\bar{P}^i_{nm}\begin{Bmatrix}IC_m\\IS_m\end{Bmatrix}^j\qquad(4-19)$$

其中

$$\begin{Bmatrix}IC_m\\IS_m\end{Bmatrix}^j=\int_{\lambda_j}^{\lambda_{j+1}}\begin{Bmatrix}\cos\\\sin\end{Bmatrix}m\lambda\,\mathrm{d}\lambda\qquad(4-20)$$

$$I\bar{P}_{nm}^{i} = \int_{\theta_{iS}}^{\theta_{iN}} \bar{P}_{nm}(\cos\theta)\sin\theta\,\mathrm{d}\theta \tag{4-21}$$

其中，q_n^i 为改进离散误差的平滑因子，其有多种定义方式，最常见的是 Meissl 给的算子，其定义为

$$q_n^i = \begin{cases} (\beta_n^i)^2 & 0 \leqslant n \leqslant N/3 \\ \beta_n^i & N/3 < n < N \\ 1 & n > N \end{cases} \tag{4-22}$$

$$\beta_n^i = \frac{1}{1-\cos\psi_0}\frac{1}{2n+1}[P_{n-1}(\cos\psi_0) - P_{n+1}(\cos\psi_0)]$$

其中

$$\psi_0 = \cos^{-1}\left[\frac{\Delta\lambda}{2\pi}(\cos\theta_S - \cos\theta_N) + 1\right] \tag{4-23}$$

式中　ψ_0——与纬度有关的格网的球冠角。

（2）调和分析 FFT 方法

针对式（4-18）计算求解模型位系数，需要离散求和，随着模型阶次以及格网重力异常分辨率的不断提高，使得计算量迅速增大，根据公式特点，引入快速傅里叶变换（FFT）方法，能够加快调和分析方法的计算效率。

已知数字信号处理中，序列的傅里叶变换 $X = \mathrm{FFT}(x)$ 和 $x = \mathrm{IFFT}(X)$ 具体形式为

$$\begin{aligned}
X(k) &= \sum_{j=1}^{N} x(j)\mathrm{e}^{-\mathrm{i}\frac{2\pi}{N}(j-1)(k-1)} \\
x(j) &= \frac{1}{N}\sum_{k=1}^{N} X(k)\mathrm{e}^{\mathrm{i}\frac{2\pi}{N}(j-1)(k-1)}
\end{aligned} \tag{4-24}$$

由式（4-18）得到

$$\bar{C}_{nm}^* - \mathrm{i}\bar{S}_{nm} = \frac{1}{4\pi\gamma(n-1)}\iint_{\omega}\Delta g\bar{P}_{nm}(\cos\theta)(\cos m\lambda - \mathrm{i}\sin m\lambda)\,\mathrm{d}\omega \tag{4-25}$$

用网格平均重力异常计算位系数，引入平滑因子 β_n^* 和 Legendre 积分 $I\bar{P}_{nm}^i$

$$\begin{aligned}
\int_{\lambda_j}^{\lambda_{j+1}}(\cos m\lambda - \mathrm{i}\sin m\lambda)\,\mathrm{d}\lambda &= \frac{\sin m\lambda}{m} + \mathrm{i}\left.\frac{\cos m\lambda}{m}\right|_{\lambda_j}^{\lambda_{j+1}} \\
&= \frac{[\sin m(\lambda_j + \Delta\lambda) - \sin m\lambda_j] + \mathrm{i}[\cos m(\lambda_j + \Delta\lambda) - \cos m\lambda_j]}{m} \\
&= \frac{1}{m}[\sin m\Delta\lambda - \mathrm{i}(\cos m\Delta\lambda - 1)](\cos m\lambda_j - \mathrm{i}\sin m\lambda_j) \\
&= \frac{2}{m}\sin m\frac{\Delta\lambda}{2}\left(\cos m\frac{\Delta\lambda}{2} - \mathrm{i}\sin m\frac{\Delta\lambda}{2}\right)(\cos m\lambda_j - \mathrm{i}\sin m\lambda_j) \\
&= \frac{2}{m}\sin m\frac{\Delta\lambda}{2}\mathrm{e}^{-m\Delta\lambda}\mathrm{e}^{-m\lambda_j}
\end{aligned}$$

$$\tag{4-26}$$

则由式（4 - 19）可得到

$$\bar{C}_{nm}^{*} - \mathrm{i}\bar{S}_{nm} = \frac{1}{4\pi\gamma(n-1)}B_{m}\mathrm{e}^{-m\Delta\lambda}\sum_{i=1}^{L}\frac{1}{\beta_{n}^{i}}I\bar{P}_{nm}^{i}\sum_{j=1}^{2L}\Delta\bar{g}_{ij}\,\mathrm{e}^{-mj\frac{2\pi}{2L}} \quad n \neq 0,1 \quad (4-27)$$

其中

$$B_{m} = \begin{cases} \dfrac{2}{m}\sin m\,\dfrac{\Delta\lambda}{2} & m \neq 0 \\[3mm] \Delta\lambda & m = 0 \end{cases} \quad (4-28)$$

根据傅里叶变换公式（4 - 24）对 $\Delta\bar{g}_{i}(j)$ 序列进行傅里叶变换，则结果可写成

$$\bar{C}_{nm}^{*} - \mathrm{i}\bar{S}_{nm} = \frac{1}{4\pi\gamma(n-1)}B_{m}\mathrm{e}^{-m\Delta\lambda}\sum_{i=1}^{L}\frac{1}{\beta_{n}^{i}}I\bar{P}_{nm}^{i}A_{i}[m] \quad n \neq 0,1 \quad (4-29)$$

其中

$$A_{i}[m] = \mathrm{FFT}(\Delta g_{i}(j)) \quad (4-30)$$

式中　$A_{i}[m]$——大小为 $2L$ 的复数序列。

因此，计算的式（4 - 29）右侧结果中的实数部分是 $\bar{C}_{nm}^{*}$，虚数部分的负值是 $\bar{S}_{nm}$。

总结调和分析 FFT 方法的步骤如下：

1）计算 $n \times m$ 维系数 $\dfrac{1}{4\pi\gamma(n-1)}B_{m}\mathrm{e}^{-m\Delta\lambda}$；

2）计算第一个纬度的平滑因子 β_{n}^{i}，并对该纬度圈的平均重力异常序列 $\Delta g_{i}(j)$ 进行傅里叶变换，得到等长的复数序列 $A_{i}[m]$；

3）计算该纬度下的 Legendre 函数积分值 $n \times m$ 维数组 $\bar{I}_{nm}^{i}$，进而求得该纬度下的 $n \times m$ 维数组 $\dfrac{1}{\beta_{n}^{i}}\bar{I}_{nm}^{i}A_{i}[m]$；

4）重复步骤 2）、3），计算全球各个纬度的 $n \times m$ 维数组 $\dfrac{1}{\beta_{n}^{i}}\bar{I}_{nm}^{i}A_{i}[m]$，并对所有纬度求和，即 $\sum_{i=1}^{L}\dfrac{1}{\beta_{n}^{i}}\bar{I}_{nm}^{i}A_{i}[m]$，结果为一 $n \times m$ 维数组；

由步骤 1）算得的 $n \times m$ 维系数与步骤 4）的结果 $n \times m$ 维数组点乘，获得最终的 $n \times m$ 维复数数组，即为最后的结果，该数组中对应的元素 (n,m) 就为 $\bar{C}_{nm}^{*} - \mathrm{i}\bar{S}_{nm}$，那么该元素的实数部分是 $\bar{C}_{nm}^{*}$，负的虚数部分是 $\bar{S}_{nm}$。

利用 $1.5° \times 1.5°$ 格网平均重力异常使用传统的调和分析方法和 FFT 方法计算 120 阶位系数，对其计算的时间和结果进行比对，结果见表 4 - 1，从结果看出，FFT 方法相比传统调和分析方法，速度提高了近一个量级，而计算的位系数几乎是一样的，满足 10^{-9} 的相对精度。

表 4 - 1　调和分析传统方法与 FFT 方法比较

方法	传统调和分析	调和分析 FFT 方法
计算时间	37 721 ms	5 648 ms
$C(2,1)$	$-3.230\,252\,289\,574\,69\mathrm{e}{-}010$	$-3.230\,252\,289\,666\,22\mathrm{e}{-}010$
$S(2,1)$	$1.209\,990\,654\,698\,66\mathrm{e}{-}009$	$1.209\,990\,654\,697\,93\mathrm{e}{-}009$
$C(120,100)$	$7.710\,011\,773\,68\,076\mathrm{e}{-}011$	$7.710\,011\,773\,678\,11\mathrm{e}{-}011$
$S(120,100)$	$-3.839\,767\,907\,474\,27\mathrm{e}{-}010$	$-3.839\,767\,907\,474\,02\mathrm{e}{-}010$

（3）轮胎调和分析方法

轮胎调和分析方法实现的是面球谐快速展开，即已知格网均值 $\bar{f}_{ij}$，快速高效地得到展开系数 $\bar{a}_{nm}$，$\bar{b}_{nm}$

$$\bar{f}(\theta,\lambda) = \sum_{n=0}^{\infty}\sum_{m=0}^{n}(\bar{a}_{nm}\cos m\lambda + \bar{b}_{nm}\sin m\lambda)\bar{P}_{nm}(\cos\theta) \tag{4-31}$$

轮胎调和分析方法中通过使用 B 样条拟合克服了传统调和分析中平滑因子的问题，并通过傅里叶分析实现快速高效稳定的重力场反演，为满足二维的傅里叶分析，球面重力异常需要映射到轮胎面上，再将离散的格网平均值经过 B 样条分析、二维傅里叶分析和调和展开得到最终的模型系数，具体分为以下步骤。

①轮胎面映射

球面一定分辨率的格网重力异常，其分布位置位于网格中点处，格网下标 i 指从北纬90°开始按分辨率向南增加，下标 j 指从经度 0°开始按分辨率随经度逐渐增加，那么用球面观测网格均值 $\bar{f}_{ij}$ 映射为轮胎面上的观测值 $\tilde{f}_{ij}$

$$\tilde{f}_{ij} = \begin{cases} \bar{f}_{ij} & (i=0,1,\cdots,N-1,j=0,1,\cdots,2M-1) \\ \bar{f}_{2N-1-i,j+M} & (i=N,N+1,\cdots,2N-1,j=0,1,\cdots,M-1) \\ \bar{f}_{2N-1-i,j-M} & (i=N,N+1,\cdots,2N-1,j=M,M+1,\cdots,2M-1) \end{cases}$$

$$\tag{4-32}$$

这就构成轮胎面上 $[0,2\pi]\times[0,2\pi]$ 规则的网格均值，即 $\tilde{f}_{ij}(i=0,1,\cdots,2N-1,j=0,1,\cdots,2M-1)$，$M$ 和 N 分别为经度和纬度方向的网格数。

②B 样条分析

设等距 B 样条插值函数为

$$f(\theta,\lambda) = \sum_{s'=-\left[\frac{k_\theta+1}{2}\right]}^{2N-1+\left[\frac{k_\theta+1}{2}\right]}\sum_{t'=-\left[\frac{k_\lambda+1}{2}\right]}^{2M-1+\left[\frac{k_\lambda+1}{2}\right]} v_{s't'}B_{k_\theta}\left(\frac{\theta-(s'+0.5)\Delta\theta}{\Delta\theta}\right)B_{k_\lambda}\left(\frac{\lambda-(t'+0.5)\Delta\lambda}{\Delta\lambda}\right)$$

$$\tag{4-33}$$

式中　$v_{s't'}$——轮胎面上的插值系数；

　　　k_λ，k_θ——分别为经度、纬度方向 B 样条插值次数；

B_{k_λ}，B_{k_θ}——经度、纬度方向的 B 样条插值的基函数。

该二维插值问题的解相当于先进行 $2N$ 次纬度圈插值，然后再进行 $2M$ 次子午扩展圈插值。插值系数 $v_{s't'}$ 的解可以通过轮胎面上等距 B 样条插值系数方程的阵列代数表示计算得到

$$(v_{s't'})_{2N \times 2M} = \boldsymbol{F}_\theta^{-1} \, (\widetilde{f}_{st})_{2N \times 2M} \boldsymbol{F}_\lambda^{-1} \tag{4-34}$$

其中

$$s' = 0 \sim 2N-1; t' = 0 \sim 2M-1$$

$2N \times 2N$ 的方阵 $\boldsymbol{F}_\theta$ 表达式为

$$\boldsymbol{F}_\theta = C \left(\underbrace{B_{k_\theta+1}(0), \cdots, B_{k_\theta+1}\left(\left[\frac{k_\theta+1}{2}\right]\right)}_{\left[\frac{k_\theta+1}{2}\right]+1}, \underbrace{0, \cdots, 0}_{2N-2\left[\frac{k_\theta+1}{2}\right]-1}, \underbrace{B_{k_\theta+1}\left(-\left[\frac{k_\theta+1}{2}\right]\right), \cdots B_{k_\theta+1}(-1)}_{\left[\frac{k_\theta+1}{2}\right]} \right)$$

$$\tag{4-35}$$

$2M \times 2M$ 的方阵 $\boldsymbol{F}_\lambda$ 表达式为

$$\boldsymbol{F}_\lambda = C \left(\underbrace{B_{k_\lambda+1}(0), \cdots, B_{k_\lambda+1}\left(\left[\frac{k_\lambda+1}{2}\right]\right)}_{\left[\frac{k_\lambda+1}{2}\right]+1}, \underbrace{0, \cdots, 0}_{2M-2\left[\frac{k_\lambda+1}{2}\right]-1}, \underbrace{B_{k_\theta+1}\left(-\left[\frac{k_\lambda+1}{2}\right]\right), \cdots B_{k_\lambda+1}(-1)}_{\left[\frac{k_\lambda+1}{2}\right]} \right)$$

$$\tag{4-36}$$

而当 s'、t' 为其他值时有

$$\begin{cases} v_{-s'} = v_{S-s'} \\ v_{S-1+s'} = v_{s'-1} \end{cases} \quad 1 \leqslant s' \leqslant \left[\frac{k+1}{2}\right] \tag{4-37}$$

式中　S——k 次样条插值中圆周上等距节点的个数。

③二维傅里叶分析

将圆周上 B 样条插值的一维傅里叶分析推广到二维轮胎面上得到

$$c(m',m) = \left[p_{m'}^{k_\theta} \ \mathrm{sinc}^{k_\theta+1}\left(\frac{m'}{2}\Delta\theta\right) \right] e^{-\sqrt{-1}\frac{m'}{2}\Delta\theta} \left[p_m^{k_\lambda} \ \mathrm{sinc}^{k_\lambda+1}\left(\frac{m}{2}\Delta\lambda\right) \right] e^{-\sqrt{-1}\frac{m}{2}\Delta\lambda} \times$$
$$\sum_{i=0}^{2N-1} \frac{1}{2N} \left[\frac{1}{2M} \sum_{j=0}^{2M-1} \widetilde{f}_{ij} \ e^{-2\pi\sqrt{-1}\frac{mj}{2M}} \right] e^{-2\pi\sqrt{-1}\frac{m'i}{2N}} \tag{4-38}$$

其中

$$\mathrm{sinc}(x) = \frac{\sin x}{x} \tag{4-39}$$

$$p_m^k = d_m^{-1} = \left[B_{k+1}(0) + 2 \sum_{s'=1}^{\left[\frac{k+1}{2}\right]} B_{k+1}(s') \cos\left(2\pi \frac{ms'}{S}\right) \right]^{-1} \tag{4-40}$$

这里先进行 $2N$ 次纬度圈 k_λ 次等距 B 样条插值的傅里叶谱分析，再进行 $2M$ 次扩展子午圈 k_θ 次等距 B 样条插值的傅里叶谱分析。式（4-38）右端第一行表示的是纬度方向和经度方向频域恢复因子乘积，其第二行表示轮胎面上的离散均值二维傅里叶谱，可由二维 FFT 实现快速计算。

④系数调和展开

将式（4-38）求得的谱代入二维傅里叶谱级数式，顾及离散傅里叶变换性质，得到 $f(\theta,\lambda)$ 的三角展开的系数

$$a(m',m) = (2-\delta_0^m)(2-\delta_0^{m'}) \begin{cases} +\operatorname{real}(c(m',m)) & m \text{ 为偶数} \\ -\operatorname{imag}(c(m',m)) & m \text{ 为奇数} \end{cases} \quad (4-41)$$

$$b(m',m) = (2-\delta_0^m)(2-\delta_0^{m'}) \begin{cases} -\operatorname{imag}(c(m',m)) & m \text{ 为偶数} \\ -\operatorname{real}(c(m',m)) & m \text{ 为奇数} \end{cases} \quad (4-42)$$

根据面球谐平方可积函数 $f(\theta,\lambda)$ 面球谐展开系数与标准三角展开系数的关系可确定最终位系数值

$$\left.\begin{array}{c} \bar{C}_{nm} \\ \bar{S}_{nm} \end{array}\right\} = \frac{1+\delta_0^m}{4} \left\{ \begin{array}{c} \sum\limits_{m'=0}^{N} a(m',m) \bar{I}_{nm}^{m'} \\ \sum\limits_{m'=0}^{N} b(m',m) \bar{I}_{nm}^{m'} \end{array} \right. \quad (4-43)$$

式中，δ 函数仅当 $m=0$ 时为 1，其他时为 0。

用跨阶次递推方法积分公式 $I\bar{P}_{nm}^{m'}$

$$I\bar{P}_{nm}^{m'} = \int_0^\pi P_{nm}(\cos\theta) \left\{ \begin{array}{c} \cos m'\theta \\ \sin m'\theta \end{array} \right\} \sin\theta \, \mathrm{d}\theta \quad \begin{array}{c} m \text{ 为偶数} \\ m \text{ 为奇数} \end{array} \quad (4-44)$$

以上就是轮胎调和分析的主要过程，利用以上过程，可以快速解决调和分析过程，在不损失精度的情况下，大大加快了计算的效率。

这里使用 EGM2008 模型 2160 阶系数计算半径为 a 的球面上 $5'\times5'$ 格网平均重力异常值，再由这些计算的平均重力异常值采用轮胎调和分析方法恢复重力场模型系数 RS，比较恢复的模型系数 RS 和 EGM2008 模型系数，并统计轮胎调和阶误差 RMS 以及大地水准面高累积误差和重力异常累积误差，结果如图 4-2 所示。

以上计算 2 160 阶重力场模型系数平均耗时约 11 min，并且由以上统计可以看出，轮胎调和分析方法能够以相当好的精度恢复重力场模型，实现快速高效稳定的重力场反演。对于 2 000 阶以后误差急剧增大的情况，与 2 000 阶以后 Legendre 函数及其积分的计算误差增大、频谱混叠等有关。通过实验证明，轮胎调和分析方法使用格网平均值相比使用格网点值结果更好。

4.1.2.2　最小二乘方法

最小二乘方法也是求解重力场模型的重要方法，但是不同于数值积分方法，最小二乘方法能够评估重力场模型系数的精度，但是在求解的重力场模型阶次较高时，需要求解的参数个数多，法方程中法矩阵庞大，在现有通用计算机条件下不可能直接使用最小二乘方法进行求解，这是该方法求解模型的弊端所在。而由于球谐因子的正交性使得法矩阵为稀疏矩阵，所以发展了块对角最小二乘来计算模型。

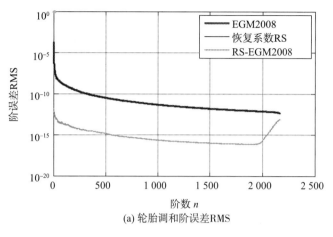

(a) 轮胎调和阶误差RMS

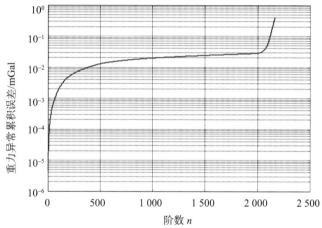

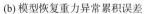

(b) 模型恢复重力异常累积误差

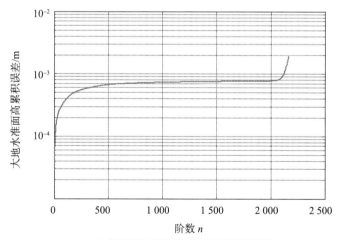

(c) 轮胎调和恢复大地水准面高累积误差

图 4 - 2　各误差与阶数的关系 （见彩插）

（1）最小二乘解算模型

使用最小二乘法求解模型位系数的通用形式为

$$L^b = F(X^a) \tag{4-45}$$

以数学模型（4-12）为例，其中观测量和参数矢量分别为

$$L^b = [\cdots \Delta g_{ij} \cdots]^{\mathrm{T}}, X^a = [\cdots C_{nm}^a \cdots]^{\mathrm{T}} \quad \begin{cases} n \leqslant N_{\max}, m \leqslant n \\ \quad\quad \alpha = 0, 1 \end{cases} \tag{4-46}$$

$$C_{nm}^a = \begin{cases} \bar{C}_{nm}^* & \text{if} \quad \alpha = 1 \\ \bar{S}_{nm} & \text{if} \quad \alpha = 0 \end{cases} \tag{4-47}$$

由式（4-12）知，F 函数是关于 X 的线性方程，根据线性方程组最小二乘平差模型，则有观测方程

$$v = A\hat{X}^a - L^b \tag{4-48}$$

若近似认为重力异常协方差矩阵为对角阵，即表示为

$$P = \sigma_0^2 \boldsymbol{\Sigma}_{L^b}^{-1} \tag{4-49}$$

根据观测方程（4-48），得到法方程

$$(A^{\mathrm{T}}PA)\hat{X}^a = A^{\mathrm{T}}PL^b \tag{4-50}$$

可求解得到位系数及其协方差阵

$$\hat{X}^a = (A^{\mathrm{T}}PA)^{-1}A^{\mathrm{T}}PL^b, \boldsymbol{\Sigma}_{\hat{x}} = \sigma_0^2 (A^{\mathrm{T}}PA)^{-1} \tag{4-51}$$

（2）块对角最小二乘

根据上述公式能够计算最终的位系数，但是对于利用全球 $5' \times 5'$ 格网重力异常估计 2 159 阶位系数（不包括 C_{00}）为例，A 矩阵大小为 9 331 200 × 4 665 596 的矩阵，N 为一 4 665 596 × 4 665 596 的矩阵，所以计算量庞大。为了提高计算效率，当地面重力异常数据满足以下条件时，其法矩阵会呈现一些特殊性质：

1）数据分布于一旋转曲面上（例如球面或者旋转椭球面上）；

2）格网数据覆盖整个曲面，并且经度方向的分辨率是一样的；

3）数据精度与经度无关，即数据的权重不依赖于经度的大小；

4）数据的权重关于赤道是对称的，即纬度 φ 与 $-\varphi$ 的格网数据精度是一样的。

显然，当以上条件全部满足时，权矩阵一定是个对角阵，根据式（4-12），矩阵 A 的各个元素由下式表示

$$[A]_{C_{nm}^a}^{ij} = \frac{GM}{r_{ij}^2}(n-1)\left(\frac{a}{r_{ij}}\right)^n \bar{Y}_{nm}^{aij} \tag{4-52}$$

$$\bar{Y}_{nm}^{aij} = \begin{cases} \bar{P}_{nm}^i \cos m\lambda_j & \text{if} \quad \alpha = 0 \\ \bar{P}_{nm}^i \sin m\lambda j & \text{if} \quad \alpha = 1 \end{cases} \tag{4-53}$$

根据法矩阵 $N = A^{\mathrm{T}}PA$ 以及以上条件得到权阵 P 为对角阵，有

$$[N]_{C_{nm}^a C_{rs}^\beta} = \sum_{i=0}^{N-1} \sum_{j=0}^{2N-1} [A]_{C_{nm}^a}^{ij} [A]_{C_{rs}^\beta}^{ij} P_{ij} \tag{4-54}$$

$$[N]_{C_{nm}^a C_{rs}^\beta} = GM^2(n-1)(r-1)\sum_{i=0}^{N-1} \bar{P}_{nm}^i \bar{P}_{rs}^i \sum_{j=0}^{2N-1} \frac{1}{r_{ij}^4}\left(\frac{a}{r_{ij}}\right)^{n+r}\left\{\begin{matrix}\cos(m\lambda_j)\\\sin(m\lambda_j)\end{matrix}\right\}\left\{\begin{matrix}\cos(s\lambda_j)\\\sin(s\lambda_j)\end{matrix}\right\}P_{ij}$$

$$(4-55)$$

对应的 $\boldsymbol{U} = \boldsymbol{A}^{\mathrm{T}} \boldsymbol{P} \boldsymbol{L}^b$ 的元素

$$[U]_{C_{nm}^a} = GM(n-1)\sum_{i=0}^{N-1} \bar{P}_{nm}^i \sum_{j=0}^{2N-1} \frac{1}{r_{ij}^2}\left(\frac{a}{r_{ij}}\right)^n\left\{\begin{matrix}\cos m\lambda_j\\\sin m\lambda_j\end{matrix}\right\}P_{ij}\Delta g_{ij} \qquad (4-56)$$

式中　$\bar{P}_{nm}^i$ ——缔合 Legendre 函数；

　　　P_{ij} ——重力异常观测数据对应的权。

假设理想情况下，$N\times 2N$ 个重力异常分布于半径为 a 的球面上，且重力异常都有相同的标准差 σ，那么权阵 $\boldsymbol{P} = \sigma^2\boldsymbol{I}$，在不影响问题的讨论下令 $\sigma = 1$ 来简化问题，$\gamma = GM/a^2$，那么上面方程简化为

$$[A]_{C_{nm}^a}^{ij} = \gamma(n-1)\bar{Y}_{nm}^{aij} \qquad (4-57)$$

$$[N]_{C_{nm}^a C_{rs}^\beta} = \gamma^2(n-1)(r-1)\sum_{i=0}^{N-1} \bar{P}_{nm}^i \bar{P}_{rs}^i \sum_{j=0}^{2N-1}\left\{\begin{matrix}\cos(m\lambda_j)\\\sin(m\lambda_j)\end{matrix}\right\}\left\{\begin{matrix}\cos(s\lambda_j)\\\sin(s\lambda_j)\end{matrix}\right\} \qquad (4-58)$$

$$[N]_{C_{nm}^a} = \gamma^2(n-1)^2\sum_{i=0}^{N-1} I\bar{P}_{nm}^{i\ 2}\sum_{j=0}^{2N-1}\left\{\begin{matrix}\cos m\lambda_j\\\sin m\lambda_j\end{matrix}\right\}^2 \qquad (4-59)$$

$$[U]_{C_{nm}^a} = \gamma(n-1)\sum_{i=0}^{N-1} \bar{P}_{nm}^i \sum_{j=0}^{2N-1}\left\{\begin{matrix}\cos m\lambda_j\\\sin m\lambda_j\end{matrix}\right\}\Delta g_{ij} \qquad (4-60)$$

$\sum_{j=0}^{2N-1}$ 即为 $\sum_{\lambda_j=0}^{2\pi}$，所以根据正、余弦函数的正交性可知

$$\left\{\begin{array}{l}\sum_{j=0}^{2N-1}\cos m\lambda_j \cos s\lambda_j = 0 \quad \text{if} \quad m\neq s < N\\[2mm]\sum_{j=0}^{2N-1}\sin m\lambda_j \sin s\lambda_j = 0 \quad \text{if} \quad m\neq s < N\\[2mm]\sum_{j=0}^{2N-1}\cos m\lambda_j \sin s\lambda_j = 0 \quad m < N, s < N\end{array}\right. \qquad (4-61)$$

另外，全球格网数据分布是关于赤道对称的，满足 $\theta_i = \pi - \theta_{N-1-i}$，再根据缔合 legendre 函数的特性，所以有

$$\bar{P}_{nm}^i = (-1)^{n-m}\bar{P}_{nm}^{N-1-i} \qquad (4-62)$$

因此有

$$\sum_{i=0}^{N-1} I\bar{P}_{nm}^i I\bar{P}_{rs}^i = 0 \quad n-r = 2k+1 \qquad (4-63)$$

综上所述，根据式（4-61）和式（4-63），式（4-58）中的法矩阵满足

$$[N]_{C_{nm}^a C_{rs}^\beta} = 0 \quad \alpha\neq\beta, m\neq s \text{ 或 } n-r = 2k+1 \qquad (4-64)$$

法矩阵在计算数据满足上述 4 个条件的情况下，呈稀疏矩阵，有助于提高计算效率。在满足式（4 - 64）描述的情况下生成的块对角法矩阵称为 BD - 1（Block - Diagonal - 1）结构，生成块对角矩阵，需要对法方程中的未知系数进行排序，使得法矩阵具有较好的结构。这里给出了 6 种排列方式，下表简要描述该 6 种排列方式。

表 4 - 2　6 种块对角系数排序方式

位系数排列方式	$N = 3$
I	$C_{20}, C_{21}, C_{22}, C_{30}, C_{31}, C_{32}, C_{33}, S_{21}, S_{22}, S_{31}, S_{32}, S_{33}$
II	$C_{20}, C_{21}, C_{22}, S_{21}, S_{22}, C_{30}, C_{31}, C_{32}, C_{33}, S_{31}, S_{32}, S_{33}$
III	$C_{20}, C_{21}, S_{21}, C_{22}, S_{22}, C_{30}, C_{31}, S_{31}, C_{32}, S_{32}, C_{33}, S_{33}$
IV	$C_{20}, C_{30}, C_{21}, C_{31}, C_{22}, C_{32}, C_{33}, S_{21}, S_{31}, S_{22}, S_{32}, S_{33}$
V	$C_{20}, C_{30}, C_{21}, C_{31}, S_{21}, S_{31}, C_{22}, C_{32}, S_{22}, S_{32}, C_{33}, S_{33}$
VI	$C_{20}, C_{30}, C_{21}, S_{21}, C_{31}, S_{31}, C_{22}, S_{22}, C_{32}, S_{32}, C_{33}, S_{33}$

上述排列方法中，V 排列方式中对于每一 m 值，区分 $n - m$ 为奇数、偶数的情况分别排列，例如，对于 $N = 6$ 的排列，排列顺序记为 C_{20}，C_{40}，C_{60}，C_{30}，C_{50}，C_{21}，C_{41}，C_{61}，C_{31}，C_{51}，S_{21}，S_{41}，S_{61}，S_{31}，S_{51}，C_{22}，C_{42}，…。下面采用了全球 8×16 的格网重力异常计算 $N = 6$ 情况下的法方程的系数矩阵（即法矩阵）$[N]$，其中权矩阵 $\boldsymbol{P}$ 采用单位阵 $\boldsymbol{I}$，其中白色区域表示为 0 元素，灰度点为非零元素，如图 4 - 3 所示。

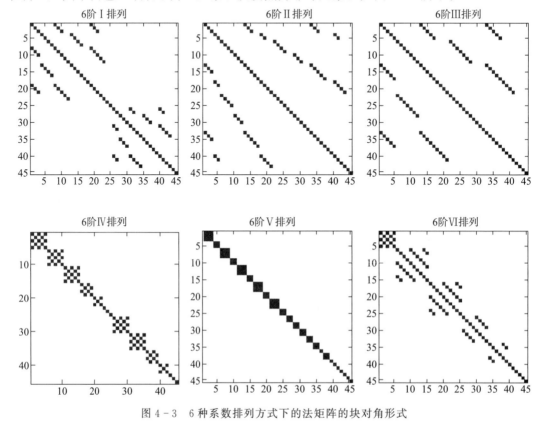

图 4 - 3　6 种系数排列方式下的法矩阵的块对角形式

实际计算过程中，数据经过空白区填补和数据解析延拓等处理后能近似满足前两个条件，但是因为各个局部区域的测量精度都存在差异，所以一般情况下不会满足后两个条件。当上述 4 个条件只有第 4 个条件不满足时，法矩阵

$$[N]_{C_{nm}^\alpha C_{rs}^\beta} = 0 \quad \alpha \neq \beta, m \neq s \tag{4-65}$$

该形式称为 BD - 2 结构。另外还定义了 BD - 3 结构的法矩阵

$$[N]_{C_{nm}^\alpha C_{rs}^\beta} = 0 \quad m \neq s \tag{4-66}$$

下面根据上述定义式分别计算了 Ⅴ、Ⅵ 排列下的 3 种法矩阵结构形式，如图 4 - 4 所示。

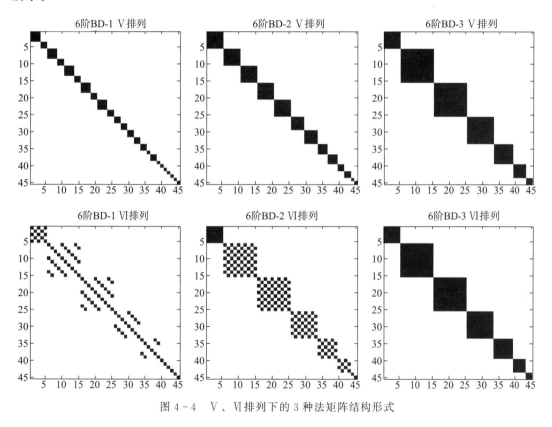

图 4 - 4　Ⅴ、Ⅵ 排列下的 3 种法矩阵结构形式

计算阶数为 $N_{\max}$ 的位系数时，3 种 BD 结构的特点见表 4 - 3。

表 4 - 3　3 种 BD 结构的特点

	BD - 1	BD - 2	BD - 3
最大"块"的大小	$\mathrm{int}(N_{\max}/2) \times \mathrm{int}(N_{\max}/2)$	$N_{\max} - 1$	$2N_{\max} - 2$
"块"的总个数	$4N_{\max}$	$2N_{\max} + 1$	$N_{\max} + 1$
非零元素的比例	0.09	0.19	0.37

（3）两种方法比较

关于数值积分方法（NQ 方法）和最小二乘方法（LS）两者之间的差别主要体现在解算位系数和求解联合位系数两方面，（Rapp，1969、1986）、（Colombo，1981）、（Pavlis，1988）和（Sneeuw，1994）都对该问题进行了详细的说明。两种方法求解位系数方面的差异有以下几点：

1）NQ 方法确定的每个系数彼此之间是独立的，而对于 LS 方法，即使给的重力异常数据之间不相关，但确定的系数之间也是相关的，因为离散数据使得缔合 Legendre 函数的正交性有损失，所以使用 LS 方法计算最大阶数不同的两组位系数，相同阶次的位系数也是不同的，但是由于离散数据不会破坏 $\cos m\lambda$ 和 $\sin m\lambda$ 的正交性，所以使得计算矩阵呈现稀疏状；

2）NQ 方法不能反映地面重力异常的精度，LS 方法可以给出重力异常数据的协方差；

3）对于分辨率 $30'\times 30'$ 的重力异常数据，其对应的是 360 阶模型，LS 方法只能计算到 359 阶，而 NQ 方法能够计算 360 阶的位系数；

4）经过模拟试验，发现 LS 方法能够用模拟的重力异常以 0.00％ 的精度恢复 359 阶以下的所有原位系数，但是 NQ 技术则达不到这一要求。

对于两种方法在联合解方面有以下几点区别：

1）联合求解时，NQ 方法只有阶数比卫星模型阶数小或相等的系数被调整，但是 BD 形式的 LS 方法则是次数比卫星模型次数小的系数被调整；

2）联合求解后，对于没有参与联合的高阶次位系数的精度估计，NQ 方法只能采用数据误差由误差传播定律求得，而 LS 方法直接由结果获得，还能给出特定系数之间的协方差信息；

3）LS 方法可以使用先验位系数误差谱信息来约束高阶系数解，但是 NQ 方法则不能；

4）LS 方法中的 BD 结构的一大优点在于，该结构也适用于对 SST 和 SGG 数据的分析处理，该特点对于使用最小二乘方法联合计算超高阶地球重力场模型具有非常重要的作用。

4.1.3　中低阶位系数确定

常用的恢复地球重力场模型系数的重力观测数据有卫星重力观测数据和地面重力观测数据，不同类型的重力数据反演的位模型系数存在频谱互补性，卫星重力观测数据可以反演地球重力场高精度的低频信息，地面重力观测数据可以很好地反演重力场的中高频信息，因此可以联合卫星、测高和地面重力数据构建高分辨率、高精度、全频段的超高阶重力场模型。为此需要研究不同类型重力观测数据的最优联合策略，常见的不同类型重力数据联合解算的方法有：最小二乘联合平差方法、谱组合法、剪接法、最小二乘配置方法和大地测量超定边值问题方法等。

4.1.3.1　最小二乘联合平差方法

Kaula（1966）和 Rapp（1969）最早提出使用广义最小二乘联合平差方法联合地面重

力数据和卫星重力场系数求解重力场模型。广义最小二乘联合平差方法的基本原理如下。

设：L_t 为重力异常观测值，V_t 为重力异常改正数，L_x 为卫星数据求解的位系数，V_x 为卫星数据求解的位系数的改正数，L_t^a 为重力异常观测值的平差值，L_x^a 为卫星数据求得系数的平均值，P_t 为重力异常数据的先验权阵，P_x 为位系数的权阵。

重力异常观测数据 L_t 与卫星数据求得的位系数 L_x 满足如下关系

$$F(L_t^a, L_x^a) = 0 \qquad (4-67)$$

式（4-67）经过线性化后得到的误差方程为

$$B_t V_t + B_x V_x + W = 0 \qquad (4-68)$$

其中

$$B_t = \frac{\partial F}{\partial L_t}, B_x = \frac{\partial F}{\partial L_x}, W = F(L_t, L_x)$$

式（4-68）的求解准则为

$$V_t^{\mathrm{T}} P_t V_t + V_x^{\mathrm{T}} P_x V_x = \min \qquad (4-69)$$

可得 V_x 的解为

$$V_x = -(B_x^{\mathrm{T}} M^{-1} B_x + P_x)^{-1} B_x^{\mathrm{T}} M^{-1} W \qquad (4-70)$$

其中

$$M = B_t P_t^{-1} B_t^{\mathrm{T}}$$

式（4-70）即为联合卫星位系数和重力异常数据求解位系数的计算公式。以上即为广义最小二乘联合平差方法联合卫星重力场模型和地面重力数据求解位系数的基本原理。

为了简化上述计算过程，通常会利用卫星重力场模型及其误差协方差矩阵，与由地面重力数据生成的法矩阵进行叠加，求解联合位系数，使得在不损害结果质量下联合解算既简洁又高效。根据卫星模型及其误差协方差矩阵，完全足够计算该模型的法方程和对应的 U，误差协方差矩阵的逆对应法矩阵

$$\begin{cases} N_{\mathrm{sat}} = \Sigma_x^{-1} & \text{(a)} \\ U_{\mathrm{sat}} = N_{\mathrm{sat}} \hat{x} & \text{(b)} \end{cases} \qquad (4-71)$$

同样根据地面数据求解位系数的公式能够得到法方程

$$U_T = N_T \hat{x} \qquad (4-72)$$

如果使用简单的等权相加来联合上面两个法矩阵，即将卫星的法矩阵"叠加"到地面法矩阵上，就能够得到联合后的法方程

$$(U_T + U_{\mathrm{sat}}) = (N_T + N_{\mathrm{sat}}) \hat{x} \qquad (4-73)$$

上式求得的未知数 $\hat{x}$ 就是概念上的联合解。

（1）EGM96 联合方法

EGM96 使用的卫星模型法矩阵采用满阵，地面数据法矩阵采用 BD-3 结构，联合过程中使用了所谓的"Falling kite"联合结构。本书利用全球 8×16 格网数据计算地面 $N_{\max} = 6$ 法方程，并联合 $N_{\mathrm{sat}} = 4$ 的卫星法方程。图 4-5（a）是地面法方程 BD-3 结构，与之对应的卫星系数也按 V 排列，则其非零元素的分布情如图 4-5（b）黑色所示，显然

这种联合后的法矩阵会产生一个很大的"块"，几乎是整个法矩阵大小，所以该排列形式不利于高效地计算。

将未知数系数分为 3 组：1）$n > N_{\mathrm{sat}}$，$m > N_{\mathrm{sat}}$；2）$n > N_{\mathrm{sat}}$，$m \leqslant N_{\mathrm{sat}}$；3）$n \leqslant N_{\mathrm{sat}}$，$m \leqslant N_{\mathrm{sat}}$；每一组中的未知数都按之前的 V 排列方式，得到的地面法矩阵的结构如图 4 - 5（c）所示，卫星法矩阵与地面联合的法矩阵如图 4 - 5（d）所示，即为所谓的"Falling kite"结构。

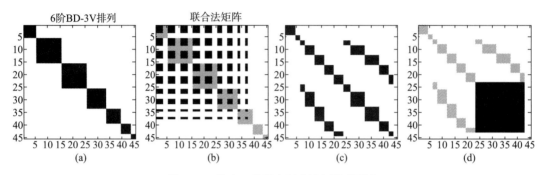

图 4 - 5　最小二乘联合解中法矩阵的联合

对于"Falling kite"结构的计算，采用分组方法，考虑到法矩阵为对称矩阵，将其按照图 4 - 6 分割为若干个小矩阵，其中 $\boldsymbol{G}_{11}$ 和 $\boldsymbol{G}_{22}$ 是"纯地面"的块对角阵，$\boldsymbol{G}_{23}$ 由非零元素的矩形块构成，与 $\boldsymbol{G}_{22}$ 有相同的行分割，$\boldsymbol{G}_{33}$ 则是包含地面和卫星信息的占满的对称矩阵。

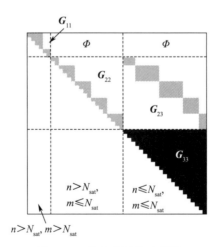

图 4 - 6　联合法矩阵示意图

$$\begin{bmatrix} \boldsymbol{G}_{11} & \varnothing & \varnothing \\ \varnothing & \boldsymbol{G}_{22} & \boldsymbol{G}_{23} \\ \varnothing & \boldsymbol{G}_{23}^{\mathrm{T}} & \boldsymbol{G}_{33} \end{bmatrix} \begin{bmatrix} \hat{\boldsymbol{X}}_1 \\ \hat{\boldsymbol{X}}_2 \\ \hat{\boldsymbol{X}}_3 \end{bmatrix} = \begin{bmatrix} \boldsymbol{U}_1 \\ \boldsymbol{U}_2 \\ \boldsymbol{U}_3 \end{bmatrix} \tag{4-74}$$

根据式（4-74），$\hat{X}_1$ 可单独利用块对角 G_{11} 求解而不影响其他系数，剩下的部分

$$\begin{bmatrix} G_{22} & G_{23} \\ G_{23}^{\mathrm{T}} & G_{33} \end{bmatrix} \begin{bmatrix} \hat{X}_2 \\ \hat{X}_3 \end{bmatrix} = \begin{bmatrix} U_2 \\ U_3 \end{bmatrix} \tag{4-75}$$

若式（4-75）记为 $G \cdot Y = R$，显然上式系数矩阵 G 为对称矩阵，可对其进行 Cholesky 分解

$$G = L \cdot L^{\mathrm{T}} \tag{4-76}$$

$$\begin{bmatrix} L_{22} & \varnothing \\ L_{32} & L_{33} \end{bmatrix} \cdot \begin{bmatrix} L_{22}^{\mathrm{T}} & L_{32}^{\mathrm{T}} \\ \varnothing & L_{33}^{\mathrm{T}} \end{bmatrix} = \begin{bmatrix} G_{22} & G_{23} \\ G_{23}^{\mathrm{T}} & G_{33} \end{bmatrix} \tag{4-77}$$

可以得到

$$L_{22} \cdot L_{22}^{\mathrm{T}} = G_{22}$$
$$L_{22} \cdot L_{32}^{\mathrm{T}} = G_{23} \tag{4-78}$$
$$L_{33} \cdot L_{33}^{\mathrm{T}} = G_{33} - L_{32} \cdot L_{32}^{\mathrm{T}}$$

从上式看出，L_{22} 是块对角阵 G_{22} 的 Cholesky 因子，也是下三角分块矩阵，并且 L_{22} 中的"块"也是 G_{22} 中"块"的 Cholesky 因子，所以 L_{22} 的求逆可通过对每个"块"求逆快速实现。对于 $N_{\max} = 359$ 联合 70 阶次的卫星模型系数，G_{22} 中共有 71 个"块"，每个块对应一个从 0～70 的 m 值。第一个"块"对应于 $m = 0$，大小为 289×289，其余的 70 个"块"大小均为 578×578。根据式（4-78）可得

$$L_{32}^{\mathrm{T}} = L_{22}^{-1} \cdot G_{23} \tag{4-79}$$

式中　　L_{22}^{-1} ——正方形块对角下三角阵；

　　　　G_{23} ——矩形块对角阵，且行的块分割与 G_{11}^{-1} 一致。

由式（4-79）计算得到 L_{32}^{T}，与 G_{23} 有相同的结构，则式（4-78）中 $G_{33} - L_{32} \cdot L_{32}^{\mathrm{T}}$ 项能被计算得到，通过 Cholesky 分解求得 L_{33}。当采用卫星模型为 70 阶时，该矩阵大小达到 $5\,037 \times 5\,037$（这里不包括 C_{00} 项），其计算是可以实现的。因此，矩阵 G 的所有 Cholesky 分解因子都计算得到了，那么

$$G \cdot Y = (L \cdot L^{\mathrm{T}})Y = L \cdot (L^{\mathrm{T}} \cdot Y) = R \tag{4-80}$$

式（4-80）根据平方根法可快速稳定地计算得到 Y 值。在用最小二乘法评估模型系数精度时，需要对法矩阵求逆，即式（4-74）中系数矩阵求逆。其中，G_{11} 可直接求逆得到 G_{11}^{-1}，至于 G 的求逆，有

$$G^{-1} = (L \cdot L^{\mathrm{T}})^{-1} = (L^{\mathrm{T}})^{-1} \cdot (L^{-1}) = (L^{-1})^{\mathrm{T}} \cdot (L^{-1}) \tag{4-81}$$

因为 L 是下三角块矩阵，所以 L^{-1} 也是下三角块矩阵，有

$$L \cdot L^{-1} = \begin{bmatrix} L_{22} & \varnothing \\ L_{32} & L_{33} \end{bmatrix} \begin{bmatrix} \widetilde{L}_{22} & \varnothing \\ \widetilde{L}_{32} & \widetilde{L}_{33} \end{bmatrix} = \begin{bmatrix} I & \varnothing \\ \varnothing & I \end{bmatrix} \tag{4-82}$$

那么可以得到

$$\widetilde{\boldsymbol{L}}_{22} = \boldsymbol{L}_{22}^{-1}$$

$$\widetilde{\boldsymbol{L}}_{33} = \boldsymbol{L}_{33}^{-1} \tag{4-83}$$

$$\widetilde{\boldsymbol{L}}_{32} = -\boldsymbol{L}_{33}^{-1} \cdot \boldsymbol{L}_{32} \cdot \boldsymbol{L}_{22}^{-1}$$

代入式（4-81），得到

$$\boldsymbol{G}^{-1} = \begin{bmatrix} \widetilde{\boldsymbol{L}}_{22}^{\mathrm{T}} & \widetilde{\boldsymbol{L}}_{32}^{\mathrm{T}} \\ \varnothing & \widetilde{\boldsymbol{L}}_{33}^{\mathrm{T}} \end{bmatrix} \begin{bmatrix} \widetilde{\boldsymbol{L}}_{22} & \varnothing \\ \widetilde{\boldsymbol{L}}_{32} & \widetilde{\boldsymbol{L}}_{33} \end{bmatrix} = \begin{bmatrix} \widetilde{\boldsymbol{L}}_{22}^{\mathrm{T}} \cdot \widetilde{\boldsymbol{L}}_{22} + \widetilde{\boldsymbol{L}}_{32}^{\mathrm{T}} \cdot \widetilde{\boldsymbol{L}}_{32} & \widetilde{\boldsymbol{L}}_{32}^{\mathrm{T}} \cdot \widetilde{\boldsymbol{L}}_{33} \\ \widetilde{\boldsymbol{L}}_{33}^{\mathrm{T}} \cdot \widetilde{\boldsymbol{L}}_{32} & \widetilde{\boldsymbol{L}}_{33}^{\mathrm{T}} \cdot \widetilde{\boldsymbol{L}}_{33} \end{bmatrix} \tag{4-84}$$

因为 $\boldsymbol{L}_{22}$ 是块对角下三角阵，所以求逆很简单，$\boldsymbol{L}_{33}$ 是大小为 5 037×5 037 的下三角矩阵，这也是可求得的，但是 $\widetilde{\boldsymbol{L}}_{32}$ 的求解很麻烦，对于以上联合，它是一个 5 037×40 749 的矩形矩阵。$\widetilde{\boldsymbol{L}}_{32}^{\mathrm{T}} \cdot \widetilde{\boldsymbol{L}}_{32}$ 是一个满矩阵，破坏了 $\widetilde{\boldsymbol{L}}_{22}^{\mathrm{T}} \cdot \widetilde{\boldsymbol{L}}_{22}$ 的块对角形式，$\widetilde{\boldsymbol{L}}_{32}^{\mathrm{T}} \cdot \widetilde{\boldsymbol{L}}_{33}$ 也是一个满矩阵，所以最终计算的 $\boldsymbol{G}^{-1}$ 是大小为 45 786×45 786 的对称满矩阵，所以其计算非常复杂，在实际解算过程中，只计算三个内容：

1）$\hat{\boldsymbol{X}}_1$ 系数的块对角协方差矩阵 $\boldsymbol{G}_{11}^{-1}$；

2）$\hat{\boldsymbol{X}}_2$ 每个系数的方差，即矩阵 $\widetilde{\boldsymbol{L}}_{22}^{\mathrm{T}} \cdot \widetilde{\boldsymbol{L}}_{22} + \widetilde{\boldsymbol{L}}_{32}^{\mathrm{T}} \cdot \widetilde{\boldsymbol{L}}_{32}$ 的对角线元素；

3）$\hat{\boldsymbol{X}}_3$ 系数的满协方差矩阵 $\widetilde{\boldsymbol{L}}_{33}^{\mathrm{T}} \cdot \widetilde{\boldsymbol{L}}_{33}$。

（2）EGM2008 联合方法

上面讨论了 EGM96 联合求解的法方程要满足"falling kite"型，其主要原因是因为在没有损失结果质量情况下很难将 EGM96S 模型系数的法方程近似为任何块对角型。但是随着卫星重力的发展，有了高精度的 GRACE-only 模型，而 GRACE 信息的误差特性又允许其协方差阵采用块对角近似而不损害结果质量，从而使得联合解算既高效又简洁。

随着 EGM2008 使用的地面数据精度不断提高，覆盖区域不断完善，卫星和地面法矩阵均可采用 BD-1 结构来约束，而舍弃 EGM96 中的 BD-3 结构，将卫星模型 $N_{\mathrm{sat}} = 4$ 的 BD-1 结构的法矩阵叠加到地面数据确定的 $N_{\mathrm{max}} = 6$ 的 BD-1 结构法矩阵上，$\boldsymbol{U}$ 矩阵叠加与 $\boldsymbol{N}$ 矩阵对应。

Satellite-only 法方程和地面数据法方程的最佳组合主要依赖于它们的相对权重，至于其权重的确定，这里不做讨论。可以一次性联合解一个对角块，这样，所需要求逆的最大的对称矩阵是 1 080×1 080 规模的，这对于目前的计算水平来说并不算什么，这种近似相比于计算 EGM96 模型系数的方法，大大简化了平差难度。

4.1.3.2 谱组合法

谱组合法是可以顾及解析和统计特性的联合解算方法，谱组合法的基本思想是按照各类观测数据对位系数的谱贡献进行最小二乘加权组合，该方法实现过程简单，已广泛应用于多源数据求解重力场模型。谱组合法的基本原理如下。

假设由卫星和地面重力数据分别求解得到了重力位 v 的无偏估计量，得到它的级数展

开式

$$v_k = \sum_{l=0}^{\infty} v_l^{(k)} \quad k = 0,1 \tag{4-85}$$

式中　v_k——分别由两类数据求解得到的重力位；

　　　$v_l^{(k)}$——v_k 的 l 阶分量。

假设已知各个观测数据并求得谱分量的权，则通过谱组合法求解位系数的最优估值，其计算公式为

$$\bar{v} = \sum_{l=0}^{\infty} p_l v_l^0 + \sum_{l=0}^{\infty} (1 - p_l) v_l^1 \tag{4-86}$$

式中　p_l——谱分量 v_l^0 的权；

　　　$(1 - p_l)$——谱分量 v_l^1 的权。

谱分量的权是与位系数相关的谱权。由误差传播定律可得估计值 $\bar{v}$ 的误差方程为

$$\sigma_v^2 = \sum_{l=0}^{\infty} \Big\{ p_l^2 \sigma_{l(0)}^2 + (1 - p_l)^2 \sigma_{l(1)}^2 + 2 p_l \sum_{l=0}^{\infty} (1 - p_n) \sigma_{l,n(0,1)} + \tag{4-87}$$

$$2 \sum_{n \neq l}^{\infty} [p_l p_n \sigma_{l,n(0,0)} + (1 - p_l)(1 - p_n) \sigma_{l,n(0,1)}] \Big\}$$

式中　$\sigma_{l(1)}^2$——1 阶谱分量 $v_l^{(k)}$ 的误差阶方差；

　　　$\sigma_{l,n(j,k)}$——1 阶谱分量 $v_l^{(j)}$ 和 $v_n^{(k)}$ 的误差协方差。

在最小二乘估计准则 $\sigma_v^2 = \min$ 的约束下可得到各谱分量谱权的估计值，具体推导见（钟波，2012）

$$p_l^1 = \frac{\sigma_{l(0)}^2}{\sigma_{l(0)}^2 + \sigma_{l(1)}^2}, \; p_l^0 = \frac{\sigma_{l(1)}^2}{\sigma_{l(0)}^2 + \sigma_{l(1)}^2} \tag{4-88}$$

使用式（4-88）计算得到不同观测数据求解的位函数的谱分量对应的谱权后，即可根据各自的谱权按照下式求得重力位 v 的谱组合解，即

$$\bar{v} = \sum_{l=0}^{\infty} p_l^0 v_l^0 + \sum_{l=0}^{\infty} p_l^1 v_l^1 \tag{4-89}$$

可以看出，谱组合解是把不同数据估计的位系数谱分量进行加权最小二乘估计，所以该方法又称最小二乘谱组合。

若已知由卫星重力观测数据求解的重力场模型系数 $\bar{C}_{nm,a}^S$，及其各系数的误差方差 $\sigma_{\bar{C}_{nm,a}^S}^2$，以及由地面重力数据求解的位系数 $\bar{C}_{nm,a}^T$ 及系数的误差方差 $\sigma_{\bar{C}_{nm,a}^T}^2$，则使用谱组合法联合两组系数的计算公式为

$$\bar{C}_{nm}^a = p_{nm,a}^S \bar{C}_{nm,a}^S + p_{nm,a}^T \bar{C}_{nm,a}^T \tag{4-90}$$

其中

$$p_{nm,a}^S = \frac{\sigma_{\bar{C}_{nm,a}^T}^2}{\sigma_{\bar{C}_{nm,a}^T}^2 + \sigma_{\bar{C}_{nm,a}^S}^2}, \; p_{nm,a}^T = 1 - p_{nm,a}^S$$

从上式可以看出谱组合法的计算过程比较简单，可以有效联合现有的重力场模型，但

该方法也存在频率混叠、信号泄漏等问题，有时当各谱分量的谱权估计不准确时将会对模型系数求解带来很大误差。

4.1.3.3　剪接法

构建重力场模型，理论上来说是对地面已有数据的拟合逼近，因为国际上任何机构构制的重力场模型都不能够使用当时所有观测信息，所以建立的全球重力场模型即使阶数和分辨率再高，也会不适合于许多局部地区的使用。因此，在局部区域具有一定高分辨率的重力场观测数据情况下，针对如何联合全球重力场模型生成适用于该局部区域的模型，提出了局部积分改进的方法，又名"剪接法"，这是一种最简单的方法，之后又通过使用谱权综合的方法提高了局部积分改进的精度，这种方法已被证明在局部计算中可以获得非常满意的结果。

DQM 系列均是按依谱赋权的局部积分改进方法计算的，具体方法介绍如下。

已知参考的全球重力场模型初始系数 C_{nm}^0、S_{nm}^0，其在全球 σ 上计算的重力异常值为 Δg^0，在球面上局部区域 σ_1 内有重力异常 Δg^1，求解利用 σ_1 内的重力异常 Δg^1 改进的位系数 C_{nm}^1、S_{nm}^1。在球近似情况下根据简化的位系数计算公式（4-17），得到如下积分公式

$$\left.\begin{array}{c}\bar{C}_{nm}^{*0}\\\bar{S}_{nm}^0\end{array}\right\}=\frac{1}{4\pi\gamma(n-1)}\iint_\sigma\Delta g^0\bar{P}_{nm}(\cos\theta)\left\{\begin{array}{c}\cos m\lambda\\\sin m\lambda\end{array}\right\}\mathrm{d}\omega \qquad (4-91)$$

联合 σ_1 内的重力异常 Δg^1 得到

$$\left.\begin{array}{c}\bar{C}_{nm}^{*1}\\\bar{S}_{nm}^1\end{array}\right\}=\frac{1}{4\pi\gamma(n-1)}\left(\iint_{\sigma_1}\Delta g^1+\iint_{\sigma-\sigma_1}\Delta g^0\right)\bar{P}_{nm}(\cos\theta)\left\{\begin{array}{c}\cos m\lambda\\\sin m\lambda\end{array}\right\}\mathrm{d}\omega \qquad (4-92)$$

比较以上两式，得到

$$\left.\begin{array}{c}\bar{C}_{nm}^{*1}\\\bar{S}_{nm}^1\end{array}\right\}=\left.\begin{array}{c}\bar{C}_{nm}^{*0}\\\bar{S}_{nm}^0\end{array}\right\}+\frac{1}{4\pi\gamma(n-1)}\iint_{\sigma_1}(\Delta g^1-\Delta g^0)\bar{P}_{nm}(\cos\theta)\left\{\begin{array}{c}\cos m\lambda\\\sin m\lambda\end{array}\right\}\mathrm{d}\omega \qquad (4-93)$$

根据式（4-93）可以求得局部积分改进后的位系数。然而由于不能完全否定初始模型系数 C_{nm}^0、S_{nm}^0 在区域 σ_1 上的作用，所以需要对初始模型系数和重力异常 Δg^1 的作用大小进行分析定权，从而引入了谱权综合法。

由分辨率为 θ 的格网平均重力异常计算位系数，重力异常中误差 $m(\Delta g)$，其计算的位系数中误差 $m(c,s)_{\Delta g}$，根据误差传播定理有

$$m(c,s)_{\Delta g}=\frac{m(\Delta g)\theta/\rho}{2\gamma\sqrt{\pi}(n-1)} \qquad (4-94)$$

式中　　ρ——将 θ 化为弧度的常系数。

由重力异常计算不同阶系数情况下权重是不同的。因为大地水准面高计算的位系数精度与大地水准面高精度之间的关系与阶数无关，为更好地描述系数的中误差，可采用等价的大地水准面高精度来表示位系数的精度，其关系如下

$$m\ (c\,,s)_N = \frac{m\ (N) \cdot \theta/\rho}{2R\sqrt{\pi}} \tag{4-95}$$

以中误差平方倒数作为权，$P_n\ (\Delta g)$ 是重力异常计算的位系数的权，$P\ (N)$ 是大地水准面计算位系数的权，那么综合利用重力异常和初始位系数得到位系数的权中数

$$\left.\begin{array}{r}\bar{C}_{nm}^{*1}\\\bar{S}_{nm}^{1}\end{array}\right\} = \left.\begin{array}{r}\bar{C}_{nm}^{*0}\\\bar{S}_{nm}^{0}\end{array}\right\} + \frac{P_n\ (\Delta g)}{P\ (N) + P_n\ (\Delta g)}\ \frac{1}{4\pi\gamma\ (n-1)}\iint\limits_{\sigma_1}(\Delta g^1 - \Delta g^0)\ \bar{P}_{nm}\ (\cos\theta) \left\{\begin{array}{c}\cos m\lambda\\\sin m\lambda\end{array}\right\} \mathrm{d}\omega \tag{4-96}$$

局部积分改进方法充分利用了国际上较好的重力场模型服务于局部重力场，但是其缺点很明显，既没有独立性，也破坏了原模型在区域之外地区的模型重力场。

4.2 点质量模型

4.2.1 点质量分层组合

根据前文，对离散 Bjerhammar 边值问题求解时，地球外部的扰动重力场可以用埋藏在地球内部的一群离散的扰动质点所产生的引力场来替代，这就是所谓的扰动重力场的点质量模型。扰动质点的质量可以根据地面上已知的重力异常值来推求。如果在地面上已知 n 个点的重力异常值，则对于每一个异常值可以组成方程

$$\Delta g_i = G\sum_{j=1}^{m}\left(\frac{R - R_j\cos\psi_{ij}}{l_{ij}^3} - \frac{2}{Rl_{ij}}\right)M_j\,,\ i = 1,2,\cdots,n; \tag{4-97}$$

式中 M_j ——扰动质点的质量，是未知量；

l_{ij}，ψ_{ij} ——分别为点质量 M_j 与 i 点之间的距离和球心角距。

当已知重力异常的个数 n 大于或等于 m 时，就可解出所有质点的质量。

扰动重力场的点质量模型，可以用于计算扰动重力场中的其他元素：垂线偏差、高程异常和扰动重力等。例如，计算扰动重力三分量的公式为

$$\begin{cases}\delta g_r = -G\sum_{j=1}^{m}\left(\dfrac{\rho - R_j\cos\psi_j}{l_j^3}\right)M_j\\[2mm]\delta g_\varphi = G\sum_{j=1}^{m}\dfrac{\sin\psi_j}{l_j^3}\cos\alpha_j M_j\\[2mm]\delta g_\lambda = G\sum_{j=1}^{m}\dfrac{\sin\psi_j}{l_j^3}\sin\alpha_j M_j\end{cases} \tag{4-98}$$

其中

$$l_j^2 = r^2 + R_j^2 - 2rR_j\cos\psi_j$$
$$\cos\psi_j = \sin\varphi_0\sin\varphi_j + \cos\varphi_0\cos\varphi_j\cos(\lambda_j - \lambda_0)$$
$$\sin\alpha_j = \cos\varphi_j\sin(\lambda_j - \lambda_0)/\sin\psi_j \tag{4-99}$$

式中 α_j ——以计算点的北方向起算的质点 M_j 的方位角。

用点质量模型来逼近实际的扰动重力场，其精确程度主要取决于质点的数量。如果只

用稀少的扰动质点，则只能描绘出较为平缓的扰动重力场，不能将复杂重力场的细微变化表征出来。所以，应根据其用途和所要达到的精度来确定相应的质点数目。但质点数目又不能大于用于解算的已知重力异常的数目，否则就无法搭建点质量。因此，一般情况下，总是使质点数与使用的观测值数目相等，以精确再现观测值，使之不因采用点质量模型而降低精度。

当采用积分方法计算扰动重力场中的各种元素时，总是在计算点周围不同范围内使用大小不等的网格的平均异常值，例如 $1°×1°$、$20'×20'$ 和 $5'×5'$ 网格的平均异常。因此，可以根据这些数据分别建立几层相应的扰动质点，每层点质量分别表征扰动场的不同频率部分，叠加组合起来构成一个完整的点质量模型。从实用的角度考虑，可以先选取一个低阶（如 $N=36$）重力场模型作为参考场；然后再按照一定的顺序获得不同频段的点质量模型。

4.2.1.1　低阶参考重力场模型

为了保证组合点质量模型的精度，需要选取一个与组合点质量模型所在区域最为密合的低阶重力场模型，即长波长重力场模型。根据重力场模型的发展历史可知，自从人们可获得的地表、航空和航天重力观测资料愈来愈多，已经出现了多种序列的重力场模型，不仅有来源于某类数据的重力场模型，而且也有来源于多种观测数据组合的重力场模型；不仅有低阶次的重力场模型，而且也涌现出超高阶次的重力场模型。显然这也提高了选取一个适合于点质量模型所在区域的重力场模型的难度。然而，利用组合点质量模型所在区域的各类实测重力资料，如利用重力异常、高程异常等资料进行检核，是可以选取合适的重力场模型的。近 20 年来，3 个最具有代表性的重力场模型为 EGM96、EGM2008 和 EIGEN6C3，其中 EMG96 的最高阶次为 360，EGM2008 的阶次完全到 2 159 阶（其球谐系数阶数达 2 190），EIGEN6C3 则是较新的综合卫星重力观测数据建立的模型，完全至 1 949 阶次。利用分布于全国的 5 个特征地形区域（楚雄、上饶、南阳、西宁、白城）的 71 个点的实测重力异常和高程异常资料，对上述的 3 个模型进行了检核。根据对图表结果的分析，可以发现，EGM96、EGM2008 和 EIGEN6C3 这 3 个模型的长波部分，即 2～36 阶次部分，具有非常接近的精度表现，在恢复五个特征地形区域的实测重力资料时具有几乎一致的精度，因此，在构建分层点质量组合模型时，选择上述三个模型中任一个模型的前 36 阶次作为参考重力场模型都是可以的。

4.2.1.2　分层组合点质量模型构建

在选取了一个低阶参考重力场模型 $\{\overline{C}_{nm}^{*},\ \overline{S}_{nm}(m,\ n \leqslant 36)\}$（根据前面的重力场谱分析可知，此 36 阶次的低阶模型相当于全球 $5°×5°$ 平均重力异常）后，可利用不同分辨率网格的平均异常构建分层组合点质量模型。下面以 $1°×1°$、$20'×20'$、$5'×5'$、$1'×1'$ 这 4 种分辨率的重力异常格网说明分层组合点质量模型的构建过程。

1）用位系数模型计算每个 $1°×1°$ 网格的平均重力异常 $\overline{\Delta g}_{1°×1°}^{S}$，得余差 $\overline{\Delta g}_{1°×1°}^{e} = \overline{\Delta g}_{1°×1°} - \overline{\Delta g}_{1°×1°}^{S}$，由此解得第一组虚拟点质量 M_1；

2）用位系数模型计算每个 $20'\times20'$ 网格的平均重力异常 $\overline{\Delta g}^S_{20'\times20'}$，用第一组点质量计算平均异常 $\overline{\Delta g}^{M_1}_{20'\times20'}$，得余差 $\overline{\Delta g}^e_{20'\times20'}=\overline{\Delta g}_{20'\times20'}-\overline{\Delta g}^S_{20'\times20'}-\overline{\Delta g}^{M_1}_{20'\times20'}$，由此解得第二组虚拟点质量 M_2；

3）用位系数模型计算每个 $5'\times5'$ 网格的平均重力异常 $\overline{\Delta g}^S_{5'\times5'}$，用第一组、第二组点质量分别计算平均异常 $\overline{\Delta g}^{M_1}_{5'\times5'}$、$\overline{\Delta g}^{M_2}_{5'\times5'}$，得余差 $\overline{\Delta g}^e_{5'\times5'}=\overline{\Delta g}_{5'\times5'}-\overline{\Delta g}^S_{5'\times5'}-\overline{\Delta g}^{M_1}_{5'\times5'}-\overline{\Delta g}^{M_2}_{5'\times5'}$，由此解得第三组虚拟点质量 M_3；

4）用位系数模型计算每个 $1'\times1'$ 网格的平均重力异常 $\overline{\Delta g}^S_{1'\times1'}$，用第一组、第二组、第三组点质量分别计算平均异常 $\overline{\Delta g}^{M_1}_{1'\times1'}$、$\overline{\Delta g}^{M_2}_{1'\times1'}$、$\overline{\Delta g}^{M_3}_{1'\times1'}$，得余差观测值 $\overline{\Delta g}^e_{1'\times1'}=\overline{\Delta g}_{1'\times1'}-\overline{\Delta g}^S_{1'\times1'}-\overline{\Delta g}^{M_1}_{1'\times1'}-\overline{\Delta g}^{M_2}_{1'\times1'}-\overline{\Delta g}^{M_3}_{1'\times1'}$，由此解得第四组虚拟点质量 M_4。

各组点质量求解的观测方程为

$$\overline{\Delta g}_i-\Delta g^S_i-\sum_{j=1}^N a_{ij}m_j=\sum_{q=1}^K a_{iq}m'_q \tag{4-100}$$

$$a_{ij}=\frac{1}{2r_i}\left[\frac{r_i^2-R_{B_j}^2}{l_{ij}^3}-\frac{3}{l_{ij}}\right]=\frac{1}{r_i^2}\left[\frac{1-t_{ij}\cos\psi_{ij}}{D_{ij}^3}-\frac{2}{D_{ij}}\right] \tag{4-101}$$

$$D_{ij}=(1-2t_{ij}\cos\psi_{ij}+t_{ij}^2)^{\frac{1}{2}},\ t_{ij}=\frac{R_{B_j}}{r_i} \tag{4-102}$$

其中

$$r_i=R+h_i$$

式中　m_j——已解得的点质量；

m'_q——待解的点质量；

h_i——地面平均重力异常格网的平均高；

R_{B_j}——该层点质量所在球面的地心半径；

ψ_{ij}——第 i 个平均重力异常格网中点与第 j 个点质量之间的球心角；

N——先前已解得点质量的总数；

K——待解这一层点质量的总数。

这样即建立了组合点质量模型 $\{\{\bar{C}^*_{nm}，\bar{S}_{nm}(m，n\leqslant36)\}，M_1，M_2，M_3，M_4\}$。

4.2.2　点质量埋藏深度优化

4.2.2.1　基于扰动重力算子特征值理论分析

根据前文论述，点质量模型与地面的重力异常或扰动重力之间存在着影射关系。因此，对于将点质量转换为扰动重力的算子的谱（或特征值）而言，需要寻找具有尽可能相同特征值的扰动重力平均算子。

现假定扰动质量为 n 个扰动质点，它们离散地分布于地下，则地面外任一点 P 的扰动位可以简单地用万有引力定律算出，即

$$T(P)=G\sum_{j=1}^n\frac{m_j}{l(P，Q_j)} \tag{4-103}$$

式中　m_j——第 j 个扰动质点的质量；

　　　$l(P,Q_j)$——第 j 个点质量的位置 Q_j 至 P 点的距离。

根据式（4-103）可以很容易地得到扰动重力的径向分量

$$\delta g(P) = -\frac{\partial T}{\partial r} = \sum_{j=1}^{n} \frac{r_P - r_j \cos\psi_j}{l^3(P,Q_j)} Gm_j \qquad (4-104)$$

其中，r 表示半径。显然，一旦给定 $\{m_j\}$，就可以直接计算 δg。

现在考察点质量与扰动重力平均值之间的关系。假设在具有半径 $\alpha < 1$ 的地心球上有着连续的异常质量分布，扰动重力位于半径 $\alpha = 1$ 的地心球面上。P 点在单位球面上的位置由单位矢量 $\boldsymbol{\xi}$ 表示，Q_j 的位置由 $\alpha\boldsymbol{\eta}$ 表示，$\boldsymbol{\eta}$ 为另一单位矢量。

根据球谐函数的展开理论，式（4-104）中的核函数是均匀且各向同性的，可以用 Legendre 函数的级数展开式表示为

$$\frac{(1 - \alpha\cos\psi)}{l^3} = \sum_{n=0}^{\infty} (n+1)\alpha^n P_n(\cos\psi) \qquad (4-105)$$

根据式（4-105），式（4-104）中的各向同性积分核函数可表示为

$$K(\boldsymbol{\xi},\boldsymbol{\eta}) = \frac{1}{2\pi} \sum_{n=0}^{\infty} (n+1)\alpha^n P_n(\cos\psi) \qquad (4-106)$$

根据 Funck-Hecke 定理，单位球面上各向同性的积分核 K 的特征值 k_n 为

$$k_n = 2\pi \int_{-1}^{1} K(t)P_n(t)\,\mathrm{d}t \qquad (4-107)$$

其中

$$t = \cos\psi$$

式中　P_n——阶数为 n 的 Legendre 多项式。

由于 Legendre 多项式具有如下的正交性

$$\int_{-1}^{1} P_n(t)P_m(t)\,\mathrm{d}t = \frac{2}{2n+2}\delta_{nm} \qquad (4-108)$$

由此可得到式（4-104）的特征值

$$k_n = \frac{n+1}{n+\dfrac{1}{2}}\alpha^n \qquad (4-109)$$

显然对于很高的阶数 n 来说，其变化趋势与 α^n 非常相似。

接着考察能否找到某种具有相似性的移动平均算子。取作用于半径为 ψ_0 的球冠区域上的移动平均算子

$$\widetilde{f}(\boldsymbol{\xi}) = \iint_{\sigma} B(\boldsymbol{\xi}\cdot\boldsymbol{\eta})f(\boldsymbol{\eta})\,\mathrm{d}\sigma(\boldsymbol{\eta}) \qquad (4-110)$$

其中的各向同性积分算子

$$B(\boldsymbol{\xi}\cdot\boldsymbol{\eta}) = \frac{1}{2\pi(1-\cos\psi_0)} \begin{cases} 1 & \boldsymbol{\xi}\cdot\boldsymbol{\eta} \geqslant \cos\psi_0 \\ 0 & \boldsymbol{\xi}\cdot\boldsymbol{\eta} < \cos\psi_0 \end{cases} \qquad (4-111)$$

该算子的特征值 β_n 同样可以根据 Funck–Hecke 公式给出

$$\beta_n = \frac{1}{1-\cos\psi_0} \int_{t_0}^{1} P_n(t)\,\mathrm{d}t \qquad\qquad (4-112)$$

上式的积分为 $\dfrac{1}{2n+1}[P_{n-1}(t_0) - P_{n+1}(t_0)]$，并可据此建立特征值 β_n 的递推公式

$$\beta_0(t_0) = 1$$
$$\beta_1(t_0) = \frac{1}{2}(1+t_0) \qquad\qquad\qquad (4-113)$$
$$\beta_n(t_0) = \frac{1}{n+1}\big[(2n-1)t_0\beta_{n-1}(t_0) - (n-2)\beta_{n-2}(t_0)\big], n \geqslant 2$$

这些特征值与 t_0 相关，在 0 附近振荡并趋近于 0。对于 $\psi_0 = 0$ 的情况，所有的特征值均为 1，而对于 $\psi_0 = \pi$ 的情况，除了 0 阶的特征值为 1，其余的特征值均为 0。

将上面的特征值与前面的式（4-109）得到的特征值做一比较，可发现两者并不十分一致，这可以通过某种逼近方式来实现将式（4-109）拟合到式（4-113）上面并得到 α 的最佳估值。对于一些获取均值协方差函数的封闭表达式的目的而言，则经常使用这种逼近方式，例如最小二乘法。这基本上相当于用与 α 相关的某个高度上的点值代替球面上的平均值。这一方法的含义就是，对应于球面上某一大小的矩形块内的扰动重力平均值，如何选取点质量层的深度

$$\psi_0 \Rightarrow \alpha$$

块大小 $\Rightarrow$ 深度

4.2.2.2　点质量方程系数阵条件数与点质量深度

根据前述，求解点质量的方程中含有一系数阵，随着点质量埋藏深度取值的不同，该系数阵的结构也呈现出不同的特点。这里，假设点质量的个数与已知重力异常的个数相同，这样系数阵为一方阵，存在逆矩阵。根据方程组系数阵的条件数理论，一个方程组

$$\boldsymbol{A}\boldsymbol{x} = \boldsymbol{b} \qquad\qquad\qquad (4-114)$$

其系数阵 $\boldsymbol{A}$ 的条件数越小，解的相对误差就越小；条件数越大，解的相对误差就越大，也就是说，系数矩阵的条件数的大小决定了其病态性的程度。

条件数的定义为

$$\mathrm{cond}\boldsymbol{A} = \|\boldsymbol{A}^{-1}\| \, \|\boldsymbol{A}\| \qquad\qquad (4-115)$$

其中 $\|\cdot\|$ 为矩阵的范数，根据矩阵范数的定义，系数阵的条件数有三种：1-条件数、2-条件数和 ∞ 条件数。这三种条件数都可以用来判断系数矩阵的病态性。

在后文将介绍组合分层点质量模型的构造过程，其中求解每层点质量模型时，需要先构造系数矩阵，由此可通过设定点质量的不同埋藏深度，获得相应的系数矩阵，从而可对其条件数进行考察。

1）$60' \times 60'$ 点质量系数阵条件数随深度的变化趋势，如图 4-7 和图 4-8 所示。

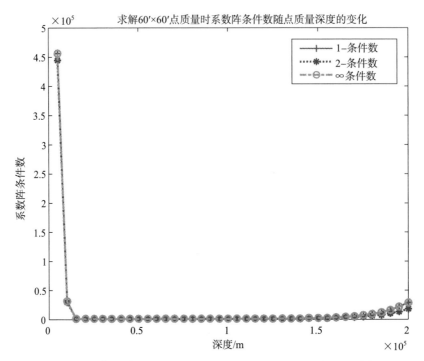

图 4-7　$60' \times 60'$ 点质量系数阵条件数随深度的变化趋势（见彩插）

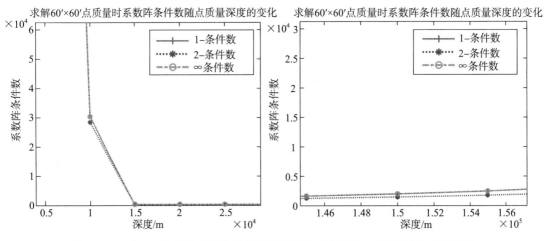

图 4-8　$60' \times 60'$ 点质量系数阵条件数随深度的变化趋势（局部放大）（见彩插）

在分析 $60' \times 60'$ 点质量的埋藏深度时，设定的深度范围是 $5 \sim 200$ km，步长为 5 km。从图中可以看出，在深度达到 15 km 前，系数矩阵呈现很强的病态性，在 $15 \sim 140$ km 之间系数阵呈良性，而在深度大于 140 km 后，系数阵又开始出现病态性。由图可知 $15 \sim 140$ km 是 $60' \times 60'$ 点质量的合适深度范围。

2）$20' \times 20'$ 点质量系数阵条件数随深度的变化趋势与上同。

在分析 $20' \times 20'$ 点质量的埋藏深度时，设定的深度范围是 $2 \sim 80$ km，步长为 2 km。

在深度达到 8 km 前，系数矩阵呈现较强的病态性，除了在少数的深度（4 km）上呈良态，而在深度大于 8 km 后，系数阵开始呈良态。可知 $20' \times 20'$ 点质量的合适深度范围至少是 8 km。

3）$5' \times 5'$ 点质量系数阵条件数随深度的变化趋势与上同。

在分析 $5' \times 5'$ 点质量的埋藏深度时，设定的深度范围是 0.5～20 km，步长为 0.5 km。在深度达到 8 km 前，系数矩阵呈现非常不稳定的病态性，仅在少数的几个深度区间达到良态，其他大部分区间都是较强的病态性，而在深度大于 8 km 后，系数阵开始呈良态。$5' \times 5'$ 点质量的合适深度范围至少是 8 km。

4）$1' \times 1'$ 点质量系数阵条件数随深度的变化趋势与上同。

在分析 $1' \times 1'$ 点质量的埋藏深度时，设定的深度范围是 0.25～10 km，步长为 0.25 km。在深度约为 0.75 km 及区间（1.25～2.25）km、（8～10）km 上，系数矩阵呈现良态，其他大部分区间都是较强的病态性。可知 $1' \times 1'$ 点质量的合适深度范围至少是约 1.25 km。

4.2.2.3　最佳点质量埋藏深度确定

前面已讨论，对应于不同格网的剩余平均重力异常，采用不同层的点质量来逼近。从概念上讲因为较小格网的剩余平均重力异常属于重力场的频率较高的部分，它反映的是浅层异常质量的信息，故其相应的点质量层的深度也应较小，而相应于较大格网平均重力异常的点质量层的深度也必然较大，但是究竟各层点质量的深度应取多大最为适当是其应用过程中需要明确的问题。对这个问题，许多文献从不同的角度做了讨论和研究，这些研究都有益于对点质量最佳深度的认识。

首先，点质量逼近是来自于单层位的离散化，对于每个子块的积分近似为该子块中点的点质量，即

$$f\left(\boldsymbol{\xi}\right)_j = \iint\limits_{\Delta\sigma_j} B\left(\boldsymbol{\xi},\boldsymbol{\eta}\right)\varphi\left(\boldsymbol{\eta}\right)\mathrm{d}\sigma = \bar{\varphi}_j \iint\limits_{\Delta\sigma_j} B\left(\boldsymbol{\xi},\boldsymbol{\eta}\right)\mathrm{d}\sigma$$

$$= m_j \frac{1}{\Delta\sigma_j}\iint\limits_{\Delta\sigma_j} B\left(\boldsymbol{\xi},\boldsymbol{\eta}\right)\mathrm{d}\sigma \doteq m_j B\left(\boldsymbol{\xi},\boldsymbol{\eta}_j\right) \qquad (4-116)$$

核函数与深度 d 有关，深度 d 的选择对用格网中点的 $B(\boldsymbol{\xi},\boldsymbol{\eta}_j)$ 来近似代替核函数在该面积的积分中值的效果有明显影响。P. E. Needham 对这一影响做了试验比较，其结论是，当深度与格网边长之比小于 0.8 时，核函数的积分中值与中点值的差异显著，特别是当点质量位于地面计算点下方时更为突出。他在建模中对于 $1° \times 1°$、$30' \times 30'$、$5' \times 5'$ 的点质量的深度分别选择了 100 km、50 km、10 km。

H. Sünkel 则从点质量相对于地面平均重力异常格网中点的重力异常代替其所在格网重力异常平均值的角度讨论了点质量深度选择的原则，即由点质量计算地面重力异常的核函数的特征值应与平均算子的特征值相一致，因此点质量的深度将依赖于平均重力异常格网的大小。这与 C. C Tscherning 和 R. H. Rapp 在研究平均重力异常协方差时曾采用空间某一高度上两点重力异常协方差逼近地面一定大小格网平均重力异常协方差是相一致的。

J. Y. Cruz 则从用迭代方法求解点质量之后对非观测点重力异常的预估效果的试验讨

论了点质量的深度选择问题。他在加拿大地区用 $30' \times 30'$ 平均重力异常解得的点质量推求地面点重力异常的试验，认为深度选择的范围为 $20 \sim 55$ km；而他在新墨西哥地区用 $5' \times 5'$ 平均重力异常解得的点质量推求地面点重力异常的试验，提出最佳深度为 10 km。

点质量的深度将会改变系数矩阵的结构。当深度相对于格网边长较小时，矩阵的主对角元素要比其他元素大得多，这对于矩阵求解是有影响的，Cruz 用迭代解的结果表明，较浅的点质量深度在求解时迭代收敛较快，而点质量深度加大时迭代收敛的次数逐渐增加，显然当深度相对格网大很多时，矩阵的系数相差不显著，就可能导致解算的失败。但是深度在一定的适当范围，矩阵的结构是不会影响解的稳定性的。

根据上述的讨论，对于点质量深度选择问题，认为取点质量深度约等于平均重力异常格网的边长长度是适宜的，一般最好是在这个数值附近取一个整数值以便于使用，故建议：$1° \times 1°$点质量深度取 100 km，$20' \times 20'$点质量深度取 40 km，$5' \times 5'$点质量深度取 10 km，$1' \times 1'$点质量深度取 2 km。

4.2.3　点质量模型快速构建

在讨论了分层点质量模型构建过程的相关问题后，接下来将根据实际重力异常数据求解方程组以获得点质量数据，即根据地面重力异常与点质量之间的关系，按下面的步骤构建点质量模型。

1）组成以地面上 $N(N \geqslant K)$ 个剩余平均空间重力异常为已知量、以 K 个点质量为未知量的方程组

$$G = AM \tag{4-117}$$

其中

$$G = \begin{bmatrix} \Delta g_1 \\ \Delta g_2 \\ \vdots \\ \Delta g_N \end{bmatrix}, A = \begin{bmatrix} a_{11} & a_{12} & \cdots & a_{1K} \\ a_{21} & a_{22} & \cdots & a_{2K} \\ \vdots & \vdots & \ddots & \vdots \\ a_{N1} & a_{N2} & \cdots & a_{NK} \end{bmatrix} M = \begin{bmatrix} m_1 \\ m_2 \\ \vdots \\ m_K \end{bmatrix} \tag{4-118}$$

$$a_{ij} = \frac{r_i - R_j \cos\psi_{ij}}{l_{ij}^3} - \frac{2}{r_i l_{ij}} (i=1,2,\cdots,N;j=1,2,\cdots,K)$$

2）求解该方程组，得到点质量矢量

$$M = A^{-1}G (当 N=K)$$
$$M = (A^{\mathrm{T}}A)^{-1}A^{\mathrm{T}}G (当 N>K) \tag{4-119}$$

3）按照由深到浅的顺序和以上所述的原理，即可得到 $1° \times 1°$、$20' \times 20'$、$5' \times 5'$和 $1' \times 1'$点质量。

4.2.3.1　利用重力位系数模型计算重力异常

由位系数计算重力异常采用下式

$$\Delta g_i^S = \gamma \sum_{n=2}^{36} (n-1) \sum_{m=0}^{n} [\bar{C}_{nm}^* \cos m\lambda_i + \bar{S}_{nm} \sin m\lambda_i] \bar{P}_{nm}(\sin\varphi_i) \tag{4-120}$$

式中　γ ——地球平均重力；

　　$(\varphi, \lambda)_i$ ——计算点地心坐标。

$\bar{C}_{nm}^*$、$\bar{S}_{nm}$ 为完全正常化 36 阶次扰动位系数，其中 $\bar{C}_{n0}^* = \bar{C}_{n0} - \bar{C}_{n0}'$，$\bar{C}_{n0}$ 是 EGM96 重力位系数；$\bar{C}_{n0}'$ 是 CGCS2000 椭球完全正常化带谐系数，根据前述 J_n 值计算：$\bar{C}_{n0}' = -J_n / (2n+1)^{\frac{1}{2}}$，结果见表 4 - 4；$\bar{P}_{nm}(\sin\varphi)$ 是完全正常化的 Legendre 函数。

表 4 - 4　CGCS2000 椭球完全正常化带谐系数

系数	数值	系数	数值
$\bar{C}_{20}'$	$-0.484\ 166\ 779\ 880\text{E}-03$	$\bar{C}_{80}'$	$0.346\ 052\ 500\ 070\text{E}-11$
$\bar{C}_{40}'$	$0.790\ 303\ 752\ 047\text{E}-06$	$\bar{C}_{10.0}'$	$-0.265\ 002\ 362\ 030\text{E}-14$
$\bar{C}_{60}'$	$-0.168\ 724\ 968\ 642\text{E}-08$	$\bar{C}_{i0}', i \geqslant 12$	0

4.2.3.2　不同分辨率点质量快速解算方法

根据前述，点质量模型的快速构建可归结为选择合适的方程组解算方法，下面以四种分辨率的点质量组合模型为例，说明在点质量模型解算中常用的方法。

（1）$1° \times 1°$ 点质量解算

原始重力异常数据采用 $1° \times 1°$ 平均空间重力异常；对应的地形高程数据采用 $1° \times 1°$ 平均地形高程。点质量埋藏深度：$D = 100\text{ km}$，点质量位于各 $1° \times 1°$ 网格中点到地心的向径与地心半径为 R_B 的球面交汇处。

位系数模型平均空间重力异常的计算：由位模型的前 36 阶位系数计算该区 $1° \times 1°$ 网格中点的位模型平均空间重力异常 $\Delta g_{1° \times 1°}^{S}$。

$1° \times 1°$ 网格剩余平均空间重力异常 $\Delta g_{1° \times 1°}$ 按下式计算

$$\Delta g_{1° \times 1°} = \Delta g_{1° \times 1°}^{y} - \Delta g_{1° \times 1°}^{S} \tag{4-121}$$

式中　$\Delta g_{1° \times 1°}^{y}$ ——原始 $1° \times 1°$ 平均空间重力异常；

　　$\Delta g_{1° \times 1°}^{S}$ ——用 36 阶位系数计算的 $1° \times 1°$ 平均空间重力异常。

在考虑原始重力异常数据具有地形高的情况下，方程组的系数阵不再具有循环对称等特点，此时为提高求解效率，可考虑采用 Gauss - Seidel 迭代法解算 $1° \times 1°$ 点质量。根据以上获得的结果，组成以 $1° \times 1°$ 剩余平均空间重力异常为已知值、以 $1° \times 1°$ 点质量为未知量的方程组

$$\begin{bmatrix} \Delta g_1 \\ \Delta g_2 \\ \vdots \\ \Delta g_n \\ \Delta g_{n+1} \\ \Delta g_{n+2} \\ \vdots \\ \Delta g_{n \times m} \end{bmatrix} = \begin{bmatrix} a_{11} & a_{12} & \cdots & a_{1,n \times m} \\ a_{21} & a_{22} & \cdots & a_{2,n \times m} \\ \vdots & \vdots & \ddots & \vdots \\ a_{n,1} & a_{n,2} & \cdots & a_{n,n \times m} \\ a_{n+1,1} & a_{n+1,2} & \cdots & a_{n+1,n \times m} \\ a_{n+2,1} & a_{n+2,2} & \cdots & a_{n+2,n \times m} \\ \vdots & \vdots & \ddots & \vdots \\ a_{n \times m,1} & a_{n \times m,2} & \cdots & a_{n \times m,n \times m} \end{bmatrix} \begin{bmatrix} m_1 \\ m_2 \\ \vdots \\ m_n \\ m_{n+1} \\ m_{n+2} \\ \vdots \\ m_{n \times m} \end{bmatrix} \tag{4-122}$$

$$a_{i,j} = \frac{r_i - R_j \cos\psi_{i,j}}{l_{i,j}^3} - \frac{2}{r_i l_{i,j}}$$

或记为

$$\boldsymbol{G} = \boldsymbol{AM} \qquad\qquad (4-123)$$

式中　　n ——沿纬度方向平均重力异常的个数；

　　　　m ——沿经度方向平均重力异常的个数。

重力异常与点质量由区域左上角网格开始，先按纬度递减，再按经度递增的顺序排列成列矢量。系数 a_{ij} 是第 i 个重力异常与第 j 个点质量的关联值。系数矩阵 $\boldsymbol{A}$ 是一满系数非对称的方阵。其主对角元素为所在行或列的最大元素。

根据 Gause - Seidel 迭代方法原理，对于方程组（4 - 123）迭代初值取

$$m_j^{(0)} = \frac{1}{a_{jj}} \Delta g_j \qquad\qquad (4-124)$$

第 k 次迭代

$$m_i^{(k)} = \frac{1}{a_{ii}} \left[\Delta g_i - \sum_{j=1}^{i-1} a_{i,j} m_j^{(k)} - \sum_{j=i+1}^{k} a_{i,j} m_j^{(k-1)} \right] \qquad (4-125)$$

在获得第 k 次迭代后，可得到近似解相应的重力异常

$$\Delta g_i^{(k)} = \sum_{j=1}^{k} a_{i,j} m_j^{(k)} \qquad\qquad (4-126)$$

以及余差

$$\varepsilon_i^{(k)} = \Delta g_i - \Delta g_i^{(k)} \qquad\qquad (4-127)$$

当满足

$$\mathrm{Max}\{ |\varepsilon_i^{(k)}| \quad i = 1, 2, \cdots, k \} < \varepsilon_{\mathrm{Max}} \qquad (4-128)$$

条件时，迭代结束。$\varepsilon_{\mathrm{Max}}$ 是误差限差，取 0.01×10^{-5} m/s^2。

（2）$20' \times 20'$ 点质量解算

原始重力异常数据采用 $20' \times 20'$ 平均空间重力异常；对应的地形高程数据采用 $20' \times 20'$ 平均地形高程。点质量埋藏深度取 $D = 40$ km，点质量位于各 $20' \times 20'$ 网格中点到地心的向径与地心半径为 R_B 的球面交汇处。

位系数模型平均重力异常由位模型的前 36 阶位系数计算数据区域内每个 $20' \times 20'$ 网格的位模型平均空间重力异常 $\Delta g_{20' \times 20'}^S$。

$1° \times 1°$ 点质量作用部分的计算是根据已解出的 $1° \times 1°$ 点质量计算每个 $20' \times 20'$ 网格的 Δg^{M_1}，而 $20' \times 20'$ 网格剩余平均空间重力异常 $\Delta g_{20' \times 20'}$ 计算式为

$$\Delta g_{20' \times 20'} = \Delta g_{20' \times 20'}^y - \Delta g_{20' \times 20'}^S - \Delta g^{M_1} \qquad (4-129)$$

式中　　$\Delta g_{20' \times 20'}^y$ ——原始 $20' \times 20'$ 平均空间重力异常。

在解算方程组时，采用具有回代过程的 Gauss 消去法解算 $20' \times 20'$ 点质量。根据以上结果，组成以 $20' \times 20'$ 剩余平均空间重力异常为已知值，以 $20' \times 20'$ 点质量为未知量的方程组

$$
\begin{bmatrix} \Delta g_1 \\ \Delta g_2 \\ \vdots \\ \Delta g_n \\ \Delta g_{n+1} \\ \Delta g_{n+2} \\ \vdots \\ \Delta g_{n\times m} \end{bmatrix} = \begin{bmatrix} a_{11} & a_{12} & \cdots & a_{1,n\times m} \\ a_{21} & a_{22} & \cdots & a_{2,n\times m} \\ \vdots & \vdots & \ddots & \vdots \\ a_{n,1} & a_{n,2} & \cdots & a_{n,n\times m} \\ a_{n+1,1} & a_{n+1,2} & \cdots & a_{n+1,n\times m} \\ a_{n+2,1} & a_{n+2,2} & \cdots & a_{n+2,n\times m} \\ \vdots & \vdots & \ddots & \vdots \\ a_{n\times m,1} & a_{n\times m,2} & \cdots & a_{n\times m,n\times m} \end{bmatrix} \begin{bmatrix} m_1 \\ m_2 \\ \vdots \\ m_n \\ m_{n+1} \\ m_{n+2} \\ \vdots \\ m_{n\times m} \end{bmatrix}
\tag{4-130}
$$

式中　n——$20' \times 20'$ 平均重力异常沿纬度方向的个数；

　　　m——$20' \times 20'$ 平均重力异常沿经度方向的个数。

平均重力异常和点质量矢量都是从区域左上角开始，先按纬度递减，再按经度递增的顺序排列。

在方程组中，由于已知量与未知量相等，因而有唯一解

$$\boldsymbol{M} = \boldsymbol{A}^{-1}\boldsymbol{G} \tag{4-131}$$

采用具有回代过程的 Gauss 消去法求解时，是先通过选主元约化成系数阵为三角阵的方程组

$$
\begin{bmatrix} b_1 \\ b_2 \\ \vdots \\ b_k \end{bmatrix} = \begin{bmatrix} a'_{11} & a'_{12} & \cdots & a'_{1k} \\ & a'_{22} & \cdots & a'_{2k} \\ & 0 & \ddots & \\ & & & a'_{kk} \end{bmatrix} \begin{bmatrix} m_1 \\ m_2 \\ \vdots \\ m_k \end{bmatrix}_{(k=n\times m)}
\tag{4-132}
$$

然后回代解出所需未知数 m_i

$$m_k = b_k / a'_{kk}$$
$$m_i = \frac{1}{a'_{ii}} \left[b_i - \sum_{j=1}^{k} a'_{ij} M_j \right] \tag{4-133}$$

（3）$5' \times 5'$ 点质量解算

原始重力异常数据采用 $5' \times 5'$ 平均空间重力异常，对应地形高数据采用 $5' \times 5'$ 平均地形高程。点质量埋藏深度取 $D = 10$ km，位于各 $5' \times 5'$ 网格中点到地心的向径与地心半径为 R_B 的球面交汇处。

由重力位模型前 36 阶位系数计算该区每个 $5' \times 5'$ 网格的位模型平均重力异常 $\Delta g^S_{5' \times 5'}$。再分别计算每个 $5' \times 5'$ 网格的 $1° \times 1°$ 点质量作用部分 Δg^{M_1} 和 $20' \times 20'$ 点质量作用部分 Δg^{M_2}。

计算 $5' \times 5'$ 网格剩余平均空间重力异常 $\Delta g_{5' \times 5'}$

$$\Delta g_{5' \times 5'} = \Delta g^y_{5' \times 5'} - \Delta g^S_{5' \times 5'} - \Delta g^{M_1} - \Delta g^{M_2} \tag{4-134}$$

式中　$\Delta g^y_{5' \times 5'}$——原始 $5' \times 5'$ 平均空间重力异常。

采用具有回代过程的 Gauss 消去法解算 $5' \times 5'$ 点质量。根据以上结果，组成以 $5' \times 5'$ 剩余平均空间重力异常为已知值，以 $5' \times 5'$ 点质量为未知量的方程组，按具有回代过程的

Gauss 消去法求解该方程组即可得到 $5' \times 5'$ 点质量。由于具体解算方法与以上 $20' \times 20'$ 点质量的解算相类似，故此处省略。

（4） $1' \times 1'$ 点质量解算

原始重力异常数据采用 $1' \times 1'$ 平均空间重力异常，对应地形高数据采用 $1' \times 1'$ 平均地形高程。点质量埋藏深度取 $D = 2$ km，位于各 $1' \times 1'$ 网格中点到地心的向径与地心半径为 R_B 的球面交汇处。

由重力位模型前 36 阶位系数计算该区每个 $1' \times 1'$ 网格的位模型平均重力异常 $\Delta g_{1' \times 1'}^{S}$。再分别计算每个 $1' \times 1'$ 网格的 $1° \times 1°$ 点质量作用部分 Δg^{M_1}、$20' \times 20'$ 点质量作用部分 Δg^{M_2} 和 $5' \times 5'$ 点质量作用部分 Δg^{M_3}。

计算 $1' \times 1'$ 网格剩余平均空间重力异常 $\Delta g_{1' \times 1'}$

$$\Delta g_{1' \times 1'} = \Delta g_{1' \times 1'}^{y} - \Delta g_{1' \times 1'}^{S} - \Delta g^{M_1} - \Delta g^{M_2} - \Delta g^{M_3} \tag{4-135}$$

式中　$\Delta g_{1' \times 1'}^{y}$——原始 $1' \times 1'$ 平均空间重力异常。

采用具有回代过程的 Gauss 消去法解算 $1' \times 1'$ 点质量。根据以上结果，组成以 $1' \times 1'$ 剩余平均空间重力异常为已知值，以 $1' \times 1'$ 点质量为未知量的方程组，按具有回代过程的 Gauss 消去法求解该方程组即可得到 $1' \times 1'$ 点质量。由于具体解算方法类似，故此处省略。

4.2.4　扰动重力赋值

4.2.4.1　扰动重力赋值公式

在构建了分层点质量组合模型之后，就可以用其计算空间扰动重力等重力场元素。这里给出利用 36 阶位系数与区域点质量组合模型实现弹道任一点扰动重力三分量的赋值公式。其中，位系数模型用以表达异常重力场的全球特征，区域点质量模型由 $1° \times 1°$、$20' \times 20'$、$5' \times 5'$ 和 $1' \times 1'$ 四层构成，它们分别用以表达异常重力场不同波长的区域与局部特征。以这种组合模型计算弹道任一点扰动重力三分量的公式为

$$\delta g_r(r, \varphi, \lambda)_P = -\frac{GM}{r^2} \sum_{n=2}^{36} (n+1) \left(\frac{a}{r}\right)^n \sum_{m=0}^{n} [\bar{C}_{nm}^* \cos m\lambda + \bar{S}_{nm} \sin m\lambda] \cdot \bar{P}_{nm}(\sin\varphi) -$$

$$\sum_{j=1}^{N} \frac{r_P - R_j \cos\psi_{Pj}}{l_{Pj}^3} m_j$$

$$\tag{4-136}$$

$$\delta g_\varphi(r, \varphi, \lambda)_P = \frac{GM}{r^2} \sum_{n=2}^{36} \left(\frac{a}{r}\right)^n \sum_{m=0}^{n} [\bar{C}_{nm}^* \cos m\lambda + \bar{S}_{nm} \sin m\lambda] \cdot \frac{\mathrm{d}\bar{P}_{nm}(\sin\varphi)}{\mathrm{d}\varphi} +$$

$$\sum_{j=1}^{N} \frac{R_j \sin\psi_{Pj}}{l_{Pj}^3} \cos\alpha_{Pj} m_j$$

$$\tag{4-137}$$

$$\delta g_{\lambda}(r,\varphi,\lambda)_P = -\frac{GM}{r^2\cos\varphi}\sum_{n=2}^{36}\left(\frac{a}{r}\right)^n\sum_{m=0}^{n}m\cdot[\bar{C}_{nm}^*\sin m\lambda - \bar{S}_{nm}\cos m\lambda]\cdot\bar{P}_{nm}(\sin\varphi) +$$

$$\sum_{j=1}^{N}\frac{R_j\sin\psi_{Pj}}{l_{Pj}^3}\sin\alpha_{Pj}m_j$$

$$(4-138)$$

其中

$$l_{Pj} = \sqrt{r_P^2 + R_j^2 - 2r_P R_j\cos\psi_{Pj}}$$

$$\cos\psi_{Pj} = \sin\varphi_P\sin\varphi_j + \cos\varphi_P\cos\varphi_j\cos(\lambda_j - \lambda_P)$$

$$\cos\alpha_{Pj} = \frac{\cos\varphi_P\sin\varphi_j - \sin\varphi_P\cos\varphi_j\cos(\lambda_j - \lambda_P)}{\sin\psi_{Pj}} \qquad (4-139)$$

$$\sin\alpha_{Pj} = \frac{\cos\varphi_j\sin(\lambda_j - \lambda_P)}{\sin\psi_{Pj}}$$

式中　(r,φ,λ)——计算点地心向径、地心纬度和地心经度；

GM——万有引力常数和地球总质量的乘积；

a——地球椭球长半径；

$\bar{C}_{nm}^*$、$\bar{S}_{nm}$——完全正常化扰动位系数，其中 $\bar{C}_{20}^* = \bar{C}_{20} - \bar{C}_{20}'$，而其余的 $\bar{C}_{nm}^* = \bar{C}_{nm}$；

$\bar{C}_{nm}$——重力位系数；

$\bar{C}_{20}'$——CGCS2000 正常椭球完全正常化二阶带谐系数；

N——各层点质量 m_j 的总数；

R_j——各个点质量所在球面的半径；

α_{Pj}——计算点 P 到第 j 个点质量的方位角。

4.2.4.2　不同分辨率点质量对扰动重力影响分析

依据上述公式，在某试验区建立了分层组合点质量模型，并利用每层点质量模型计算了高度区间（0，100）km 的扰动重力三分量，从而绘制了不同分辨率点质量层产生的扰动重力分量随高度的变化趋势图，如图 4-9～图 4-11 所示。从图中的扰动重力三分量随高度的变化趋势可以看出，$60'\times60'$ 点质量在整个高度区间内的变化趋势最为缓慢，其次是 $20'\times20'$ 点质量，第三则是 $5'\times5'$ 点质量，而 $1'\times1'$ 点质量产生的扰动重力不仅幅度小，而且随着高度的衰减也最为快速。从这三个图也可看出，在距离地面比较近的空中，为了精确计算扰动重力，必须要考虑较高分辨率点质量的影响。

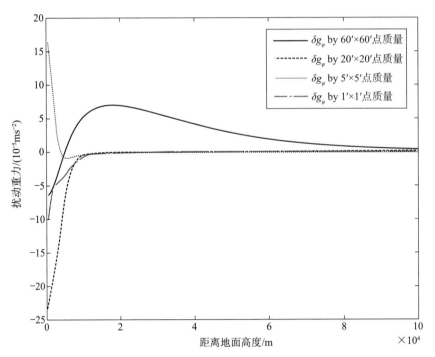

图 4-9 各层点质量所产生的扰动重力纬向分量 δg_φ 随高度的变化趋势

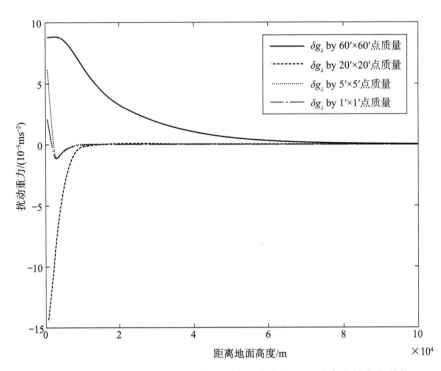

图 4-10 各层点质量所产生的扰动重力经向分量 δg_λ 随高度的变化趋势

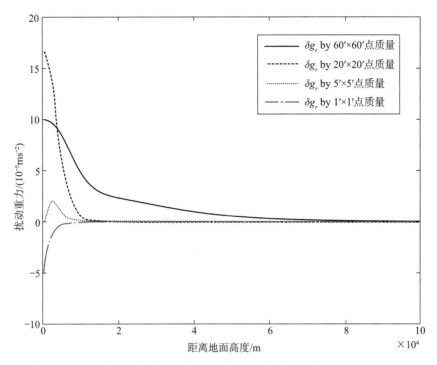

图 4 - 11　各层点质量所产生的扰动重力径向分量 δg_r 随高度的变化趋势

4.3　球冠谐模型

用球谐展开表达重力场模型有许多优点，其一是便于计算，其二是可以用于地球内部结构的频谱分析。地球外部的扰动位在球冠上的球坐标系中满足 Laplace 方程，根据第 2 章的论述，可以用球冠谐分析描述局部重力场。其实用球冠谐分析描述局部重力场的精细结构不仅是可行的，而且还有许多优良的性质，它可以用较少的位系数反映较高的分辨率，大大减少了计算量。例如，在半角为 θ_0 的球冠域中要使模型达到某种分辨率，如果用球谐分折建立的全球重力场模型需要 N_{OSHA} 个位系数，而球冠谐分析建立的局域重力场模型需要 N_{SCHA} 个位系数，令球冠的表面积为 S_{cap}，地球的表面积为 S_{earth}，根据 Bullard's 规则

$$N_{\text{SCHA}} = \frac{S_{\text{cap}}}{S_{\text{earth}}} N_{\text{OSHA}} = \sin^2 \frac{\theta_0}{2} N_{\text{OSHA}} \qquad (4-140)$$

由式（4-140）可以看出，在该球冠区域包含有 300 个位系数的局部重力场模型与包含有 40 000 个位系数的全球重力场模型可以达到的分辨率是相同的。因此球冠谐分析为建立高精度、高分辨率的局部重力场提供了理论依据和便利条件，它在局部重力场研究中具有重大的实用价值。

4.3.1　球冠谐分析

4.3.1.1　确定球冠区域

为使所选球冠与建模区域最大吻合，球冠极点应设在区域的中心，在球冠边界上应该有观测值分布。为计算方便，极点也可以设置在球冠中心附近，并取整数。球冠半角 θ_0 的大小主要取决于建模区域的大小，逼近区域范围越大，θ_0 就越大。

4.3.1.2　坐标转换

要实现用球冠谐函数展开局部重力场模型，应具有球冠坐标系的重力测量值，如重力异常和大地水准面高，而已有的观测值一般是大地坐标系中的值，所以应进行大地坐标和球冠坐标之间的转换。如果已知地球外部任意一点 P 的大地坐标为 $(L，B，H)$，则该点的空间直角坐标为

$$\begin{pmatrix} x \\ y \\ z \end{pmatrix} = \begin{pmatrix} (N+H)\cos B\cos L \\ (N+H)\cos B\sin L \\ (N(1-e^2)+H)\sin B \end{pmatrix} \tag{4-141}$$

得到空间直角坐标 $(x，y，z)$，则这一点的球坐标 $(r，\theta，\lambda)$ 满足如下关系

$$r = \sqrt{x^2 + y^2 + y^2} \tag{4-142}$$

$$\begin{cases} \cos\theta = \dfrac{z}{r} \\ \sin\theta = \sqrt{1-\cos^2\theta} \end{cases} \tag{4-143}$$

$$\begin{cases} \cos\lambda = \dfrac{x}{\sqrt{x^2 + y^2}} \\ \sin\lambda = \dfrac{y}{\sqrt{x^2 + y^2}} \end{cases} \tag{4-144}$$

将地心坐标 $(\theta，\lambda)$ 转化为新坐标系的地心坐标 $(\psi，\sigma)$。根据球面三角公式，任意一点 Q 在北极坐标系下的球面地心坐标为 $(\theta，\lambda)$，这里 θ 为余纬，则 Q 点在新极点 $P_0(\theta_0，\lambda_0)$ 的球面地心坐标计算公式为

$$\psi = \arccos[\cos\theta_0\cos\theta + \sin\theta_0\sin\theta\cos(\lambda_0-\lambda)]$$
$$\alpha = \arctan\left[\frac{\sin\theta\sin(\lambda_0-\lambda)}{\sin\theta_0\cos\theta - \cos\theta_0\sin\theta\cos(\lambda_0-\lambda)}\right] \tag{4-145}$$

或者

$$\alpha = \arcsin\left[\frac{\sin\theta\sin(\lambda_0-\lambda)}{\sin\psi}\right]$$
$$\alpha = \arccos\left[\frac{\sin\theta_0\cos\theta - \cos\theta_0\sin\theta\cos(\lambda_0-\lambda)}{\sin\psi}\right] \tag{4-146}$$

需要说明的是，θ_0，λ_0 分别为新极点 P 在极坐标系下的地心余纬和经度。当得到 α 角后，可得新坐标系下的经度为

$$\sigma = \pi - \alpha \tag{4-147}$$

4.3.1.3　Legendre 函数计算

非整数阶乘计算给实现带来麻烦，因此需要寻找一个容易实现的方法。规格化非整阶缔合 Legendre 函数的递推公式是一个很好的选择，其表达式为

$$\bar{P}_{nm}(\theta) = \sum_{j=0}^{J_{\max}} A_j(n,m) \left(\frac{1-\cos\theta}{2}\right)^j \tag{4-148}$$

其中，$J_{\max}$ 为级数最高阶，$A_j(n, m)$ 计算公式为

$$A_0(n,m) = K_{nm}\,\sin^m\theta \tag{4-149}$$

$$A_j(n,m) = \frac{(j+m-1)(j+m)-n(n+1)}{j(j+m)} A_{j-1}(n,m) \quad (j>0) \tag{4-150}$$

利用计算阶乘的 Stirling 公式，规格化因子 K_{nm} 的近似计算公式为

$$K_{nm} = \begin{cases} 0 & m=0 \\ \dfrac{2^{-m}}{\sqrt{m\pi}} \left(\dfrac{n+m}{n-m}\right)^{\frac{n}{2}+\frac{1}{4}} p^{\frac{m}{2}} \exp(e_1+e_2) & m>0 \end{cases} \tag{4-151}$$

其中

$$p = \left(\frac{n}{m}\right)^2 - 1,\ e_1 = -\frac{1}{12m}\left(1+\frac{1}{p}\right),\ e_2 = \frac{1}{360m^3}\left(1+\frac{3}{p^2}+\frac{4}{p^3}\right)$$

4.3.2　球冠谐系数确定

4.3.2.1　正交法确定局部重力场模型位系数

正如前文所述，当已知球冠面上的重力异常时，按正交性确定位系数，从而建立模型

$$\underset{k-m=\text{偶数}}{\bar{C}_{km}} = \frac{1}{2(l_k-1)\pi\gamma(1-\cos\theta_0)} \iint_{\sigma_{\text{cap}}} \Delta g^r(\theta,\lambda)\, \bar{P}_{l_k}^m(\cos\theta)\cos m\lambda\, d\sigma \tag{4-152}$$

$$\underset{k-m=\text{偶数}}{\bar{S}_{km}} = \frac{1}{2(l_k-1)\pi\gamma(1-\cos\theta_0)} \iint_{\sigma_{\text{cap}}} \Delta g^r(\theta,\lambda)\, \bar{P}_{l_k}^m(\cos\theta)\sin m\lambda\, d\sigma \tag{4-153}$$

按照该模型能较好地计算出扰动位沿向径方向的派生量，如重力异常、大地水准面的高

$$N(r,\theta,\lambda) = \frac{T(r,\theta,\lambda)}{\gamma} = \frac{fM}{\gamma r} \sum_{\substack{k=1 \\ k-m=\text{偶数}}}^{\infty} \sum_{m=0}^{k} \left(\frac{R}{r}\right)^{l_k^{(m)}} (\bar{C}_{km}\cos m\lambda + \bar{S}_{km}\sin m\lambda)\, \bar{P}_{l_k}^m(\cos\theta)$$

$$\tag{4-154}$$

4.3.2.2　最小二乘配置法确定局部重力场模型位系数

当建立的局部重力场模型满足边界条件时，模型中的基函数包含两类：一类是与 $k-m=$ 偶数对应的基函数；一类是与 $k-m=$ 奇数对应的基函数，它们之间不完全正交。所以同时用这两类基函数展开局部重力场时，必须由最小二乘配置法来完成。而要用最小二乘配置法，又必须有观测值的权逆阵，本节将阐述球冠域中权逆阵的确定方法。

设 $f(\theta,\lambda)$ 是半角为 α 的球冠面上的观测值函数

$$F(\theta,\lambda) = \begin{cases} f(\theta,\lambda) & 0 \leqslant \theta \leqslant \alpha \\ 0 & \alpha \leqslant \theta \leqslant \pi \end{cases} \tag{4-155}$$

显然是整个球面上的观测值函数，可用球谐函数展开如下

$$F(\theta,\lambda) = \sum \sum \bar{P}_n^m(\cos\theta)[\bar{g}_n^m \cos(m\lambda) + \bar{h}_n^m \sin(m\lambda)] \tag{4-156}$$

所以，位系数可由下式得到

$$\begin{Bmatrix} \bar{g}_n^m \\ \bar{h}_n^m \end{Bmatrix} = \frac{2n+1}{4\pi} \int_0^\pi \int_{-\pi}^\pi F(\theta,\lambda) \bar{P}_n^m(\cos\theta) \begin{Bmatrix} \cos(m\lambda) \\ \sin(m\lambda) \end{Bmatrix} \sin\theta \, d\theta \, d\lambda \tag{4-157}$$

球面上的权函数为

$$P = \frac{1}{4\pi} \int_0^\pi \int_{-\pi}^\pi [F(\theta,\lambda)]^2 \sin\theta \, d\lambda \, d\theta = \sum_{n=0}^\infty \sum_{m=0}^n \frac{1}{2n+1} [(\bar{g}_n^m)^2 + (\bar{h}_n^m)^2] \tag{4-158}$$

二维空间权谱为

$$S_n^m = \frac{1}{2n+1} [(\bar{g}_n^m)^2 + (\bar{h}_n^m)^2] \tag{4-159}$$

把式（4-155）代入式（4-157）～式（4-159），则有

$$\begin{Bmatrix} \bar{g}_n^m \\ \bar{h}_n^m \end{Bmatrix} = \frac{2n+1}{4\pi} \int_0^{\theta_0} \int_{-\pi}^\pi f(\theta,\lambda) \bar{P}_n^m(\cos\theta) \begin{Bmatrix} \cos(m\lambda) \\ \sin(m\lambda) \end{Bmatrix} \sin\theta \, d\theta \, d\lambda \tag{4-160}$$

$$\begin{aligned} P &= \frac{1}{4\pi \sin^2(\theta_0/2)} \int_0^{\theta_0} \int_{-\pi}^\pi [f(\theta,\lambda)]^2 \sin\theta \, d\lambda \, d\theta \\ &= \frac{1}{\sin^2(\theta_0/2)} \sum_{n=0}^\infty \sum_{m=0}^n \frac{1}{2n+1} [(\bar{g}_n^m)^2 + (\bar{h}_n^m)^2] \end{aligned} \tag{4-161}$$

$$S_n^m = \frac{1}{(2n+1)\sin^2\left(\dfrac{\theta_0}{2}\right)} [(\bar{g}_n^m)^2 + (\bar{h}_n^m)^2] \tag{4-162}$$

现用球冠域中的基函数，即球冠谐函数展开观测值函数 $f(\theta,\lambda)$ 如下

$$f(\theta,\lambda) = \sum_{k=0}^\infty \sum_{m=0}^k [\bar{C}_k^m \cos(m\lambda) + \bar{S}_k^m] \bar{P}_{l_k}^m(\cos\theta) \tag{4-163}$$

把式（4-163）代入式（4-157）有

$$\begin{aligned} \begin{Bmatrix} \bar{g}_n^m \\ \bar{h}_n^m \end{Bmatrix} = \frac{\delta_m (2n+1)\sin\theta_0}{4} \Bigg[& \frac{d\bar{P}_n^m(\cos\theta_0)}{d\theta} \sum_{\substack{k=m \\ k-m=偶数}}^\infty \begin{Bmatrix} \bar{C}_k^m \\ \bar{S}_k^m \end{Bmatrix} \frac{\bar{P}_{l_k(m)}^m(\cos\theta_0)}{[l_k(m)-n][l_k(m)+n+1]} - \\ & \bar{P}_n^m(\cos\theta_0) \sum_{\substack{k=m+1 \\ k-m=奇数}}^\infty \begin{Bmatrix} \bar{C}_k^m \\ \bar{S}_k^m \end{Bmatrix} \frac{d\bar{P}_{l_k(m)}^m(\cos\theta_0)}{[l_k(m)-n][l_k(m)+n+1]} \Bigg] \end{aligned} \tag{4-164}$$

这里

$$\delta_m = \begin{cases} 2 & m = 0 \\ 1 & m > 0 \end{cases} \tag{4-165}$$

显然，把式（4-164）代入式（4-161）和式（4-162）就可以得到相应的权函数，

式（4-164）还说明用球谐分析和球冠谐分析逼近扰动场元是相通的，它们之间可以相互转化，而且在描述局部重力场中的扰动场元时，球冠谐分析更加简便。

4.3.3　区域球冠谐模型性能分析

为构建球冠谐模型，首先利用重力场模型计算重力异常观测值。利用 EGM2008 重力场模型 100 阶次计算的整个区域内的重力异常如图 4-12 所示，数值范围在 $-120\sim$ 110 mGal，在部分区域，重力异常的波动范围比较剧烈，可以作为实验区域。拟合标准偏差为 9.4 mGal。

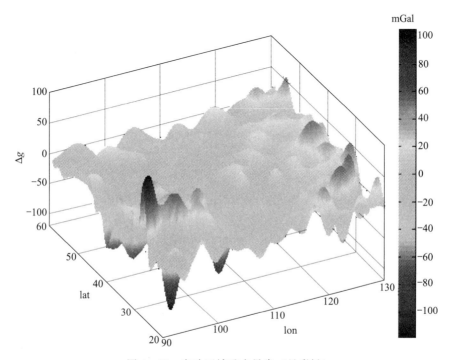

图 4-12　实验区域重力异常（见彩插）

4.3.3.1　区域重力场球冠谐模型逼近性能

利用最小二乘方法计算得到球冠谐位系数模型，其检验精度如图 4-13 所示，从图中可以看出，拟合结果在中心区域效果较好，在边缘区域表现出明显的波动痕迹，精度从中心区域 1 mGal 的误差迅速增加到边缘 20 mGal 的误差。从图中还可以看出，球冠谐逼近重力场模型，在边缘区域，误差出现正负交替现象，这是由于模型阶次有限，不能完全反映更高频率的重力场信息。

4.3.3.2　球冠谐模型空间适用性

研究表明，当区域范围较高时，重力场模型的截断误差会减小，当高度达到 100 km 时，36 阶次的球谐模型精度已经可以达到 5 mGal。为了验证球冠谐向上延拓效果，数值实验计算了 100 km 区域的重力异常误差，在该区域计算的重力异常误差大于在地面上的逼近误差，在中间区域误差接近 10 mGal，而在边缘区域的逼近误差也达到 20 mGal。在

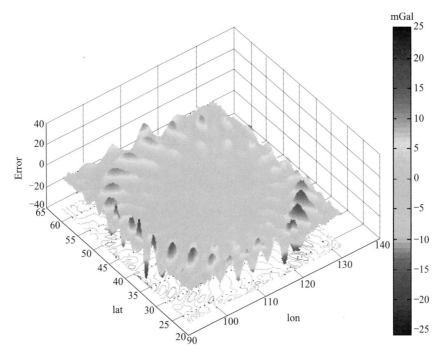

图 4 - 13　使用 100 阶次模型作为观测值构建的球冠谐误差（见彩插）

向外延伸的区域，逼近误差迅速增大，可达 1 000 mGal。因此球冠谐的空间适用性受到比较大的限制，具有一定向上延拓性，不具备向四周延伸性。

4.4　非奇异严密直接赋值模型

　　扰动重力快速赋值是远程火箭重力场保障的重要内容，对火箭飞行精度、快速机动能力和生存能力有很大影响，是制约远程火箭系统总体性能的重要因素之一。据估计，扰动重力对射程为 10 000 km 的远程火箭会引起 1 km 以上的飞行偏差。目前扰动重力赋值模式主要有 Stokes 经典直接积分法、重力场球谐函数模型法、虚拟点质量模型等方法。这些方法各有优势，也存在着一定的局限性。

　　Stokes 直接积分法是最经典的扰动重力计算方法，可依据扰动重力随高度的传播特性，针对不同的计算高度，通过合理地组合不同分辨率的地面重力异常数据，提高计算效率。但该方法在实际应用中用离散求和代替全球积分，存在离散误差，同时在积分中心区存在奇异。为此，从物理大地测量的基本边值条件出发，推导了扰动重力径向分量的非奇异严密直接赋值模型，并分析了扰动重力水平分量计算公式的特点，给出了完整的扰动重力三分量非奇异严密计算方法，可为面向既定区域的地球扰动重力场重构提供可靠的节点控制数据。

4. 4. 1　经典赋值模式

扰动重力的经典赋值模式—Stokes – Pizzetti 公式

$$T = \frac{R}{4\pi} \iint_{\sigma} \Delta g \cdot S(r,\psi) \mathrm{d}\sigma \qquad (4-166)$$

$$\begin{cases} \delta g_r = \dfrac{R}{4\pi} \iint_{\sigma} \Delta g \; \dfrac{\partial S(r,\psi)}{\partial r} \mathrm{d}\sigma \\[2mm] \delta g_\varphi = -\dfrac{R}{4\pi r} \iint_{\sigma} \Delta g \; \dfrac{\partial S(r,\psi)}{\partial \psi} \cos\alpha \, \mathrm{d}\sigma \\[2mm] \delta g_\lambda = -\dfrac{R}{4\pi r} \iint_{\sigma} \Delta g \; \dfrac{\partial S(r,\psi)}{\partial \psi} \sin\alpha \, \mathrm{d}\sigma \end{cases} \qquad (4-167)$$

Stokes 函数及其偏导数的具体公式为

$$S(r,\psi) = \frac{2R}{l} - \frac{3Rl}{r^2} + \frac{R}{r} - \frac{5R^2 \cos\psi}{r^2} - \frac{3R^2 \cos\psi}{r^2} \ln\frac{r - R\cos\psi}{2r} \qquad (4-168)$$

$$\frac{\partial S(r,\psi)}{\partial r} = -\frac{t^2}{R}\left[\frac{1 - t^2}{D^3} + \frac{4}{D} + 1 - 6D - t\cos\psi\left(13 + 6\ln\frac{1 - t\cos\psi + D}{2}\right) \right]$$
$$(4-169)$$

$$\frac{\partial S(r,\psi)}{\partial \psi} = -t^2 \sin\psi\left(\frac{2}{D^3} + \frac{6}{D} - 8 - 3\frac{1 - t\cos\psi - D}{D\sin^2\psi} - 3\ln\frac{1 - t\cos\psi + D}{2} \right)$$
$$(4-170)$$

其中

$$r = R + H$$
$$l^2 = R^2 + r^2 - 2Rr\cos\psi$$
$$t = \frac{R}{r}$$
$$D = \frac{l}{r} = \sqrt{1 - 2t\cos\psi + t^2}$$

式中　$S(r,\psi)$ ——扩充的 Stokes 函数；

　　$\{r,\varphi,\lambda\}$ ——依次表示计算点的地心向径、地心纬度和地心经度；

　　α,ψ ——分别为计算点到流动面元的方位角和球面角距；

　　R,H ——分别为地球的平均半径和计算点的高程。

对于中心区，由式（4 – 168）～式（4 – 170）可看出，当计算点位于边界面时，$H =$ 0。因此，在积分中心区，当 $\psi \to 0$ 时，扰动重力的经典赋值公式（4 – 167）是奇异的。此时，需要对奇异点进行处理。

4. 4. 2　积分方法非奇异改进

由物理大地测量的基本边值公式

$$\Delta g = -\frac{\partial T}{\partial r} - \frac{2}{r}T \tag{4-171}$$

可得

$$r^2 \frac{\partial T}{\partial r} + 2rT = -r^2 \Delta g \tag{4-172}$$

即

$$\frac{\partial}{\partial r}(r^2 T) = -r^2 \Delta g(r) \tag{4-173}$$

将式（4-173）在 $[\infty, r]$ 区间进行积分，并顾及

$$\lim_{r \to \infty}(r^2 T) = \lim_{r \to \infty}\left(\frac{R^3}{r}T_2 + \frac{R^4}{r^2}T_3 + \cdots\right) = 0$$

则有

$$r^2 T = -\int_{\infty}^{r} r^2 \Delta g(r)\mathrm{d}r \tag{4-174}$$

利用重力异常的向上延拓公式

$$\Delta g(r) = \frac{R^2}{4\pi r}\iint\left(\frac{r^2 - R^2}{l^3} - \frac{1}{r} - \frac{3R}{r^2}\cos\psi\right)\Delta g\,\mathrm{d}\sigma \tag{4-175}$$

代入式（4-174），并令

$$
\begin{aligned}
F(r) &= -r^2 \Delta g(r) \\
&= \frac{R^2}{4\pi}\iint_{\sigma}\left(-\frac{r^3 - rR^2}{l^3} + \frac{3R}{r}\cos\psi + 1\right)\Delta g\,\mathrm{d}\sigma
\end{aligned} \tag{4-176}
$$

则有

$$T = \frac{1}{r^2}\int_{\infty}^{r} F(r)\mathrm{d}r$$

扰动重力的径向分量为

$$\delta g_r = \frac{\partial T}{\partial r} = \frac{1}{r^2}F(r) - \frac{2}{r^3}\int_{\infty}^{r} F(r)\mathrm{d}r \tag{4-177}$$

若以计算点为原点的极坐标（ψ，α）分块，则式（4-176）可表示为

$$
\begin{aligned}
F(r) &= \frac{R^2}{4\pi}\int_{0}^{\pi}\int_{0}^{2\pi}\left(-\frac{r^3 - rR^2}{l^3} + \frac{3R}{r}\cos\psi + 1\right)\Delta g\sin\psi\,\mathrm{d}\psi\,\mathrm{d}\alpha \\
&= \frac{R^2}{4\pi}\sum_i\sum_j \Delta\bar{g}_{ij}\int_{\psi_i}^{\psi_{i+1}}\int_{\alpha_j}^{\alpha_{j+1}}\left(-\frac{r^3 - rR^2}{l^3} + \frac{3R}{r}\cos\psi + 1\right)\Delta g\sin\psi\,\mathrm{d}\psi\,\mathrm{d}\alpha \\
&= \sum_i\sum_j F_{ij}(r)\Delta\bar{g}_{ij}
\end{aligned} \tag{4-178}
$$

式中　　$\Delta\bar{g}_{ij}$——第 (i, j) 块的平均重力异常。

$$F_{ij}(r) = \frac{R^2}{4\pi} \int_{\psi_i}^{\psi_{i+1}} \int_{\alpha_j}^{\alpha_{j+1}} \left(-\frac{r^3 - rR^2}{l^3} + \frac{3R}{r}\cos\psi + 1 \right) \Delta g \sin\psi \, \mathrm{d}\psi \, \mathrm{d}\alpha$$

$$= \frac{R^2}{4\pi}(\alpha_{j+1} - \alpha_j) \left[\frac{r^2 - R^2}{Rl} + \frac{3R}{2r}\sin^2\psi - \cos\psi \right]_{\psi_i}^{\psi_{i+1}} \tag{4-179}$$

同理，式（4-177）右边第二项中的积分可表示为

$$\int_{\infty}^{r} F(r)\mathrm{d}r = \sum_i \sum_j \int_{\infty}^{r} F_{ij}(r) \Delta \bar{g}_{ij} \, \mathrm{d}r = \sum_i \sum_j K_{ij} \Delta \bar{g}_{ij} \tag{4-180}$$

其中

$$K_{ij} = \int_{\infty}^{r} F_{ij}(r)\mathrm{d}r$$

$$= \frac{R^2}{4\pi}(\alpha_{j+1} - \alpha_j) \int_{\infty}^{r} \left[\frac{r^2 - R^2}{Rl} + \frac{3R}{2r}\sin^2\psi - \cos\psi \right]_{\psi_i}^{\psi_{i+1}} \mathrm{d}r$$

$$= \frac{R^2}{4\pi}(\alpha_{j+1} - \alpha_j) \left\{ \left[\frac{1}{2R}(r + 3R\cos\psi)l - \frac{3R}{2}\sin^2\psi \ln\frac{2(r - R\cos\psi + l)}{r} - r\cos\psi \right]_{\psi_i}^{\psi_{i+1}} \right\}_{\infty}^{r}$$

当 $r \to \infty$ 时

$$\lim_{r \to \infty} l = \lim_{r \to \infty} r \left(1 + \frac{R}{r}\cos\psi + \frac{1}{r^2}0 + \cdots \right) = r - R\cos\psi$$

K_{ij} 表达式中大括号的值趋向于 $\left[-\frac{3R}{2}\sin^2\psi \ln 4 - \frac{3R}{2}\cos^2\psi \right]_{\psi_i}^{\psi_{i+1}}$，因此有

$$K_{ij} = \frac{R^2}{4\pi}(\alpha_{j+1} - \alpha_j) \left[\begin{array}{l} \frac{l}{2R}(r + 3R\cos\psi) - \frac{3R}{2}\sin^2\psi \ln\frac{2(r - R\cos\psi + l)}{r} \\[2mm] - r\cos\psi + \frac{3R}{2}\sin^2\psi \ln 4 + \frac{3R}{2}\cos^2\psi \end{array} \right]_{\psi_i}^{\psi_{i+1}} \tag{4-181}$$

将式（4-178）～式（4-181）代入式（4-177），经整理后可得

$$\delta g_r = \sum_i \sum_j B_{ij} \Delta \bar{g}_{ij} \tag{4-182}$$

此处

$$B_{ij} = \frac{1}{r^2} F_{ij} - \frac{2}{r^3} K_{ij}$$

$$= \frac{R^2}{4\pi r^2}(\alpha_{j+1} - \alpha_j) \left[\frac{(r + R)H}{Rl} + \frac{3R}{r}\sin^2\psi \left(\frac{1}{2} + \ln\frac{r - R\cos\psi + l}{2r} \right) - \right.$$

$$\left. \frac{l}{Rr}(r + 3R\cos\psi) - \frac{3R}{r}\cos^2\psi + \cos\psi \right]_{\psi_i}^{\psi_{i+1}}$$

对于计算点，$\psi = 0$，$l = H$

$$\lim_{\psi \to 0} \left[\sin^2\psi \ln\frac{r - R\cos\psi + l}{2r} \right] = 0$$

因此，式（4-182）在计算点周围不存在奇异问题，而且从理论上讲也不存在积分离

散误差，是计算扰动重力径向分量的严密公式。

以上讨论的是以坐标（ψ，α）分块的情况。若按经纬度（φ，λ）分块，则式（4-182）可做如下处理

$$\delta g_r = \sum_i \sum_j \bar{B}_{ij} \Delta \bar{g}_{ij} \qquad (4-183)$$

其中

$$\bar{B}_{ij} = B_{ij} \frac{(\varphi_{i+1} - \varphi_i)(\lambda_{j+1} - \lambda_j)\cos\varphi_{\text{中}}}{(\psi_{i+1} - \psi_i)(\alpha_{j+1} - \alpha_j)}$$

$$\varphi_{\text{中}} = (\varphi_{i+1} + \varphi_i)/2$$

对于扰动重力的水平分量，由于 $\sin\alpha$，$\cos\alpha$ 的存在，使得重力异常对扰动重力水平方向的影响具有相对坐标轴的反对称特性。因此，其中心区对扰动重力水平方向的贡献忽略，仍用经典的赋值公式计算

$$\delta g_\varphi = \sum_i \sum_j \Delta \bar{g}_{ij} \cdot A_i (\sin\alpha_j - \sin\alpha_{j+1})$$

$$\delta g_\lambda = \sum_i \sum_j \Delta \bar{g}_{ij} \cdot A_i (\cos\alpha_{j+1} - \cos\alpha_j) \qquad (4-184)$$

其中

$$A_i = -\frac{R}{4\pi r} \int_{\psi_i}^{\psi_{i+1}} \frac{\partial S(r,\psi)}{\partial \psi} \sin\psi \, \mathrm{d}\psi$$

式（4-184）的积分用辛普森数值积分法计算。在应用式（4-182）、式（4-184）实施赋值的过程中，与经典的直接法一样，也是应用不同分辨率的数据，分别对外空场进行赋值，合理的数据组合依次是 $5°\times5°$、$1°\times1°$、$30'\times30'$、$5'\times5'$ 和 $1'\times1'$。它们对外空场的影响分别记为 $\delta g_{r_{5D}}$、$\delta g_{r_{1D}}$、$\delta g_{r_{20F}}$、$\delta g_{r_{5F}}$ 和 $\delta g_{r_{1F}}$，对于水平分量也有类似的表示。于是地球外部空间点上的扰动重力分量可表示成

$$\delta g_r = \delta g_{r_{5D}} + \delta g_{r_{1D}} + \delta g_{r_{30F}} + \delta g_{r_{5F}} + \delta g_{r_{1F}}$$

$$\delta g_\varphi = \delta g_{\varphi_{5D}} + \delta g_{\varphi_{1D}} + \delta g_{\varphi_{30F}} + \delta g_{\varphi_{5F}} + \delta g_{\varphi_{1F}} \qquad (4-185)$$

$$\delta g_\lambda = \delta g_{\lambda_{5D}} + \delta g_{\lambda_{1D}} + \delta g_{\lambda_{30F}} + \delta g_{\lambda_{5F}} + \delta g_{\lambda_{1F}}$$

4.4.3 扰动重力直接赋值优化

（1）利用积分核函数的对称性进行优化

扰动重力经典的赋值模式是 Stokes-Pizzetti 公式，即

$$\begin{cases} (\delta g_\rho)_k = \frac{R}{4\pi} \iint_\sigma \delta \Delta g_k \frac{\partial S(r,\psi)}{\partial \rho} \mathrm{d}\sigma \\[2mm] (\delta g_\varphi)_k = -\frac{R}{4\pi r} \iint_\sigma \delta \Delta g_k \frac{\partial S(r,\psi)}{\partial \psi} \cos\alpha \, \mathrm{d}\sigma \\[2mm] (\delta g_\lambda)_k = -\frac{R}{4\pi r} \iint_\sigma \delta \Delta g_k \frac{\partial S(r,\psi)}{\partial \psi} \sin\alpha \, \mathrm{d}\sigma \end{cases} \qquad (4-186)$$

对于某一分辨率的重力数据（其范围为 n 行、m 列），通用的离散求和形式的实用公

式为

$$
\begin{cases}
\delta g_r = \dfrac{R}{4\pi} \sum_i^n \sum_j^m \Delta g_{ij} \dfrac{\partial S_{ij}(r,\psi)}{\partial r} \cos B \, \mathrm{d}B \, \mathrm{d}L \\[3mm]
\delta g_\varphi = -\dfrac{R}{4\pi r} \sum_i^m \sum_j^m \Delta g_{ij} \dfrac{\partial S_{ij}(r,\psi)}{\partial \psi} \cos\alpha_{ij} \cos B \, \mathrm{d}B \, \mathrm{d}L \\[3mm]
\delta g_\lambda = -\dfrac{R}{4\pi r} \sum_i^m \sum_j^m \Delta g_{ij} \dfrac{\partial S_{ij}(r,\psi)}{\partial \psi} \sin\alpha_{ij} \cos B \, \mathrm{d}B \, \mathrm{d}L
\end{cases} \tag{4-187}
$$

由式（4-187）可看出，其积分核函数仅与计算点和流动面元的球面角有关，不同的流动面元相对于计算点 P 具有对称性（如图 4-14 所示）。在实际计算中，可利用积分核函数的对称性，在循环迭代过程中，只需计算四分之一区域的核函数（图 4-14 中的阴影部分），其计算效率可提高近 4 倍。具体算法简述如下。

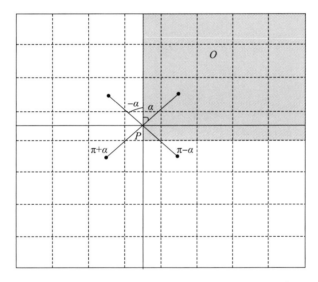

图 4-14　流动积分面元相对于计算点具有对称性示意图

假设重力数据的分辨率为 $\mathrm{d}B$，$\mathrm{d}L$，其数据范围左上角的经纬度为 B_0，L_0，共有 n 行、m 列数据。对于计算点 $P(B_P，L_P，H_P)$，其扰动重力径向分量的计算公式

$$
\begin{aligned}
\delta g_r = {} & \frac{\partial S(r,\psi_{11})}{\partial r} \Delta g(k_0) \cos B_P \, \mathrm{d}B \, \mathrm{d}L + \\[2mm]
& \frac{R}{4\pi} \sum_{j=2}^{m_0/2} \frac{\partial S(r,\psi_{1j})}{\partial r} \big[\Delta g(k_1) + \Delta g(k_2)\big] \cos B_1 \, \mathrm{d}B \, \mathrm{d}L + \\[2mm]
& \frac{R}{4\pi} \sum_{i=2}^{n_0/2} \frac{\partial S(r,\psi_{i1})}{\partial r} \big[\Delta g(k_1)\cos B_1 + \Delta g(k_4)\cos B_3\big] \, \mathrm{d}B \, \mathrm{d}L + \\[2mm]
& \frac{R}{4\pi} \sum_{i=2}^{n_0/2} \sum_{j=2}^{m_0/2} \frac{\partial S(r,\psi_{ij})}{\partial r} \big[(\Delta g(k_1) + \Delta g(k_2))\cos B_1 + (\Delta g(k_3) + \Delta g(k_4))\cos B_3\big] \, \mathrm{d}B \, \mathrm{d}L
\end{aligned}
$$

$$\tag{4-188}$$

其中

$$k_1 = (i_0 - i)m + j_0 + (j - 1)$$
$$k_2 = k_1 - 2(j - 1)$$
$$k_3 = k_2 + 2m(i - 1)$$
$$k_4 = k_1 + 2m(i - 1)$$

$$(4-189)$$

$$i_0 = 1 + \left[\frac{B_0 - B_P}{\mathrm{d}B}\right]$$

$$j_0 = 1 + \left[\frac{L_P - L_0}{\mathrm{d}L}\right]$$

式中　$\Delta g(k_1)$，$\Delta g(k_2)$，$\Delta g(k_3)$，$\Delta g(k_4)$——分别表示与流动面元所在块形相对称（对于计算点 P）的 4 个象限的重力异常；

　　k_1，k_2，k_3，k_4——相应象限块形在重力异常数据数组中的序号（按先行、后列，由上到下、从左到右的顺序编号）。

n_0，m_0 由计算扰动重力所需的某一分辨率重力数据的范围 ΔB，ΔL 确定

$$n_0 = \left[\frac{\Delta B}{\mathrm{d}B}\right], \quad m_0 = \left[\frac{\Delta L}{\mathrm{d}L}\right] \qquad (4-190)$$

计算点与流动面元的球面角 ψ_{ij} 为

$$\cos\psi_{ij} = \sin B_P \sin B_{ij} + \cos B_P \cos B_{ij} \cos(L_P - L_{ij}) \qquad (4-191)$$

$$B_1 = B_P - (i - 1)\mathrm{d}B$$
$$B_3 = B_P + (i + 1)\mathrm{d}B$$

$$(4-192)$$

式中　B_P，L_P，H_P——计算点的纬度、经度及高程；

　　$\mathrm{d}B$，$\mathrm{d}L$——重力数据的分辨率；

　　B_0，L_0——数据范围左上角的经纬度；

　　n，m——数据的行、列数。

同理，对于扰动重力的水平分量，也可得到类似的计算公式

$$\delta g_\varphi = \frac{R}{4\pi r} \sum_{j=2}^{m_0/2} \frac{\partial \mathrm{S}(r, \psi_{1j})}{\partial \psi}[\Delta g(k_1) + \Delta g(k_2)]\cos\alpha_{1j}\cos B_1 \mathrm{d}B\mathrm{d}L +$$

$$\frac{R}{4\pi r} \sum_{i=2}^{n_0/2} \frac{\partial \mathrm{S}(r, \psi_{i1})}{\partial \psi}[\Delta g(k_1)\cos\alpha_{ij}\cos B_1 - \Delta g(k_4)\cos\alpha_{ij}\cos B_3]\mathrm{d}B\mathrm{d}L +$$

$$\frac{R}{4\pi r} \sum_{i=2}^{n_0/2} \sum_{j=2}^{m_0/2} \frac{\partial \mathrm{S}(r, \psi_{ij})}{\partial \psi}[(\Delta g(k_1) + \Delta g(k_2))\cos\alpha_{ij}\cos B_1 - (\Delta g(k_3) +$$

$$\Delta g(k_4))\cos\alpha_{ij}\cos B_3)]\mathrm{d}B\mathrm{d}L$$

$$(4-193)$$

$$\delta g_\lambda = \frac{R}{4\pi r} \sum_{j=2}^{m_0/2} \frac{\partial S(r,\psi_{1j})}{\partial \lambda} \big[\Delta g(k_1) - \Delta g(k_2)\big] \sin\alpha_{1j}\cos B_1 \mathrm{d}B\,\mathrm{d}L +$$

$$\frac{R}{4\pi r} \sum_{i=2}^{n_0/2} \frac{\partial S(r,\psi_{i1})}{\partial \lambda} \big[\Delta g(k_1)\sin\alpha_{ij}\cos B_1 + \Delta g(k_4)\sin\alpha_{ij}\cos B_3\big]\mathrm{d}B\,\mathrm{d}L +$$

$$\frac{R}{4\pi r} \sum_{i=2}^{n_0/2}\sum_{j=2}^{m_0/2} \frac{\partial S(r,\psi_{ij})}{\partial \lambda} \big[(\Delta g(k_1) - \Delta g(k_2))\sin\alpha_{ij}\cos B_1 - (\Delta g(k_3) -$$

$$\Delta g(k_4))\sin\alpha_{ij}\cos B_3\big]\mathrm{d}B\,\mathrm{d}L$$

$$(4-194)$$

其中

$$\cos\alpha_{ij} = \cos\varphi_P\sin\varphi_{ij} - \sin\varphi_P\cos\varphi_{ij}\cos(\lambda_{ij} - \lambda_P)$$

$$\sin\alpha_{ij} = \cos\varphi_{ij}\sin(\lambda_{ij} - \lambda_P)$$

（2）在积分求和中采用由内（计算点）向外循环减少重复计算

在积分求和的计算中，传统的算法是由所用数据区域的左上角开始，对整个数据区域进行求和计算，存在着不同分辨率数据区域重复循环的现象。根据前面的分析，采用由内（计算点）向外、只对右上角四分之一区域进行循环求和的方法（如图 4 - 15 所示），可减少重复计算，提高计算效率。

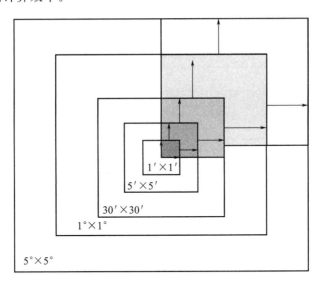

图 4 - 15　数据结构图

4.4.4　直接赋值模型性能分析

（1）经典赋值与非奇异严密赋值模型的离散误差分析

在扰动重力的实际计算中通常采用离散求和的方法来代替全球积分。离散求和代替全球积分会产生一定的计算误差，称为离散误差。为了估计离散误差的大小，在不考虑平均重力异常数据的情况下，在同样的积分区域内，分别计算了经典直接法和非奇异的严密直接法赋值中扰动重力径向分量的积分核函数离散求和与其严格理论积分值的差异。其计算公式如下。

经典直接法

$$S_r = \frac{R}{4\pi} \sum_i \sum_j \frac{\partial S(r,\psi)}{\partial r} \cos\bar{\varphi} \Delta\varphi_i \Delta\lambda_j \qquad (4-195)$$

非奇异的严密直接法

$$J_r = \sum_i \sum_j \bar{B}_{ij} \qquad (4-196)$$

严格理论值

$$J_0 = \sum_i \frac{R^2}{2r^2} \left[\frac{(r+R)H}{Rl} + \frac{3R}{r} \sin^2\psi \left(\frac{1}{2} + \ln\frac{r - R\cos\psi + l}{2r} \right) - \right.$$
$$\left. \frac{l}{Rr}(r + 3R\cos\psi) - \frac{3R}{r}\cos^2\psi + \cos\psi \right]_{\psi_i}^{\psi_{i+1}} \qquad (4-197)$$

离散误差所占百分比

$$P_J = \frac{J_r - J_0}{J_0} \times 100\%, \quad P_S = \frac{S_r - J_0}{J_0} \times 100 \qquad (4-198)$$

为了分析离散误差对扰动重力计算结果的影响，计算了纬度 0°～60°、经度 70°～150° 区域不同高度处的离散误差百分比。离散求和及积分算法所利用的数据见表 4-5，计算得到的离散误差百分比结果见表 4-6。

表 4-5　重力异常数据

分辨率	1°×1°	30′×30′	5′×5′
数据范围	60°×80°	30°×40°	10°×11°
重力异常总数	4 800	4 800	15 840

表 4-6　不同高度扰动重力离散误差统计表

高度/km	百分比	
	P_S	P_J
1	6.68%	0.92%
5	6.39%	0.83%
10	5.36%	0.88%
50	6.52%	0.76%
100	6.71%	0.71%
500	6.90%	0.62%

（2）与地面实测结果比较

为了考察经典直接赋值模式、非奇异严密直接赋值模式的精度，利用实测重力和大地测量数据，对其进行了初步试验计算。

由物理大地测量学知，若已知重力异常、大地水准面高、垂线偏差等扰动场元，便可

按下式计算扰动重力三分量，即

$$\delta g_{r_C} = -\Delta g - \frac{2\gamma}{R}N$$
$$\delta g_{\varphi_C} = -\gamma\xi \qquad\qquad (4-199)$$
$$\delta g_{\lambda_C} = -\gamma\eta$$

式中　Δg ——重力异常；

　　　N ——大地水准面高；

　　　$\xi，\eta$ ——分别表示垂线偏差的子午和卯酉分量；

　　　γ ——地球平均重力；

　　　R ——地球平均半径。

试验区属于中等山区，最大高程 2 700 m，平均高程约 1 500 m。对于试验所用的 3 个点分别位于山顶、山谷和山坡，Δg 的精度为 ±1 mGal，垂线偏差的精度为 ±1″，高程异常由 GPS/水准确定，精度在 0.5 m 以内。因此，由上式计算的地面点扰动重力的精度：径向分量约为 ±1.5 mGal，水平分量约为 ±5 mGal。

为了检核，按式（4 - 199）计算了 3 个点上的扰动重力分量，并称之为地面实测值；同时，按经典直接赋值模式、非奇异的严密直接赋值模式也计算了 3 个试验点上的扰动重力，其结果见表 4 - 7。

表 4 - 7　扰动重力与地面实测值的比较 （mGal）

赋值模式	1 号点(山顶)			2 号点(山谷)			3 号点(山坡)		
	δg_r	δg_φ	δg_λ	δg_r	δg_φ	δg_λ	δg_r	δg_φ	δg_λ
地面实测值	−129.9	−3.9	76.4	−8.7	2.6	60.3	−88.9	−19.4	97.0
经典直接法	−121.3	−1.6	81.3	−7.6	4.3	64.2	−83.7	−16.1	93.1
严密直接法	−128.8	−1.2	75.9	−7.1	1.5	62.8	−87.8	−19.8	92.1

通过以上的实际计算和分析，可以得出初步结论：在不同的计算高度上，扰动重力非奇异严密赋值模型的离散误差，均明显小于经典赋值模式的离散误差，减小的幅度在 80% 以上；非奇异严密赋值模型的离散误差随着计算高度的增加而减小。在 500 km 的高度上，只相当于经典赋值模式的 10%；与地面实测结果比较，非奇异的严密直接赋值模型的结果整体上要明显好于经典直接法。

第 5 章　地球扰动重力场快速重构

随着惯性导航系统精度的不断提高，制导方法误差的影响日益突出，而扰动重力是影响制导方法误差的主要因素。基于地面边值问题确定空间扰动重力的理论与方法为箭上精确扰动重力计算奠定了基础。为进一步丰富地球外部重力场理论，拓展重力场模型的表示方法，本章介绍了扰动重力场模型的快速重构技术，分别研究了空间分层扰动重力场模型重构理论与方法，飞行剖面重力扰动场模型重构理论与方法，沿飞行弹道的扰动重力场逼近理论与建模方法及其相关策略、优化算法等相关问题。采用扰动重力场模型重构技术，能够实现箭上扰动重力的快速高效计算，为在远程火箭领域的实际应用提供了理论保障。

5.1　扰动重力场分层模型

远程火箭飞行初始，飞行区域主要集中在中低空段，为了能够快速获取飞行位置的扰动重力信息，多在发射前利用传统积分方法计算出其飞行轨迹附近节点的扰动重力值，使得可以在飞行过程中，通过数值逼近的方法，快速、高精度地拟合或插值出飞行器所处位置的扰动重力值。因为随着高度的升高，空间扰动重力的高频信息逐渐消耗殆尽，所以在中低空时，插值函数的步长一般较短，而在高空则可以选择步长较长的插值函数，这样不仅不会损失逼近精度，同时还有利于提高存储空间的使用效率。尚未有方法根据全球扰动重力变化特征，对全球空域进行合理分层，构建适合不同层面的扰动重力计算模型，来满足应急、快速发射的要求。本节针对扰动重力计算特点和要求，分析扰动重力传播特征和广域多项式计算特性，对全球空间进行合理分层，并构建全球外部空间格网扰动重力数值模型，实现对空间任意位置进行快速、实时和高精度的扰动重力计算。

5.1.1　特征分析

在构建全球分层格网模型时，分析全球扰动重力分布特征，有助于合理对空间进行分层，实现全球格网单元划分。本节利用 EGM2008 模型，分析扰动重力场能量分布，统计全球范围内不同层面扰动重力及其梯度的数值变化，为后文的空间分层提供理论依据。

5.1.1.1　扰动重力场能量分布特征分析

研究扰动重力场能量的分布特性，有助于分析不同频段能量与重力场模型的阶数的关系，以及它们随高度变化的特点，进而可得到扰动重力场网格模型中单元分辨率与高度之间的关系。

根据扰动位的球谐表示及其泛函，将外空扰动重力三分量表示为

$$
\begin{cases}
\delta g_r = -\sum_{n=2}^{\infty} \frac{n+1}{n-1}\left(\frac{R}{r}\right)^{n+2} \Delta g_n \\[4mm]
\begin{bmatrix} \delta g_\varphi \\ \delta g_\lambda \end{bmatrix} = \sum_{n=2}^{\infty} \frac{1}{n-1}\left(\frac{R}{r}\right)^{n+2} \begin{bmatrix} \dfrac{\partial \Delta g_n}{\partial \varphi} \\[3mm] \sec\varphi \dfrac{\partial \Delta g_n}{\partial \lambda} \end{bmatrix}
\end{cases}
\tag{5-1}
$$

其中

$$
\Delta g_n = \gamma(n-1)\sum_{m=0}^{n} (\bar{C}_{nm}\cos m\lambda + \bar{S}_{nm}\sin m\lambda) P_{n,m}(\sin\varphi)
\tag{5-2}
$$

式中　r ——计算点的地心向径;

　　　Δg_n ——重力异常 Δg 的 n 阶面谐函数。

将扰动重力分量的谱能量用全球均方值估计如下

$$
\begin{cases}
M\{\delta g_r{}^2\} = \sum_{n=2}^{\infty} \left(\frac{n+1}{n-1}\right)^2 \left(\frac{R}{r}\right)^{2n+4} C_n \\[4mm]
M\{\delta g_\varphi{}^2 + \delta g_\lambda{}^2\} = \sum_{n=2}^{\infty} \frac{n(n+1)}{(n-1)^2}\left(\frac{R}{r}\right)^{2n+4} C_n
\end{cases}
\tag{5-3}
$$

其中

$$
C_n = \gamma^2 (n-1)^2 \sum_{m=2}^{n} (\bar{C}_{n,m}^2 + \bar{S}_{n,m}^2)
\tag{5-4}
$$

式中　C_n ——重力异常方差;

　　　$\bar{C}_{nm}$,$\bar{S}_{nm}$ ——正则化后的模型位系数,这里选用的是 EGM2008 球谐位系数模型。

由于扰动重力径向和水平分量谱形式基本相同,故仅将径向结果(δg_r 部分)列于表 5-1。其中 F1 表示 2～36 阶频段,F2 表示 37～180 阶频段,F3 表示 181～540 阶频段,F4 表示 541～720 阶频段,F5 表示 721～1 080 阶频段,F6 表示 1 081～2 160 阶频段,F7 表示 2～18 阶频段,F8 表示 19～36 阶频段;E_i、D_i($i=1$,2,…,8)分别表示某一高度层不同频段的能量和所占百分比。

从表 5-1 可以看出,随着高度的增加,重力场高频部分能量迅速减小,如 200 km 以上的层面,高频能量基本消失殆尽,仅剩下 180 阶以下的能量。而重力场最高阶数 N 与空间分辨率 D 一般存在以下近似关系

$$
D = 180°/N
\tag{5-5}
$$

所以在利用网格模型逼近外空扰动重力场时,高于地表 200 km 的空间,可考虑将网格单元的分辨率选取为 $1° \times 1°$,不仅不会损失精度,还可以减少数据存储量和计算耗时。根据各个高度层存留的最高频能量,并结合式(5-1),可列出网格模型不同单元分辨率适用的最大高度,见表 5-2。

表 5-1 扰动重力径向分量在不同高度的不同频段能量及其所占百分比

H/km	频段											
	F1		F2		F3		F4		F5		F6	
	E1	D1	E2	D2	E3	D3	E4	D4	E5	D5	E6	D6
0	451.039	40.432	388.144	34.795	211.607	18.969	25.400	2.277	22.490	2.016	16.860	1.511
10	437.570	53.874	283.302	34.880	85.927	10.579	3.645	0.449	1.534	0.189	0.233	0.029
20	424.802	63.131	210.030	31.213	37.402	5.558	0.538	0.080	0.114	0.017	0.005	0.001
30	412.680	70.192	158.026	26.878	17.131	2.914	0.082	0.014	0.009	0.002	—	—
40	401.157	75.710	120.547	22.751	8.142	1.537	0.013	0.002	0.001	0.000	—	—
50	390.189	80.072	93.131	19.112	3.977	0.816	0.002	0.000	—	—	—	—
60	379.735	83.549	72.790	16.015	1.983	0.436	—	—	—	—	—	—
70	369.760	86.341	57.491	13.424	1.004	0.235	—	—	—	—	—	—
80	360.231	88.600	45.837	11.274	0.515	0.126	—	—	—	—	—	—
90	351.116	90.438	36.856	9.493	0.267	0.069	—	—	—	—	—	—
100	342.388	91.944	29.860	8.019	0.140	0.037	—	—	—	—	—	—
120	325.993	94.212	19.987	5.776	0.039	0.012	—	—	—	—	—	—
140	310.869	95.785	13.670	4.212	0.011	0.003	—	—	—	—	—	—
160	296.862	96.893	9.516	3.106	0.003	0.001	—	—	—	—	—	—
180	283.847	97.688	6.718	2.312	0.001	0.000	—	—	—	—	—	—
200	271.714	98.264	4.800	1.736	—	—	—	—	—	—	—	—

续表

频段

H/km	F1		F2		F3		F4		F5		F6	
	E1	D1	E2	D2	E3	D3	E4	D4	E5	D5	E6	D6
300	221.449	99.546	1.010	0.454	—	—	—	—	—	—	—	—
400	183.568	99.868	0.242	0.132	—	—	—	—	—	—	—	—
500	153.951	99.959	0.063	0.041	—	—	—	—	—	—	—	—
600	130.233	99.986	0.018	0.014	—	—	—	—	—	—	—	—
700	110.923	99.995	0.005	0.005	—	—	—	—	—	—	—	—
800	95.011	99.998	0.001 4	0.002	—	—	—	—	—	—	—	—
900	81.777	99.999	0.000 5	0.001	—	—	—	—	—	—	—	—
1 000	70.686	100.000	0.000 2	0.000	—	—	—	—	—	—	—	—

	F7		F8		F2～F6	
	E7	D7	E8	D8	E2～E6	D2～D6
1 100	61.320	99.976	0.014 5	0.024	—	—
1 300	46.647	99.991	0.004 3	0.009	—	—
1 500	35.906	99.996	0.001 3	0.004	—	—
1 700	27.928	99.999	0.000 4	0.001	—	—
2 000	19.490	100.000	—	—	—	—

表 5 - 2　不同分辨率对应的最大适用高度

分辨率	$5' \times 5'$	$10' \times 10'$	$15' \times 15'$	$20' \times 20'$	$60' \times 60'$	$5° \times 5°$
最大适用高度/km	30	50	60	200	1 000	2 000

5.1.1.2　全球扰动重力三分量统计

在 5.1.1.1 节，对扰动重力能量分布进行了统计，但是单根据能量值或能量频段的分布，很难反映各个层面扰动重力本身的变化情况。因此在本节，利用位模型计算出了全球范围不同高度扰动重力三分量值，可为后续的网格划分准则提供有力的论据。

全球不同高度扰动重力三分量统计见表 5 - 3。

表 5 - 3　全球不同高度扰动重力三分量统计表

高度/km	分量	最小值/mGal	最大值/mGal	高度/km	分量	最小值/mGal	最大值/mGal
20	径向	−345.16	269.47	160	径向	−70.27	72.94
	纬向	−248.24	207.56		纬向	−66.85	42.55
	经向	−194.26	185.29		经向	−52.46	48.64
30	径向	−264.86	230.43	200	径向	−60.03	68.47
	纬向	−209.38	165.35		纬向	−53.10	33.77
	经向	−160.97	152.58		经向	−44.45	44.07
40	径向	−208.35	199.20	250	径向	−50.34	63.87
	纬向	−182.54	138.51		纬向	−41.44	29.47
	经向	−135.78	127.41		经向	−37.37	39.93
50	径向	−167.27	174.12	300	径向	−44.04	59.91
	纬向	−161.71	116.75		纬向	−33.50	27.97
	经向	−116.75	109.31		经向	−32.54	36.74
60	径向	−136.84	153.66	350	径向	−40.400	56.51
	纬向	−145.43	102.22		纬向	−27.800	26.56
	经向	−102.67	94.91		经向	−29.44	34.62
80	径向	−106.91	123.48	400	径向	−37.72	53.47
	纬向	−120.22	80.87		纬向	−23.66	25.24
	经向	−83.14	76.21		经向	−27.22	32.09

续表

高度/km	分量	最小值/mGal	最大值/mGal	高度/km	分量	最小值/mGal	最大值/mGal
100	径向	−93.72	102.41	500	径向	−33.98	48.17
	纬向	−101.65	65.92		纬向	−20.97	22.87
	经向	−72.21	64.59		经向	−23.69	28.85
120	径向	−84.45	87.33	1 000	径向	−22.74	30.37
	纬向	−87.32	55.56		纬向	−13.47	14.64
	经向	−64.000	56.41		经向	−13.14	18.42
140	径向	−76.400	76.17	1 500	径向	−15.42	20.48
	纬向	−76.000	48.15		纬向	−9.24	9.83
	经向	−57.600	50.96		经向	−8.24	12.65

为了能够更加直观了解全球扰动重力随高度的变化情况，利用 EGM2008 计算出 20 km，50 km，100 km，200 km，500 km，1 000 km，1 500 km，2 000 km 高度上全球扰动重力径向分量，制作成三维图形进行分析，如图 5-1～图 5-6 所示。

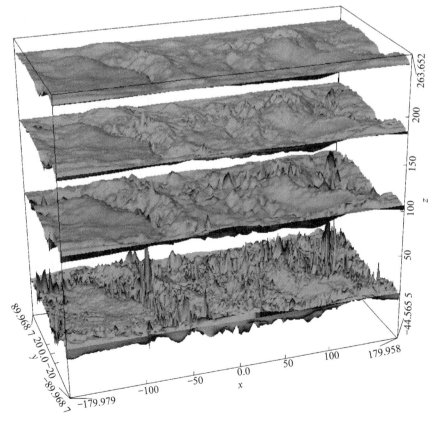

图 5-1　不同高度（20，50，100，200 km）扰动重力径向分量图

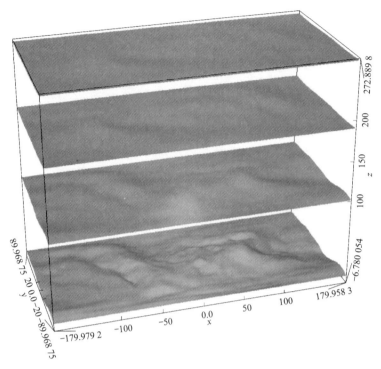

图 5-2　不同高度（500，1 000，1 500，2 000 km）扰动重力径向分量图

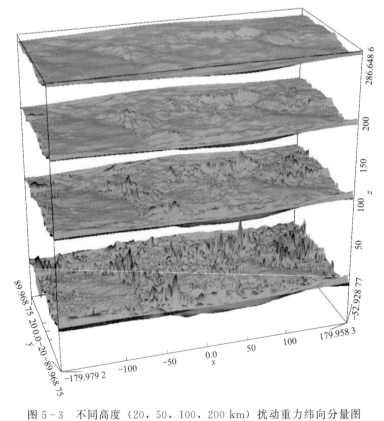

图 5-3　不同高度（20，50，100，200 km）扰动重力纬向分量图

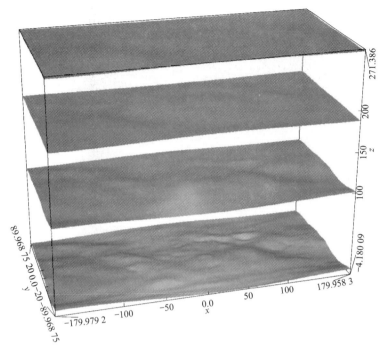

图 5 - 4　不同高度（500，1 000，1 500，2 000 km）扰动重力纬向分量图

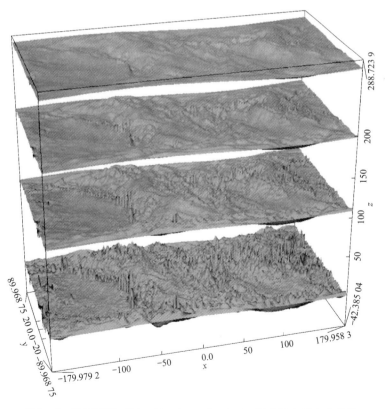

图 5 - 5　不同高度（20，50，100，200 km）扰动重力经向分量图

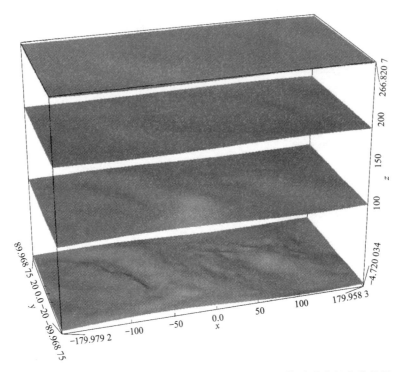

图 5-6　不同高度（500，1 000，1 500，2 000 km）扰动重力经向分量图

由图 5-1～图 5-6 可以看出，全球扰动重力场三分量的数值随高度升高而减小，但各地变化的情况并非线性，主要与地球深部地质构造和密度有关。具体而言，有如下结论：

1）全球扰动重力值随高度变化呈由地面至高空逐渐变小的趋势；

2）扰动重力三分量在不同高度衰减速率不同：低空地区衰减最快，如径向分量在 20～200 km 范围内，从将近 350 mGal 迅速减小到不足 70 mGal，而在 200 km 以上的范围，衰减速率迅速减小；对于其余两分量有相似的结论；

3）扰动重力高频信息摄动大，但衰减快，低频信息变化平缓，但作用空间远：从图 5-1 和图 5-2 可看出，较为"尖锐"的地区随着高度的增加会被迅速"抹平"，反而较为"圆钝"的地区会一直保持到较高的高度；

4）全球扰动重力随经度、纬度变化规律较为复杂，是由于地球各地深部地质构造和密度各不相同导致的。结合地形图能看出，三分量数值绝对值较大的地区普遍集中在陆地地区，与地球板块断裂带和全球地形高程变化呈现出强相关性，而海洋地区的扰动重力值则较小。

5.1.1.3　全球扰动重力梯度统计

扰动重力梯度能够反映出扰动重力在一方向轴上单位尺度的变化量，表达形式如下

$$\mathrm{Grad}f(x,y,z)=(f_x{}',f_y{}',f_z{}')$$

$$=\left(\frac{f(x+\Delta x,y,z)}{\Delta x},\frac{f(x,y+\Delta y,z)}{\Delta y},\frac{f(x,y,z+\Delta z)}{\Delta z}\right)$$

$$(5-6)$$

由于扰动重力三分量在变化上具有相对一致性，且径向分量的绝对值比其他两分量大，所以在这里主要统计了径向分量的扰动重力梯度，见表 5 - 4。

表 5 - 4　全球不同高度扰动重力径向梯度统计表

高度/km	最小值/E	最大值/E	高度/km	最小值/E	最大值/E
20	−42.71	96.25	160	−3.55	3.15
30	−32.25	59.30	200	−2.24	2.18
40	−25.41	41.47	250	−1.44	1.10
50	−20.72	31.48	300	−1.07	0.87
60	−16.68	23.94	400	−0.67	0.56
80	−11.69	14.82	500	−0.44	0.47
100	−8.13	9.36	800	−0.23	0.32
120	−6.17	6.28	1 000	−0.18	0.25
140	−4.55	4.32	1 500	−0.11	0.14

为了便于分析，分别做出高度为 20 km、100 km、200 km 和 1 500 km 的扰动重力径向梯度图，如图 5 - 7～图 5 - 10 所示。

图 5 - 7　20 km 扰动重力径向梯度图（见彩插）

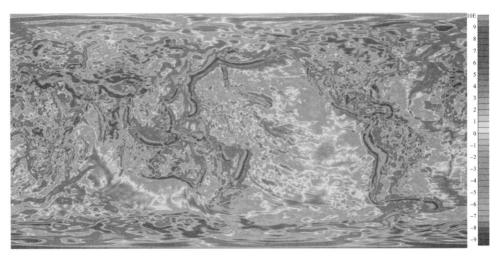

图 5 - 8　100 km 扰动重力径向梯度图（见彩插）

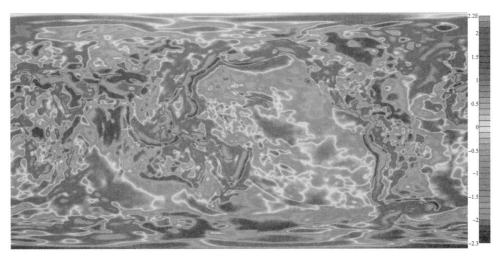

图 5 - 9　200 km 扰动重力径向梯度图（见彩插）

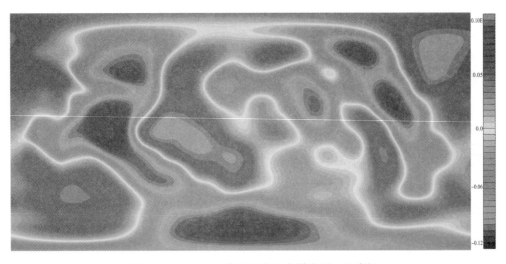

图 5 - 10　1 500 km 扰动重力径向梯度图（见彩插）

根据图 5-7～图 5-10 和表 5-4，可以看出扰动重力径向梯度绝对值随高度增加而逐渐衰减。在低空区域，在地球各板块交界处，扰动重力径向梯度的绝对值较大，并且随着高度的增加而逐渐趋于平缓，板块界线变得“模糊”。扰动重力梯度对于扰动重力变化的反应更加敏锐，能够更好地反映出扰动重力在三个方向上的数值变化情况，同时梯度在数值跨度上要小于扰动重力，更适合作为反映扰动重力变化剧烈程度的标准参数，所以在对空间进行分层时，将梯度值作为一个参考值进行分层。

5.1.2　分层准则

在 5.1.1 节的研究中指出，扰动重力梯度可以更敏感地反映扰动重力变化的剧烈程度，同时梯度在数值和跨度方面都远小于扰动重力本身的值。所以在不同地区研究网格单元参数的选取方法时，可将梯度值作为主要判断标准。

5.1.2.1　空间格网单元形状优化

由于有限元方法中需要等参变换，所以不论单元形状在变换前是怎样的模样，变换后均为空间正六面体。而广域多项式研究的单元，需要引入单元周边的节点，因而无法利用等参变换改化单元，故需先针对不同形状比较精度。以下为具体实验过程。

在 40～60 km 空间内利用广域多项式进行逼近，格网形状分别设置为如下 6 种：$\Delta\varphi\times\Delta\lambda\times\Delta\rho = 10'\times10'\times5$ km、$10'\times10'\times10$ km、$10'\times10'\times20$ km、$20'\times20'\times10$ km、$10'\times20'\times10$ km、$10'\times20'\times20$ km，具体形状分别对应图 5-11 中（a）～（f）。

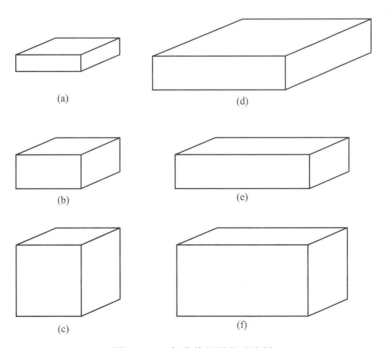

图 5-11　各种单元形状示意图

选取某一高度的直线轨迹（实验中高度设定为 43 km），始点为（38.9N°，111E°），终点为（38.9N°，262E°）。利用 EGM2008 系数模型计算轨迹上 3 000 个点扰动重力径向分量数据（均匀分布）作为准确值，统计不同形状网格的逼近精度，结果见表 5-5。

表 5-5　格网扰动重力逼近精度

格网形状	最大值/mGal	最小值/mGal	平均值/mGal	标准差/mGal
$10'\times10'\times5$ km	0.985	−0.739	0.019	0.159
$10'\times10'\times10$ km	0.695	−0.574	0.015	0.117
$10'\times10'\times20$ km	0.577	−0.711	0.008	0.087
$20'\times20'\times10$ km	2.961	−2.444	0.036	0.485
$10'\times20'\times10$ km	2.644	−2.260	0.017	0.295
$10'\times20'\times20$ km	2.186	−1.654	0.004	0.201

做出不同格网形状逼近精度曲线，如图 5-12～图 5-17 所示，其中横坐标表示经度，纵坐标表示误差，单位是 mGal。

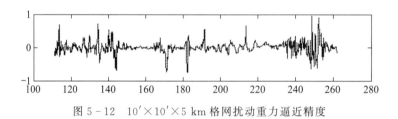

图 5-12　$10'\times10'\times5$ km 格网扰动重力逼近精度

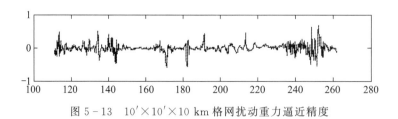

图 5-13　$10'\times10'\times10$ km 格网扰动重力逼近精度

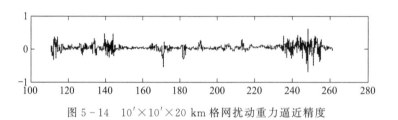

图 5-14　$10'\times10'\times20$ km 格网扰动重力逼近精度

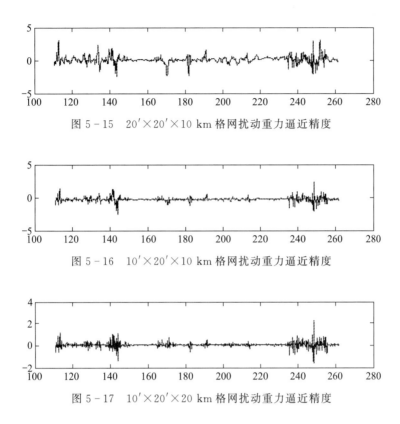

图 5 - 15　$20' \times 20' \times 10$ km 格网扰动重力逼近精度

图 5 - 16　$10' \times 20' \times 10$ km 格网扰动重力逼近精度

图 5 - 17　$10' \times 20' \times 20$ km 格网扰动重力逼近精度

由实验可以看出：

1）并非空间单元体积越小，广域多项式方法逼近精度越高。逼近精度与空间节点组成的形状、计算点在节点空间中的位置和空间边长的长度有关。

2）空间网格形状近似为正六面体时，逼近精度最好。其他不论是径向、经向和纬向方向上空间边长不保持近似相等，逼近精度都会有不同程度的降低。

综合以上，选择 $10' \times 10' \times 20$ km 大小的单元较为适宜，此时精度最高，而且单元形状接近空间正六面体，非常方便空间格网单元划分。对于其他大小的格网单元，应成比例缩放，如水平分辨率为 $20' \times 20'$ 的单元高度应当对应为 40 km，$60' \times 60'$ 的单元高度应当对应为 120 km，其余类推。

5.1.2.2　空间层面划分

由于扰动重力在各个高度层面变化剧烈程度不同，所以制定一个在地球外部所有空间都适用的网格划分准则是不现实的。因此需要对外部空间划分成多个区间，分别对各个区间进行研究。

根据表 5 - 4，可将 20 km 以上空间划分为如下 4 个区间：$20 \sim 100$ km、$100 \sim 220$ km、$220 \sim 1\,000$ km、$> 1\,000$ km，这样可保证各个区间内扰动重力梯度绝对值分别不大于 100E、10E、2E、0.25E。

将不同高度区间扰动重力径向梯度值进一步统计，见表 5 - 6～表 5 - 9。其中 N_{ij} 分别表示不同高度区间（对应不同 i 值）、不同梯度绝对值区间（对应不同 j 值）包含的点数，Pij 表示对应区间所占百分比（其中 $i=1$，2，3，4，$j=1$，2，…，5）。

表 5-6　20～100 km 扰动重力径向梯度统计表

高度/km	梯度绝对值区间				
	[0,20]E	(20,40]E	(40,60]E	(60,80]E	(80,100]E
	N11	N12	N13	N14	N15
	P11	P12	P13	P14	P15
20	9 298 713	31 981	451	41	14
	99.651 8	0.342 7	0.004 8	0.000 5	0.000 2
30	9 323 380	7 746	74	—	—
	99.916 2	0.083 0	0.000 8	—	—
40	9 329 967	1 226	7	—	—
	99.986 8	0.013 1	0.000 1	—	—
50	9 331 075	125	—	—	—
	99.998 7	0.001 3	—	—	—
60	9 331 162	38	—	—	—
	99.999 6	0.000 4	—	—	—
70	9 331 200	—	—	—	—
	100.000 0	—	—	—	—
80	9 331 200	—	—	—	—
	100.000 0	—	—	—	—
100	9 331 200	—	—	—	—
	100.000 0	—	—	—	—

表 5-7　100～220 km 扰动重力径向梯度统计表

高度/km	梯度绝对值区间		
	[0,2.5]E	(2.5,5]E	(5,10]E
	N21	N22	N23
	P21	P22	P23
100	9 221 079	10 3781	6 340
	98.819 9	1.112 2	0.067 9
110	9 252 146	76 716	2 338
	99.1528	0.8221	0.0251
120	9 276 344	54 116	740
	99.412 1	0.579 9	0.008

续表

高度/km	梯度绝对值区间		
	[0,2.5]E	(2.5,5]E	(5,10]E
	N21	N22	N23
	P21	P22	P23
140	9 310 341	20 859	—
	99.776 5	0.223 5	—
160	9 325 515	5 685	—
	99.939 1	0.060 9	—
180	9 330 707	493	—
	99.994 7	0.005 3	—
200	9 331 200	—	—
	100.000 0	—	—
220	9 331 200	—	—
	100.000 0	—	—

表 5 - 8　220～1 000 km 扰动重力径向梯度统计表

高度/km	梯度绝对值区间		
	[0,0.5]E	(0.5,1]E	(1,2]E
	N31	N32	N33
	P31	P32	P33
220	8 710 271	581 374	39 555
	93.345 7	6.230 4	0.423 9
250	8977203	339768	14 229
	96.206 3	3.641 2	0.152 5
300	9 236 680	94 338	182
	98.987 1	1.011 0	0.001 9
400	9 318 152	13 048	—
	99.860 2	0.139 8	—
500	9 331 200	—	—
	100.000 0	—	—
800	9 331 200	—	—
	100.000 0	—	—
100 0	9 331 200	—	—
	100.000 0	—	—

表 5 - 9　1 000 km 以上扰动重力径向梯度统计表

高度/km	梯度绝对值区间	
	[0,0.1]E	(0.1,0.25]E
	N41	N42
	P41	P42
1 000	8 064 479	1 266 721
	86.424 9	13.575 1
1250	8 757 528	573 672
	93.852 1	6.147 9
1500	9 244 597	86 603
	99.071 9	0.928 1
1750	9 297 979	33 221
	99.644 0	0.356 0
2 000	9 331 200	—
	100.000 0	—

由表 5 - 6～表 5 - 9 可以看出，在各个高度区间内，扰动重力梯度较大的值总是占极少数，所以也反映出扰动重力变化较为剧烈的仅占极少数，大多数地区扰动重力变化平缓。

5.1.2.3　格网单元分辨率与广域多项式项数选取

针对 5.1.2.2 节划分的高度区间设计实验，利用不同分辨率的网格单元及不同的广域多项式项数对各个区间分别逼近，分析不同组合方案对应的精度。实验过程中将 EGM2008 球谐位系数模型计算的结果视为真值。实验中离散点选取方案为：将主域单元从上至下均分为 11 层，再将每个均分面均分成 101×101 个格网，取格网点作为精度评定的离散点，共计 100×100×10＝100 000 个。同时，结合 5.1.2.1 节的结论，单元选用近似于空间正六面体的形状，并将多项式的项数分别设定为 10、14、17、20，具体形式如下：

$$[1,x,y,z,xy,yz,zx,x^2,y^2,z^2]^T$$
$$[1,x,y,z,xy,yz,zx,x^2,y^2,z^2,x^3,y^3,z^3,xyz]^T$$
$$[1,x,y,z,xy,yz,zx,xy^2,yz^2,zx^2,x^2y,y^2z,z^2x,x^3,y^3,z^3,xyz]^T$$
$$[1,x,y,z,xy,yz,zx,x^2,y^2,z^2,xy^2,yz^2,zx^2,x^2y,y^2z,z^2x,x^3,y^3,z^3,xyz]^T$$

（1）20～100 km 高度范围全球扰动重力径向分量逼近实验

根据表 5 - 6，将梯度绝对值分为以下 5 个区间：[0，20] E、(20，40] E、(40，60] E、(60，80] E、(80，100] E。在每个区间选取一个值 $Q_i(i=1,2,\cdots,5$，分别对应以上 5 个区间) 来代表该区间。选取的扰动重力值尽量靠近所在区间的右界（实验中取 Q1＝20E，Q2＝40E，Q3＝60E，Q4＝80E，Q5＝96E）。

研究包含扰动重力值等于 Q_i 点的局部空间，利用不同分辨率的格网单元、不同项数的多项式进行逼近，并将逼近值与真值做差。逼近精度统计见表 5 - 10～表 5 - 13（以下称之为实验 1)。

其中 Σi 代表不同地区，该地区扰动重力变化梯度绝对值不大于 $i \times 20E$（$i = 1$，2，…，5）。本实验及后文的实验中，平均耗时均为每 10 万个离散点的平均计算耗时。

表 5-10　不同地区、不同分辨率格网逼近精度统计表（参数个数：10）

地区选取	格网大小	最小值/mGal	最大值/mGal	平均值/mGal	标准差/mGal
Σ5 空间	$5' \times 5' \times 10$ km	−1.551 0	2.064 0	0.220 9	0.625 5
	$10' \times 10' \times 20$ km	−25.500 0	9.904 0	−12.710 0	14.540 0
	$20' \times 20' \times 40$ km	−1042.0	−174.70	−541.40	556.00
	$60' \times 60' \times 120$ km	−124.20	47.980 0	−42.340 0	55.430 0
Σ4 空间	$5' \times 5' \times 10$ km	−1.110 0	3.611 0	1.753 0	1.905 0
	$10' \times 10' \times 20$ km	−21.380 0	32.340 0	−7.725 0	10.970 0
	$20' \times 20' \times 40$ km	−13.080 0	14.450 0	0.414 9	4.336 0
	$60' \times 60' \times 120$ km	−686.50	110.40	−463.00	482.70
Σ3 空间	$5' \times 5' \times 10$ km	−33.250 0	10.570 0	−8.278 0	11.240 0
	$10' \times 10' \times 20$ km	−30.930 0	12.810 0	−11.930 0	14.170 0
	$20' \times 20' \times 40$ km	−29.880 0	5.397 0	−13.670 0	15.240 0
	$60' \times 60' \times 120$ km	−55.630 0	414.10	221.30	231.10
Σ2 空间	$5' \times 5' \times 10$ km	−11.000 0	3.609 0	−3.102 0	3.698 0
	$10' \times 10' \times 20$ km	−42.740 0	66.820 0	10.560 0	23.160 0
	$20' \times 20' \times 40$ km	−8.516 0	17.590 0	6.426 0	7.904 0
	$60' \times 60' \times 120$ km	−18.450 0	112.20	33.870 0	39.970 0
Σ1 空间	$5' \times 5' \times 10$ km	−0.227 3	0.138 9	−0.064 4	0.094 1
	$10' \times 10' \times 20$ km	−0.906 7	0.414 7	−0.176 4	0.290 9
	$20' \times 20' \times 40$ km	3.758 0	30.570 0	19.460 0	19.820 0
	$60' \times 60' \times 120$ km	−58.410 0	15.460 0	−33.300 0	35.320 0
平均耗时	0.488 s				

表 5-11　不同地区、不同分辨率格网逼近精度统计表（参数个数：14）

地区选取	格网大小	最小值/mGal	最大值/mGal	平均值/mGal	标准差/mGal
Σ5 空间	$5' \times 5' \times 10$ km	−0.933 0	1.943 0	0.411 2	0.789 2
	$10' \times 10' \times 20$ km	−7.235 0	7.626 0	0.346 7	2.615 0
	$20' \times 20' \times 40$ km	−27.280 0	21.900 0	0.709 9	7.561 0
	$60' \times 60' \times 120$ km	−61.640 0	85.810 0	16.250 0	37.290 0
Σ4 空间	$5' \times 5' \times 10$ km	−0.493 0	1.040 0	0.316 9	0.513 4
	$10' \times 10' \times 20$ km	−2.656 0	3.874 0	0.428 2	1.717 0
	$20' \times 20' \times 40$ km	−12.890 0	14.300 0	−0.247 2	5.363 0
	$60' \times 60' \times 120$ km	−67.400 0	51.950 0	3.768 0	21.640 0

续表

地区选取	格网大小	最小值/mGal	最大值/mGal	平均值/mGal	标准差/mGal
$\Sigma 3$ 空间	$5' \times 5' \times 10$ km	−0.519 0	1.038 0	0.292 2	0.462 4
	$10' \times 10' \times 20$ km	−3.064 0	5.487 0	0.671 3	2.032 0
	$20' \times 20' \times 40$ km	−15.180 0	13.590 0	0.233 2	5.615 0
	$60' \times 60' \times 120$ km	−44.660 0	40.240 0	7.150 0	18.130 0
$\Sigma 2$ 空间	$5' \times 5' \times 10$ km	−0.322 0	0.811 0	0.270 6	0.394 6
	$10' \times 10' \times 20$ km	−1.563 0	4.233 0	0.318 6	1.031 0
	$20' \times 20' \times 40$ km	−6.656 0	13.410 0	−0.062 7	2.976 0
	$60' \times 60' \times 120$ km	−45.030 0	24.170 0	−1.503 0	13.070 0
$\Sigma 1$ 空间	$5' \times 5' \times 10$ km	−0.306 3	0.072 2	−0.091 8	0.120 6
	$10' \times 10' \times 20$ km	−0.891 8	0.449 8	−0.148 0	0.283 7
	$20' \times 20' \times 40$ km	−5.024 0	4.290 0	0.072 1	1.100 0
	$60' \times 60' \times 120$ km	−39.560 0	25.380 0	1.975 0	11.980 0
平均耗时	0.488 s				

表 5 – 12　不同地区、不同分辨率格网逼近精度统计表（参数个数：17）

地区选取	格网大小	最小值/mGal	最大值/mGal	平均值/mGal	标准差/mGal
$\Sigma 5$ 空间	$5' \times 5' \times 10$ km	−5.094 0	2.869 0	−0.677 6	1.643 0
	$10' \times 10' \times 20$ km	−13.120 0	6.052 0	−1.422 0	3.551 0
	$20' \times 20' \times 40$ km	−29.730 0	8.039 0	−3.521 0	5.873 0
	$60' \times 60' \times 120$ km	−119.0 0	47.370 0	−9.418 0	23.820 0
$\Sigma 4$ 空间	$5' \times 5' \times 10$ km	−3.843 0	2.014 0	−0.594 2	1.246 0
	$10' \times 10' \times 20$ km	−10.080 0	6.005 0	−1.296 0	3.264 0
	$20' \times 20' \times 40$ km	−22.290 0	12.070 0	−2.094 0	6.337 0
	$60' \times 60' \times 120$ km	−74.140 0	13.150 0	−12.810 0	15.860 0
$\Sigma 3$ 空间	$5' \times 5' \times 10$ km	−3.526 0	1.864 0	−0.546 8	1.163 0
	$10' \times 10' \times 20$ km	−8.893 0	6.988 0	−0.628 9	2.912 0
	$20' \times 20' \times 40$ km	−19.120 0	16.120 0	0.498 6	4.938 0
	$60' \times 60' \times 120$ km	−63.970 0	11.660 0	−9.246 0	12.500 0
$\Sigma 2$ 空间	$5' \times 5' \times 10$ km	−1.998 0	1.284 0	−0.229 7	0.684 0
	$10' \times 10' \times 20$ km	−5.832 0	3.140 0	−0.674 8	1.835 0
	$20' \times 20' \times 40$ km	−9.501 0	9.978 0	−1.252 0	3.016 0
	$60' \times 60' \times 120$ km	−40.840 0	23.570 0	−6.965 0	10.930 0
$\Sigma 1$ 空间	$5' \times 5' \times 10$ km	−0.407 9	0.180 5	−0.099 0	0.148 0
	$10' \times 10' \times 20$ km	−1.711 0	0.506 4	−0.527 5	0.662 5
	$20' \times 20' \times 40$ km	−3.770 0	1.968 0	−0.537 2	1.075 0
	$60' \times 60' \times 120$ km	−30.770 0	15.450 0	−5.016 0	7.792 0

续表

地区选取	格网大小	最小值/mGal	最大值/mGal	平均值/mGal	标准差/mGal
平均耗时		0.499 s			

表 5-13　不同地区、不同分辨率格网逼近精度统计表（参数个数：20）

地区选取	格网大小	最小值/mGal	最大值/mGal	平均值/mGal	标准差/mGal
Σ5 空间	$5' \times 5' \times 10$ km	−0.955 0	0.082 0	−0.408 9	0.173 6
	$10' \times 10' \times 20$ km	−3.065 0	2.628 0	−0.331 6	0.749 9
	$20' \times 20' \times 40$ km	−9.872 0	13.340 0	−0.661 4	2.667 2
	$60' \times 60' \times 120$ km	−79.610 0	65.890 0	−15.828 1	22.544 2
Σ4 空间	$5' \times 5' \times 10$ km	−0.621 0	0.070 0	−0.315 5	0.123 7
	$10' \times 10' \times 20$ km	−2.263 0	0.762 0	−0.415 8	0.429 3
	$20' \times 20' \times 40$ km	−5.630 0	4.259 0	0.324 8	1.147 9
	$60' \times 60' \times 120$ km	−45.850 0	39.840 0	−3.421 1	11.562 0
Σ3 空间	$5' \times 5' \times 10$ km	−0.583 0	−0.004 0	−0.290 7	0.092 5
	$10' \times 10' \times 20$ km	−2.277 0	0.312 0	−0.656 5	0.434 8
	$20' \times 20' \times 40$ km	−7.112 0	7.752 0	−0.173 3	1.870 9
	$60' \times 60' \times 120$ km	−37.540 0	35.800 0	−7.024 6	10.070 0
Σ2 空间	$5' \times 5' \times 10$ km	−0.780 0	−0.012 0	−0.269 6	0.125 0
	$10' \times 10' \times 20$ km	−3.690 0	1.122 0	−0.311 8	0.606 7
	$20' \times 20' \times 40$ km	−7.007 0	5.659 0	0.096 4	1.563 5
	$60' \times 60' \times 120$ km	−30.430 0	35.400 0	1.514 8	8.646 0
Σ1 空间	$5' \times 5' \times 10$ km	0.004 2	0.155 3	0.091 6	0.026 6
	$10' \times 10' \times 20$ km	−0.065 6	0.521 5	0.147 4	0.119 0
	$20' \times 20' \times 40$ km	−1.778 0	1.550 0	−0.065 0	0.491 5
	$60' \times 60' \times 120$ km	−22.600 0	16.340 0	−2.246 4	5.601 7
平均耗时		0.499 s			

（2）100～220 km 高度范围全球扰动重力径向分量逼近实验

根据表 5-2，在本实验中不再使用 $5' \times 5' \times 10$ km 分辨率的格网单元，最小分辨率设置为 $10' \times 10' \times 20$ km。

根据表 5-7，将梯度绝对值分为以下 3 个区间：$[0, 2.5]$ E、$(2.5, 5]$ E、$(5, 10]$ E。与实验 1 同理，在每个区间选取一个靠近所在区间右界的值代表该区间，然后研究包含扰动重力值等于该值（实验中所取的值分别为 2.5E，5.0E，9.38E）的局部空间，并将逼近值与真值做差。逼近精度统计见表 5-14～表 5-17（以下称该部分为实验 2）。

$\Sigma i'$ 代表不同地区，该地区扰动重力变化梯度绝对值不大于 $2^{i-1} \times 2.5\text{E}(i = 1, 2, 3)$。

表 5‑14　100～220 km 高度空间不同格网分辨率逼近精度统计表（参数个数：10）

地区选取	格网大小	最小值/mGal	最大值/mGal	平均值/mGal	标准差/mGal
Σ3′空间	$10'×10'×20$ km	−0.1360	0.1317	−0.0060	0.0540
	$20'×20'×40$ km	−1.7733	0.7507	−0.6770	1.3109
	$60'×60'×120$ km	−80.8500	87.0600	15.7500	28.6700
Σ2′空间	$10'×10'×20$ km	−0.0728	0.0540	0.0083	0.0180
	$20'×20'×40$ km	−1.0700	0.1897	−0.3696	0.4040
	$60'×60'×120$ km	−6.4440	15.6400	−0.7873	3.5950
Σ1′空间	$10'×10'×20$ km	−0.1518	0.3868	0.2253	0.2392
	$20'×20'×40$ km	−0.7401	0.8649	0.1078	0.3079
	$60'×60'×120$ km	−2.0500	1.9050	−0.8416	1.0610
平均耗时	0.488 s				

表 5‑15　100～220 km 高度空间不同格网分辨率逼近精度统计表（参数个数：14）

地区选取	格网大小	最小值/mGal	最大值/mGal	平均值/mGal	标准差/mGal
Σ3′空间	$10'×10'×20$ km	−0.159 8	0.137 0	−0.010 2	0.067 8
	$20'×20'×40$ km	−0.904 5	0.812 5	−0.005 7	0.398 5
	$60'×60'×120$ km	−5.49 9	8.282	0.263 8	2.545
Σ2′空间	$10'×10'×20$ km	−0.085 8	0.099 7	0.001 5	0.028 6
	$20'×20'×40$ km	−0.556 8	0.702 1	0.001 2	0.189 4
	$60'×60'×120$ km	−4.315 0	6.327 0	−0.295 7	1.801 0
Σ1′空间	$10'×10'×20$ km	−0.028 3	0.024 8	−0.001 5	0.012 6
	$20'×20'×40$ km	−0.194 9	0.130 4	−0.000 9	0.071 9
	$60'×60'×120$ km	−1.224 0	1.615 0	0.037 2	0.387 3
平均耗时	0.488 s				

表 5‑16　100～220 km 高度空间不同格网分辨率逼近精度统计表（参数个数：17）

地区选取	格网大小	最小值/mGal	最大值/mGal	平均值/mGal	标准差/mGal
Σ3′空间	$10'×10'×20$ km	−0.434 3	0.819 9	0.145 8	0.293 3
	$20'×20'×40$ km	−1.468 0	2.314 0	0.314 7	0.819 3
	$60'×60'×120$ km	−4.599 0	6.239 0	−0.241 9	1.474 0
Σ2′空间	$10'×10'×20$ km	−0.290 9	0.160 3	−0.045 2	0.101 3
	$20'×20'×40$ km	−0.934 2	0.527 4	−0.120 8	0.307 0
	$60'×60'×120$ km	−3.337 0	3.800 0	0.536 6	1.247 0
Σ1′空间	$10'×10'×20$ km	−0.089 6	0.163 2	0.025 0	0.057 1
	$20'×20'×40$ km	−0.273 9	0.476 3	0.059 8	0.158 2
	$60'×60'×120$ km	−0.705 9	1.327 0	0.217 8	0.371 3
平均耗时	0.499 s				

表 5-17　100～220 km 高度空间不同格网分辨率逼近精度统计表（参数个数：20）

地区选取	格网大小	最小值/mGal	最大值/mGal	平均值/mGal	标准差/mGal
Σ3′空间	$10'×10'×20$ km	−0.022 4	−0.001 5	−0.009 6	0.009 9
	$20'×20'×40$ km	−0.135 8	0.062 8	0.001 5	0.030 5
	$60'×60'×120$ km	−2.186 0	3.011 0	0.346 7	0.687 8
Σ2′空间	$10'×10'×20$ km	−0.004 3	0.009 6	0.001 3	0.002 1
	$20'×20'×40$ km	−0.044 7	0.106 9	−0.000 5	0.017 8
	$60'×60'×120$ km	−1.627 0	2.364 0	−0.346 9	0.707 7
Σ1′空间	$10'×10'×20$ km	−0.007 3	0.000 9	−0.001 3	0.001 6
	$20'×20'×40$ km	−0.061 7	0.024 6	0.000 2	0.010 0
	$60'×60'×120$ km	−0.498 4	0.692 5	0.046 1	0.210 4
平均耗时	0.499s				

（3）220～1 000 km 高度范围全球扰动重力径向分量逼近实验

根据表 5-2，可考虑不再使用 $10'×10'×20$ km 格网，最小分辨率设置为 $20'×20'×40$ km，并增加 $2°×2°×240$ km 分辨率的网格。

根据表 5-8 将梯度绝对值分为以下 3 个区间：$[0, 0.5]$ E、$(0.5, 1]$ E、$[1, 2]$ E。选取值等于 0.5E、1E、1.93E 的点，研究所在局部空间，并将逼近值与真值做差。逼近精度统计见表 5-18～表 5-21（以下称该部分为实验 3）。

$Σi''$ 代表不同地区，该地区扰动重力变化梯度绝对值不大于 $2^{i-1}×2.5$E$(i=1, 2, 3)$。

表 5-18　220～1 000 km 高度空间不同格网分辨率逼近精度统计表（参数个数：10）

地区选取	格网大小	最小值/mGal	最大值/mGal	平均值/mGal	标准差/mGal
Σ3″空间	$20'×20'×40$ km	−0.078 5	0.034 1	0.002 6	0.017 0
	$60'×60'×120$ km	−2.979 0	−0.417 6	−2.181 0	2.223 0
	$2°×2°×240$ km	−38.410 0	14.170 0	−11.260 0	14.510 0
Σ2″空间	$20'×20'×40$ km	−0.032 0	0.046 0	0.003 4	0.017 5
	$60'×60'×120$ km	−1.198 0	2.169 0	0.072 3	0.753 9
	$2°×2°×240$ km	−9.060 0	0.283 3	−6.099 0	6.305 0
Σ1″空间	$20'×20'×40$ km	−0.105 6	−0.022 2	−0.059 7	0.062 3
	$60'×60'×120$ km	−0.921 9	0.329 4	−0.230 0	0.318 5
	$2°×2°×240$ km	−11.240 0	−0.263 9	−7.829 0	8.036 0
平均耗时	0.488 s				

表 5 - 19　220～1 000 km 高度空间不同格网分辨率逼近精度统计表（参数个数：14）

地区选取	格网大小	最小值/mGal	最大值/mGal	平均值/mGal	标准差/mGal
$\Sigma 3''$空间	$20'\times20'\times40$ km	$-0.021\ 7$	$0.021\ 5$	$-0.000\ 1$	$0.010\ 4$
	$60'\times60'\times120$ km	$-0.391\ 9$	$0.384\ 3$	$0.001\ 7$	$0.176\ 5$
	$2°\times2°\times240$ km	$-1.872\ 0$	$1.628\ 0$	$0.162\ 2$	$0.798\ 0$
$\Sigma 2''$空间	$20'\times20'\times40$ km	$-0.045\ 5$	$0.047\ 6$	$0.000\ 2$	$0.023\ 3$
	$60'\times60'\times120$ km	$-0.799\ 0$	$2.676\ 0$	$0.700\ 6$	$1.080\ 0$
	$2°\times2°\times240$ km	$-2.175\ 0$	$1.901\ 0$	$-0.088\ 8$	$0.839\ 8$
$\Sigma 1''$空间	$20'\times20'\times40$ km	$-0.026\ 5$	$0.028\ 5$	$0.000\ 2$	$0.013\ 1$
	$60'\times60'\times120$ km	$-0.371\ 1$	$0.324\ 5$	$-0.019\ 3$	$0.186\ 6$
	$2°\times2°\times240$ km	$-1.701\ 0$	$1.149\ 0$	$-0.002\ 9$	$0.539\ 2$
平均耗时	0.488 s				

表 5 - 20　220～1 000 km 高度空间不同格网分辨率逼近精度统计表（参数个数：17）

地区选取	格网大小	最小值/mGal	最大值/mGal	平均值/mGal	标准差/mGal
$\Sigma 3''$空间	$20'\times20'\times40$ km	-0.0998	0.1975	0.0377	0.0712
	$60'\times60'\times120$ km	-0.7027	1.2530	0.1920	0.4258
	$2°\times2°\times240$ km	-2.0740	3.2860	0.0796	0.9175
$\Sigma 2''$空间	$20'\times20'\times40$ km	-0.2296	0.1412	-0.0284	0.0822
	$60'\times60'\times120$ km	-0.5687	2.8040	1.4730	1.5990
	$2°\times2°\times240$ km	-1.6790	1.4680	0.2019	0.4928
$\Sigma 1''$空间	$20'\times20'\times40$ km	-0.1268	0.0748	-0.0174	0.0471
	$60'\times60'\times120$ km	-0.4488	0.4117	0.0163	0.1683
	$2°\times2°\times240$ km	-0.5961	0.4081	0.1002	0.1700
平均耗时	0.499s				

表 5 - 21　220～1 000 km 高度空间不同格网分辨率逼近精度统计表（参数个数：20）

地区选取	格网大小	最小值/mGal	最大值/mGal	平均值/mGal	标准差/mGal
$\Sigma 3''$空间	$20'\times20'\times40$ km	$-0.001\ 7$	$0.000\ 8$	$0.000\ 1$	$0.000\ 3$
	$60'\times60'\times120$ km	$-0.155\ 0$	$0.052\ 8$	$0.011\ 4$	$0.029\ 4$
	$2°\times2°\times240$ km	$-1.218\ 0$	$0.919\ 7$	$0.243\ 6$	$0.370\ 0$
$\Sigma 2''$空间	$20'\times20'\times40$ km	$-0.002\ 2$	$0.004\ 9$	$-0.000\ 1$	$0.001\ 1$
	$60'\times60'\times120$ km	$-0.124\ 4$	$0.173\ 1$	$-0.049\ 6$	$0.065\ 4$
	$2°\times2°\times240$ km	$-0.773\ 9$	$0.721\ 6$	$-0.139\ 3$	$0.244\ 7$
$\Sigma 1''$空间	$20'\times20'\times40$ km	$-0.001\ 5$	$0.004\ 1$	$-0.000\ 0$	$0.000\ 8$
	$60'\times60'\times120$ km	$-0.073\ 6$	$0.096\ 3$	$-0.026\ 1$	$0.038\ 3$
	$2°\times2°\times240$ km	$-0.543\ 2$	$0.447\ 6$	$-0.013\ 3$	$0.098\ 3$
平均耗时	0.499s				

（4）1 000 km 以上全球范围扰动重力径向分量逼近实验

根据表 5 - 2，在该范围，可考虑不再使用 $20' \times 20' \times 40$ km 格网，最小分辨率设置为 $60' \times 60' \times 120$ km，并增加 $5° \times 5° \times 600$ km 分辨率的格网。

根据表 5 - 9，将梯度绝对值分为以下 2 个区间：[0，0.1] E、(0.1，0.25] E。选取值等于 0.1E、0.24E 的点，研究所在局部空间，并将逼近值与真值做差。逼近精度统计见表 5 - 22 ~ 表 5 - 25（以下称该部分为实验 4）。

$\Sigma i'''$ 代表不同地区，该地区扰动重力变化梯度绝对值一般不大于 $(0.15 \times i - 0.05)\mathrm{E}(i = 1, 2)$。

表 5 - 22　1 000 km 高度以上空间不同格网分辨率逼近精度统计表（参数个数：10）

地区选取	格网大小	最小值/mGal	最大值/mGal	平均值/mGal	标准差/mGal
$\Sigma 2'''$ 空间	$60' \times 60' \times 120$ km	−0.006 8	0.001 9	−0.004 4	0.004 6
	$2° \times 2° \times 240$ km	−0.057 5	0.021 0	−0.036 8	0.040 2
	$5° \times 5° \times 600$ km	−5.712 0	0.820 9	−3.489 0	3.681 0
$\Sigma 1'''$ 空间	$60' \times 60' \times 120$ km	−0.002 2	0.001 6	−0.000 2	0.000 7
	$2° \times 2° \times 240$ km	−0.038 5	0.003 3	−0.008 6	0.020 4
	$5° \times 5° \times 600$ km	−0.767 5	0.005 5	−0.462 1	0.485 0
平均耗时	0.488 s				

表 5 - 23　1 000 km 高度以上空间不同格网分辨率逼近精度统计表（参数个数：14）

地区选取	格网大小	最小值/mGal	最大值/mGal	平均值/mGal	标准差/mGal
$\Sigma 2'''$ 空间	$60' \times 60' \times 120$ km	−0.002 3	0.002 2	−0.000 0	0.001 0
	$2° \times 2° \times 240$ km	−0.017 1	0.017 9	−0.000 1	0.008 0
	$5° \times 5° \times 600$ km	−0.195 7	0.239 5	0.002 6	0.099 6
$\Sigma 1'''$ 空间	$60' \times 60' \times 120$ km	−0.002 1	0.002 1	−0.000 1	0.000 6
	$2° \times 2° \times 240$ km	−0.015 6	0.017 8	0.000 1	0.004 8
	$5° \times 5° \times 600$ km	−0.204 2	0.239 1	0.000 7	0.071 3
平均耗时	0.488 s				

表 5 - 24　1 000 km 高度以上空间不同格网分辨率逼近精度统计表（参数个数：17）

地区选取	格网大小	最小值/mGal	最大值/mGal	平均值/mGal	标准差/mGal
$\Sigma 2'''$ 空间	$60' \times 60' \times 120$ km	−0.044 6	0.015 2	−0.013 7	0.018 7
	$2° \times 2° \times 240$ km	−0.165 4	0.063 1	−0.048 4	0.068 3
	$5° \times 5° \times 600$ km	−0.752 2	0.404 3	−0.179 6	0.296 2
$\Sigma 1'''$ 空间	$60' \times 60' \times 120$ km	−0.009 5	−0.000 9	−0.005 7	0.006 0
	$2° \times 2° \times 240$ km	−0.034 4	−0.001 3	−0.020 2	0.021 4
	$5° \times 5° \times 600$ km	−0.158 2	0.003 7	−0.095 3	0.100 5
平均耗时	0.499 s				

表 5 - 25 1 000 km 高度以上空间不同格网分辨率逼近精度统计表 (参数个数：20)

地区选取	格网大小	最小值/mGal	最大值/mGal	平均值/mGal	标准差/mGal
$\Sigma2'''$空间	$60'\times60'\times120$ km	−0.000 3	0.000 2	−0.000 1	0.000 1
	$2°\times2°\times240$ km	−0.001 9	0.000 9	−0.000 9	0.001 0
	$5°\times5°\times600$ km	−0.046 5	0.019 5	−0.020 9	0.024 7
$\Sigma1'''$空间	$60'\times60'\times120$ km	−0.000 4	0.000 0	−0.000 0	0.000 2
	$2°\times2°\times240$ km	−0.001 7	0.001 3	0.000 2	0.000 5
	$5°\times5°\times600$ km	−0.029 3	0.026 5	0.007 5	0.010 6
平均耗时	0.499s				

（5）实验总结

从实验 1~4，可以看出：

1）参数个数的增加并不能保证精度一定提高，当个数选为 20 时逼近精度最高；

2）参数个数与耗时关系不大；

3）随着逼近区域扰动重力梯度绝对值的减小，逼近精度整体上越来越高；

4）随着分辨率的降低，逼近精度随之降低。

观察以上实验，在不同高度区间遴选出逼近精度优于 1 mGal 的最佳参数组合如下（这里的参数主要指网格分辨率及多项式项数；"最佳"主要指在精度达到 1 mGal 的前提下，选取较大的网格分辨率与较少的多项式项数）：

1）在 20~100 km 高度范围，当梯度绝对值小于 20E 时，使用 $10'\times10'\times20$ km 格网进行逼近，参数个数选为 20，精度可优于 1 mGal；

2）在 20~100 km 高度范围，当梯度绝对值大于等于 20E 时，使用 $5'\times5'\times10$ km 格网进行逼近，参数个数选为 20，精度可优于 1 mGal；

3）在 100~220 km 高度范围，当梯度绝对值小于 2.5E 时，使用 $60'\times60'\times120$ km 格网时，且参数选为 20，精度可优于 1 mGal；

4）在 100~220 km 高度范围，当梯度绝对值属于区间 [2.5，10] E 时，使用 $20'\times20'\times40$ km 格网，且参数选为 14，逼近精度即可优于 1 mGal；

5）在 220~1 000 km 高度范围，当梯度绝对值小于 0.5E 时，使用 $2°\times2°\times240$ km 格网，且参数选为 17，逼近精度即可优于 1 mGal；

6）在 220~1 000 km 高度范围，当梯度绝对值属于区间 [0.5，1] E 时，使用 $2°\times2°\times240$ km 格网，且参数选为 20，逼近精度即可优于 1 mGal；

7）在 220~1 000 km 高度范围，当梯度绝对值属于区间 [1，2] E 时，使用 $60'\times60'\times120$ km 格网，且参数选为 14，逼近精度即可优于 1 mGal；

8）在 1000 km 以上高度范围，当梯度绝对值小于 0.1E 时，使用 $5°\times5°\times600$ km 格网，且参数选为 10，逼近精度可优于 1 mGal；

9）在 1000 km 以上高度范围，当梯度绝对值属于区间 [0.1，0.25] E 时，使用 $5°\times5°\times600$ km 格网，且参数选为 14，逼近精度可优于 1 mGal。

为了便于构造模型，对各层适用的格网分辨率及所用参数做适当调整，制定出不同参数选取原则的对照表，见表 5 - 26。

表 5 - 26　网格参数选取原则表

高度区间/km	梯度区间/E	格网分辨率	参数个数
20～100	≥20	$5' \times 5' \times 10$ km	20
	<20	$10' \times 10' \times 20$ km	20
100～220	≥2.5	$30' \times 30' \times 60$ km	20
	<2.5	$60' \times 60' \times 120$ km	20
220～1000	≥1	$60' \times 60' \times 120$ km	14
	<1	$2° \times 2° \times 240$ km	20
1 000 以上	<0.25	$5° \times 5° \times 600$ km	14

5.1.2.4　空间扰动重力场网格划分准则

综合前面得到的结论，可以制定出扰动重力场网格划分准则，如图 5 - 18 所示。需要指出的是，在确定网格参数之前，先利用移动窗口得到不同地区窗口内部点扰动重力梯度的绝对值，并筛选出最大值，判断最大值所属梯度区间，进而选择合适的网格参数。

为使每个高度区间可以划分成整数个数的格网单元，需将高度区间做微调，如图 5 - 18 中的 220～1 180 km 区间及 1 180～2 380 km 区间。同时考虑到当高度大于 2 000 km 时，18 阶的位系数模型即可很好地表征地球重力场（参考表 5 - 1），故在大于 2 380 km 的高度范围可直接利用位模型解算，就不必再计算节点数据，扰动重力的计算效率同样很高。

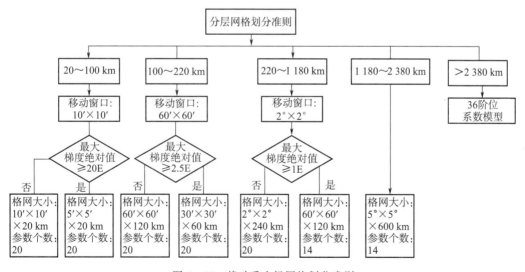

图 5 - 18　扰动重力场网格划分准则

另外需要指出的是，在 1 180 km 以下的空间，每个高度区间中都会包含两种分辨率的网格；在某个移动窗口内，如果存在一个较大的梯度值，则这个移动窗口内均需采用分辨率较小的网格进行剖分，包括上层相邻的空间。如在 $20\sim100$ km 区间，一个 $10'\times10'$ 的窗口内存在个别点，其梯度绝对值大于等于 20E，则在该窗口内均要用 $5'\times5'$ 的网格进行剖分，同时包括上层相邻的区域，如图 5-19 所示。以上这些设定都是为了使模型在构建过程中网格之间不会存在空隙或重叠。

显然这种做法可能会造成数据的冗余，比如图 5-19 的 e、f、g、h 网格中，或许其中已不存在大于等于 20E 的梯度值，但是依旧需要用 $5'\times5'\times10$ km 的网格逼近。但是结合表 5-6 可知，大于等于 20E 的点占总点数的比例不足 1%。所以即使有冗余，冗余量也极小，可忽略。

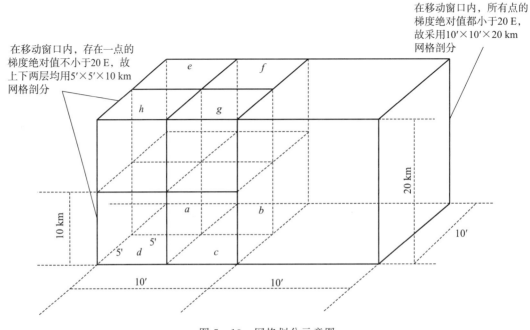

图 5-19　网格划分示意图

该准则一旦建立，一般情况下即与网格节点的具体数值无关，不仅局限于 EGM2008 计算的节点，对于其他方式（如 Stokes 积分方法、点质量方法等）得到的节点值一样适用。同时可保证，由该准则建立的模型，扰动重力的逼近精度优于 1 mGal。

5.1.3　空间扰动重力分层数值模型

格网节点赋值的精度，直接影响到广域多项式单元内快速赋值的精度。王庆宾（2011）利用高精度地面及航空重力数据对点质量的计算精度进行了检核分析，得到其在高度 600 m 处的计算精度为 2.7 mGal，证明了点质量法对外空扰动重力计算具有良好的外符性。因此，在低空段的节点扰动重力使用残差点质量法求得。在高空段，采用球谐位系数方法求解扰动重力。

空间扰动重力分层数值模型数据生成总体要分为三步。第一步，研究模型计算方法——广域多项式法中格网单元的形状、参数个数以及分辨率；第二步，研究空中节点获取的方法，制定节点获取方法适用性准则；第三步，依据第一步和第二步的研究成果，研究如何编排空间分层扰动重力场模型数据结构，并快速构建模型；最终通过构建完成的分层模型，能够快速提供全球任意位置的扰动重力信息。

5.1.3.1　模型构建流程

分层扰动重力网格模型构建流程图如图 5 - 20 所示。

根据格网选取准则，利用移动窗口，分析每个移动窗口内，扰动重力梯度变化情况，再对其分配适合的广域多项式单元格网。依照一定的排列规则，提取对应格网节点的扰动重力值，计算插值函数。

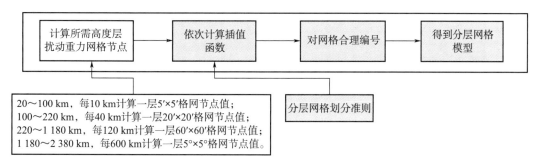

图 5 - 20　分层扰动重力网格模型构建流程图

计算完成的插值函数，需要进行合理的数据排列，既要保证格网编号的合理性，同时也要考虑到实际使用中的计算效率，具体方法在后面介绍。

5.1.3.2　参数输出格式及其快速检索

要实现空间分层扰动重力场模型快速计算，主要问题在于如何根据坐标，快速提取出对应格网的广域多项式参数。如果直接将整个空间分层的广域多项式参数一次性读入计算机内存中，不仅需要计算机拥有足够大的内存空间，同时也会耗费大量的时间读入全部的格网参数。为了解决这个问题，必须合理排列每一个格网所对应的广域多项式参数，通过制作检索表，达到快速提取参数的目的。

（1）窗口号

移动窗口是模型节点提取、格网参数排列和分析格网内扰动重力变化情况的主要工具。窗口号的排列方式为：从西北角起算，先沿纬线排列，再沿经线排列，一层排完后再向上一层排布。以 20～40 km 区间为例（如图 5 - 21 所示），每个窗口大小为 $10' \times 10'$，故全球每个层面可划分为 $1\,078 \times 2\,160 = 2\,328\,480$ 个窗口。设每个窗口所处的行数为 r，列数为 c，则窗口的编号 N 为

$$N = c + (r - 1) \times 2\,160$$

（2）移动窗口

利用移动窗口分析每个窗口内扰动重力梯度变化情况，根据图 5 - 18 中给出的梯度阈值，选择对应的格网大小，图 5 - 22 标出了在 20～100 km 高度区间中，达到梯度阈值的地区。

	1	2	3	4	5	6	7	8	9	·	·	·	·	·	4 319	4 320	1
1																	
2																	
3																	
4		1		2		3		·		·		·		·		2 160	
5																	
·		2 161		2 162		2 163		·		·		·		·		4 320	
·		·		·		·		·		·		·		·		·	
·		·		·		·		·		·		·		·		·	
·		2 326 321		2 326 322		2 326 323		·		·		·		·		2 328 480	
2 159																	
2 160																	

图 5 - 21　窗口排列示意图

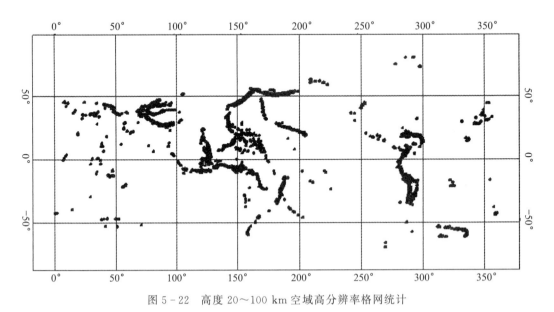

图 5 - 22　高度 20～100 km 空域高分辨率格网统计

　　如图 5 - 22 所示，就是通过移动窗口，分离出高度在 20～100 km 之间，梯度大于
20E 的区域，在分离出来的空域所使用的单元格网要比同高度区间内其他空域的单元格网
的分辨率高。

图 5 - 23 和图 5 - 24 分别为 100～220 km 和 200～1 180 km 高度区间中达到梯度阈值的地区。表 5 - 27 为空间分层高分辨率格网统计。

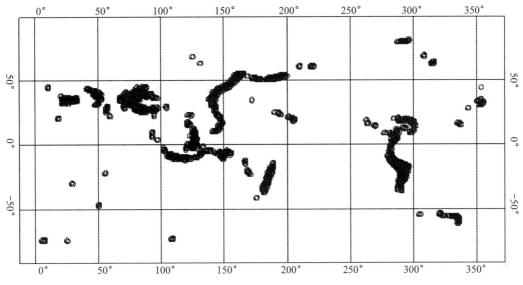

图 5 - 23　高度 100～220 km 空域高分辨率格网统计

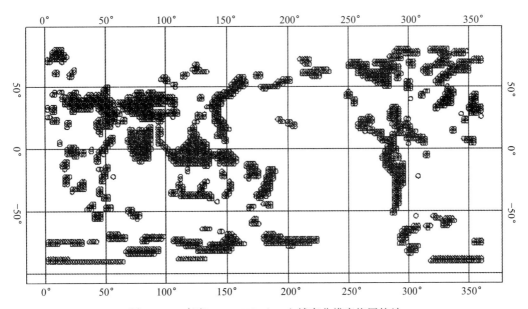

图 5 - 24　高度 220～1180 km 空域高分辨率格网统计

表 5 - 27　空间分层高分辨率格网统计

高度区间	梯度区间/E	格网/个
20～100 km	≥20	11 467
100～220 km	≥2.5	1 585
220～1 180 km	≥0.5	2 584

（3）参数输出格式

制定合理的命名规则，在使用空间分层扰动重力场模型时，对应检索表，搜寻所需参数的位置，再进行计算。

图 5 - 25 就是 20～40 km 区间的输出数据。当窗口中需要更高分辨率格网时，原分辨率格网参数的系数值，全部被设成 0。在原格网编号下面重新编排 1～8 号小格网，它们编排的顺序参照图 5 - 19（图中 $a \sim g$ 与编号 1～8 相对应），从大格网的西北角开始排列，排列完一层后再排列上一层。

窗口号	窗口大小	网格大小	系数个数	系数值
1	10	10	20	1.203，2.568，…
2	10	10	20	3.190，1.657，…
·				
·				
131	10	5	20	0
1	10	5	20	9.613，4.527，…
·				
·				
8	10	5	20	5.573，2.787，…
·				
2 328 480	10	10	20	4.313，3.561，…

图 5 - 25　模型数据输出格式

（4）检索表

检索表（如图 5 - 26 所示）中，关键字代表的是格网编号（这里的格网指大格网）。副关键字 0 代表无须将此格网划分为小格网，同时地址提供该格网数据在输出数据中的位置。副关键字 1 代表需将此格网划分为小格网，并在输出数据中提供大格网数据的位置信息，随后再根据坐标信息搜索小格网的位置。

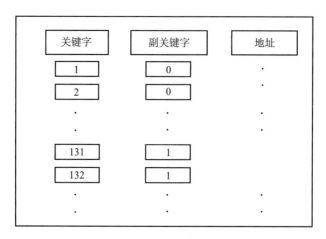

图 5 - 26　检索表

5.1.3.3　计算流程

模型构建完成后，输入坐标 $(B，L，H)$，便可知道该点所在格网的层面和窗口编号，再通过检索表，判断该格网是否需要进一步划分为高分辨率格网，若不需要则直接根据地址在该层输出数据中提取广域多项式参数信息；若需要，则先提取低分辨率格网地址，再根据坐标值判断该点所在网格编号（1～8），低分辨率格网地址加上高分辨率网格编号便是该高分辨率格网的地址。最后，提取相应的广域多项式参数，利用相应网格的多项式进行解算。解算流程如图 5 - 27 所示。

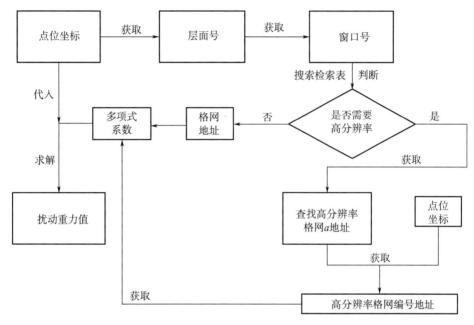

图 5 - 27　扰动重力解算流程图

5.1.3.4　精度分析

选取三类实验区域，利用构建完成的扰动重力场分层模型，分析其计算精度。选取的三类区域分别为：

一类区域：在平原，地势起伏相对平缓，计算中心的重力异常变化范围是 $-112.166\,6\sim$ -72.185 mGal；

二类区域：在小山区，群山相峙，山岗丘陵起伏，河谷纵横交错，计算中心的重力异常变化范围是 $-61.566\,0\sim108.150\,2$ mGal，重力信息比较丰富；

三类区域：在大山区，地形复杂，山势险峻，海拔落差达 4 500 m，重力异常变化范围是 $-206.671\,0\sim234.244\,9$ mGal，扰动重力变化非常剧烈。

图 5 - 28～图 5～30 分别为高度 30 km 三类区域扰动重力准确值、分层模型计算值以及它们之差；表 5 - 28 为空间分层扰动重力场模型计算精度。

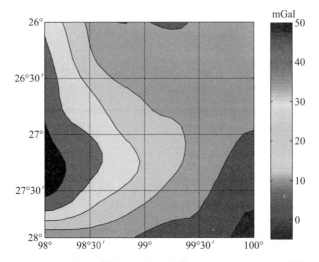

图 5 - 28　三类区域扰动重力准确值（$H = 30\text{ km}$）（见彩插）

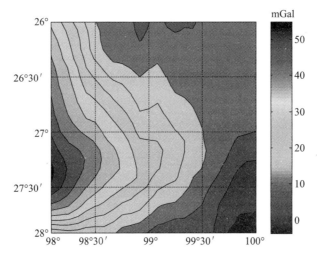

图 5 - 29　三类区域分层模型计算值（$H = 30\text{ km}$）（见彩插）

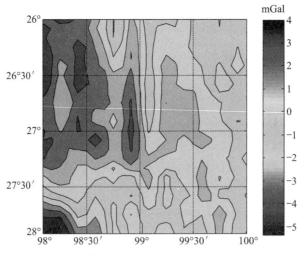

图 5 - 30　三类区域分层模型计算值与准确值之差（$H = 30\text{ km}$）（见彩插）

表 5 – 28　空间分层扰动重力场模型计算精度

高度	实验区域	最大值/mGal	最小值/mGal	均值/mGal	校验点	区域内 STD/mGal	单点计算效率/ms
低于 50 km 区域	一类区域	2.117 6	−2.832 0	−0.465 2	576	1.238 6	
	二类区域	6.227 3	−2.205 8	0.799 6	576	1.606 6	
	三类区域	4.080 4	−5.351 0	0.644 9	576	1.512 9	0.027
高于 50 km 区域	一类区域	0.571 8	−2.257 1	−1.074 4	576	0.689 5	
	二类区域	2.203 9	−0.730 4	0.522 4	576	0.639 8	
	三类区域	1.936 4	−4.087 1	0.094 9	576	1.132 2	

由上述实验可得到以下结论，

1）利用空间分层扰动重力场模型计算，其计算精度随高度的增加而同步提高。在 50 km 以下空间，计算精度优于 2 mGal；50 km 以上区域，计算精度优于 1.5 mGal。

2）将球谐位系数的计算效率与空间分层模型比较，可以发现利用空间分层模型的单点计算效率达到 0.027 ms，等同于利用 36 阶重力场模型的计算效率。

3）在同一高度层中，由于空间分层扰动重力模型构建时，需要兼顾数据存储和计算精度，如果均按照最高标准构造单元格网，会增加存储压力，所以需要根据区域内扰动重力变化情况进行区别构造，在部分大山区，利用空间分层扰动重力模型的计算精度比在平原区高。

5.2　飞行剖面扰动重力场模型快速重构

目前，扰动重力赋值的方法主要有球谐函数模型、点质量模型和基于地面重力数据的直接积分模式，虽然可以采取进一步的快速算法进行优化，但受制于球谐函数的阶数、点质量规模、分辨率和计算过程的复杂性，大幅度减少内存、提高计算速度的余地不大。在箭载计算机硬件设备还不能大幅度提升性能的情况下，针对远程火箭实现快速、任意点随机发射和多种弹道需求等特点，在发射地点、方位角基本已定的情况下，可考虑将给定的飞行剖面合理地分区、分块，选择合适的控制点对扰动重力场模型进行二次快速重构，以优化扰动重力的计算模型，大幅减少数据的存储量，有效提高计算速度。

5.2.1　扰动重力空间变化特性分析及模型快速重构策略

5.2.1.1　基于实测数据区域空间扰动重力变化分析

低空扰动重力场的空间变化分析需要比较密集的重力数据和地形数据。以物理大地测量试验区为例，采用实测重力数据并结合重力场模型，按 5′ 间隔计算了 8°×8° 范围内、从 5～800 km 不同高度的扰动重力。计算所使用的重力场数据见表 5 – 29，计算结果及其统计见表 5 – 30。

表 5 - 29　重力场数据

分辨率	$1°\times1°$	$30'\times30'$	$5'\times5'$	$1'\times1'$
数据范围	$75°\times110°$	$56°\times66°$	$10°\times11°$	$1°40'\times2°30'$
重力异常总数	8 250	33 264	15 840	15 000

表 5 - 30　不同高度的扰动重力的统计结果

高度/km	扰动重力	Max	Min	Mean	STD
5	δg_r	149.9	−74.8	23.9	30.8
	δg_φ	67.3	−102.5	0.9	17.6
	δg_λ	97.2	−29.7	33.9	17.3
20	δg_r	91.5	−26.4	22.1	19.1
	δg_φ	32.5	−47.8	1.2	10.2
	δg_λ	66.2	−0.2	33.7	11.6
50	δg_r	58.6	−4.5	21.3	13.4
	δg_φ	14.0	−17.5	0.5	5.2
	δg_λ	10.2	49.3	32.6	7.5
100	δg_r	40.0	1.4	20.2	9.8
	δg_φ	4.9	−8.4	−0.4	2.8
	δg_λ	39.8	14.7	30.8	4.8
200	δg_r	30.0	4.0	18.2	6.8
	δg_φ	0.5	−5.7	−1.5	1.5
	δg_λ	16.6	32.1	27.7	3.1
300	δg_r	25.7	5.1	16.4	5.3
	δg_φ	−0.8	−5.4	−2.1	1.1
	δg_λ	16.3	27.8	24.9	2.5
500	δg_r	20.0	5.6	13.2	3.7
	δg_φ	−0.8	−5.0	−2.5	0.9
	δg_λ	22.3	15.0	20.4	1.7
800	δg_r	14.0	4.8	9.7	2.6
	δg_φ	−0.5	−4.4	−2.4	0.8
	δg_λ	16.9	13.0	15.7	1.0

　　由上述试验的初步分析可看出，在 50 km 以下的低空，扰动重力的变化是比较剧烈的，在构建扰动重力的快速逼近模型时需要选取较密的控制节点，以保证扰动重力快速逼近精度；而在 200 km 以上的中高空，扰动重力的变化相对平缓得多，因此可以选取相对简单的扰动重力快速逼近模型、较稀疏的控制节点，以减少箭上计算机的数据存储、提高计算速度。

5.2.1.2　沿飞行剖面扰动重力场模型快速重构策略

　　不同的飞行器有其不同的弹道特性。对于给定的标准弹道，飞行剖面可通过构建相对于标准弹道的上下（高程方向）、左右（水平方向）4 条边界包络确定。在发射点、方位角已定的情况下，利用地面实测重力数据和高分辨率重力场模型，对飞行剖面的扰动重力矢量进行快速计算分析，获得其空中变化特性。最后，基于所选取的控制节点，对飞行剖面进行分区、分块，采用合适的逼近模型（如距离倒数的双因子逼近、多面函数逼近、多项式逼近、三角函数逼近、样条等逼近等）进行飞行剖面扰动重力模型重构及快速计算。沿飞行剖面扰动重力场模型快速重构的流程框图如图 5 - 31 所示。

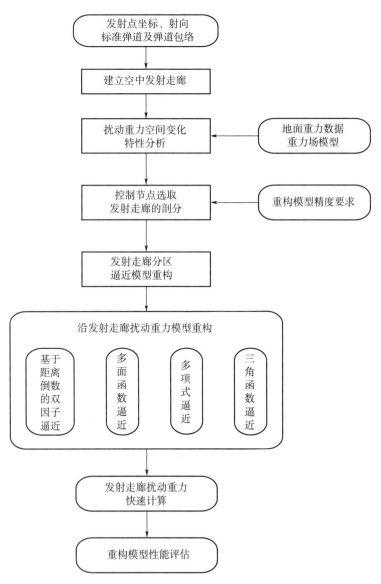

图 5 - 31　沿飞行剖面扰动重力场模型快速重构的流程框图

扰动重力的快速计算可采用非奇异的严密直接快速赋值模式。此模式解决了直接积分法在计算点周围存在奇异问题，并利用积分核函数对于计算点 P 具有对称性的特点，构建了扰动重力直接赋值的快速优化算法，即利用积分核函数的对称性，在循环过程中只需对四分之一积分区域的核函数进行积分求和，并采用由内（计算点）向外循环的优化算法模型，在保持计算精度不变的情况下其计算效率可提高约 4 倍。

5.2.2 飞行剖面扰动重力场快速重构模型

5.2.2.1 控制节点选取及飞行剖面划分

控制节点选取及飞行剖面分区、分块，需根据飞行剖面扰动重力变化的剧烈程度，并综合考虑箭上计算机的性能、重构模型计算速度和精度要求，制定飞行剖面控制节点的选取准则。例如，在弹道高度 100 km 以下，以剖分块形中扰动重力三个分量的变化不大于 2 mGal 为准则在飞行剖面四条包络线上选取控制节点；高度 100 km 以上，以扰动重力三个分量的变化不大于 1 mGal 为准则选取控制节点；而对于扰动重力变化剧烈的区段，可在标准弹道上增加 2～4 个控制节点，即两个断面之间的控制节点由原来的8 个增加到10～12 个，以提高重构模型的逼近精度。以 10 个控制节点为例，节点分布图如图 5 - 32 所示。

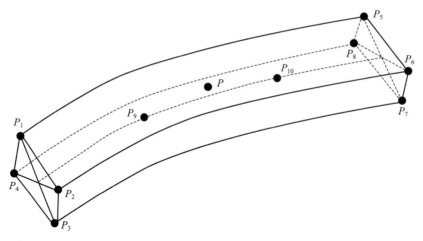

图 5 - 32 节点分布图

5.2.2.2 基于距离倒数的双因子逼近

如图 5 - 32 所示，根据 10 个节点 $P_i(i=1,\cdots,10)$ 计算 P 点的扰动重力三分量公式为

$$\delta g_P = \frac{\sum_{i=1}^{10} P_i \delta g_i}{\sum_{i=1}^{10} P_i} \tag{5-7}$$

其中

$$P_i = \frac{k_i}{\rho_i}, \ i = 1, \cdots, 10 \tag{5-8}$$

$$k_i = \frac{1}{a |\mathrm{d}H_i| + b |\mathrm{d}Z_i|}, \ i = 1, \cdots, 10 \tag{5-9}$$

式中　δg_i——扰动重力径向分量 δg_r、纬度方向分量 δg_φ、经度方向分量 δg_λ；

　　　P_i——权值；

　　　k_i——权值调节系数；

　　　ρ_i——计算点和控制节点之间的距离；

　　　$|\mathrm{d}H_i|$——计算点 P 和节点 P_i 之间的高程偏差；

　　　$|\mathrm{d}Z_i|$——计算点 P 和节点 P_i 之间的水平偏差；

　　　a，b——相对于高程偏差和水平偏差的调节因子，根据扰动重力的实际变化特征
　　　　　　通过试验确定。

5.2.2.3　多项式逼近

多项式拟合原理简单，可按高度和水平坐标采用多项式拟合。但应该注意到并非拟合多项式次数越高越好，随次数的不断升高，有可能会导致严重的 Runge 现象，反而影响逼近效果。

记扰动重力 δg 在天、东、北方向上的分量为 $(\delta g_r, \delta g_\lambda, \delta g_\varphi)$，即 $\delta g_\alpha (\alpha = r, \lambda, \varphi)$。对于每个剖分单元，取逼近函数为如下包含 8 个待定系数的多项式

$$\delta g_\alpha = a_1 + a_2 x + a_3 y + a_4 z + a_5 xy + a_6 xz + a_7 yz + a_8 xyz \tag{5-10}$$

式中，$a_i (i = 1, \cdots, 8)$ 为待定系数，节点的 $\delta g_{\alpha i}$ 由直接赋值方法计算得到，x，y，z 为相对坐标，定义如下

$$\begin{cases} x = x_i - x_0 \\ y = y_i - y_0 \\ z = z_i - z_0 \end{cases}$$

式中　x_i，y_i，z_i——计算点地心地固坐标系坐标；

　　　x_0，y_0，z_0——剖分单元控制节点坐标的平均值。

记

$$\boldsymbol{Z} = \begin{bmatrix} \delta g_{\alpha 1} \\ \delta g_{\alpha 2} \\ \vdots \\ \delta g_{\alpha 10} \end{bmatrix}, \boldsymbol{a} = \begin{bmatrix} a_1 \\ a_2 \\ \vdots \\ a_8 \end{bmatrix}, \boldsymbol{H} = \begin{bmatrix} 1 & x_1 & y_1 & z_1 & x_1 y_1 & x_1 z_1 & y_1 z_1 & x_1 y_1 z_1 \\ 1 & x_2 & y_2 & z_2 & x_2 y_2 & x_2 z_2 & y_2 z_2 & x_2 y_2 z_2 \\ & & \cdots & \cdots & \cdots & \cdots & \cdots & \\ 1 & x_{10} & y_{10} & z_{10} & x_{10} y_{10} & x_{10} z_{10} & y_{10} z_{10} & x_{10} y_{10} z_{10} \end{bmatrix} \tag{5-11}$$

即

$$\boldsymbol{Z} = \boldsymbol{H}\boldsymbol{a}, \boldsymbol{a} = \boldsymbol{H}^{-1}\boldsymbol{Z}$$

式中　$\boldsymbol{H}$——由节点坐标 (x, y, z) 组成的方阵；

　　　$\boldsymbol{Z}$——由节点扰动重力分量 $\delta g_{\alpha i}$ 组成的矢量。

对多余 8 个控制节点的剖分单元，采用最小方法求解。做变换：$\boldsymbol{P}=[1,x,y,z,xy,$ $xz,yz,xyz]$，则点 (x,y,z) 的扰动重力为

$$\delta g_a = \boldsymbol{P} \cdot \boldsymbol{a} = \boldsymbol{P} \cdot \boldsymbol{H}^{-1} \cdot \boldsymbol{Z} \qquad (5-12)$$

由于各节点在地心地固坐标系中的位置 $(x_i，y_i，z_i)$ 及其扰动重力 δg_{ai} 已知，按式 $(5-12)$ 即可根据待求点在地心地固坐标系中的位置求得其对应的扰动重力。

5.2.2.4　多面函数逼近

多面函数法的数学表达式为

$$\delta g = \sum_{j=1}^{10} K_j Q(x,y,z,x_j,y_j,z_j) \qquad (5-13)$$

式中　　K_j——待定参数；

　　　　$Q(x,y,z,x_j,y_j,z_j)$——核函数。

将 10 个节点都作为核函数的中心点，中心点在 (x_j,y_j,z_j) 处。令 $Q_{ij} = Q(x,y,z,$ $x_j,y_j,z_j)$，则各函数点应满足

$$\delta g_i = \sum_{j=1}^{10} K_j Q_{ij} \qquad (5-14)$$

其中，$i=1，2，\cdots，10$。

将 10 个节点分别代入式 $(5-14)$，并写成矩阵式

$$\begin{bmatrix} \delta g_1 \\ \delta g_2 \\ \vdots \\ \delta g_{10} \end{bmatrix} = \begin{bmatrix} Q_{1,1} & Q_{1,2} & \cdots & Q_{1,10} \\ Q_{2,1} & Q_{2,2} & \cdots & Q_{2,10} \\ \vdots & \vdots & \vdots & \vdots \\ Q_{10,1} & Q_{10,2} & \cdots & Q_{10,10} \end{bmatrix} \begin{bmatrix} K_1 \\ K_2 \\ \vdots \\ K_{10} \end{bmatrix} \qquad (5-15)$$

即

$$\underset{10\times1}{\delta \boldsymbol{g}} = \underset{10\times10}{\boldsymbol{Q}} \underset{10\times1}{\boldsymbol{K}} \qquad (5-16)$$

则

$$\underset{10\times1}{\boldsymbol{K}} = \underset{10\times10}{\boldsymbol{Q}}^{-1} \underset{10\times1}{\delta \boldsymbol{g}} \qquad (5-17)$$

这样，任意点 k 的内插值为

$$\delta g_k = [Q_{k,1} \quad Q_{k,2} \quad \cdots \quad Q_{k,10}] \begin{bmatrix} K_1 \\ K_2 \\ \vdots \\ K_{10} \end{bmatrix} = \underset{1\times10}{\boldsymbol{Q}_k^{\mathrm{T}}} \underset{10\times1}{\boldsymbol{K}} = \underset{1\times10}{\boldsymbol{Q}_k^{\mathrm{T}}} \underset{10\times10}{\boldsymbol{Q}}^{-1} \underset{10\times1}{\delta \boldsymbol{g}} \qquad (5-18)$$

记 $\underset{1\times10}{\boldsymbol{P}} = \underset{1\times10}{\boldsymbol{Q}_k^{\mathrm{T}}} \underset{10\times10}{\boldsymbol{Q}}^{-1}$，则 $\delta g_k = \underset{1\times10}{\boldsymbol{P}} \underset{10\times1}{\boldsymbol{\delta}}$，$P_i$ 相当于权系数，其修正公式为

$$P_i' = \frac{P_i}{\sum_{i=1}^{10} P_i} \qquad (5-19)$$

多面函数的核函数有多种可供选择的形式，现给出一种

$$Q_{ij} = \frac{1}{\sqrt{\Delta x_{ij}^2 + \Delta y_{ij}^2 + \Delta z_{ij}^2 + 1}} \qquad (5-20)$$

其中，$\Delta x_{ij} = x_i - x_j$，$\Delta y_{ij} = y_i - y_j$，$\Delta z_{ij} = z_i - z_j$。

5.3　扰动重力场有限元模型

5.3.1　扰动重力有限元重构方法基本思想

有限元法的基本思想是将求解区域离散，分割成若干单元，根据一定的准则建立起单元的泛函表达式，由此得到以单元节点泛函为未知数的线性方程组，通过解方程组得到问题的数值解。扰动重力快速赋值思路如下：

1）根据发射任务要求确定一条不考虑扰动重力等干扰因素的参考弹道；

2）以参考弹道为基准，将附近空域进行有限元剖分，形成一条以参考弹道为中心的飞行管道，并确定各有限单元节点位置；

3）基于扰动重力相关测量数据，采用点质量法、球谐函数法等扰动重力赋值方法对节点扰动重力赋值；

4）在导航计算时，根据位置判断其所在的单元，并根据实际位置与所在单元各节点相对位置关系以及各节点的扰动重力值，快速计算出当前位置对应扰动重力值。

对有限元方法来说，单元的划分方法直接决定了节点数目和计算精度，因此，合理划分有限单元至关重要。扰动重力计算的主要目的是进行扰动重力飞行影响修正。因此，以飞行影响来衡量扰动重力赋值精度更为合理。考虑到扰动重力对飞行精度的影响是随飞行时间累积的，即飞行初段扰动重力对飞行精度影响最大，越接近末端，扰动重力影响越小。而一般情况下，对有限元法来说，单元越小计算精度越高。基于以上考虑，可将弹道起始段单元划分小一些，而后按一定规律逐渐增大单元大小，从而构成一个由一系列单元连接而成的"漏斗形"飞行管道。这种单元构建方法的主要优点是：

1）充分利用了扰动重力对飞行的影响规律，在保证飞行精度的前提下，大大减少了单元个数，从而降低箭上存储量；

2）先细后粗的"漏斗形"飞行管道能有效防止实际弹道超出预设单元，保证扰动重力赋值精度，提高方法的适应性。

5.3.2　沿飞行管道有限元空域剖分建模

远程火箭飞行过程可分为主动段和被动段两部分，其中，有些火箭主动段又包括主发动机工作段和末修段。由于不同飞行阶段的弹道特性各不相同，需要根据各飞行阶段的特点，确定对应的扰动重力空域剖分建模方法，具体包括有限单元构建、节点确定及节点扰动重力赋值等。

（1）主动段扰动重力空域剖分建模

远程火箭一般采用垂直发射的方式，主动段弹道相对比较平直。利用这一特性，在发射坐标系内基于一条基准弹道构建有限单元。具体步骤如下：

1）在基准弹道上由低到高依次选定一系列基准点 d_0，d_1，d_2，d_3…，相邻两点间

沿 y 轴方向的距离依次为 δy_1，δy_2，$\delta y_3 \cdots$；

2）以每个基准点 d_i 为几何中心，在平行于 xOz 的平面内做边长分别为 δx_i 和 δz_i 的长方形，长方形各边分别与 Ox 轴和 Oz 轴平行；

3）令 $\delta x_i < \delta x_{i+1}$，$\delta y_i < \delta y_{i+1}$，$\delta z_i < \delta z_{i+1}$，依次连接各长方形顶点 k_i，则构成由一系列六面体连接而成的主动段"漏斗形"飞行管道，如图 5-33 所示；

4）设基准点 d_i 在发射坐标系中的坐标为 (x_{i0}, y_{i0}, z_{i0})，其坐标值可根据基准弹道数据线性插值得到，则 d_i 对应的四个节点在发射系中的坐标依次为：$k_1(x_{i0} + \delta x_i/2, y_{i0}, z_{i0} + \delta z_i/2)$，$k_2(x_{i0} + \delta x_i/2, y_{i0}, z_{i0} - \delta z_i/2)$，$k_3(x_{i0} - \delta x_i/2, y_{i0}, z_{i0} - \delta z_i/2)$，$k_4(x_{i0} - \delta x_i/2, y_{i0}, z_{i0} + \delta z_i/2)$。为计算方便，可假设 $\delta x_i = \delta z_i$，即各单元上下底均为正方形。

至此，即构建了一条以基准弹道为中心的主动段飞行"管道"，并确定了各单元对应的节点坐标值，然后即可根据点质量方法计算节点扰动重力。

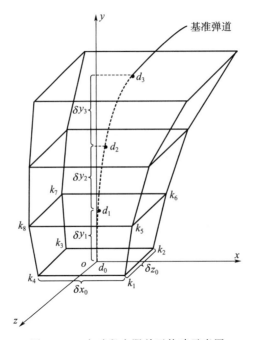

图 5-33　主动段有限单元构建示意图

（2）被动段扰动重力空域剖分建模

在地球圆球假设情况下，可认为惯性空间中被动段弹道为椭圆弹道的一部分。利用这一特性，根据主动段关机点运动状态，可确定惯性空间内被动段基准弹道，基于该弹道，采用和主动段类似的方法，即可构建惯性空间内被动段飞行管道。具体步骤如下：

1）根据拟发射时间及基准弹道主动段关机点状态，利用椭圆弹道理论确定惯性空间内被动段基准弹道。

2）在基准弹道上从起点开始沿飞行方向依次选定一系列基准点 d_0，d_1，$d_2 \cdots$，各点对应的真近点角分别为 f_0，f_1，$f_2 \cdots$，设相邻各基准点对应真近点角差为 $\delta f_i = f_i - f_{i-1}(i = 1, 2, 3 \cdots)$。

3）为确定各单元节点位置，分别以基准点 d_i 为原点，建立轨道坐标系 $O_i - x_i y_i z_i$，x_i 轴沿地心矢方向，z_i 轴与动量矩方向一致，y_i 轴与 x_i、z_i 轴构成右手坐标系。在轨道坐标系内确定四个点 k_1，k_2，k_3，k_4，各点对应坐标依次为：$k_1(\delta r_i/2，0，\delta z_i/2)$，$k_2(\delta r_i/2，0，-\delta z_i/2)$，$k_3(-\delta r_i/2，0，-\delta z_i/2)$，$k_4(-\delta r_i/2，0，\delta z_i/2)$。其中，$\delta r_i$ 和 δz_i 均为单元大小控制参数。根据轨道坐标系与地心惯性系的转换关系，可求得各节点在地心惯性系中的坐标。

4）按照相同的方法，每个基准点均可确定四个节点。令 $\delta f_i < \delta f_{i+1}$，$\delta z_i < \delta z_{i+1}$，$\delta r_i < \delta r_{i+1}$，连接各节点，即可构成由一系列六面体连接而成的"漏斗形"飞行管道。在惯性空间内，被动段飞行管道如图 5-34 所示。在此基础上，即可根据球谐函数赋值法计算各节点对应点的精确扰动重力值。

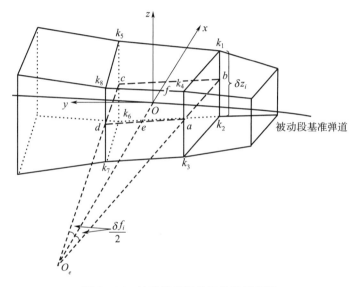

图 5-34　被动段有限单元构建示意图

为便于扰动重力赋值计算，对每个单元均引入一轨道坐标系 $O - xyz$ 作为局部坐标系。对第 i 个单元（从 1 开始计），其局部坐标原点为真近点角等于 $f_{i-1} + \delta f_i/2$ 的地心矢（即该单元两底边对应地心矢的角平分线）与基准弹道的交点，如图 5-34 所示。经过简单的坐标变换可确定该单元 8 个节点在该局部坐标系中的坐标值。

设被动段实际弹道上某点 A 在地心惯性坐标系中坐标为 $(x'，y'，z')$，可求出 A 点对应的地心距 r、真近点角 f、近地点角距 ω、升交点角距 Ω 及轨道倾角 i。根据 f 大小及各单元对应真近点角可判断 A 点所处单元序号，进而根据地心惯性系到局部坐标系间的转换关系可确定 A 点在该单元对应的局部坐标系中的坐标 $(x，y，z)$

$$\begin{bmatrix} x \\ y \\ z \end{bmatrix} = \boldsymbol{M}_2(\omega + f) \cdot \boldsymbol{M}_1(i) \cdot \boldsymbol{M}_3(\Omega) \begin{bmatrix} x' \\ y' \\ z' \end{bmatrix} - \begin{bmatrix} r \\ 0 \\ 0 \end{bmatrix} \tag{5-21}$$

其中，$\boldsymbol{M}_i(i = 1，2，3)$ 为坐标转换矩阵，具体形式如下

$$\boldsymbol{M}_1(\alpha) = \begin{bmatrix} 1 & 0 & 0 \\ 0 & \cos\alpha & \sin\alpha \\ 0 & -\sin\alpha & \cos\alpha \end{bmatrix}$$

$$\boldsymbol{M}_2(\alpha) = \begin{bmatrix} \cos\alpha & 0 & -\sin\alpha \\ 0 & 1 & 0 \\ \sin\alpha & 0 & \cos\alpha \end{bmatrix} \qquad (5-22)$$

$$\boldsymbol{M}_3(\alpha) = \begin{bmatrix} \cos\alpha & \sin\alpha & 0 \\ -\sin\alpha & \cos\alpha & 0 \\ 0 & 0 & 1 \end{bmatrix}$$

根据 A 点与单元各节点相对位置关系及节点扰动重力值求得 A 点的扰动重力。

5.3.3　有限元空域扰动重力快速赋值算法

（1）计算点单元判断算法

基于有限元空域剖分建模的主动段和被动段扰动重力赋值模型，首先需给出单元判断算法，即根据所求点的位置和有限单元的相对位置关系，确定其所在的单元。主动段某点 A 所在单元判断的基本流程如下：

1）确定实际弹道上某点 A 在发射坐标系中的坐标 $A(x^*, y^*, z^*)$；

2）比较 y^* 与基准点 d_i 的坐标 $y_{i0}(i=0, 1, 2, \cdots)$ 的大小。若 $y^* \geqslant y_{i,0}$ 且 $y^* \leqslant y_{i+1,0}$，则可确定 A 所在的单元序号为 $i+1$（设第一个单元序号为 1）。

被动段某点 B 所在单元判断的基本流程如下：

1）确定实际弹道上某点 B 在发射坐标系中的坐标 $B(x^*, y^*, z^*)$；

2）求出点 B 对应的真近点角 f^*；

3）根据 f^* 与各基准点 $d_0, d_1, d_2, \cdots$ 对应的真近点角 $f_0, f_1, f_2, \cdots$ 大小关系，确定其所处的单元。

确定了点 B 所在单元后，即可确定点 B 与其所在单元对应各个节点间的相对位置关系，进而可根据点 B 与单元各节点相对位置关系及节点扰动重力值求得 B 点的扰动重力。

（2）快速赋值算法

①直接赋值法

记扰动重力 δg 在天、东、北方向上的分量为 $(\delta g_r, \delta g_\lambda, \delta g_\varphi)$，即 $\delta g_\alpha(\alpha=\gamma, \lambda, \varphi)$。对于每个单元，由于只取了 8 个节点的信息，因此逼近函数最多可以有 8 个待定系数。取逼近函数为如下的 8 次多项式

$$\delta g_\alpha = a_1 + a_2 x + a_3 y + a_4 z + a_5 xy + a_6 xz + a_7 yz + a_8 xyz \qquad (5-23)$$

其中，a_i 为待定系数。x, y, z 为计算点发射坐标系中的值。节点的 $\delta g_{\alpha i}$ 由其他赋值方法计算得到。

记

$$\boldsymbol{Z}=\begin{bmatrix}\delta g_{a1}\\\delta g_{a2}\\\vdots\\\delta g_{a8}\end{bmatrix}\quad \boldsymbol{a}=\begin{bmatrix}a_1\\a_2\\\vdots\\a_8\end{bmatrix}\quad \boldsymbol{H}=\begin{bmatrix}1 & x_1 & y_1 & z_1 & x_1y_1 & x_1z_1 & y_1z_1 & x_1y_1z_1\\1 & x_2 & y_2 & z_2 & x_2y_2 & x_2z_2 & y_2z_2 & x_2y_2z_2\\ & & \cdots & \cdots & \cdots & \cdots & & \\1 & x_8 & y_8 & z_8 & x_8y_8 & x_8z_8 & y_8z_8 & x_8y_8z_8\end{bmatrix}$$

$$(5-24)$$

则

$$\boldsymbol{Z}=\boldsymbol{H}\boldsymbol{a},\boldsymbol{a}=\boldsymbol{H}^{-1}\boldsymbol{Z}$$

式中　$\boldsymbol{H}$ ——由节点坐标 (x_i,y_i,z_i) 组成的方阵；

　　　$\boldsymbol{Z}$ ——由节点扰动引力分量 δg_{ai} 组成的矢量。

将式（5-23）做如下变换：$\boldsymbol{P}=[1,x,y,z,xy,xz,yz,xyz]$，则发射坐标系内点 (x,y,z) 的扰动重力为

$$\delta g_a=\boldsymbol{P}\cdot\boldsymbol{a}=\boldsymbol{P}\cdot\boldsymbol{H}^{-1}\cdot\boldsymbol{Z}\qquad(5-25)$$

由于各节点在发射坐标系中的位置 (x_i,y_i,z_i) 及其扰动引力 δg_{ai} 已知，按上式即可根据待求点在发射系中的位置求得其对应的扰动重力。上式中虽然需要对 8 阶矩阵求逆，但是，由于 $\boldsymbol{H}$ 矩阵只与节点位置有关，同一个单元内其逆矩阵的值保持不变。从而，整个主动段飞行段内求逆矩阵的次数等于单元数，对整体计算速度不会有太大影响。另外，由于节点在火箭发射前已经确定，亦可事先计算好逆矩阵的值，装定到箭上。

②型函数赋值法

设待求点在计算坐标系（对主动段来说为发射系，被动段为局部坐标系）中的坐标为 $A(x,y,z)$，节点坐标为 $k_i(x_i,y_i,z_i)$，$i=1,\cdots,8$。采用型函数法求 A 点扰动重力。令

$$N(x,y,z)=\varphi(x)\cdot\varphi(y)\cdot\varphi(z)\qquad(5-26)$$

式中　$\varphi(x),\varphi(y),\varphi(z)$ ——分别为计算坐标系 x,y,z 三个方向的 Lagrange 插值基函数。

假设节点编号顺序如图 5-33 和图 5-34 所示，则每个节点对应的型函数分别为

$$\begin{cases}N_1=\dfrac{x-x_4}{x_1-x_4}\dfrac{y-y_5}{y_1-y_5}\dfrac{z-z_2}{z_1-z_2}\\[2mm]N_2=\dfrac{x-x_3}{x_2-x_3}\dfrac{y-y_6}{y_2-y_6}\dfrac{z-z_1}{z_2-z_1}\\[2mm]N_3=\dfrac{x-x_2}{x_3-x_2}\dfrac{y-y_7}{y_3-y_7}\dfrac{z-z_4}{z_3-z_4}\\[2mm]N_4=\dfrac{x-x_1}{x_4-x_1}\dfrac{y-y_8}{y_4-y_8}\dfrac{z-z_3}{z_4-z_3}\end{cases}\quad\begin{cases}N_5=\dfrac{x-x_8}{x_5-x_8}\dfrac{y-y_1}{y_5-y_1}\dfrac{z-z_6}{z_5-z_6}\\[2mm]N_6=\dfrac{x-x_7}{x_6-x_7}\dfrac{y-y_2}{y_6-y_2}\dfrac{z-z_5}{z_6-z_5}\\[2mm]N_7=\dfrac{x-x_6}{x_7-x_6}\dfrac{y-y_3}{y_7-y_3}\dfrac{z-z_8}{z_7-z_8}\\[2mm]N_8=\dfrac{x-x_5}{x_8-x_5}\dfrac{y-y_4}{y_8-y_4}\dfrac{z-z_7}{z_8-z_7}\end{cases}\qquad(5-27)$$

引入型函数 N_i 后，A 点的扰动重力分量 $\delta g_a(\alpha=r,\lambda,\varphi)$ 计算式为

$$\delta g_a=\sum_{i=1}^{8}N_i\cdot\delta g_{ai}\qquad(5-28)$$

③网函数赋值法

网函数逼近理论是一种多方向拟合一次误差调整的多变元函数逼近方法，其本质上是单变元函数的 Lagrange 插值算法的自然推广。其插值函数类似简单的高阶偏微分方程边值问题的解，具有 Coons 型结构以及明显的统计特征，算法简单。该方法的基本思想是通过 n 维欧式空间中网格边界上的值来近似计算网格中任意点的值，与单元内部的扰动重力逼近问题契合。

记主动段某六面体单元的 8 个顶点为 $k_{i, 1\sim4}$、$k_{i+1, 1\sim4}$，其扰动重力值分别为 $g_{i, 1\sim4}$、$g_{i+1, 1\sim4}$；记 12 条棱为 $L_0 \sim L_{11}$，称其为计算单元上的 1－网，定义在 1－网上的扰动重力值为 $f_i(x, y, z)(i=0, 1, \cdots, 11)$，如图 5-35 所示。令 $L(x)$，$L(y)$，$L(z)$ 分别为关于 x，y，z 的一次 Lagrange 插值算符，其插值基函数为

$$\begin{bmatrix} \varphi(x_0) \\ \varphi(x_1) \end{bmatrix} = \begin{bmatrix} \dfrac{x-x_0}{x_1-x_0} \\ \dfrac{x-x_1}{x_0-x_1} \end{bmatrix}, \quad \begin{bmatrix} \varphi(y_0) \\ \varphi(y_1) \end{bmatrix} = \begin{bmatrix} \dfrac{y-y_0}{y_1-y_0} \\ \dfrac{y-y_1}{y_0-y_1} \end{bmatrix}, \quad \begin{bmatrix} \varphi(z_0) \\ \varphi(z_1) \end{bmatrix} = \begin{bmatrix} \dfrac{z-z_0}{z_1-z_0} \\ \dfrac{z-z_1}{z_0-z_1} \end{bmatrix}$$

$$(5-29)$$

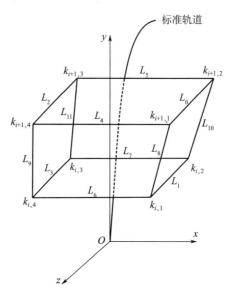

图 5-35　网函数计算单元示意图

根据网函数逼近理论，已知 1－网函数，可由三维 1－网插值方法求取单元内任意一点的值。令 $\ell^{(3)}$ 为三维 1－网插值算符，则

$$\ell^{(3)} = L(x)L(y) + L(y)L(z) + L(z)L(x) - 2L(x)L(y)L(z) \qquad (5-30)$$

可求得单元内任意一点 $A(x, y, z)$ 的值 $F(x, y, z)$

$$F(x,y,z) = \ell^{(3)}[f_i(x,y,z)] = F_1(x,y,z) + F_2(x,y,z) + F_3(x,y,z) - F_4(x,y,z)$$

$$(5-31)$$

其中

$$F_1(x,y,z) = L(x)L(y)[f(x,y,z)]$$

$$= \frac{x-x_0}{x_1-x_0}\left[\frac{y-y_0}{y_1-y_0}f(x_1,y_1,z) + \frac{y-y_1}{y_0-y_1}f(x_1,y_0,z)\right] +$$

$$\frac{x-x_1}{x_0-x_1}\left[\frac{y-y_0}{y_1-y_0}f(x_0,y_1,z) + \frac{y-y_1}{y_0-y_1}f(x_0,y_0,z)\right] \qquad (5-32)$$

$$= \begin{bmatrix}\varphi(x_0)\\\varphi(x_1)\end{bmatrix}^{\mathrm{T}}\begin{bmatrix}f_0 & f_1\\f_2 & f_3\end{bmatrix}\begin{bmatrix}\varphi(y_0)\\\varphi(y_1)\end{bmatrix}$$

$$F_2(x,y,z) = L(y)L(z)[f(x,y,z)]$$

$$= \frac{y-y_0}{y_1-y_0}\left[\frac{z-z_0}{z_1-z_0}f(x,y_1,z_1) + \frac{z-z_1}{z_0-z_1}f(x,y_1,z_0)\right] +$$

$$\frac{y-y_1}{y_0-y_1}\left[\frac{z-z_0}{z_1-z_0}f(x,y_0,z_1) + \frac{z-z_1}{z_0-z_1}f(x,y_0,z_0)\right] \qquad (5-33)$$

$$= \begin{bmatrix}\varphi(x_0)\\\varphi(x_1)\end{bmatrix}^{\mathrm{T}}\begin{bmatrix}f_4 & f_5\\f_6 & f_7\end{bmatrix}\begin{bmatrix}\varphi(y_0)\\\varphi(y_1)\end{bmatrix}$$

$$F_3(x,y,z) = L(z)L(x)[f(x,y,z)]$$

$$= \frac{z-z_0}{z_1-z_0}\left[\frac{x-x_0}{x_1-x_0}f(x_1,y,z_1) + \frac{x-x_1}{x_0-x_1}f(x_0,y,z_1)\right] +$$

$$\frac{z-z_1}{z_0-z_1}\left[\frac{x-x_0}{x_1-x_0}f(x_1,y,z_0) + \frac{x-x_1}{x_0-x_1}f(x_0,y,z_0)\right] \qquad (5-34)$$

$$= \begin{bmatrix}\varphi(x_0)\\\varphi(x_1)\end{bmatrix}^{\mathrm{T}}\begin{bmatrix}f_8 & f_9\\f_{10} & f_{11}\end{bmatrix}\begin{bmatrix}\varphi(y_0)\\\varphi(y_1)\end{bmatrix}$$

$$F_4(x,y,z) = 2L(x)L(y)L(z)[f(x,y,z)]$$

$$= 2\left[\frac{x-x_0}{x_1-x_0}F_2(x_1,y,z) + \frac{x-x_1}{x_0-x_1}F_2(x_0,y,z)\right] \qquad (5-35)$$

$$= 2\begin{bmatrix}\varphi(x_0)\\\varphi(x_1)\end{bmatrix}^{\mathrm{T}}\begin{bmatrix}F_2(x_1,y,z)\\F_2(x_0,y,z)\end{bmatrix}$$

在 F_4 的求解式中

$$F_2(x_1,y,z) = L(y)L(z)[f(x_1,y,z)]$$

$$= \frac{y-y_0}{y_1-y_0}\left[\frac{z-z_0}{z_1-z_0}f(x_1,y_1,z_1) + \frac{z-z_1}{z_0-z_1}f(x_1,y_1,z_0)\right] +$$

$$\frac{y-y_1}{y_0-y_1}\left[\frac{z-z_0}{z_1-z_0}f(x_1,y_0,z_1) + \frac{z-z_1}{z_0-z_1}f(x_1,y_0,z_0)\right] \qquad (5-36)$$

$$= \begin{bmatrix}\varphi(z_0)\\\varphi(z_1)\end{bmatrix}^{\mathrm{T}}\begin{bmatrix}g_{i+1,1} & g_{i+1,2}\\g_{i,1} & g_{i,2}\end{bmatrix}\begin{bmatrix}\varphi(y_0)\\\varphi(y_1)\end{bmatrix}$$

$$F_2(x_0,y,z)=L(y)L(z)[f(x_0,y,z)]$$

$$=\frac{y-y_0}{y_1-y_0}\left[\frac{z-z_0}{z_1-z_0}f(x_0,y_1,z_1)+\frac{z-z_1}{z_0-z_1}f(x_0,y_1,z_0)\right]+$$

$$\frac{y-y_1}{y_0-y_1}\left[\frac{z-z_0}{z_1-z_0}f(x_0,y_0,z_1)+\frac{z-z_1}{z_0-z_1}f(x_0,y_0,z_0)\right] \quad (5-37)$$

$$=\begin{bmatrix}\varphi(z_0)\\\varphi(z_1)\end{bmatrix}^{\mathrm{T}}\begin{bmatrix}g_{i+1,4} & g_{i+1,3}\\g_{i,4} & g_{i,3}\end{bmatrix}\begin{bmatrix}\varphi(y_0)\\\varphi(y_1)\end{bmatrix}$$

综合以上各式，得

$$F(x,y,z)=F_1(x,y,z)+F_2(x,y,z)+F_3(x,y,z)-F_4(x,y,z)$$

$$=\begin{bmatrix}\varphi(x_0)\\\varphi(x_1)\end{bmatrix}^{\mathrm{T}}\begin{bmatrix}f_0 & f_1\\f_2 & f_3\end{bmatrix}\begin{bmatrix}\varphi(y_0)\\\varphi(y_1)\end{bmatrix}+\begin{bmatrix}\varphi(x_0)\\\varphi(x_1)\end{bmatrix}^{\mathrm{T}}\begin{bmatrix}f_4 & f_5\\f_6 & f_7\end{bmatrix}\begin{bmatrix}\varphi(y_0)\\\varphi(y_1)\end{bmatrix}+$$

$$\begin{bmatrix}\varphi(x_0)\\\varphi(x_1)\end{bmatrix}^{\mathrm{T}}\begin{bmatrix}f_8 & f_9\\f_{10} & f_{11}\end{bmatrix}\begin{bmatrix}\varphi(y_0)\\\varphi(y_1)\end{bmatrix}-2\begin{bmatrix}\varphi(x_0)\varphi(y_0)\\\varphi(x_0)\varphi(y_1)\\\varphi(x_1)\varphi(y_0)\\\varphi(x_1)\varphi(y_1)\end{bmatrix}^{\mathrm{T}}\begin{bmatrix}g_{i+1,1} & g_{i,1}\\g_{i+1,2} & g_{i,2}\\g_{i+1,4} & g_{i,4}\\g_{i+1,3} & g_{i,3}\end{bmatrix}\begin{bmatrix}\varphi(z_0)\\\varphi(z_1)\end{bmatrix}$$

$$(5-38)$$

至此，推导出了 $F(x, y, z)$ 关于 $f_i(x, y, z)(i=0, 1, \cdots, 11)$ 和节点扰动重力的表达式。节点扰动重力可通过其他方法（点质量或球谐函数法）得到，$f_i(x, y, z)(i=0, 1, \cdots, 7)$ 通过对每条棱所对应的两节点插值获得。对于沿弹道方向的棱 $f_i(x, y, z)(i=8, 9, 10, 11)$，为保证飞行管道的平滑，纳入相邻网格两侧数据的空间趋势信息，同时避免因多点插值引起的龙格现象，采用加权三点插值的方式求取。以 $f_9(x, y, z)$ 的求取为例，如图 5-36 所示。

$$f_9(x,y,z)=\frac{1}{2}L(y)\{g_{i-1,4},g_{i,4},g_{i+1,4}\}+\frac{1}{2}L(y)\{g_{i,4},g_{i+1,4},g_{i+2,4}\}$$

$$=\frac{1}{2}\begin{bmatrix}\dfrac{(y-y_i)(y-y_{i+1})}{\delta y_{i-1}(\delta y_i+\delta y_{i-1})}\\[2mm]-\dfrac{(y-y_{i-1})(y-y_{i+1})}{\delta y_{i-1}\delta y_i}\\[2mm]\dfrac{(y-y_i)(y-y_{i-1})}{\delta y_i(\delta y_i+\delta y_{i-1})}\end{bmatrix}^{\mathrm{T}}\begin{bmatrix}g_{i-1,4}\\g_{i,4}\\g_{i+1,4}\end{bmatrix}+\frac{1}{2}\begin{bmatrix}\dfrac{(y-y_{i+1})(y-y_{i+2})}{\delta y_i(\delta y_i+\delta y_{i+1})}\\[2mm]-\dfrac{(y-y_i)(y-y_{i+2})}{\delta y_i\delta y_{i+1}}\\[2mm]\dfrac{(y-y_i)(y-y_{i+1})}{\delta y_{i+1}(\delta y_i+\delta y_{i+1})}\end{bmatrix}^{\mathrm{T}}\begin{bmatrix}g_{i,4}\\g_{i+1,4}\\g_{i+2,4}\end{bmatrix}$$

$$(5-39)$$

通过相同方法求取其他三条沿弹道方向的棱上的扰动重力值。至此，已完成了主动段单元内部任意一点扰动重力的求解，通过类似的方法可完成被动段扰动重力的快速逼近。

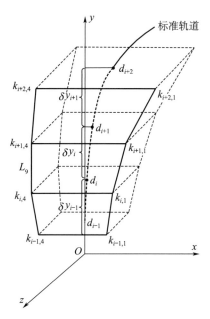

图 5 - 36　主动段 1—网函数计算示意图

5.4　扰动重力场分频余差模型

分频点质量组合模型实质上是一种分频余差模型，它所依据的理论是 Bjerhammar 边值问题理论，将地面上不同分辨率的重力异常通过一定的方式"映射"到埋藏在地表以下一定深度的一个球面上来，转换为这些球面上的点质量数据，最后再利用这些点质量数据恢复外部重力场元素。这实际上相当于地面上对重力异常进行不同频段的划分，形成不同频段的残差。

5.4.1　扰动重力场分频余差逼近方法

一点的重力异常可以表示为以下无穷项级数之和

$$\Delta g = \sum_{n=2}^{\infty} \Delta g_n = \frac{GM}{R^2} \sum_{n=2}^{\infty} (n-1) \sum_{m=0}^{n} (\bar{C}_{nm}^* \cos m\lambda + \bar{S}_{nm} \sin m\lambda) \bar{P}_{nm} (\sin\varphi) \qquad (5-40)$$

$$\sum_{n=2}^{\infty} \Delta g_n = \delta \Delta g_1 + \delta \Delta g_2 + \delta \Delta g_3 + \cdots + \delta \Delta g_m + \delta \Delta g_M \qquad (5-41)$$

其中

$$\Delta g_n = \gamma (n-1) \sum_{m=0}^{n} (\bar{C}_{nm}^* \cos m\lambda + \bar{S}_{nm} \sin m\lambda) \bar{P}_{nm} (\sin\varphi) \qquad (5-42)$$

$\delta \Delta g_n (n=1, 2, \cdots, M)$ 称为重力异常逐级余差，$\delta \Delta g$ 为某一频段内 Δg_n 之和，可分别取为

$$\delta \Delta g_1 = \sum_{n=n_1+1}^{\infty} \Delta g_n \qquad \rightarrow 频域:(n_1+1,\infty)$$

$$\delta \Delta g_2 = \sum_{n=n_2+1}^{n_1} \Delta g_n \qquad \rightarrow 频域:(n_2+1,n_1)$$

$$\vdots \qquad\qquad\qquad (5-43)$$

$$\delta \Delta g_m = \sum_{n=M+1}^{n_{m-1}} \Delta g_n \qquad \rightarrow 频域:(M+1,n_{m-1})$$

$$\Delta g_M = \sum_{n=2}^{M} \Delta g_n = \gamma \sum_{n=2}^{M}(n-1) \sum_{m=0}^{n}(\bar{C}_{nm}^{*}\cos m\lambda + \bar{S}_{nm}\sin m\lambda)\bar{P}_{nm}(\sin\varphi) \qquad (5-44)$$

即一点的重力异常可以表示为分段的 $\delta\Delta g$ 和位系数计算的重力异常之和。

各种重力异常（点和不同块形平均值）及与之相应的重力异常余差所含频域信息可用图 5-37 表示。

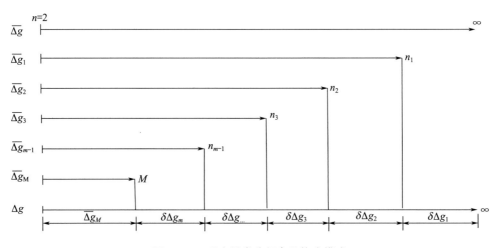

图 5-37　重力异常分频余差构成模式

图中符号 $\overline{\Delta g_1}$ 表示数据块 $S_1^{\circ} \times S_1^{\circ}$ 的平均重力异常，其余依此类推。根据上述，重力异常的逐级残差所含频段信息是衔接的，它们的和则构成一点重力异常 $n=2 \rightarrow \infty$ 全频段信息。根据图 5-37，重力异常逐级余差可按下式求取

$$\delta \Delta g_1 = \Delta g - \overline{\Delta g_1}$$

$$\delta \Delta g_2 = \overline{\Delta g_1} - \overline{\Delta g_2}$$

$$\delta \Delta g_3 = \overline{\Delta g_2} - \overline{\Delta g_3} \qquad (5-45)$$

$$\vdots$$

$$\delta \Delta g_m = \overline{\Delta g_{m-1}} - \overline{\Delta g_M}$$

其中平均重力异常定义为积分平均值

$$
\begin{cases}
\overline{\Delta g}_1 = \dfrac{1}{\Delta \sigma_1} \iint\limits_{\Delta \sigma_1} \Delta g \, \mathrm{d}\sigma \\[3mm]
\overline{\Delta g}_2 = \dfrac{1}{\Delta \sigma_2} \iint\limits_{\Delta \sigma_2} \overline{\Delta g}_1 \, \mathrm{d}\sigma \\[3mm]
\qquad\qquad \vdots \\[2mm]
\overline{\Delta g}_{m-1} = \dfrac{1}{\Delta \sigma_{m-1}} \iint\limits_{\Delta \sigma_{m-1}} \overline{\Delta g}_{m-2} \, \mathrm{d}\sigma
\end{cases}
\tag{5-46}
$$

$$
\overline{\Delta g}_M = \frac{1}{\sigma_M} \iint\limits_{\sigma} \left[\gamma \sum_{n=2}^{M} (n-1) \sum_{m=0}^{n} \left(\overline{C}_{nm}^{*} \cos m\lambda + \overline{S}_{nm} \sin m\lambda \right) \overline{P}_{nm} (\sin \varphi) \right] \mathrm{d}\sigma
\tag{5-47}
$$

或

$$
\overline{\Delta g}_M = \gamma \sum_{n=2}^{M} (n-1) \left(\frac{a}{r} \right)^n \beta_n \sum_{m=0}^{n} \left(\overline{C}_{nm}^{*} \cos m\lambda + \overline{S}_{nm} \sin m\lambda \right) \overline{P}_{nm} (\sin \varphi)
\tag{5-48}
$$

式中　　β_n ——平滑因子。

在确定了重力异常逐级余差的模式后，即可按照常见空间分辨率与模型阶数的对应关系对分频及余差进行具体化，可得到表 5-31 所示的余差方案。

表 5-31　重力异常逐级余差频率节点

分频点	M	n_4	n_3	n_2	n_1
N	36	180	540	2 160	10 800
$S°$	$5°$	$1°$	$20'$	$5'$	$1'$

从而余差为

$$
\begin{aligned}
\delta \Delta g_1 &= \Delta g_{1' \times 1'} - \overline{\Delta g}_{5' \times 5'} \\[2mm]
\delta \Delta g_2 &= \overline{\Delta g}_{5' \times 5'} - \overline{\Delta g}_{20' \times 20'} \\[2mm]
\delta \Delta g_3 &= \overline{\Delta g}_{20' \times 20'} - \overline{\Delta g}_{1° \times 1°} \\[2mm]
\delta \Delta g_4 &= \overline{\Delta g}_{1° \times 1°} - \overline{\Delta g}_{5° \times 5°}
\end{aligned}
\tag{5-49}
$$

借助于分层残差点质量模型的思想，可以用点质量模型的构成过程来重新定义上述余差

$$
\begin{aligned}
\overline{\Delta g}_{1° \times 1°}^{e} &= \overline{\Delta g}_{1° \times 1°} - \overline{\Delta g}_{1° \times 1°}^{S} & &\Rightarrow M_1 \\[2mm]
\overline{\Delta g}_{20' \times 20'}^{e} &= \overline{\Delta g}_{20' \times 20'} - \overline{\Delta g}_{20' \times 20'}^{S} - \overline{\Delta g}_{20' \times 20'}^{M_1} & &\Rightarrow M_2 \\[2mm]
\overline{\Delta g}_{5' \times 5'}^{e} &= \overline{\Delta g}_{5' \times 5'} - \overline{\Delta g}_{5' \times 5'}^{S} - \overline{\Delta g}_{5' \times 5'}^{M_1} - \overline{\Delta g}_{5' \times 5'}^{M_2} & &\Rightarrow M_3 \\[2mm]
\overline{\Delta g}_{1' \times 1'}^{e} &= \overline{\Delta g}_{1' \times 1'} - \overline{\Delta g}_{1' \times 1'}^{S} - \overline{\Delta g}_{1' \times 1'}^{M_1} - \overline{\Delta g}_{1' \times 1'}^{M_2} - \overline{\Delta g}_{1' \times 1'}^{M_3} & &\Rightarrow M_4
\end{aligned}
\tag{5-50}
$$

式中，上标为 S 的项指的是用 36 阶位系数模型计算每个相应分辨率网格的平均重力异常；符号 "$\Rightarrow$" 系指将重力异常余差映射为点质量模型；M_1，M_2，M_3，M_4 分别是利用每级余差求解出来的点质量模型；上标为 M_1 的项指的是用第一组点质量计算每个相应分辨率网格的平均异常；上标为 M_2 的项指的是用第二组点质量计算每个相应分辨率网格的平均

异常；上标为 M_3 的项指的是用第三组点质量计算每个相应分辨率网格的平均异常。从上面余差过程亦可看出，重力异常逐级余差也可以用分频点质量模型来体现。

5.4.2　扰动重力场分频余差建模方法

5.4.2.1　地球外部重力场分频余差模型实现及应用

根据 5.4.1 节的内容，在建立了重力异常逐级余差模式后，就可以利用重力异常余差计算地球外部重力场元素。这里首先简要回顾一下地球重力场分频余差模型建立的整个过程，然后讨论实施建模的过程。

由 Stokes - Pizette 公式，扰动重力三分量的直接法赋值模式为

$$\delta g_r = \frac{R}{4\pi} \iint_\sigma \Delta g \, \frac{\partial S(r,\psi)}{\partial r} \mathrm{d}\sigma$$

$$\delta g_\varphi = -\frac{R}{4\pi r} \iint_\sigma \Delta g \, \frac{\partial S(r,\psi)}{\partial \psi} \cos\alpha \, \mathrm{d}\sigma \qquad (5-51)$$

$$\delta g_\lambda = -\frac{R}{4\pi r} \iint_\sigma \Delta g \, \frac{\partial S(r,\psi)}{\partial \psi} \sin\alpha \, \mathrm{d}\sigma$$

式中各量的含义参见 4.4 节。以扰动重力分量 δ_r 为例，将其积分式写成

$$\delta g_r = \frac{1}{4\pi} \iint_\sigma K(r,\psi) \Delta g \, \mathrm{d}\sigma \qquad (5-52)$$

由于积分函数 $K(r,\psi)$ 随积分变量 ψ 增大对重力场的高频信号起滤波作用，或者说只是计算点附近区域的高频部分起作用。因此在实际应用中，所采用的重力异常数据的分辨率可以随 ψ 增大而逐渐降低。设 $1'\times 1'$、$5'\times 5'$、$20'\times 20'$、$1°\times 1°$ 这样几类平均异常和 N_q 阶的位系数模型，且有 $\psi_1 < \psi_2 < \psi_3 < \psi_4$，采用下式计算

$$\begin{aligned}
\hat{\delta} g_r =\ & \frac{1}{4\pi} \int_0^{2\pi} \int_0^\pi K(r,\psi) \left(\sum_{n=2}^{N_q} \overline{\Delta g_n} \right) \sin\psi \mathrm{d}\psi \mathrm{d}\alpha + \\
& \frac{1}{4\pi} \int_0^{2\pi} \int_0^{\psi_4} K(r,\psi) \left(\sum_{n=N_q+1}^{N_4} \overline{\Delta g_n} \right) \sin\psi \mathrm{d}\psi \mathrm{d}\alpha + \\
& \frac{1}{4\pi} \int_0^{2\pi} \int_0^{\psi_3} K(r,\psi) \left(\sum_{n=N_4+1}^{N_3} \overline{\Delta g_n} \right) \sin\psi \mathrm{d}\psi \mathrm{d}\alpha + \\
& \frac{1}{4\pi} \int_0^{2\pi} \int_0^{\psi_2} K(r,\psi) \left(\sum_{n=N_3+1}^{N_2} \overline{\Delta g_n} \right) \sin\psi \mathrm{d}\psi \mathrm{d}\alpha + \\
& \frac{1}{4\pi} \int_0^{2\pi} \int_0^{\psi_1} K(r,\psi) \left(\sum_{n=N_2+1}^{N_1} \overline{\Delta g_n} \right) \sin\psi \mathrm{d}\psi \mathrm{d}\alpha
\end{aligned} \qquad (5-53)$$

根据前文所述的点质量模型建立过程，解算重力异常余差与点质量之间的方程式，即可求得对应于重力异常逐级余差的点质量，从而可用余差点质量模型和一个低阶位模型的组合来确定外部扰动重力场元素，具体表达式参考 4.2.4.1 节。

需要指出的是，两式中每一项的积分范围见表 5-32。

表 5 - 32　不同高度扰动重力计算所需地面重力数据的范围

类别	高度/km $\overline{\Delta g}$	0	1	5	10	50	100
平原	1'×1'	—	—	—	—	—	—
	5'×5'	15'	15'	15'			
	20'×20'	40'	40'	40'	40'	—	—
	1°×1°	2°	3°	3°	3°	3°	3°
丘陵	1'×1'	2'	2'	—	—	—	—
	5'×5'	10'	10'	10'	10'	—	—
	20'×20'	40'	40'	40'	40'	—	—
	1°×1°	2°	3°	3°	3°	3°	4°
小山区	1'×1'	2'	2'	—	—	—	—
	5'×5'	10'	10'	15'	15'	—	—
	20'×20'	40'	40'	40'	40'	40'	—
	1°×1°	3°	3°	3°	3°	3°	3°
中山区	1'×1'	3'	3'	—	—	—	—
	5'×5'	15'	25'	25'	25'	—	—
	20'×20'	40'	80'	80'	80'	60'	—
	1°×1°	6°	6°	6°	6°	3°	6°
大山区	1'×1'	4'	7'	—	—	—	—
	5'×5'	30'	30'	30'	30'	—	—
	20'×20'	80'	100'	100'	100'	80'	—
	1°×1°	7°	8°	8°	7°	7°	10°
特大山区	1'×1'	10'	10'	3'	—	—	—
	5'×5'	60'	60'	35'	35'	—	—
	20'×20'	4°	4°	2°	2°	3°	—
	1°×1°	15°	14°	10°	10°	12°	12°

5.4.2.2　重力场分频余差模型快速建立

根据前述，重力异常余差的确定是非常关键的。这里以 1°×1°、20'×20'、5'×5' 和 1'×1' 的四层重力异常余差模型构建为例，先说明静态的分频余差模型建立过程，然后再说明快速建立分频余差模型的过程。

若已经预知机动区域的大概范围，覆盖区域的 1°×1°、20'×20'、5'×5' 和 1'×1' 平均重力异常及其相应分辨率的地形平均高数据库，为了保证逼近效果，通常可取实际建模所用数据范围为表 5 - 33 中最大所需范围的 3～5 倍。

表 5 - 33　实际建模所用数据范围

点质量层	点质量分辨率	点质量覆盖范围/网格点数量
深层	$1°\times1°$	$60°\times60°/60\times60$
中层	$20'\times20'$	$8°\times10°/24\times30$
浅层	$5'\times5'$	$4°\times5°/48\times72$
最浅层	$1'\times1'$	$1°\times1°/60\times60$

可以通过如下的第 1～9 步建立：

第 1 步：选取合适的低阶位系数模型，一般是选取到 36 阶；

第 2 步：利用低阶位系数模型计算 $1°\times1°$ 数据区各网格中点的重力异常，从已知的 $1°\times1°$ 数据格网重力异常中减去此模型重力异常，得到第一级重力异常余差；

第 3 步：结合 $1°\times1°$ 格网平均高信息，求解第一级余差点质量模型；

第 4 步：利用低阶位系数模型计算 $20'\times20'$ 数据区各网格中点的重力异常，利用第 3 步解算的第一级余差点质量模型计算 $20'\times20'$ 数据区各网格中点的重力异常，从已知的 $20'\times20'$ 数据区格网重力异常中减去这两种重力异常，得到第二级重力异常余差；

第 5 步：结合 $20'\times20'$ 格网平均高信息，求解第二级余差点质量模型；

第 6 步：利用低阶位模型计算 $5'\times5'$ 数据区各网格中点的重力异常，利用第 3 步解算的第一级余差点质量模型计算 $5'\times5'$ 数据区各网格中点的重力异常，利用第 5 步解算的第二级余差点质量模型计算 $5'\times5'$ 数据区各网格中点的重力异常，从已知的 $5'\times5'$ 数据区格网重力异常中减去此三种重力异常，得到第三级重力异常余差；

第 7 步：结合 $5'\times5'$ 格网平均高信息，求解第三级余差点质量模型；

第 8 步：利用低阶位模型计算 $1'\times1'$ 数据区各网格中点的重力异常，利用第 3 步解算的第一级余差点质量模型计算 $1'\times1'$ 数据区各网格中点的重力异常，利用第 5 步解算的第二级余差点质量模型计算 $1'\times1'$ 数据区各网格中点的重力异常，利用第 7 步解算的第三级余差点质量模型计算 $1'\times1'$ 数据区各网格中点的重力异常，从已知的 $1'\times1'$ 数据区格网重力异常中减去此四种重力异常，得到第四级重力异常余差；

第 9 步：结合 $1'\times1'$ 格网平均高信息，求解第四级余差点质量模型；

第 10 步：将低阶位模型和第一至四级余差点质量模型组合，即可用于恢复区域重力场。

上面的第 1～9 步详细介绍了每层的重力异常余差怎么建，以及如何求解余差点质量模型。其中重力异常余差的计算公式和求解余差点质量模型的公式可参见 4.2 节。

动态快速余差点质量建立过程与上述过程不同之处在于第 9 步，将上述的第 9 步改为：

第 1～8 步：同上，要求在设备机动前完成并存入相应设备；

第 9 步：（快速机动到达目的地后）根据设备机动目的地坐标，从第 8 步得到的第四级重力异常余差中选取目的地周围覆盖范围（最大）为 $10'\times10'$ 的重力异常余差，并选取相应范围的 $1'\times1'$ 格网平均高信息，利用适当的方程组解算方法，建立第四级余差点质量模型；

第 10 步：将低阶位模型和第一至四级余差点质量模型组合，即可用于恢复区域重力场。

从上面的静态和动态的两个第 9 步的不同点可以看出，第四级余差点质量模型解算所用的重力异常覆盖范围明显缩小至表 5-33 中的要求范围，这样做的主要目的就是减少解算运算量，同时又能保证精度。

5.5　扰动重力场球谐换极方法

5.5.1　球谐换极数学描述

地球外部空间任意点 B 相对于旋转地球的地心距 r、地心纬度 φ、经度 λ 为已知时，由球谐函数级数形式表示的地球扰动重力位 T 为

$$T = \frac{\mu}{r} \sum_{n=2}^{s} \sum_{m=0}^{n} \left(\frac{a_e}{r}\right)^n \cdot (\bar{C}_{nm} \cos m\lambda + \bar{S}_{nm} \sin m\lambda) \cdot \bar{P}_{nm}(\cos\theta) \qquad (5-54)$$

式中　$\bar{C}_{nm}$，$\bar{S}_{nm}$——归一化的球谐函数位系数；

　　　$\bar{P}_{nm}$——归一化的 Legendre 函数；

　　　θ，λ——余纬和经度；

　　　n，m——Legendre 函数的阶和次；

　　　s——模型的最高阶数，理论上，模型的阶次 n 取为无穷，而实际计算时只能截断到 s 阶。

对于被动段弹道而言，一定阶次的球谐函数就可以满足扰动重力的赋值精度。但是对快速赋值而言，球谐函数法的主要问题是：由于 Legendre 函数要进行递推计算，阶次高时计算量大；在计算机中，大量三角函数计算也会消耗大量计算时间。为此，希望通过选择合适的极点，将球谐函数变换为地心距、方位角和极距的函数，从而寻求减少计算量的方法。

设将极点由天球北极变换到 $P_0(\theta_P, \lambda_P)$，则 Q 点相对于新极点的方位角 α，极距 ψ 的计算公式为

$$\psi = \arccos[\cos\theta_P \cos\theta + \sin\theta_P \sin\theta \cos(\lambda_P - \lambda)]$$
$$\alpha = \arctan\left[\frac{\sin\theta \sin(\lambda_P - \lambda)}{\sin\theta_P \cos\theta - \cos\theta_P \sin\theta \cos(\lambda_P - \lambda)}\right] \qquad (5-55)$$

即 Q 点在新极坐标系（见图 5-38）下的余纬为 ψ，经度为

$$\sigma = \pi - \alpha \qquad (5-56)$$

在新坐标系中，扰动位球谐展开为

$$T = \frac{\mu}{r} \sum_{n=2}^{s} \left(\frac{a_e}{r}\right)^n \sum_{k=0}^{n} (\bar{A}_{nk}^* \cos k\sigma + \bar{B}_{nk}^* \sin k\sigma) \bar{P}_{nk}(\cos\psi) \qquad (5-57)$$

新坐标系下的扰动位系数和原坐标系下的扰动位系数有关系，也和新极点的坐标有关

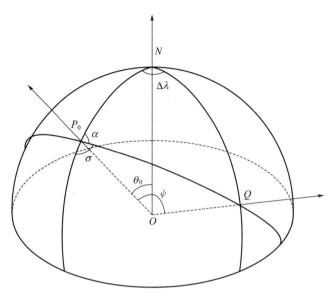

图 5-38 新极坐标系示意图

系。记 $\Delta\lambda = \lambda - \lambda_P$，并令

$$\begin{cases} \bar{C}_{nm}^{**} = \bar{C}_{nm} \cos m\lambda_P + \bar{S}_{nm} \sin m\lambda_P \\ \bar{S}_{nm}^{**} = \bar{S}_{nm} \cos m\lambda_P - \bar{C}_{nm} \sin m\lambda_P \end{cases} \tag{5-58}$$

则式（5-54）变为

$$T = \frac{\mu}{r} \sum_{n=2}^{s} \left(\frac{a_e}{r} \right)^n \sum_{m=0}^{n} (\bar{C}_{nm}^{**} \cos m\Delta\lambda + \bar{S}_{nm}^{**} \sin m\Delta\lambda) \bar{P}_{nm}(\cos\theta) \tag{5-59}$$

齐次多项式存在下述性质，即：任一齐次多项式可表示为经旋转后任意新轴的同阶多项式之和。

对于 Legendre 函数，满足

$$P_{nm}(\cos\theta) \begin{Bmatrix} \cos m\Delta\lambda \\ \sin m\Delta\lambda \end{Bmatrix} = \sum_{k=0}^{n} P_{nk}(\cos\psi) \begin{Bmatrix} a_{nm}^k \cos k\alpha \\ b_{nm}^k \sin k\alpha \end{Bmatrix} \tag{5-60}$$

对于归一化 Legendre 函数，满足

$$\bar{P}_{nm}(\cos\theta) \begin{Bmatrix} \cos m\Delta\lambda \\ \sin m\Delta\lambda \end{Bmatrix} = \sum_{k=0}^{n} \bar{P}_{nk}(\cos\psi) \begin{Bmatrix} \bar{a}_{nm}^k \cos k\alpha \\ \bar{b}_{nm}^k \sin k\alpha \end{Bmatrix} \tag{5-61}$$

联立以上两式，可以得到非归一化系数与归一化系数之间的关系

$$\begin{Bmatrix} \bar{a}_{nm}^k \\ \bar{b}_{nm}^k \end{Bmatrix} = \sqrt{\frac{(n+k)!\ (n-m)!\ \nu_k}{(n-k)!\ (n+m)!\ \nu_m}} \begin{Bmatrix} a_{nm}^k \\ b_{nm}^k \end{Bmatrix}, \ \nu_i = \begin{cases} 1 & i=0 \\ 2 & i \neq 0 \end{cases} \tag{5-62}$$

因此，扰动重力位球谐函数可变换为 (r, α, ψ) 的函数

$$T = \frac{\mu}{r} \sum_{n=2}^{s} \left(\frac{a_e}{r} \right)^n \sum_{k=0}^{n} (\bar{A}_{nk}^{**} \cos k\alpha + \bar{B}_{nk}^{**} \sin k\alpha) \bar{P}_{nk}(\cos\psi) \tag{5-63}$$

变换前后的归一化位系数间的关系为

$$
\begin{cases}
\bar{A}_{nk}^{**} = \sum_{m=0}^{n} \bar{C}_{nm}^{**} \, \bar{a}_{nm}^{k} \\[4mm]
\bar{B}_{nk}^{**} = \sum_{m=0}^{n} \bar{S}_{nm}^{**} \, \bar{b}_{nm}^{k}
\end{cases}
\tag{5-64}
$$

其中，$\bar{a}_{nm}^{k}$，$\bar{b}_{nm}^{k}$ 可递推求解，初值为

$$
\begin{cases}
\bar{a}_{nm}^{0} = \bar{P}_{nm}(\sin\varphi_P) / \sqrt{2n+1} \\[2mm]
\bar{b}_{nm}^{0} = 0
\end{cases}
(n=2\cdots s,\ 0 \leqslant m \leqslant s)
\tag{5-65}
$$

$$
\begin{cases}
\bar{a}_{10}^{1} = \cos\varphi_P \\[2mm]
\bar{a}_{11}^{1} = -\sin\varphi_P \\[2mm]
\bar{b}_{10}^{1} = 0 \\[2mm]
\bar{b}_{11}^{1} = 1
\end{cases}
\tag{5-66}
$$

$\bar{a}_{nn}^{k}$，$\bar{b}_{nn}^{k}$（其中 $n=2,\ 3,\ \cdots,\ s,\ k=1,\ 2,\ \cdots,\ n$）的递推公式为

$$
\begin{cases}
\bar{a}_{nn}^{k} = \alpha_0 \left[\alpha_1 \cos\varphi_P \, \bar{a}_{n-1,n-1}^{k} + \alpha_2 (\bar{b}_{n-1,n-1}^{k-1} - \sin\varphi_P \, \bar{a}_{n-1,n-1}^{k-1}) + \alpha_3 (\bar{b}_{n-1,n-1}^{k+1} + \sin\varphi_P \, \bar{a}_{n-1,n-1}^{k+1}) \right] \\[3mm]
\bar{b}_{nn}^{k} = \alpha_0 \left[\alpha_1 \cos\varphi_P \, \bar{b}_{n-1,n-1}^{k} + \alpha_2 (\bar{a}_{n-1,n-1}^{k-1} - \sin\varphi_P \, \bar{b}_{n-1,n-1}^{k-1}) + \alpha_3 (\bar{a}_{n-1,n-1}^{k+1} + \sin\varphi_P \, \bar{b}_{n-1,n-1}^{k+1}) \right]
\end{cases}
\tag{5-67}
$$

其中

$$
\begin{cases}
\alpha_0 = \dfrac{1}{2} \dfrac{1}{\sqrt{2n(2n-1)}} \\[3mm]
\alpha_1 = 2\sqrt{(n+k)(n-k)} \\[2mm]
\alpha_2 = \xi \sqrt{(n+k)(n+k-1)} \\[2mm]
\alpha_3 = \sqrt{(n-k)(n-k-1)}
\end{cases}
\tag{5-68}
$$

$$
\xi =
\begin{cases}
\sqrt{2} & k=1 \\
1 & k \geqslant 2
\end{cases}
$$

$\bar{a}_{nm}^{k}$，$\bar{b}_{nm}^{k}$（其中 $n=2,\ 3,\ \cdots,\ s,\ k=1,\ 2,\ \cdots,\ n$）的递推公式为

$$
\begin{cases}
\bar{a}_{nm}^{k} = \beta_0 \left[\beta_1 \sin\varphi_P \, \bar{a}_{n-1,m}^{k} + \beta_2 \cos\varphi_P \, \bar{a}_{n-1,m}^{k-1} + \beta_3 \cos\varphi_P \, \bar{a}_{n-1,m}^{k+1} \right] \\[3mm]
\bar{b}_{nm}^{k} = \beta_0 \left[\beta_1 \sin\varphi_P \, \bar{b}_{n-1,m}^{k} + \beta_2 \cos\varphi_P \, \bar{b}_{n-1,m}^{k-1} + \beta_3 \cos\varphi_P \, \bar{b}_{n-1,m}^{k+1} \right]
\end{cases}
\tag{5-69}
$$

其中

$$
\begin{cases}
\beta_0 = \dfrac{1}{2} \dfrac{1}{\sqrt{(n+m)(n-m)}} \\[3mm]
\beta_1 = 2\sqrt{(n+k)(n-k)} \\[2mm]
\beta_2 = \xi \sqrt{(n+k)(n+k-1)} \\[2mm]
\beta_3 = -\sqrt{(n-k)(n-k-1)}
\end{cases}
\tag{5-70}
$$

如果已知式（5-63）中的位系数 $\bar{A}_{nk}^{**}$ 和 $\bar{B}_{nk}^{**}$，则将 $\alpha = \pi - \sigma$ 带入式（5-63）可以得到式（5-59）的位系数

$$\bar{A}_{nk}^* = \begin{cases} \bar{A}_{nk}^{**} & k \in 偶数 \\ -\bar{A}_{nk}^{**} & k \in 奇数 \end{cases} \tag{5-71}$$

$$\bar{B}_{nk}^* = \begin{cases} -\bar{B}_{nk}^{**} & k \in 偶数 \\ \bar{B}_{nk}^{**} & k \in 奇数 \end{cases} \tag{5-72}$$

显然在给定极点的情况下，就可以利用上述系数进行扰动重力三分量计算

$$\delta g_r = \frac{\partial T}{\partial r} = -\frac{\mu}{r^2} \sum_{n=2}^{s} (n+1) \left(\frac{a_e}{r}\right)^n \sum_{k=0}^{n} (\bar{A}_{nk}^* \cos k\sigma + \bar{B}_{nk}^* \sin k\sigma) \bar{P}_{nk}(\cos\psi) \tag{5-73}$$

$$\delta g_\sigma = \frac{1}{r\cos\psi} \frac{\partial T}{\partial \sigma} = -\frac{\mu}{r^2} \sum_{n=2}^{s} \left(\frac{a_e}{r}\right)^n \sum_{k=0}^{n} k(\bar{A}_{nk}^* \sin k\sigma - \bar{B}_{nk}^* \cos k\sigma) \bar{P}_{nk}(\cos\psi) \tag{5-74}$$

$$\delta g_\psi = \frac{1}{r} \frac{\partial T}{\partial \psi} = -\frac{\mu}{r^2} \sum_{n=2}^{s} \left(\frac{a_e}{r}\right)^n \sum_{k=0}^{n} (\bar{A}_{nk}^* \cos k\sigma + \bar{B}_{nk}^* \sin k\sigma) \frac{\mathrm{d}\bar{P}_{nk}(\cos\psi)}{\mathrm{d}\psi} \tag{5-75}$$

在实际应用中需要解决以下几个问题：

1）建立主动段关机点参数与某一极点变换情况下 α，ψ 的关系；

2）推导该情况下系数变换的具体表达式；

3）为提高精度，给出地球自转修正的方法；

4）为提高计算速度，给出变换后球谐函数简化计算的策略。

下面针对两种具体情况做进一步的研究。

5.5.2　球谐函数极点变换

5.5.2.1　基于动量矩与天球交点的极点变换

（1）坐标变换

设关机点动量矩 $\bar{h}$ 方向与地球不动外壳交点为 $O_P(\varphi_P, \lambda_P)$。由于自由段弹道运动方程在轨道坐标系内描述，因此为了方便计算，可以将以地球北极为极点表示的弹道坐标变换为以 O_P 为极点表示的形式。

K'、Q 分别为关机点 K、由关机点决定的标准椭圆弹道上任意点 B 在地球上的箭下点。若在不动外壳上以 O_P 点作为极点，以通过北极 N 和 O_P 点的子午圈中不包含 N 点的半圆弧作为逆时针度量 σ 角的初始子午线。弹道上任意点 B 在此坐标系内的坐标为（r，η，σ），r 为地心距，η 为以 O_P 点为极点时的新"纬度"（对椭圆弹道，$\eta \equiv 0$，即在"赤道"平面飞行），σ 为以 O_P 点为极点时的新"经度"，则自由段的射程角 $\beta = \sigma - \sigma_k$，其中 σ_k 为自由段起始点 K（关机点）的 σ 角。图 5-39 为自由段极点变换的球面三角形图。

O_P 点的纬度 φ_P、经度 λ_P 及换极后关机点的"经度" σ_k 可由关机点 K 的经纬度 λ_k、φ_k 以及关机点的方位角 A_k 来确定。

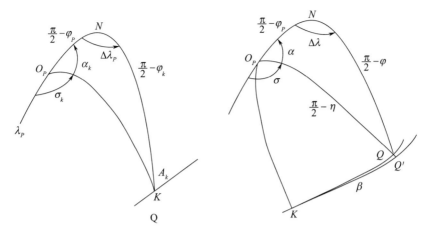

图 5 - 39　自由段极点变换的球面三角形图

关机点 $K(\varphi_k，\lambda_k)$ 的方位角 A_k 为

$$A_k = \tan^{-1}\left(\frac{V_{ek}}{V_{nk}}\right) \qquad (5-76)$$

式中　　V_{ek}，V_{nk} ——关机点 K 的速度在天东北坐标系中的东向和北向分量。

根据图 5 - 39，由球面三角公式可得

$$\sin\varphi_P = \cos\varphi_k \sin A_k \qquad (5-77)$$

$$\begin{cases}\sin\Delta\lambda_P = \cos A_k / \cos\varphi_P \\ \cos\Delta\lambda_P = -\tan\varphi_P \tan\varphi_k\end{cases} \qquad (5-78)$$

$$\begin{cases}\sin\sigma_k = \cos\varphi_k \sin\Delta\lambda_P \\ \cos\sigma_k = -\sin\varphi_k / \cos\varphi_P\end{cases} \qquad (5-79)$$

$$\alpha_k = \pi - \sigma_k \qquad (5-80)$$

对于弹道上任意点 $B(\varphi，\lambda)$，换极后的坐标 $(\eta，\sigma)$ 为

$$\begin{cases}\sin\eta = \sin\varphi_P \sin\varphi + \cos\varphi_P \cos\varphi \cos\Delta\lambda \\[2mm] \sin\sigma = \dfrac{\cos\varphi \sin\Delta\lambda}{\cos\eta} \\[2mm] \cos\sigma = \dfrac{(-\sin\varphi + \sin\varphi_P \sin\eta)}{\cos\varphi_P \cos\eta}\end{cases} \qquad (5-81)$$

其中

$$\Delta\lambda = \lambda - \lambda_P$$

$$\sigma = \sigma_k + \beta \qquad (5-82)$$

式中　β ——标准椭圆弹道上的地心角。

（2）系数变换

对于以动量矩与天球交点为极点的情况，式（5 - 57）可进一步变换为 $(r，\beta，\eta)$ 的函数

$$T = \frac{\mu}{r} \sum_{n=2}^{s} \left(\frac{a_e}{r}\right)^n \sum_{k=0}^{n} \overline{(A_{nk} \cos k\beta + \bar{B}_{nk} \sin k\beta)} \bar{P}_{nk}(\sin \eta) \qquad (5-83)$$

其中

$$\begin{cases} \beta = \sigma - \sigma_k \\ \eta = \dfrac{\pi}{2} - \psi \end{cases} \qquad (5-84)$$

$$\begin{cases} \bar{A}_{nk} = \bar{A}_{nk}^* \cos k\sigma_k + \bar{B}_{nk}^* \sin k\sigma_k \\ \bar{B}_{nk} = \bar{B}_{nk}^* \cos k\sigma_k - \bar{A}_{nk}^* \sin k\sigma_k \end{cases} \qquad (5-85)$$

注意在以上变换过程中取 $\bar{C}_{20} = 0$。

（3）地球自转修正

在考虑地球自转的情况下，箭下点经度变化了 $-\omega_e t$，其中 ω_e 为地球自转速率。对式（5-81）中第 1、3 式求导，并将第 2 式代入，得小偏差方程为

$$\begin{cases} \Delta\sigma = \dfrac{\sin\varphi \sin\eta - \sin\varphi_P}{\sin\sigma \cos\varphi_P \cos^2\eta} \Delta\eta \\ \Delta\eta = \sin\sigma \cos\varphi_P \omega_e t \end{cases} \qquad (5-86)$$

考虑到 $\eta \approx 0°$ 的事实，可以得到 (β, η) 相应的变化量

$$\begin{cases} \Delta\beta = \Delta\sigma = -\sin\varphi_P \omega_e t \\ \Delta\eta = \sin(\sigma_k + \beta) \cos\varphi_P \omega_e t \end{cases} \qquad (5-87)$$

综合以上两方面的影响，并令

$$\begin{cases} \beta_\omega = \beta + \Delta\beta \\ \eta_\omega = \eta + \Delta\eta \end{cases} \qquad (5-88)$$

得

$$T = \frac{\mu}{r} \sum_{n=2}^{s} \left(\frac{a_e}{r}\right)^n \sum_{k=0}^{n} [\bar{A}_{nk} \cos k\beta_\omega + \bar{B}_{nk} \sin k\beta_\omega] \bar{P}_{nk}(\sin \eta_\omega) \qquad (5-89)$$

（4）变换后球谐函数的简化计算

考虑到被动段飞行侧向偏差较小，因此可令 $\eta = 0$，扰动重力加速度 $\delta\bar{g}$ 在坐标系 $O\text{-}r\beta z$ 下的三个分量为

$$\delta g_r = \frac{\partial T}{\partial r} = -\frac{\mu}{r^2} \sum_{n=2}^{s} (n+1)\left(\frac{a_e}{r}\right)^n \sum_{k=0}^{n} (\bar{A}_{nk} \cos k\beta + \bar{B}_{nk} \sin k\beta) \bar{P}_{nk}(0) \qquad (5-90)$$

$$\delta g_\beta = \frac{1}{r\cos\eta} \frac{\partial T}{\partial \beta} = -\frac{\mu}{r^2} \sum_{n=2}^{s} \left(\frac{a_e}{r}\right)^n \sum_{k=0}^{n} k(\bar{A}_{nk} \sin k\beta - \bar{B}_{nk} \cos k\beta) \bar{P}_{nk}(0) \qquad (5-91)$$

$$\delta g_z = \frac{1}{r} \frac{\partial T}{\partial \eta} = \frac{\mu}{r^2} \sum_{n=2}^{s} \left(\frac{a_e}{r}\right)^n \sum_{k=0}^{n} (\bar{A}_{nk} \cos k\beta + \bar{B}_{nk} \sin k\beta) \overline{P'}_{nk}(0) \qquad (5-92)$$

其中

$$\bar{P'}_{nk}(0) = \frac{\mathrm{d}\bar{P}_{nk}(\eta)}{\mathrm{d}\eta}\bigg|_{\eta=0} = \begin{cases} \sqrt{\dfrac{n(n+1)}{2}} \bar{P}_{n1}(0) & k=0 \\ \sqrt{(n-k)(n+k-1)} \bar{P}_{n,k+1}(0) & 1 \leqslant k \leqslant s \end{cases} \qquad (5-93)$$

即使在考虑侧向偏差和地球自转修正的情况下，也无须对 Legendre 函数进行递推计算。

考虑到 η_ω 接近于 0，Legendre 函数可以线性展开，即

$$
\begin{cases}
\bar{P}_{nk}(\sin\eta_\omega) = \bar{P}_{nk}(0) + \bar{P}'_{nk}(0)\eta_\omega + \dfrac{1}{2}\bar{P}''_{nk}(0)\eta_\omega^2 \\[3mm]
\dfrac{\mathrm{d}\bar{P}_{nk}(\sin\eta_\omega)}{\mathrm{d}\eta_\omega} = \bar{P}'_{nk}(0) + \bar{P}''_{nk}(0)\eta_\omega
\end{cases}
\tag{5-94}
$$

$\bar{P}_{nk}(0)$，$\bar{P}'_{nk}(0)$ 的计算同前，$\bar{P}''_{nk}(0)$ 的计算如下

$$
\begin{aligned}
\bar{P}''_{nk}(0) &= \frac{\mathrm{d}^2 \bar{P}_{nk}(\eta)}{\mathrm{d}\eta^2}\Big|_{\eta=0} \\[2mm]
&= \begin{cases}
\dfrac{1}{2}\sqrt{\dfrac{n(n+1)}{2}(n-1)(n+2)}\,\bar{P}_{n2}(0) & k=0 \\[4mm]
\dfrac{1}{2}\sqrt{(n-k-1)(n-k)(n+k+1)(n+k+2)}\,\bar{P}_{n,k+2}(0) - k\bar{P}_{n,k}(0) & 1 \leqslant k \leqslant s
\end{cases}
\end{aligned}
\tag{5-95}
$$

则扰动重力加速度 $\delta\bar{g}$ 在坐标系 $O-r\beta z$ 下的三个分量为

$$
\delta g_r = \frac{\partial T}{\partial r} = -\frac{\mu}{r^2}\sum_{n=2}^{s}(n+1)\left(\frac{a_e}{r}\right)^n \sum_{k=0}^{n}(\bar{A}_{nk}\cos k\beta_\omega + \bar{B}_{nk}\sin k\beta_\omega)\bar{P}_{nk}(\sin\eta_\omega)
\tag{5-96}
$$

$$
\delta g_\beta = \frac{1}{r\cos\eta}\frac{\partial T}{\partial\beta} = -\frac{\mu}{r^2}\sum_{n=2}^{s}\left(\frac{a_e}{r}\right)^n \sum_{k=0}^{n}k(\bar{A}_{nk}\sin k\beta_\omega - \bar{B}_{nk}\cos k\beta_\omega)\bar{P}_{nk}(\sin\eta_\omega)
\tag{5-97}
$$

$$
\delta g_z = \frac{1}{r}\frac{\partial T}{\partial\eta} = \frac{\mu}{r^2}\sum_{n=2}^{s}\left(\frac{a_e}{r}\right)^n \sum_{k=0}^{n}(\bar{A}_{nk}\cos k\beta_\omega + \bar{B}_{nk}\sin k\beta_\omega)\frac{\mathrm{d}\bar{P}_{nk}(\sin\eta_\omega)}{\mathrm{d}\eta_\omega}
\tag{5-98}
$$

结果比对时需要将扰动重力的表示由轨道坐标系转换到天东北坐标系，转换关系式为

$$
\bar{g}_{rEN} = M_1(\gamma)\bar{g}_{r\beta\eta}
\tag{5-99}
$$

其中

$$
\begin{cases}
\cos\gamma = \dfrac{\sin\varphi_P - \sin\varphi\sin\eta}{\cos\varphi\cos\eta} \\[4mm]
\sin\gamma = \dfrac{\cos\varphi_P\sin\Delta\lambda}{\cos\eta}
\end{cases}
\tag{5-100}
$$

注意上式中的 $\Delta\lambda$ 为绝对经差。

5.5.2.2　基于关机点的极点变换

（1）坐标变换

除可以动量矩与天球交点为极点外，还可以主动段关机点为极点。如图 5 - 40 所示，以关机点 $K(\varphi_k, \lambda_k)$ 为新的极点，即

$$
\begin{cases}
\varphi_P = \varphi_k \\
\lambda_P = \lambda_k
\end{cases}
\tag{5-101}
$$

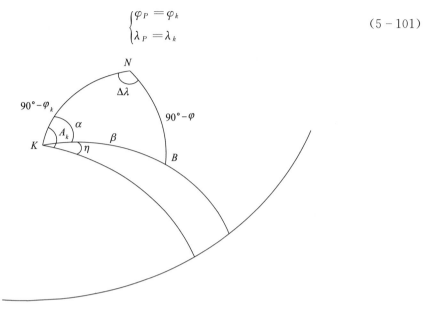

图 5-40　极点变换示意图

弹道上一点 $B(\varphi,\lambda)$ 针对新极点的极距与方位角为 (β,α)。则由图 5-40 得

$$
\begin{cases}
\cos\beta = \sin\varphi_k \sin\varphi + \cos\varphi_k \cos\varphi \cos\Delta\lambda \\
\sin\alpha = \dfrac{\cos\varphi}{\sin\beta}\sin\Delta\lambda \\
\cos\alpha = \dfrac{\sin\varphi - \sin\varphi_k \cos\beta}{\cos\varphi_k \sin\beta}
\end{cases}
\tag{5-102}
$$

（2）系数变换

对于以关机点为极点的情况，可进一步化为 (r,β,η) 的函数

$$
\begin{cases}
\psi = \beta \\
\eta = A_k - \alpha
\end{cases}
\tag{5-103}
$$

式中　A_k——不考虑地球旋转对应的关机点方位角。

令

$$
\begin{cases}
\bar{A}_{nk} = \bar{A}_{nk}^{**}\cos kA_k + \bar{B}_{nk}^{**}\sin kA_k \\
\bar{B}_{nk} = \bar{A}_{nk}^{**}\sin kA_k - \bar{B}_{nk}^{**}\cos kA_k
\end{cases}
\tag{5-104}
$$

扰动重力位为

$$
T = \frac{\mu}{r}\sum_{n=2}^{s}\left(\frac{a_e}{r}\right)^n \sum_{k=0}^{n}(\bar{A}_{nk}\cos k\eta + \bar{B}_{nk}\sin k\eta)\bar{P}_{nk}(\cos\beta)
\tag{5-105}
$$

则在坐标系 $O-r\beta z$ 下扰动重力三个分量可表示为

$$
\delta g_r = \frac{\partial T}{\partial r} = -\frac{\mu}{r^2}\sum_{n=2}^{s}(n+1)\left(\frac{a_e}{r}\right)^n \sum_{k=0}^{n}(\bar{A}_{nk}\cos k\eta + \bar{B}_{nk}\sin k\eta)\bar{P}_{nk}(\cos\beta)
\tag{5-106}
$$

$$\delta g_\beta = \frac{1}{r} \frac{\partial T}{\partial \beta} = \frac{\mu}{r^2} \sum_{n=2}^{s} \left(\frac{a_e}{r}\right)^n \sum_{k=0}^{n} (\bar{A}_{nk} \cos k\eta + \bar{B}_{nk} \sin k\eta) \, \overline{P}'_{nk}(\cos\beta) \qquad (5-107)$$

$$\delta g_z = \frac{1}{r\sin(\beta)} \frac{\partial T}{\partial \eta} = -\frac{\mu}{r^2\sin\beta} \sum_{n=2}^{s} \left(\frac{a_e}{r}\right)^n \sum_{k=0}^{n} k (\bar{A}_{nk} \sin k\eta - \bar{B}_{nk} \cos k\eta) \bar{P}_{nk}(\cos\beta)$$

$$(5-108)$$

其中，Legendre 函数及其微分的计算公式如下。

当 $k < n$ 时

$$\bar{P}_{nk}(\cos\beta) = \sqrt{\frac{4n^2-1}{n^2-m^2}} \cos\beta \bar{P}_{n-1,k}(\cos\beta) - \sqrt{\frac{2n+1}{2n-3} \frac{(n-1)^2-m^2}{n^2-m^2}} \bar{P}_{n-2,k}(\cos\beta)$$

$$(5-109)$$

当 $k = n$ 时

$$\bar{P}_{nk}(\cos\beta) = \sqrt{\frac{2n+1}{2n}} \sin\beta \bar{P}_{n-1,k-1}(\cos\beta) \qquad (5-110)$$

当 $k \leqslant n$ 时

$$\frac{\mathrm{d}\bar{P}_{nk}(\cos\beta)}{\mathrm{d}\beta} = -\sqrt{\frac{2n+1}{2n-1}(n^2-m^2)} \frac{\bar{P}_{n-1,k}(\cos\beta)}{\sin\beta} + n\cot\beta \bar{P}_{nk}(\cos\beta) \quad (\beta \neq 0)$$

$$(5-111)$$

（3）地球自转修正

对式（5 - 102）中第 1，3 式求导，并将第 2 式代入，得

$$\begin{cases} \Delta\beta = -\sin\alpha\cos\varphi_k\omega_e t \\ \Delta\alpha = \dfrac{\sin\varphi\cos\beta - \sin\varphi_k}{\cos\varphi_k\sin^2\beta\sin\alpha}\Delta\beta \end{cases} \qquad (5-112)$$

即

$$\begin{cases} \Delta\beta = -\sin\alpha\cos\varphi_k\omega_e t \\ \Delta\eta = (\sin\varphi\cos\beta - \sin\varphi_k)\omega_e t / \sin^2\beta \end{cases} \qquad (5-113)$$

令

$$\begin{cases} \beta_\omega = \beta + \Delta\beta \\ \eta_\omega = \eta + \Delta\eta \end{cases} \qquad (5-114)$$

则

$$T_{\omega_e} = \frac{\mu}{r}\left[1 + \sum_{n=2}^{s}\left(\frac{a_e}{r}\right)^n \sum_{k=0}^{n} (\bar{A}_{nk}\cos k\eta_\omega + \bar{B}_{nk}\sin k\eta_\omega) P_{nk}(\cos\beta_\omega)\right] \qquad (5-115)$$

（4）变换后球谐函数的简化计算

如果侧向偏差完全可以不考虑，则 $k\eta_\omega \approx 0$，则

$$T_{\omega_e} = \frac{\mu}{r}\left[1 + \sum_{n=2}^{s}\left(\frac{a_e}{r}\right)^n \sum_{k=0}^{n} \bar{A}_{nk}\bar{P}_{nk}(\cos\beta_\omega)\right] \qquad (5-116)$$

对应的轨道坐标系中的扰动重力为

$$\delta g_r = \frac{\partial T}{\partial r} = -\frac{\mu}{r^2}\sum_{n=2}^{s}(n+1)\left(\frac{a_e}{r}\right)^n \sum_{k=0}^{n} \bar{A}_{nk}\bar{P}_{nk}(\cos\beta_\omega) \qquad (5-117)$$

$$\delta g_\beta = \frac{1}{r}\frac{\partial T}{\partial \beta} = \frac{\mu}{r^2}\sum_{n=2}^{s}\left(\frac{a_e}{r}\right)^n\sum_{k=0}^{n}\bar{A}_{nk}\,\overline{P'}_{nk}(\cos\beta_\omega) \tag{5-118}$$

$$\delta g_z = \frac{1}{r\sin(\beta)}\frac{\partial T}{\partial \eta} = \frac{\mu}{r^2\sin\beta}\sum_{n=2}^{s}\left(\frac{a_e}{r}\right)^n\sum_{k=0}^{n}k\bar{B}_{nk}\bar{P}_{nk}(\cos\beta_\omega) \tag{5-119}$$

如果地球旋转也可以忽略，则

$$T_{\omega_e=0} = \frac{\mu}{r}\left[1 + \sum_{n=2}^{s}\left(\frac{a_e}{r}\right)^n\sum_{k=0}^{n}\bar{A}_{nk}\bar{P}_{nk}(\cos\beta)\right] \tag{5-120}$$

对应的轨道坐标系中的扰动重力为

$$\delta g_r = \frac{\partial T}{\partial r} = -\frac{\mu}{r^2}\sum_{n=2}^{s}(n+1)\left(\frac{a_e}{r}\right)^n\sum_{k=0}^{n}\bar{A}_{nk}\bar{P}_{nk}(\cos\beta) \tag{5-121}$$

$$\delta g_\beta = \frac{1}{r}\frac{\partial T}{\partial \beta} = \frac{\mu}{r^2}\sum_{n=2}^{s}\left(\frac{a_e}{r}\right)^n\sum_{k=0}^{n}\bar{A}_{nk}\,\overline{P'}_{nk}(\cos\beta) \tag{5-122}$$

$$\delta g_z = \frac{1}{r\sin(\beta)}\frac{\partial T}{\partial \eta} = \frac{\mu}{r^2\sin\beta}\sum_{n=2}^{s}\left(\frac{a_e}{r}\right)^n\sum_{k=0}^{n}k\bar{B}_{nk}\bar{P}_{nk}(\cos\beta) \tag{5-123}$$

由于随着 k 的增大，$\bar{A}_{nk}$，$\bar{B}_{nk}$ 的值迅速变小，因此虽然 $k\eta$ 的值会很大，但对结果的影响并不大。

结果比对时需要将扰动重力的表示由轨道坐标系转换到天东北坐标系，转换关系式为

$$\bar{g}_{rEN} = M_1(\gamma)\bar{g}_{r\beta\eta} \tag{5-124}$$

其中

$$\begin{cases}\sin\gamma = \dfrac{\sin\varphi_k - \cos\beta\sin\varphi}{\sin\beta\cos\varphi} \\[3mm] \cos\gamma = \dfrac{\sin\Delta\lambda\cos\varphi_k}{\sin\beta}\end{cases} \tag{5-125}$$

注意上式中的 $\Delta\lambda$ 为绝对经差。

第 6 章　垂线偏差确定

地球重力场包含不同的波段。长波段尺度 4 000 km，主要由地球深部地核、地幔及核幔边界起伏产生；中波段尺度 500 km，由地球上地幔、岩石圈、莫霍面起伏和地面大尺度山系产生；小于 500 km 的短波分量则主要由地形起伏产生；小于 30 km 的甚短波成分，则完全由局部地形起伏产生。短波和甚短波对大地水准面的贡献可分别达到分米和厘米级。中长波和大于 100 km 的短波，目前可由新一代卫星重力模型（GRACE 和 GOCE）提供，其短波分量精度可达厘米级，中长波精度优于厘米级，因此高精度局部重力场确定的关键是精密计算由地形产生的短波分量，同时要求有相应分辨率的地面重力数据，例如 $5' \times 5'$ 或 $10' \times 10'$，现有的实测重力数据分布，除了在一些经济发达地区，一般很难达到这样的高分辨率；在山区，大部分重力数据分布稀疏，甚至存在空白区。在这些地区要建立高分辨率高精度局部重力场模型，特别是垂线偏差模型（因其对局部地形变化特别敏感），必须利用高分辨率地形模型和适合的地形重力归算平滑及内插方法。本章研究了 Stokes – Helmert 法和 Molodensky 法两种垂线偏差高精度建模及计算方法，实现了垂线偏差从天文测量到高精度数值计算的发展。

6.1　Stokes – Helmert 凝集法理论

6.1.1　Helmert 地形引力解算方法

Stokes 方法是确定局部重力场最常用的方法，实用上是用地面点的正高 H 将重力观测值加空间改正归算到大地水准面，确定其上的空间重力异常 Δg，直接用于 Stokes 积分公式计算大地水准面上的扰动位。空间改正用的是正常重力梯度，正常重力场是假定椭球外部无质量，因此空间改正是移去地形质量后地球重力场随空间高度变化的改正（$+0.308\ 6H$），但并未明确地形移向何处，通常解释是移到大地水准面下面，使计算点落到大地水准面上，这种解释存在的问题是，比计算点高的地形仍然位于大地水准面外部，违反了 Stokes 理论要求。这种调整地形质量的含混解释，无法建立其间接影响的实用模型。然而用这种方法计算的扰动位（或大地水准面）经检验还能达到一定的精度，例如米级或分米级。这是因为重力观测值中未加地形影响的改正，这就相当于移到大地水准面下部的地形起到了补偿作用，但无法准确计算补偿后的残余直接和间接地形影响，显然这种传统方法，在厘米级精度要求下，需要改进其中移去地形的模式。

Molodensky 方法理论上不需要移去地形，正是该方法的出发点和优点，它摆脱了 Stokes 方法需要已知地形密度分布的困难。但事实上地面及其外部扰动位又必然因地形起伏而变，因此其导出的级数解包含了地形影响项 G_n $(n=1, 2, \cdots)$。由于在建立以地面为边界面的边值条件方程中，引入了虚拟单层密度函数 ϕ，使其产生的扰动位 T 满足边值条件，由此将边值条件方程转化为一个关于求解未知函数 ϕ 的积分方程，这相当在正常地球表面构造一个虚拟扰动质量，使其产生的扰动位变化反映计算点周围地形高的变化，与地形密度无关，只与地形高有关，在解算的级数展开模型中包含了周边地形相对计算点高度变化 $(h-h_p)$ 的地形影响，可直接处理。其主要问题是计算 G_n 过于复杂耗时，其级数各项正负相间，其收敛性目前尚无定论，通常计算高程异常只取到 G_1 项，精度和 Stokes 方法确定大地水准面类似。已有研究指出，由于地面垂线偏差比高程异常对局部地形起伏更敏感，当要求达到秒级时，则需要考虑 G_2 或更高项次，这就大大降低了 Molodensky 级数的应用效果。

其他试图改进 Molodensky 模型的一类方法，包括 Moritz 的向下延拓解，或以向下延拓为特点的 Bjerhammar 虚拟球面边值问题，虽然理论上都已相当完善，但实际应用中向下延拓本身固有的欠适定和误差放大效应，至今尚未得到完美解决，因而目前并未得到普遍应用，只是其中虚拟点质量模型因其简单实用，只涉及普通线性代数方程求解虚拟点质量，计算效率高，但用于求解垂线偏差，其效果和精度尚缺乏试验研究。

将大地水准面上部的地形质量移去，再以一定的方式对移去的地形质量进行补偿，是解算 Stokes 边值问题处理地形影响的基本方法。移去-补偿的要求有以下三项：

1）保持地球总质量守恒，不改变地球外部重力场；

2）保持地球质心不变；

3）残差地形影响保持小量。

完全布格改正是将全部地形质量移去。补偿模式主要包括 Pratt 均衡补偿模式、Airy 均衡补偿模式、Rudzki 逆归算补偿模式以及 Helmert 凝集补偿模式。

Pratt 均衡补偿模式是将地形物质均匀填入海平面至补偿面之间，补偿深度为 100 km。Airy 均衡补偿模式是设想海平面下部一定深度 D 处是岩浆，其上漂浮着一座山，陆上部分为可见地形，山体下部沉入岩浆，山越高沉入越深，称为山根，山体密度为地壳平均密度。补偿深度 D 一般取 $D=30$ km 或其他选择值。Pratt 均衡补偿模式和 Airy 均衡补偿模式都是把地形质量垂直补偿到海面下一定深度。

Rudzki 逆归算补偿模式的出发点是要求补偿物质对地面上产生的引力位 V'，严格等于地形物质对补偿物质中对应点产生的引力位 V，即 $V'=V$，当对应质元 $\mathrm{d}m$ 和 $\mathrm{d}m'$，以及质元球心距 r 和 r'，分别满足 $\mathrm{d}m'=R\mathrm{d}m/r$ 和 $r'=R^2/r$，则有 $\mathrm{d}V'=\mathrm{d}V$。这种补偿形式相当于将地形体倒置于大地水准面之下，形成一种镜像对应，但由于 $\mathrm{d}m'\neq \mathrm{d}m$，$\mathrm{d}m'$ 略小于 $\mathrm{d}m$。

Helmert 凝集补偿模式是使地形沿垂线方向向下凝集在大地水准面上，使之成为一个厚度趋于零的薄层，其密度分布为 $\rho_t H$，即地形体的密度与高程的乘积。

比较以上地形补偿模式，其中均衡补偿和凝集补偿均可保持地球总质量守恒，不会改变地球外部重力场，且残差地形影响保持小量，但凝集补偿层对地面点的引力 δg_c 和引力位 δV_c，比均衡补偿物质对地面点产生的引力 δg_I 和引力位 δV_I，更接近地形体对地面点

产生的影响 δg 和 δV，因此凝集补偿产生的残差地形影响小于均衡补偿的影响，即 $\delta g_c <$ δg_1 和 $\delta V_c < \delta V_1$。但另一项对移去-补偿的要求不能满足，即补偿物质改变了地球物质自然分布，因此改变了地球的质心位置，产生了位移 ΔX_0，理论研究和计算表明，对于 Helmert 凝集补偿模式来说，当保持质量守恒时，$|\Delta X_0| = 16\ mm$（其中假定地球为圆球，总质量为 $M = 5.97 \times 10^{24}\ kg$，半径 $R = 6\ 371\ km$，地形体密度 $\rho_t = 2.67\ g/cm^3$）。由此调整质量分布后引力位的球谐展开级数，其零阶项消失，但存在一个微小的一阶项，需要加改正。反之，当保持地球质心不变，强制 $\Delta X = 0$，则必须改变凝集层的密度，不等于 $\rho_t H$，使地球总质量略微变小，$\delta M < 0$，则存在零阶球谐项，相应大地水准面的零阶改正 $\delta N = -50\ mm$。对均衡补偿模式存在类似的问题，当保持总质量守恒，因其调整物质分布的"动作"较大，涉及大地水准面下深部，预计 $|\Delta X|_{均衡} > 16\ mm$，但目前尚无理论研究和试算结果。根据移去-补偿三项要求，通过上述对这两种地形补偿模式的比较，显然，选择保持质量守恒的 Helmert 凝集补偿模式更适合。

对于 Rudzki 逆归算补偿模式，由于其必须改变地球总质量，从而改变了地球外部重力场，这在理论上是不允许的。但研究指出，其质量相对减小只有 10^{-8} 量级，应用上加零阶项改正也是可行的，但由于这种模式存在这种理论上的缺陷，在应用上被放弃。

总的说来，上述地形移去-补偿模式都是确定的，都可精确计算地形补偿的直接和间接影响，但都不能同时满足三项要求的前两项。分析结果可以认为 Helmert 凝集补偿模式优于其他模式。

6.1.2　Stokes - Helmert 垂线偏差确定方法

以下计算步骤可同时或分别解算大地水准面和地面扰动位，并按相应 Stokes 公式计算大地水准面高 N 和高程异常 ζ，以及按相应 Vening - Meinesz 公式计算垂线偏差。

（1）数据资料编辑处理

所需数据包括地面离散重力和测点正常高观测数据集，最好能附有相应数据的精度信息；所需资料包括：高分辨率数字高程模型（DEM）；高阶高精度全球重力场模型位系数集；正常重力公式和正常重力位模型；CGCS2000 大地测量系统椭球及相关参数。

数据编辑包括：对不同历史时期重力数据基准系统的统一；对采用的国际上发布的高分辨率 DEM 结合区域实测的数字地形库评价精度，剔除明显粗差；对采用的全球重力场模型利用重力和 GPS 水准资料进行精度检验。

（2）建立高分辨率地形高格网化数据库

根据计算各类地形影响所要求达到的分辨率和精度，利用一个具有更高分辨率的国际公认的全球地形高数字格网模型，处理成计算区域内 $7.5'' \times 7.5''$ 的高程数字格网模型。

（3）地面空间重力异常数据的拟合和格网化

1）计算重力测点的空间异常 Δg_F

$$\Delta g_F = g - \delta g_F - \gamma_0 \tag{6-1}$$

2）计算布格重力异常 Δg_B

$$\Delta g_B = \Delta g_F + \delta g_{BP} + \delta g_{TC} \tag{6-2}$$

3）计算均衡重力异常 Δg_I

$$\Delta g_I = \Delta g_B + \delta g_{IC} \tag{6-3}$$

式中　γ_0——椭球面正常重力；

　　　δg_{BP}，δg_{TC}——分别为地形布格片和相对测点的局部地形改正，两项之和为完全布格改正，用以消除整个地形对测点的引力；

　　　δg_{IC}——地形均衡改正，用以弥补大地水准面下部亏损质量对测点的引力。

Δg_I 相比 Δg_F 和 Δg_B，不但量值小，而且变化平滑，最有利于拟合内插。以上三步计算均需用到地形高数字模型，其中计算点的高程 h_P 则用实测高程。

4）建立高分辨率地形均衡异常格网化数据库。

利用离散点的"观测"均衡重力异常作为已知（采样）值，采用连续曲率张力样条函数作插值函数，插值计算 $2' \times 2'$ 格网节点上的均衡异常。

5）将格网均衡异常，按地面重力归算相反的过程，分别恢复大地水准面上和地面的空间异常，即

$$\Delta g_F = \Delta g_I - (\delta g_{BP} + \delta g_{TC}) \tag{6-4}$$

为此，将 $2' \times 2'$ 格网再划分为 4 个 $1' \times 1'$ 子格网，利用 $7.5'' \times 7.5''$ DEM，分别计算子格网 9 个节点的地形改正（$\delta g_{BP} + \delta g_{TC}$），并用较简单的内插方法，由 $2' \times 2'$ 格网 4 个节点上的 $(\Delta g_I)_i (i=1,2,\cdots,4)$，内插子格网 9 个节点的均衡异常，$(\Delta g_I)_j$，$j=1,2,\cdots,9$，并恢复相应节点的空间重力异常

$$(\Delta g_F)_j = (\Delta g_I)_j - (\delta g_{BP} + \delta g_{TC})_j, j=1,2,\cdots,9 \tag{6-5}$$

若 $2' \times 2'$ 格网中还有 r 个实测点的空间异常，则和节点值一并取平均，作为 $2' \times 2'$ 格网平均空间异常

$$\overline{\Delta g_F} = \frac{1}{9+r} \sum_{j=1}^{9+r} (\Delta g_F)_j \tag{6-6}$$

由此完成 $2' \times 2'$ 格网 $\overline{\Delta g_F}$ 模型的建立，实用上，可以认为地面的空间异常数值上等于大地水准面上的空间异常。这一步为利用 Stokes 公式计算地面扰动位和大地水准面上扰动位（或高程异常 ζ 和大地水准面高 N），以及垂线偏差提供了重力异常的基础格网数据。

（4）地形引力直接影响

由 $\delta A(r,\Omega)$ 的计算公式计算 $2' \times 2'$ 格网点上地面的地形引力直接影响

$$\delta A(r,\Omega) = A^t(r,\Omega) - A^c(r,\Omega) = \frac{\partial \delta V}{\partial r} \bigg|_{S_t} \tag{6-7}$$

其中，$A^t(r,\Omega)$，$r=R+H$，即完全布格地形改正；$A^c(r,\Omega)$，$r=R+H$，为 S_g 上的 Helmert 地形凝集层物质对地面点的引力；$\delta A(r,\Omega)$ 的计算公式由 $\partial \delta V / \partial r$ 导出。

（5）基本地形间接影响

由 $\delta V(R,\Omega)$ 的计算公式计算 $2' \times 2'$ 格网点上大地水准面的基本地形间接影响和对 $\Delta g(R,\Omega)$ 的第二间接影响 $\delta S(R,\Omega)$

$$\delta V(r,\Omega) = V^t(r,\Omega) - V^c(r,\Omega)\big|_{r=R} \qquad (6-8)$$

式中　　$V^t(r,\Omega)$，$V^c(r,\Omega)$——分别为地形引力位和 Helmert 地形凝集层对大地水准
　　　　　　　　　　　面上和外部任一点 (r,Ω) 的引力位。

基本地形间接影响，即移去－补偿的残差地形位对大地水准面上扰动位的影响为
$\delta V(R,\Omega)$，则

$$T(R,\Omega) = T^h(R,\Omega) + \delta V(R,\Omega)$$

由此可以计算 $\delta S(R,\Omega)$

$$\delta S(R,\Omega) = \frac{2}{R}\delta V(R,\Omega) \qquad (6-9)$$

（6）Helmert 重力异常

按下式计算 $2' \times 2'$ 格网点上的 Helmert 重力异常 Δg^h

$$\Delta g^h = g_P - \gamma_Q + F_P + \delta A_P + \delta S(R,\Omega) \qquad (6-10)$$

其中，点 P 和点 Q 分别为地面和正常椭球面上的点，则 $\Delta g^h = \Delta g^h(R,\Omega)$，为 Helmert
重力场"调整的大地水准面"上的重力异常；当 P，Q 分别为地面点和对应的正常地球表
面 Σ 上的点时，空间改正 $F_P = 0$；δA_P 为地形物质移动对 g_P 的直接影响；$\delta S(R,\Omega)$ 为物
质移动对正常重力 γ 的"间接影响"，是将大地水准面上的重力异常 Δg 归化到 Helmert
重力场中的 Δg^h 所加的改正项

$$\delta S(R,\Omega) = \frac{2}{R}\delta V(R,\Omega) \qquad (6-11)$$

实用中将地面重力异常与大地水准面上重力异常视为相等。

（7）空间异常和垂线偏差的球谐展开模型

对于 Stokes 理论的边值条件式 $\Delta g = -\dfrac{\partial T}{\partial r} - \dfrac{2T}{R}$ 以及垂线偏差定义式 $\xi = -\dfrac{1}{\gamma R}\dfrac{\partial T}{\partial \varphi}$ 和 η
$= \dfrac{1}{\gamma R \cos\varphi}\dfrac{\partial T}{\partial \lambda}$，分别将扰动位模型代入各式，可得以扰动位模型系数 $\{\bar{C}_{nm}, \bar{S}_{nm}\}$ 表达的
空间异常和垂线偏差球谐级数

$$\Delta g(r,\varphi,\lambda) = \frac{GM}{r^2}\sum_{n=2}^{\infty}(n-1)\left(\frac{a}{r}\right)^n\sum_{m=0}^{n}(\bar{C}_{nm}\cos m\lambda + \bar{S}_{nm}\sin\lambda)\bar{P}_{nm}(\sin\varphi) \quad (6-12)$$

$$\begin{cases} \xi(r,\varphi,\lambda) = -\dfrac{GM}{M_E\gamma r}\sum_{n=2}^{\infty}\left(\dfrac{a}{r}\right)^n\sum_{m=0}^{n}\dfrac{\partial\bar{P}_{nm}(\sin\varphi)}{\partial\varphi}(\bar{C}_{nm}\cos m\lambda + \bar{S}_{nm}\sin\lambda) \\[3mm] \eta(r,\varphi,\lambda) = \dfrac{GM}{N_E\gamma r\cos\varphi}\sum_{n=2}^{\infty}\left(\dfrac{a}{r}\right)^n\sum_{m=0}^{n}(-\bar{C}_{nm}\sin m\lambda + \bar{S}_{nm}\cos\lambda)m\bar{P}_{nm}(\sin\varphi) \end{cases}$$

$$(6-13)$$

式中的位系数 $\bar{C}_{nm}$ 已省略了"＊"号。M_E 和 N_E 分别为椭球子午圈和卯酉圈曲率半径，当
略去大地纬度 B 与球心纬度 φ 的微小差别，即取 $\varphi \approx B$ 时，则

$$M_E \approx a(1-e^2)/(1-e^2\sin^2\varphi)^{3/2}$$

$$N_E \approx a/(1-e^2\sin^2\varphi)^{1/2}$$

（8）计算 $2' \times 2'$ 格网重力异常的模型值 Δg_M^h 及残差异常 $\delta \Delta g^h$

1）由式（6-12）计算子格网 $1' \times 1'$ 的 9 个节点的 $\Delta g_i^h (i = 1, 2, \cdots, 9)$ 模型值，则 $2' \times 2'$ 格网平均模型值 Δg_M^h 为

$$\Delta g_M^h = \overline{\Delta g_M^h} = \frac{1}{9} \sum_{i=1}^{9} (\Delta g_M^h)_i \tag{6-14}$$

2）计算残差异常 $\delta \Delta g^h$

$$\delta \Delta g^h = \Delta g^h - \Delta g_M^h \tag{6-15}$$

由式（6-12）计算的重力异常，为地面或大地水准面上的纯空间异常，并非 Helmert 重力异常，其中不含 δA 和 δS，保留在 $\delta \Delta g^h$ 中。

（9）由残差异常 $\delta \Delta g^h$ 计算大地水准面上的残差扰动位 $\delta(T_g)$［或 $\delta(N)$］以及地面残差扰动位 $\delta(T_t)$［或 $\delta(\zeta)$］

$$\begin{cases} \delta(T_g) = \dfrac{R}{4\pi} \iint_\sigma \delta \Delta g^h S(\psi) \mathrm{d}\sigma \\ \delta(N) = \delta(T_g) / \gamma \end{cases} \tag{6-16}$$

$$\begin{cases} \delta(T_t) = \dfrac{R}{4\pi} \iint_\sigma \delta \Delta g^h S(R + h, \psi) \mathrm{d}\sigma \\ \delta(\zeta) = \delta(T_t) / \gamma \end{cases} \tag{6-17}$$

在式（6-16）中 Δg^h 未加 Molodensky G_1 项或 Moritz 的向下延拓梯度改正。这是因为 Stokes-Helmert 边值问题仍然是基于 Stokes 理论，只是用于 Helmert 重力场，其重力异常 Δg^h 已消去了地形直接影响，不是通常意义下的纯空间异常，本质上类似于地形均衡异常。实际上 Helmert 的移去-补偿是 Pratt 和 Airy 均衡移去-补偿的特例，或者说是极限。此时，按 Stokes 理论，S_g 外部已无质量存在，用于计算地面高程异常，它满足 Bruns 公式，即地面点 P 点的重力位 W_P 等于正常地球表面对应点 Q 的正常位 U_Q（$W_P = U_Q$），和大地水准面上的情况 $W_0 = U_0$ 完全类似。按 Stokes 理论，ζ 理论上应该为过 P 点的水准面与过 Q 点的水准面之间的差距，也和大地水准面差距 N 有完全类似的意义。这是用 Stokes 方法去解算 Molodensky 问题。最后应由下面两式分别恢复 S_g 和 S_t 上的扰动位

$$\begin{cases} T_g = T_M(r_t, \Omega) + \delta(T_g) + \delta V(R, \Omega) - \Delta T \\ N = T_g / \gamma_g \end{cases} \tag{6-18}$$

$$\begin{cases} T_t = T_M + \delta(T_t) + \delta V(R, \Omega) \\ \zeta = T_t / \gamma_t \end{cases} \tag{6-19}$$

在式（6-18）中，ΔT 是对 T_M 的改正，其意义是 $T_M(r_t, \Omega)$ 是地面点的扰动位，不是大地水准面上的扰动位 $T_M(r_g, \Omega)$，ΔT 是地面扰动位与大地水准面上扰动位之差 $\Delta T = T_M(r_t, \Omega) - T_M(r_g, \Omega)$，$\Delta T$ 的计算公式为

$$\Delta T = -\left(\Delta g_B h - \frac{1}{2} \frac{\partial \delta g}{\partial h} \cdot h^2 \right) \tag{6-20}$$

式中　Δg_B ——布格异常；

δg ——扰动重力；

h ——正常高。

最后，要建立 T_g 和 T_t 的 $2'\times2'$ 格网化数字模型。

（10）计算地面垂线偏差（ξ，η）

1）计算地面任一点（r，Ω）的垂线偏差的模型值（ξ_M，η_M）。由式（6-13）计算 $2'\times2'$ 子格网 $1'\times1'$ 的 9 个节点的 $(\xi_M，\eta_M)_i$，$(i=1,2,\cdots,9)$，取平均，得 $2'\times2'$ 格网模型值（ξ_M，η_M）

$$\bar\xi_M=\frac{1}{9}\sum_{i=1}^{9}(\xi_M)_i,\quad \bar\eta_M=\frac{1}{9}\sum_{i=1}^{9}(\eta_M)_i \tag{6-21}$$

同样，（ξ_M，η_M）并非 Helmert 重力场的垂线偏差，其中不包含 δA 和 δS 的影响。

2）由 Helmert 残差重力异常 $\delta\Delta g^h$，计算地面任一点（r，Ω）的残差垂线偏差（$\delta\xi$，$\delta\eta$）

$$\begin{cases}\delta\xi=\dfrac{1}{4\pi\bar\gamma}\iint_\sigma\delta\Delta g^h\,\dfrac{\partial S(r,\psi)}{\partial\psi}\cos\alpha\,\mathrm{d}\sigma\\[2mm]\delta\eta=\dfrac{1}{4\pi\bar\gamma}\iint_\sigma\delta\Delta g^h\,\dfrac{\partial S(r,\psi)}{\partial\psi}\sin\alpha\,\mathrm{d}\sigma\end{cases} \tag{6-22}$$

$$\frac{\partial S(r,\psi)}{\partial\psi}=-\frac{R}{r}\sin\psi\left(\frac{2r^2}{l^3}+\frac{3}{l}-\frac{5}{r}+\frac{3R}{rl}\cos\psi\,\frac{r+l}{r+l-R\cos\psi}-\frac{3}{r}\ln\frac{r+l-R\cos\psi}{2r}\right) \tag{6-23}$$

式（6-22）中的 $\delta\Delta g^h$ 由式（6-15）计算，$\bar\gamma$ 为平均正常重力，$S(r，\psi)$ 为广义 Stokes 函数，l 为计算点与积分流动点之间的距离，α 为垂线偏差方位角。

3）恢复移去的模型垂线偏差

$$\begin{cases}\xi(r,\varphi,\lambda)=\xi_M(r,\varphi,\lambda)+\delta\xi(r,\varphi,\lambda)\\\eta(r,\varphi,\lambda)=\eta_M(r,\varphi,\lambda)+\delta\eta(r,\varphi,\lambda)\end{cases} \tag{6-24}$$

由式（6-24）计算 $2'\times2'$ 格网平均垂线偏差 $\{\bar\xi,\bar\eta\}_{2'\times2'}$ 或任一地面点（r，φ，λ）垂线偏差。

6.1.3　高分辨率高精度地面局部重力场确定策略

（1）构建高分辨率（$2'\times2'$）地面重力异常格网数字模型

采用地形均衡重力归算，以高分辨率地形均衡重力异常为基础进行拟合内插；拟合插值函数采用连续曲率张力样条函数，该方法对实测重力数据中包含的地形影响敏感，在山区均衡重力异常变化反映地形变化，张力样条函数对局部地形起伏有较好自适应特性，特别适宜在重力数据稀疏地区的拟合内插。

（2）精化地形影响

采用 Helmert 第二类（地形）凝集法，将地形质量垂向压缩凝集在大地水准面上成薄层，这种地形移去-补偿模式，优于其他模式，其优点已在 6.1.1 节中做了分析，能比较好地符合对移去-补偿模式的三项基本要求，且物理概念简明，能比较方便地计算地形间接影响。

（3）精化各类地形影响的球面积分公式

传统积分公式采用平面近似，之后发展为球面近似，但均忽略了其中球面曲率的影响项，本书研究推导了严格顾及此项的精密球面积分公式，使精度提高到 1 cm 级。

（4）精化局部重力场短波和甚短波分量

提出将确定局部重力场扰动位的 Stokes 积分公式等价分解为多分辨率表达形式，即 $S(\Delta g + \delta A) = S(\Delta g) + S(\delta A)$，$S(\cdot)$ 为 Stokes 积分算子，其中 Δg 为较低分辨率的格网值，δA 为地形直接影响，在计算 $S(\delta A)$ 中，Stokes 核函数采用高阶或甚高阶球谐展开级数，利用高分辨率 DEM 计算高分辨率或甚高分辨率 δA 格网数据，可使 $S(\delta A)$ 的分辨率达到优于 10 km，甚至更高，可最大限度恢复局部地形变化的贡献。

6.2　Molodensky 理论

6.2.1　基于球面展开 Molodensky 问题严密级数解

6.2.1.1　地表扰动场元

在利用斯托克斯理论推求大地水准面时，从理论上说必须知道存在于大地水准面外的地壳物质的密度分布。但目前人类所掌握的地壳信息还不能满足这个要求，而只能采用一些假说来弥补。虽然这些假说的真实性所造成的影响不是很大，但至少在理论上是不严格的，而且也使大地水准面的确定精度难以提高。为此，苏联学者 M. S. Molodensky 在 1945 年提出了一种直接应用地面测量数据研究地球表面形状和外部重力场的理论，该理论避开了大地水准面概念中必须已知地壳质量密度分布的难点，开创了研究地球形状及其外部重力场的新阶段，之后经过众多学者的发展，逐步确定了研究地球重力场的现代理论。

所谓 Molodensky 问题，则是在已知地球总质量、地球自转角速度，并给定了地面上所有点相对某一点的重力位和重力矢量的情况下，确定地球表面的形状及其外部重力场。

在求 Molodensky 问题时，也要引入一个总质量与地球质量相等、旋转角速度与地球自转角速度相同的水准椭球。一方面它的表面可以作为地面任一点大地高的起算面；另一方面以它产生的重力场作为地球外部重力场的近似，即所谓的正常重力场。实际地球重力位 W 和正常重力位 U 之差称为扰动位，用 T 表示，即

$$T = W - U \tag{6-25}$$

还有一个已知条件是，已知地球表面上任一点 P 相对于某一固定点 O（通常位于大地水准面上）的重力位差 $W_0 - W_P$。只要在 O 和 P 之间进行了水准测量，并沿水准路线进行了重力测量，则按 $W_0 - W_P = -\int_O^P g\,\mathrm{d}h$ 就可求得这个位差。现以沿过 P 点的正常重力线的重力平均值 $\bar{\gamma}$ 除这一位差，则得正常高 H^γ，即

$$H^\gamma = \frac{W_0 - W_P}{\bar{\gamma}} = \frac{\int_O^P g\,\mathrm{d}h}{\bar{\gamma}} \qquad\qquad (6-26)$$

如果在过 P 点的正常重力线取一点 N（如图 6-1 所示），它的正常重力位值 U_N 与正常椭球面上的位值 U_0 之差等于 $W_P - W_0$，即

$$W_0 - W_P = U_0 - U_N \qquad\qquad (6-27)$$

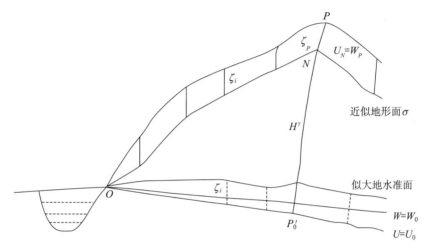

图 6-1　近似地形面与似大地水准面

由正常高的定义，得

$$H^\gamma = \frac{U_0 - U_N}{\bar{\gamma}} \qquad\qquad (6-28)$$

这说明正常高 H^γ 就是 N 点到正常椭球面的距离，也就是正常水准面 $U = U_N$ 与正常椭球面 $U = U_0$ 之间正常重力线的长度，这就是正常高的物理意义。显然，对于地面上任一点 P，都可以找到满足式的一个相应点 N，将这些点连接起来构成一个曲面，这个曲面称为近似地形面 σ。由于正常高可以由式（6-28）求得，因此这个近似地形面可以认为是已知的，它可作为推求地球表面的第一近似。

差距 $\overline{PN}$ 称之为高程异常，通常用 ζ 表示。显然 P 点的高程异常 ζ_P 为

$$\zeta_P = \frac{U_N - U_P}{\gamma_P} \qquad\qquad (6-29)$$

式中，U_P 为地面 P 点的正常重力位，分母的 γ_P 严格说应取 P 和 N 点之间的正常重力值，但由于 ζ 的最大值只有百米左右，用 γ_P 代替所引起的误差完全可以被忽略。由式（6-25），有

$$U_P = W_P - T_P \qquad\qquad (6-30)$$

因此，可以写出

$$U_N - U_P = U_N - W_P + T_P \qquad\qquad (6-31)$$

再利用式（6-27）变换右端的 $U_N - W_P$，然后代入式（6-29），得

$$\zeta_P = \frac{T_P}{\gamma_P} - \frac{W_0 - U_0}{\gamma_P} \tag{6-32}$$

式中　W_0——地球表面上某一固定点 O 的重力位值；

　　　U_0——椭球面上的正常重力位值。

又因大地高 H 是地面点到椭球面的距离，故有

$$H = H^\gamma + \zeta \tag{6-33}$$

如此，似大地水准面又可解释为自正常椭球面 $U=U_0$ 沿正常重力线截取相应地面点的高程异常 ζ，把这些连接起来，所构成的一个较地球表面平滑得多的曲面。

地球表面任意点 P 的重力值 g_P 与其在近似地形面上相应点 N 的正常重力值值 γ_N 之差，称为地面重力异常，通常记为 Δg，即

$$\Delta g = g_P - \gamma_N = g_P - \gamma_0 + 0.308\,6H^\gamma \tag{6-34}$$

显然，地面重力异常也可解释为将正常重力按正常高由正常椭球面归算到近似地形面，由于近似地形面是已知的，故它是能够精确计算的。但是，在 Stokes 理论中

$$\Delta g = (g_P + 0.3086H^g) - \gamma_0 \approx g_0 - \gamma_0 \tag{6-35}$$

是将重力按正高由地面归算到大地水准面，需要引入一些假设，因而是不能精确求得的。在计算时，若高程都采用近似高程的话，二者数值上是相等的，但它们的物理解释有着本质的区别。很显然，引入地面重力异常的物理背景是由于 Molodensky 理论中所有量是在正常重力空间度量的，也包括正常高系统。

若分别用 H 和 h 表示沿重力线和正常重力线的高度方向，则由定义知

$$\Delta g = -\frac{\partial W}{\partial H}\bigg|_P + \frac{\partial U}{\partial h}\bigg|_N \tag{6-36}$$

由于重力线与正常重力线之间的夹角一般不超过一个角分，可以不区分它们，所以上式可简化为

$$\Delta g = -\frac{\partial W}{\partial h}\bigg|_P + \frac{\partial U}{\partial h}\bigg|_N \tag{6-37}$$

将 $\dfrac{\partial U}{\partial h}\bigg|_N$ 按泰勒级数展开，有

$$\frac{\partial U}{\partial h}\bigg|_N = \frac{\partial U}{\partial h}\bigg|_P - \frac{\partial^2 U}{\partial h^2}\bigg|_P \zeta$$

代入式（6-37）后，得

$$\Delta g = -\frac{\partial(W-U)}{\partial h}\bigg|_P - \frac{\partial^2 U}{\partial h^2}\bigg|_P \zeta \tag{6-38}$$

再利用正常重力和扰动位的定义，以及高程异常的表达式，可将上式改写为

$$\Delta g = -\frac{\partial T}{\partial h}\bigg|_P + \frac{T}{\gamma}\frac{\partial \gamma}{\partial h}\bigg|_P - \frac{W_0 - U_0}{\gamma}\frac{\partial \gamma}{\partial h}\bigg|_P \tag{6-39}$$

其中的下标 P 表示在地面上取值，略去下标并假定 $W_0 = U_0$，则可简写为

$$\Delta g = -\frac{\partial T}{\partial h} + \frac{T}{\gamma}\frac{\partial \gamma}{\partial h} \tag{6-40}$$

　　这里的 h 也可近似视为地面点到正常椭球面的高度。该式即为地面重力异常与扰动位的基本关系式。

　　地球表面上每一点的重力 g 和正常重力 γ 不但大小不等，而且在方向上也有差异。前者与地球水准面相正交，而后者则垂直于正常水准面。通常把地面一点的重力方向与正常重力方向的夹角称为地面垂线偏差。为了讨论它与扰动位的关系，设 ξ 为地面垂线偏差的子午分量，η 为卯酉分量；假定当实际重力方向位于正常重力方向西南方时，ξ，η 为正值；反之为负值。如图 6-2 所示，以研究点 P 为坐标原点设置三维直角坐标系，它的 z 轴沿 P 点的正常重力 γ 的反方向；xy 平面与正常水准面相切，x 轴位于子午面内向北为正；y 轴位于卯酉圈内向东为正；xyz 构成局部左手坐标系。如此，当 ξ，η 为正值时，重力 g 在 x 轴和 y 轴上的分量 g_x，g_y 都为负值。因此，很容易写出如下关系式

$$\begin{cases} \tan\xi = -\dfrac{g_x}{g\cos(g,\gamma)} \\[2mm] \tan\eta = -\dfrac{g_y}{g\cos(g,\gamma)} \end{cases} \tag{6-41}$$

　　根据力和位的关系，以及 $W = U + T$，可以得到

$$\begin{cases} g_x = \dfrac{\partial W}{\partial x} = \dfrac{\partial U}{\partial x} + \dfrac{\partial T}{\partial x} \\[2mm] g_y = \dfrac{\partial W}{\partial y} = \dfrac{\partial U}{\partial y} + \dfrac{\partial T}{\partial y} \end{cases} \tag{6-42}$$

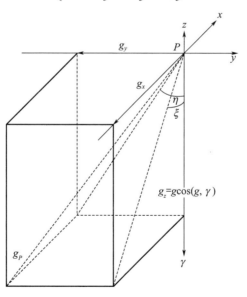

图 6-2　扰动重力与垂线偏差的关系

　　由于 x 轴和 y 轴都与正常重力正交，因此正常重力在 x 轴和 y 轴上的分量为零，也就是说正常位 U 对 x 轴和 y 轴的偏导数为零。这样一来，式（6-41）可以写为

$$\begin{cases} \tan\xi = -\dfrac{1}{g\cos(g,\gamma)} \dfrac{\partial T}{\partial x} \\ \tan\eta = -\dfrac{1}{g\cos(g,\gamma)} \dfrac{\partial T}{\partial y} \end{cases} \tag{6-43}$$

地面垂线偏差是由于扰动质量的引力所引起的，它与实际重力值相比是一个很小的数值，故地面垂线偏差的数值也是很小的，在大部分地区只有几个角秒，最大值也就是一个角分左右。所以，对式（6-43）可以采用一些近似措施，不会造成有碍使用的影响。它们是：

1）以 ξ、η 分别代替 $\tan\xi$ 和 $\tan\eta$；

2）以 γ 代替 $g\cos(g,\gamma)$；

3）认为

$$\frac{\partial T}{\partial x} = \frac{\partial T}{(M+H)\partial B} \approx \frac{\partial T}{r\partial B} \approx \frac{\partial T}{R\partial B}$$

$$\frac{\partial T}{\partial y} = \frac{\partial T}{(N+H)\cos B\partial L} \approx \frac{\partial T}{r\cos B\partial L} \approx \frac{\partial T}{R\cos B\partial L}$$

式中　M，N，R ——分别为地球椭球的子午、卯酉和平均曲率半径；

　　　r ——P 点的地心向径。

如此式（6-43）可以写为

$$\begin{cases} \xi \approx -\dfrac{1}{\gamma} \dfrac{\partial T}{r\partial B} \approx -\dfrac{1}{\gamma} \dfrac{\partial T}{R\partial B} \\ \eta \approx -\dfrac{1}{\gamma} \dfrac{\partial T}{r\cos B\partial L} \approx -\dfrac{1}{\gamma} \dfrac{\partial T}{R\cos B\partial L} \end{cases} \tag{6-44}$$

这就是地面垂线偏差两个分量与扰动位的基本关系式。

6.2.1.2　Molodensky 理论概述

所谓 Molodensky 边值问题是指，扰动位 T 在地球外部空间满足 Laplace 方程

$$\Delta T = \frac{\partial^2 T}{\partial X^2} + \frac{\partial^2 T}{\partial Y^2} + \frac{\partial^2 T}{\partial Z^2} = 0 \tag{6-45}$$

在地球表面上满足边值条件

$$\frac{\partial T}{\partial h} - \frac{T\partial\gamma}{\gamma\partial h} = -\Delta g \tag{6-46}$$

由于地球表面是未知的，实践中以已知的近似地球面 σ 作为边值问题的界面。因为两者之差高程异常相对地球半径来说是有限的，因此所引起的误差是可以忽略的。所以又可将 Molodensky 问题表示成固定边值问题，即在近似地球面上满足

$$\left[\frac{\partial T}{\partial h} - \frac{T\partial\gamma}{\gamma\partial h}\right]_\sigma = -\Delta g \tag{6-47}$$

在求解时，M. S. Molodensky 基应用了一个巧妙的方法，那就是应用质体位的等值层原理，将扰动位表示成单层位，并把边值条件转化为一个积分方程。

用在近似地形面 σ 上的一个单层引力位来表示扰动位 T，则有

$$T(P) = \iint\limits_{\sigma} \frac{\kappa(Q)}{l(P,Q)} \mathrm{d}\sigma(Q) \qquad (6-48)$$

式中　κ——单层密度与引力常数的乘积；

　　　$l(P,Q)$——流动单元面积 $\mathrm{d}\sigma(Q)$ 和研究点 P 的距离。

由于单层位的一阶导数有在通过层面时不连续的特性，在层面上的导数为

$$\left.\frac{\partial T}{\partial h}\right|_P = -2\pi\kappa_P\cos\beta_P - \iint\limits_{\sigma}\kappa(Q)\frac{\partial}{\partial h_P}\left(\frac{1}{l(P,Q)}\right)\mathrm{d}\sigma(Q) \qquad (6-49)$$

式中　β——σ 面的法线与 h 方向的夹角。

将这个式子与式（6-48）一起代入式（6-47），得到

$$2\pi\kappa_P\cos\beta_P - \iint\limits_{\sigma}\kappa(Q)\left[\frac{\partial}{\partial h_P}\left(\frac{1}{l(P,Q)}\right) - \frac{1}{\gamma_P}\frac{\partial\gamma}{\partial h_P}\frac{1}{l(P,Q)}\right]\mathrm{d}\sigma(Q) = \Delta g(P) \quad (6-50)$$

它是 κ 应满足的积分方程。解这个积分方程确定出 κ，再代入式（6-48），就可求得扰动位 T。

尽管式（6-50）中的 h 方向可近似视为正常椭球面的外法线方向，但是对距离倒数求导时仍然很复杂。为此，实践中在涉及异常重力场有关量的方程式中，可以将正常椭球近似视为一个球，这样在边界面处理上引入了可以容忍的扁率级误差，这就是球近似。它的几何意义如图 6-3 所示，可以理解为将一个属于椭球的大地坐标为 (B,L,H) 的空间点 P 映射到属于 $r=R$ 的圆球的球坐标 (r,B,L) 的点 P'。这个球的半径 R 与椭球的长短半径 a 和 b 的关系为 $R = \sqrt[3]{a^2 b}$。

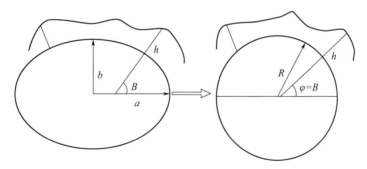

图 6-3　Moritz 球近似的几何意义

P' 的球坐标 ϕ，λ 取为等于 P 的大地坐标，而 P' 距圆球的高度 h 等于 P 点的大地高，所以 P' 的向径 r 为

$$r = R + h \qquad (6-51)$$

所谓球近似就是在形式上应用 P 点计算，而实际上是用 P' 点计算，并且有

$$\frac{\partial}{\partial h} = \frac{\partial}{\partial r}$$

$$-\frac{\partial\gamma}{\gamma\partial h} \approx -\frac{r^2}{fM}\frac{\partial}{\partial r}\frac{fM}{r^2} = \frac{2}{r} \qquad (6-52)$$

同时，流动点 $Q(r=R+h, B, L)$ 和研究点 $P(r_P = R + h_P, B_P, L_P)$ 之间的距离

可表示为

$$l = \sqrt{r^2 - 2rr_P \cos\psi + r_P^2}$$
$$\cos\psi = \sin B \sin B_P + \cos B \cos B_P \cos(L - L_P)$$

$$(6-53)$$

将式（6-52）代入式（6-50），可将积分方程改化为

$$2\pi\kappa_P \cos\beta_P - \iint\limits_{\sigma} \kappa(Q)\left[\frac{\partial}{\partial r_P}\left(\frac{1}{l}\right) + \frac{2}{r_P l}\right]\mathrm{d}\sigma(Q) = \Delta g(P) \qquad (6-54)$$

由式（6-53）对 r_P 求导，得

$$\frac{\partial}{\partial r_P}\left(\frac{1}{l}\right) = -\frac{1}{l^2}\frac{\partial l}{\partial r_P} = -\frac{r_P - r\cos\psi}{l^3} \qquad (6-55)$$

再利用式（6-53），消去 $\cos\psi$，得

$$\frac{\partial}{\partial r}\left(\frac{1}{l}\right) = \frac{r^2 - r_P^2 - l^2}{2r_P l^3} \qquad (6-56)$$

代入式（6-54），得

$$2\pi\kappa_P \cos\beta_P - \int_{\sigma}\left[\frac{3}{2r_P l} + \frac{r^2 - r_P^2}{2r_P l^3}\right]\kappa(Q)\mathrm{d}\sigma(Q) = \Delta g(P) \qquad (6-57)$$

该式的积分面是近似地形面，为了简化它，习惯上将地面 σ 化成单位球面 ω。由于近似地形面与向径方向的夹角为 β_Q（见图 6-4），所以 $\mathrm{d}\sigma(Q)$ 与 $\mathrm{d}\omega(Q)$ 的关系为

$$\mathrm{d}\sigma(Q) = r^2 \sec\beta\mathrm{d}\omega(Q) \qquad (6-58)$$

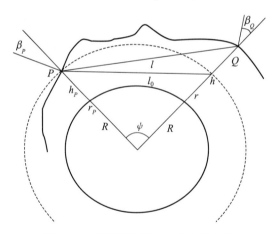

图 6-4　地形面法线与 h 方向的夹角

将其代入式（6-57），最后得到

$$2\pi\kappa_P \cos\beta_P - \iint\limits_{\sigma}\left[\frac{3}{2r_P l} + \frac{r^2 - r_P^2}{2r_P l^3}\right]\kappa(Q)r^2\sec\beta\mathrm{d}\omega(Q) = \Delta g(P) \qquad (6-59)$$

这就是 Molodensky 边值问题所应满足的积分方程。如果能从它解出 κ，再代入式（6-48），就可求出扰动位。

下面将它们应用于近似地形面与过 P 点的球面相重合的情况。此时，$h = h_P$，$r = r_P$ 和 $\beta = 0$，式（6-59）和式（6-48）分别变为

$$2\pi\kappa_0 - \frac{3}{2}r_P\iint_\sigma\frac{\kappa_0}{l_0}\mathrm{d}\omega(Q) = \Delta g \tag{6-60}$$

$$T_0 = r_P^2\iint_\omega\frac{\kappa_0}{l_0}\mathrm{d}\omega \tag{6-61}$$

式中 κ_0—— κ 的球面近似值;

l_0—— P 点至流动点 Q 沿向径与过 P 点球面的交点的距离。

这两个方程是 Stokes 边值问题的单层位表示形式,因而它们的解就是 Stokes 解,即

$$T_0 = r_P^2\iint_\sigma\frac{\kappa_0}{l_0}\mathrm{d}\omega = \frac{r_P}{4\pi}\iint_\omega\Delta g S(\psi)\mathrm{d}\omega \tag{6-62}$$

将其代入式(6-60),则可求得 κ_0 为

$$\kappa_0 = \frac{\Delta g}{2\pi} + \frac{3}{16\pi^2}\iint_\omega\Delta g S(\psi)\mathrm{d}\omega \tag{6-63}$$

再将式(6-60)中 Δg 的积分表示代入式(6-62),得关于 κ_0 的恒等式

$$r_P^2\iint_\sigma\frac{\kappa_0}{l_0}\mathrm{d}\omega + \frac{r_P}{4\pi}\iint_\omega\left[\frac{3}{2}r_P\iint_\sigma\frac{\kappa_0'}{l_0'}\mathrm{d}\omega'\right]S(\psi)\mathrm{d}\omega = \frac{r_P}{2}\iint_\omega\kappa_0 S(\psi)\mathrm{d}\omega \tag{6-64}$$

6.2.1.3 地面扰动位严格球近似解

为了简化 Molodensky 积分方程式(6-59),先推导出球近似下地面两点间距离倒数及其径向导数的级数展开式。

如图 6-5 所示,当流动点 Q 点的高程 h 大于研究点 P 的高程 h_P 时,有

$$\frac{1}{l} = \frac{1}{l_0}\sum_{n=0}^\infty\left(\frac{r-r_P}{l_0}\right)^n P_n\left(\cos\frac{\pi+\psi}{2}\right) = \frac{1}{l_0}\sum_{n=0}^\infty\left(\frac{h-h_P}{l_0}\right)^n P_n\left(-\sin\frac{\psi}{2}\right) \tag{6-65}$$

而当 Q 点的高程 h 小于研究点 P 的高程 h_P 时,则得

$$\frac{1}{l} = \frac{1}{l_0}\sum_{n=0}^\infty\left(\frac{r_P-r}{l_0}\right)^n P_n\left(\cos\frac{\pi-\psi}{2}\right) = \frac{1}{l_0}\sum_{n=0}^\infty\left(\frac{h_P-h}{l_0}\right)^n P_n\left(\sin\frac{\psi}{2}\right) \tag{6-66}$$

再利用 Legender 函数的性质

$$P_n(-x) = (-1)^n P_n(x) \tag{6-67}$$

则可将地面两点间距离倒数表达成统一的级数展开式,即

$$\frac{1}{l} = \frac{1}{l_0}\sum_{n=0}^\infty\left(\frac{r-r_P}{l_0}\right)^n P_n\left(-\sin\frac{\psi}{2}\right) = \frac{1}{l_0}\sum_{n=0}^\infty\left(\frac{h-h_P}{l_0}\right)^n P_n\left(-\sin\frac{\psi}{2}\right) \tag{6-68}$$

其中

$$l_0 = 2r_P\sin\frac{\psi}{2} \tag{6-69}$$

级数展开式(6-68)顾及了地球的曲率,比平面近似展开准确,是严格球近似展开式,同时由于右端的 l_0 具有几何距离意义,故认为该展开式是解析展开式。

再由式(6-68)对 r_P 求导,顾及式(6-69),得

$$\frac{\partial}{\partial r_P}\left(\frac{1}{l}\right) = \sum_{n=0}^\infty\left[-2(n+1)\sin\frac{\psi}{2}\frac{(h-h_P)^n}{l_0^{n+2}} - n\frac{(h-h_P)^{n-1}}{l_0^{n+1}}\right]P_n\left(-\sin\frac{\psi}{2}\right)$$

$$\tag{6-70}$$

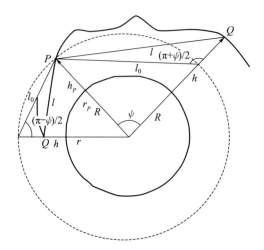

图 6 - 5　球近似地面两点间距离倒数展开示意图

将其整理成高差的幂级数，得

$$\frac{\partial}{\partial r_P}\left(\frac{1}{l}\right) = \sum_{n=0}^{\infty} \frac{(h-h_P)^n}{l_0^{n+2}}\left[-2(n+1)\sin\frac{\psi}{2}P_n\left(\sin\frac{\psi}{2}\right) - (n+1)P_{n+1}\left(-\sin\frac{\psi}{2}\right)\right]$$

$$(6-71)$$

由于

$$(n+1)P_{n+1}\left(-\sin\frac{\psi}{2}\right) = -(2n+1)\sin\frac{\psi}{2}P_n\left(-\sin\frac{\psi}{2}\right) - nP_{n-1}\left(-\sin\frac{\psi}{2}\right)$$

$$(6-72)$$

代入式（6-70），得

$$\frac{\partial}{\partial r_P}\left(\frac{1}{l}\right) = \sum_{n=0}^{\infty} \frac{(h-h_P)^n}{l_0^{n+2}}\left[nP_{n-1}\left(-\sin\frac{\psi}{2}\right) - \sin\frac{\psi}{2}P_n\left(\sin\frac{\psi}{2}\right)\right] \qquad (6-73)$$

顾及式（6-68），可以得出

$$\frac{r^2-r_P^2}{2r_Pl^3} = \frac{\partial}{\partial r_P}\left(\frac{1}{l}\right) + \frac{1}{2r_Pl} = \sum_{n=0}^{\infty} \frac{(h-h_P)^n}{l_0^{n+2}}nP_{n-1}\left(-\sin\frac{\psi}{2}\right) \qquad (6-74)$$

由于零次项恒为零，令 $n=n+1$，可将式（6-74）改写为

$$\frac{r^2-r_P^2}{2r_Pl^3} = \frac{h-h_P}{l_0^3}\sum_{n=0}^{\infty}\left(\frac{h-h_P}{l_0}\right)^n(n+1)P_n\left(-\sin\frac{\psi}{2}\right) \qquad (6-75)$$

考虑到

$$r^2 = (r_P+h-h_P)^2 = r_P^2 + 2r_P(h-h_P) + (h-h_P)^2 \qquad (6-76)$$

则将式（6-68）两端同乘以 r^2，整理成高差的幂级数，得

$$\frac{3r^2}{2r_Pl} = \frac{3r_P}{2l_0}\sum_{n=0}^{\infty}\left(\frac{h-h_P}{l_0}\right)^n f_n^1(\psi) \qquad (6-77)$$

其中

$$f_n^1(\psi) = P_n\left(-\sin\frac{\psi}{2}\right) + 4\sin\frac{\psi}{2}P_{n-1}\left(-\sin\frac{\psi}{2}\right) + 4\sin^2\frac{\psi}{2}P_{n-2}\left(-\sin\frac{\psi}{2}\right) \quad (6-78)$$

由此，可以写出

$$f_0^1(\psi) = 1$$

$$f_1^1(\psi) = -3P_1\left(-\sin\frac{\psi}{2}\right)$$

$$f_2^1(\psi) = P_2\left(-\sin\frac{\psi}{2}\right)$$

(6-79)

同理，将式（6-75）两端同乘以 r^2，得

$$\frac{r^2(r^2-r_P^2)}{2r_Pl^3} = \frac{r_P^2(h-h_P)}{l_0^3}\sum_{n=0}^{\infty}\left(\frac{h-h_P}{l_0}\right)^n f_n^2(\psi)$$

(6-80)

其中

$$f_n^2(\psi) = (n+1)P_n\left(-\sin\frac{\psi}{2}\right) + 4n\sin\frac{\psi}{2}P_{n-1}\left(-\sin\frac{\psi}{2}\right) +$$

$$4(n-1)\sin^2\frac{\psi}{2}P_{n-2}\left(-\sin\frac{\psi}{2}\right)$$

(6-81)

其低阶次的函数表达式为

$$f_0^2(\psi) = 1$$

$$f_1^2(\psi) = -2P_1\left(-\sin\frac{\psi}{2}\right)$$

$$f_2^2(\psi) = \frac{1}{3}P_2\left(-\sin\frac{\psi}{2}\right) - \frac{4}{3}$$

(6-82)

则式（6-77）和式（6-80）即为 Molodensky 积分方程中核函数的解析级数展开式。

将式（6-77）和式（6-80）代入式（6-59），可将 Molodensky 积分方程改写成级数形式

$$2\pi\kappa_P\cos\beta_P - \frac{3}{2}r_P\iint_\omega\kappa\sec\beta\frac{1}{l_0}\sum_{n=0}^{\infty}\left(\frac{h-h_P}{l_0}\right)^n f_n^1(\psi)\,d\omega -$$

$$r_P^2\iint_\omega\kappa\sec\beta\frac{h-h_P}{l_0^3}\sum_{n=0}^{\infty}\left(\frac{h-h_P}{l_0}\right)^n f_n^2(\psi)\,d\omega = \Delta g_P$$

(6-83)

尽管与式（6-59）相比，式（6-83）有一定的简化，但还是无法直接求解。为此，M. S. Molodensky 引入辅助函数

$$\chi = \kappa\sec\beta$$

(6-84)

并用它来替换 κ，则积分方程式（6-83）变为

$$2\pi\chi_P\left(1+\tan^2\beta_P\right)^{-1} - \frac{3}{2}r_P\iint_\omega\chi\frac{1}{l_0}\sum_{n=0}^{\infty}\left(\frac{h-h_P}{l_0}\right)^n f_n^1(\psi)\,d\omega -$$

$$r_P^2\iint_\omega\chi\frac{h-h_P}{l_0^3}\sum_{n=0}^{\infty}\left(\frac{h-h_P}{l_0}\right)^n f_n^2(\psi)\,d\omega = \Delta g_P$$

(6-85)

为了便于求解这个方程，用 $k(h-h_P)$ 代替 $(h-h_P)$，$k\tan\beta$ 代替 $\tan\beta$，其中 k 是一个满足 $0\leqslant k\leqslant 1$ 的参数。如此，上述积分方程变为

$$2\pi\chi_P\ (1+k^2\ \tan^2\beta_P\ )^{-1} - \frac{3}{2}r_P\iint_\omega\chi\ \frac{1}{l_0}\sum_{n=0}^\infty\left(\frac{k(h-h_P)}{l_0}\right)^n f_n^1(\psi)\mathrm{d}\omega - \tag{6-86}$$

$$r_P^2\iint_\omega\chi\ \frac{k(h-h_P)}{l_0^3}\sum_{n=0}^\infty\left(\frac{k(h-h_P)}{l_0}\right)^n f_n^2(\psi)\mathrm{d}\omega = \Delta g_P$$

由于

$$(1+k^2\ \tan^2\beta)^{-1} = 1 + \sum_{n=1}^\infty\ (-k\tan\beta)^{2n} \tag{6-87}$$

再设辅助函数 χ 也可展开成 k 的幂级数，即

$$\chi = \chi_0 + \sum_{n=1}^\infty k^n\chi_n \tag{6-88}$$

将式（6-87）和式（6-88）代入式（6-86），得

$$2\pi\sum_{m=0}^\infty k^m\chi_{mP}\sum_{n=0}^\infty\ (-k\tan\beta_P)^{2n} - \frac{3}{2}r_P\iint_\omega\sum_{m=0}^\infty k^m\chi_m\ \frac{1}{l_0}\sum_{n=0}^\infty\left(\frac{k(h-h_P)}{l_0}\right)^n f_n^1(\psi)\mathrm{d}\omega - $$

$$r_P^2\iint_\omega\sum_{m=0}^\infty k^m\chi_m\ \frac{k(h-h_P)}{l_0^3}\sum_{n=0}^\infty\left(\frac{k(h-h_P)}{l_0}\right)^n f_n^2(\psi)\mathrm{d}\omega = \Delta g_P$$

$$\tag{6-89}$$

为了突出方程的主项，将其改写为

$$2\pi\sum_{m=0}^\infty k^m\chi_{mP} - \frac{3}{2}r\iint_\omega\sum_{m=0}^\infty k^m\chi_m\ \frac{1}{l_0}\mathrm{d}\omega = G_P \tag{6-90}$$

其中

$$G_P = \Delta g_P + r_P^2\iint_\omega\sum_{m=0}^\infty k^m\chi_m\ \frac{k(h-h_P)}{l_0^3}\sum_{n=0}^\infty\left(\frac{k(h-h_P)}{l_0}\right)^n f_n^2(\psi)\mathrm{d}\omega - $$

$$2\pi\sum_{m=0}^\infty k^m\chi_{mP}\sum_{n=1}^\infty\ (-k\tan\beta_P)^{2n} + \frac{3r_P}{2}\iint_\omega\sum_{m=0}^\infty k^m\chi_m\ \frac{1}{l_0}\sum_{n=1}^\infty\left(\frac{k(h-h_P)}{l_0}\right)^n f_n^1(\psi)\mathrm{d}\omega$$

$$\tag{6-91}$$

显然，G_P 是 k 的幂级数，将各项相乘之后，再将 k 的同次幂合并，得

$$G_P = G_{0P} + \sum_{n=1}^\infty k^n G_{nP} \tag{6-92}$$

其中

$$G_{0P} = \Delta g_P$$

$$G_{1P} = r_P^2\iint_\omega\chi_0\ \frac{h-h_P}{l_0^3}f_0^2(\psi)\mathrm{d}\omega + \frac{3}{2}r_P\iint_\omega\chi_0\ \frac{h-h_P}{l_0^2}f_1^1(\psi)\mathrm{d}\omega \tag{6-93}$$

$$G_{2P} = r_P^2\iint_\omega\chi_1\ \frac{h-h_P}{l_0^3}f_0^2(\psi)\mathrm{d}\omega + r_P^2\iint_\omega\chi_0\ \frac{(h-h_P)^2}{l_0^4}f_1^2(\psi)\mathrm{d}\omega + $$

$$\frac{3}{2}r_P\iint_\omega\chi_0\ \frac{(h-h_P)^2}{l_0^3}f_2^1(\psi)\mathrm{d}\omega + \frac{3}{2}r_P\iint_\omega\chi_1\ \frac{h-h_P}{l_0^2}f_1^1(\psi)\mathrm{d}\omega + \tag{6-94}$$

$$2\pi\chi_0\ \tan^2\beta_P$$

$$G_{nP} = \cdots$$

将式 (6-92) 代入式 (6-90)，可将积分方程化为 k 的幂级数

$$\sum_{n=0}^{\infty} k^n \left[2\pi\chi_{nP} - \frac{3}{2} r_P \iint_\omega \chi_n \frac{1}{l_0} \mathrm{d}\omega - G_{nP} \right] = 0 \qquad (6-95)$$

该式等号的左端是一个关于参数 k 的幂级数，要使它等于零，必有 k^n 的系数都等于零，所以可得下列等式

$$2\pi\chi_{nP} - \frac{3}{2} r_P \iint_\omega \chi_n \frac{1}{l_0} \mathrm{d}\omega = G_{nP} \qquad (n=0,1,2,\cdots) \qquad (6-96)$$

将 χ_n 满足的微分方程式 (6-96) 与式 (6-60) 相比较，形式完全一致。因此，由式 (6-62) 和式 (6-63) 可以写出

$$r_P^2 \iint_\omega \frac{\chi_n}{l_0} \mathrm{d}\omega = \frac{r_P}{4\pi} \iint_\omega G_n S(\psi) \mathrm{d}\omega \qquad (n=0,1,2,\cdots) \qquad (6-97)$$

$$\chi_n = \frac{G_n}{2\pi} + \frac{3}{16\pi^2} \iint_\omega G_n S(\psi) \mathrm{d}\omega \qquad (n=0,1,2,\cdots) \qquad (6-98)$$

从以上推导可见，M. S. Molodensky 利用一个大于等于零、小于等于 1 的地形收缩参数 k，将原来与地形起伏有关的量进行收缩，把原本复杂的积分方程求解转换为级数形式，最后化成一系列较为简单的积分方程式。由式 (6-92)、式 (6-97) 和式 (6-98) 易见，G_n 和 χ_n 需交替求得。即从 $G_0 = \Delta g$ 出发，按 $G_0 \Rightarrow \chi_0 \Rightarrow G_1 \Rightarrow \chi_1 \Rightarrow \cdots$ 顺序依次求得 χ_0，χ_1，χ_2，$\cdots$ 从而确定出任一点的 χ。将求得的 χ 代入式 (6-48)，既可求得地球表面和外部扰动位

$$T_P = \iint_\sigma \frac{\chi \cos\beta}{l} \mathrm{d}\sigma = \iint_\omega \frac{\chi}{l} r^2 \mathrm{d}\omega \qquad (r_P \geqslant R + h_P) \qquad (6-99)$$

目前，该式主要用于计算地面扰动位、高程异常、地面垂线偏差。为此下面重点讲述它们的计算公式。

当 P 点位于地面（$r_P = R + h_P$）时，距离倒数可以展开成高差的幂级数，将式 (6-77) 代入式 (6-99)，则地面扰动位 T_P 可表示为

$$T_P = r_P^2 \iint_\omega \frac{\chi}{l_0} \sum_{n=0}^{\infty} \left(\frac{h-h_P}{l_0} \right)^n f_n^1(\psi) \mathrm{d}\omega \qquad (6-100)$$

其中

$$r_P = R + h(B, L)$$

利用 M. S. Molodensky 收缩级数展开，得

$$T_P = r_P^2 \iint_\omega \sum_{m=0}^{\infty} k^m \chi_m \frac{1}{l_0} \sum_{n=0}^{\infty} \left(\frac{k(h-h_P)}{l_0} \right)^n f_n^1(\psi) \mathrm{d}\omega \qquad (6-101)$$

再将该式右端展开成收缩参数 k 的幂级数，得

$$T_P = r_P^2 \iint\limits_\omega \frac{\chi_0}{l_0} d\omega + k r_P^2 \left[\iint\limits_\omega \frac{\chi_1}{l_0} d\omega + \iint\limits_\omega \chi_0 \frac{h - h_P}{l_0^2} f_1^1(\psi) d\omega \right] +$$

$$k^2 r_P^2 \left[\iint\limits_\omega \frac{\chi_2}{l_0} d\omega + \iint\limits_\omega \chi_0 \frac{(h - h_P)^2}{l_0^3} f_2^1(\psi) d\omega + \iint\limits_\omega \chi_1 \frac{h - h_P}{l_0^2} f_1^1(\psi) d\omega \right] +$$

$$\sum_{n=2}^\infty k^n [\cdots]$$

$$(6 - 102)$$

令 k 趋近于 1 得 T_P 的真值，将其表示成

$$T_P = T_{0P} + T_{1P} + T_{2P} + \cdots \qquad (6 - 103)$$

则与式 (6 - 102) 比对，得

$$T_{0P} = r_P^2 \iint\limits_\omega \frac{\chi_0}{l_0} d\omega$$

$$T_{1P} = r_P^2 \iint\limits_\omega \frac{\chi_1}{l_0} d\omega + r_P^2 \iint\limits_\omega \chi_0 \frac{h - h_P}{l_0^2} f_1^1(\psi) d\omega$$

$$T_{2P} = r_P^2 \iint\limits_\omega \frac{\chi_2}{l_0} d\omega + r_P^2 \iint\limits_\omega \chi_0 \frac{(h - h_P)^2}{l_0^3} f_2^1(\psi) d\omega + r_P^2 \iint\limits_\omega \chi_1 \frac{h - h_P}{l_0^2} f_1^1(\psi) d\omega$$

$$T_{nP} = \cdots$$

$$(6 - 104)$$

完成各项积分后，即求得地面任一点的扰动位。则由式 (6 - 97)，可将 T_{0P}，T_{1P}，T_{2P} 的积分公式改写为

$$T_{0P} = \frac{r_P}{4\pi} \iint\limits_\omega G_0 S(\psi) d\omega = \frac{r_P}{4\pi} \iint\limits_\omega \Delta g S(\psi) d\omega$$

$$T_{1P} = \frac{r_P}{4\pi} \iint\limits_\omega G_1 S(\psi) d\omega + r_P^2 \iint\limits_\omega \chi_0 \frac{h - h_P}{l_0^2} f_1^1(\psi) d\omega$$

$$T_{2P} = \frac{r_P}{4\pi} \iint\limits_\omega G_2 S(\psi) d\omega + r_P^2 \iint\limits_\omega \chi_0 \frac{(h - h_P)^2}{l_0^3} f_2^1(\psi) d\omega + r_P^2 \iint\limits_\omega \chi_1 \frac{h - h_P}{l_0^2} f_1^1(\psi) d\omega$$

$$T_{nP} = \cdots$$

$$(6 - 105)$$

这就是地面扰动位的 Molodensky 解，是一个级数解：第一项是它的近似解，也就是扰动位的球面解；第二项是一次改正项，习称 G_1 项，为了确定它，在式 (6 - 98) 中取 $G_0 = \Delta g$ 并求出 χ_0，再将 χ_0 代入式 (6 - 93) 求出 G_1，然后将 G_1 和 χ_0 一并代入式 (6 - 105) 求得 T_1；之后按上述步骤依次求出 χ_{n-1}，G_n，T_n。

由式 (6 - 69) 和式 (6 - 79)，可以得出

$$\frac{1}{l_0^2} f_1^1(\psi) = -\frac{3}{l_0^2} P_1\left(-\sin\frac{\psi}{2}\right) = \frac{3}{2 r_P l_0} \qquad (6 - 106)$$

则将其代入式 (6 - 93)，并顾及 $f_0^2(\psi) = 1$，可将 G_1 分解为

$$G_1 = G'_1 + G''_1$$

$$G'_1 = r_P^2 \iint_\omega \chi_0 \frac{h - h_P}{l_0^3} f_0^2(\psi) \mathrm{d}\omega = r_P^2 \iint_\omega \chi_0 \frac{h - h_P}{l_0^3} \mathrm{d}\omega \tag{6-107}$$

$$G''_1 = \frac{3}{2} r_P \iint_\omega \chi_0 \frac{h - h_P}{l_0^2} f_1^1(\psi) \mathrm{d}\omega = \frac{3}{2} r_P \iint_\omega \frac{3\chi_0(h - h_P)}{2r_P} \frac{1}{l_0} \mathrm{d}\omega$$

将式（6-107）和式（6-106）代入式（6-105），可将 T_{1P} 分解为

$$T_{1P} = T'_{1P} + T''_{1P}$$

$$T'_{1P} = \frac{r_P}{4\pi} \iint_\omega G'_1 S(\psi) \mathrm{d}\omega \tag{6-108}$$

$$T''_{1P} = \frac{r_P}{4\pi} \iint_\omega G''_1 S(\psi) \mathrm{d}\omega + r_P^2 \iint_\omega \frac{3\chi_0(h - h_P)}{2r_P} \frac{1}{l_0} \mathrm{d}\omega$$

利用恒等式，可将 T''_{1P} 简化为

$$T''_{1P} = \frac{r_P}{2} \iint_\omega \frac{3\chi_0(h - h_P)}{2r_P} S(\psi) \mathrm{d}\omega = \frac{3}{4} \iint_\omega \chi_0(h - h_P) S(\psi) \mathrm{d}\omega \tag{6-109}$$

同理，可将式（6-94）的 G_{2P} 也分解为两项，顾及式（6-82）和式（6-94），得

$$G''_2 = \frac{3}{2} r_P \iint_\omega \frac{3\chi_1(h - h_P)}{2r_P} \frac{1}{l_0} \mathrm{d}\omega \tag{6-110}$$

$$G'_2 = G_2 - G''_2$$

则 T_{2P} 的计算公式可简化为

$$T_{2P} = T'_{2P} + T''_{2P}$$

$$T'_{2P} = \frac{r_P}{4\pi} \iint_\omega G'_2 S(\psi) \mathrm{d}\omega + r_P^2 \iint_\omega \chi_0 \frac{(h - h_P)^2}{l_0^3} P_2\left(-\sin\frac{\psi}{2}\right) \mathrm{d}\omega \tag{6-111}$$

$$T''_{2P} = \frac{3}{4} \iint_\omega \chi_1(h - h_P) S(\psi) \mathrm{d}\omega$$

二阶以上项较复杂，因此这里仅给出地面扰动位严格球近似展开下零阶项、一阶改正项和二阶改正项的计算公式。

有了地面扰动位 T_P，也就可以求得高程异常 ζ，设

$$\zeta_P = \zeta_{0P} + \zeta_{1P} + \zeta_{2P} + \cdots \tag{6-112}$$

则由式（6-105）至式（6-111），可得低阶项的计算公式为

$$\zeta_{0P} = \frac{r_P}{4\pi\gamma} \iint_\omega \Delta g S(\psi) \mathrm{d}\omega$$

$$\zeta_{1P} = \frac{r_P}{4\pi\gamma} \iint_\omega G'_1 S(\psi) \mathrm{d}\omega + \frac{3}{4\gamma} \iint_\omega \chi_0(h - h_P) S(\psi) \mathrm{d}\omega \tag{6-113}$$

$$\zeta_{2P} = \frac{r_P}{4\pi\gamma} \iint_\omega G'_2 S(\psi) \mathrm{d}\omega + \frac{r_P^2}{\gamma} \iint_\omega \chi_0 \frac{(h - h_P)^2}{l_0^3} P_2\left(-\sin\frac{\psi}{2}\right) \mathrm{d}\omega +$$

$$\frac{3}{4\gamma} \iint_\omega \chi_1(h - h_P) S(\psi) \mathrm{d}\omega$$

　　若将扰动位代入它与垂线偏差的关系式（6-44），就可推导出地面垂线偏差的公式。但要注意，现在的 T_P 是 σ 面上的扰动位，它是 B，L 和高程 h 的函数，而 h 又是 B，L 的函数。因此有

$$\frac{\partial T_P(h,B,L)}{\partial B} = \frac{\partial T(h,B,L)}{\partial B}\bigg|_{h=h_P} + \left[\frac{\partial T(h,B,L)}{\partial h}\frac{\partial h}{\partial B}\right]_P \qquad (6-114)$$

而式（6-44）所要的就是过 $h=h_P$ 水平面上的偏导数，也就是右端的第一项，即

$$\frac{\partial T(h,B,L)}{\partial B}\bigg|_{h=h_P} = \frac{\partial T_P(h,B,L)}{\partial B} - \left[\frac{\partial T(h,B,L)}{\partial h}\frac{\partial h}{\partial B}\right]_P \qquad (6-115)$$

而从边值条件（6-40）得

$$\frac{\partial T}{\partial h_P} = -\Delta g - \frac{2T_P}{r_P} \qquad (6-116)$$

将其代入式（6-114），得

$$\frac{\partial T(h,B,L)}{\partial B}\bigg|_{h=h_P} = \frac{\partial T_P(h,B,L)}{\partial B} + \left[\Delta g + \frac{2T_P}{r_P}\right]\frac{\partial h_P}{\partial B} \qquad (6-117)$$

同理可得

$$\frac{\partial T(h,B,L)}{\partial L}\bigg|_{h=h_P} = \frac{\partial T_P(h,B,L)}{\partial L} + \left[\Delta g + \frac{2T_P}{r_P}\right]\frac{\partial h_P}{\partial L} \qquad (6-118)$$

这样一来，顾及式（6-105）和式（6-115），最后得到计算地面垂线偏差的公式为

$$\xi_P = \xi_{0P} + \xi_{1P} + \xi_{2P} + \cdots \qquad (6-119)$$

其中

$$\xi_{0P} = \frac{1}{4\pi\gamma}\iint_\omega \Delta g\, \frac{\mathrm{d}}{\mathrm{d}\psi}S(\psi)\cos A\,\mathrm{d}\omega$$

$$\xi_{1P} = \frac{1}{4\pi\gamma}\iint_\omega G_1'\frac{\mathrm{d}}{\mathrm{d}\psi}S(\psi)\cos A\,\mathrm{d}\omega +$$

$$\frac{3}{4\gamma}\iint_\omega \chi_0\, \frac{h-h_P}{r_P}\frac{\mathrm{d}}{\mathrm{d}\psi}S(\psi)\cos A\,\mathrm{d}\omega - \frac{1}{\gamma}\left[\Delta g + \frac{2T_{0P}}{r_P}\right]\bigg|\frac{\partial h}{r\partial B}\bigg|_P \qquad (6-120)$$

$$\xi_{2P} = \frac{1}{4\pi\gamma}\iint_\omega G_2'\frac{\mathrm{d}}{\mathrm{d}\psi}S(\psi)\cos A\,\mathrm{d}\omega +$$

$$\frac{1}{8\gamma}\iint_\omega \chi_0\, \frac{(h-h_P)^2}{r_P^2}\frac{\mathrm{d}}{\mathrm{d}\psi}\left[\sin^{-3}\frac{\psi}{2}P_2\left(-\sin\frac{\psi}{2}\right)\right]\cos A\,\mathrm{d}\omega +$$

$$\frac{3}{4\gamma}\iint_\omega \chi_1\, \frac{h-h_P}{r_P}\frac{\mathrm{d}}{\mathrm{d}\psi}S(\psi)\cos A\,\mathrm{d}\omega - \frac{1}{\gamma}\left[\frac{2T_{1P}}{r_P}\right]\bigg|\frac{\partial h}{r\partial B}\bigg|_P$$

和

$$\eta_P = \eta_{0P} + \eta_{1P} + \eta_{2P} + \cdots \qquad (6-121)$$

其中

$$\eta_{0P} = \frac{1}{4\pi\gamma}\iint_\omega \Delta g \, \frac{\mathrm{d}}{\mathrm{d}\psi}S(\psi)\cos A\,\mathrm{d}\omega$$

$$\eta_{1P} = \frac{1}{4\pi\gamma}\iint_\omega G_1' \, \frac{\mathrm{d}}{\mathrm{d}\psi}S(\psi)\sin A\,\mathrm{d}\omega +$$

$$\frac{3}{4\gamma}\iint_\omega \chi_0 \, \frac{h-h_P}{r_P} \, \frac{\mathrm{d}}{\mathrm{d}\psi}S(\psi)\sin A\,\mathrm{d}\omega - \frac{1}{\gamma}\left[\Delta g + \frac{2T_{0P}}{r_P}\right]\left|\frac{\partial h}{r\cos B\,\partial L}\right|_P$$

$$\eta_{2P} = \frac{1}{4\pi\gamma}\iint_\omega G_2' \, \frac{\mathrm{d}}{\mathrm{d}\psi}S(\psi)\sin A\,\mathrm{d}\omega +$$

$$\frac{1}{8\gamma}\iint_\omega \chi_0 \, \frac{(h-h_P)^2}{r_P^2} \, \frac{\mathrm{d}}{\mathrm{d}\psi}\left[\sin^{-3}\frac{\psi}{2}P_2\left(-\sin\frac{\psi}{2}\right)\right]\sin A\,\mathrm{d}\omega +$$

$$\frac{3}{4\gamma}\iint_\omega \chi_1 \, \frac{h-h_P}{r_P} \, \frac{\mathrm{d}}{\mathrm{d}\psi}S(\psi)\sin A\,\mathrm{d}\omega - \frac{1}{\gamma}\left[\frac{2T_{1P}}{r_P}\right]\left|\frac{\partial h}{r\cos B\,\partial L}\right|_P$$

$$(6-122)$$

得到了严密球近似 Molodensky 级数解计算垂线偏差的实用公式。

6.2.2　地面边值问题 Moritz 解析延拓解

地面边值问题的解析延拓解是利用解析原理，通过求解向上延拓的逆算子，实现地面边值条件到点水准面的投影，然后再利用点水准面上的 Stokes 问题解，得到地面边值问题的解。计算点不同，点水准面不同，从而有关高差的改正是相对于计算点 P 的，故改正项不具有全局意义，只具有相对意义，是随动的。下面简要叙述其计算过程与所需的公式。

6.2.2.1　水准面上延拓分析

假设 Δg 是似地球表面上的重力异常，$\Delta g'$ 是点水准面上的空间异常，即在正常位水准面

$$U = U_A = \text{const} \qquad (6-123)$$

上的空间异常，A 是似地球表面上的一点，它的高度异常 ζ 或垂线偏差是计算出来的。

在似地球表面外部的那一部分点水准面上（例如图 6-6 中 A 点左边那一部分）重力异常 $\Delta g'$ 相应于外部异常引力位 T，该异常引力位与 Δg 的关系为

$$\Delta g = -\frac{\partial T}{\partial r} - \frac{2}{r}T \qquad (6-124)$$

在似地球表面下面的那一部分点水准面上 $\Delta g'$ 相应于外部位 T 向地球内部的解析延拓 $\bar{T}$。这里暂时假设这样的解析延拓是可能的。

由此，似地球表面 Σ 外部的 T 和 Σ 内部的 $\bar{T}$ 共同组成一个调和函数，并假设这个函数在所需要的区域内（向下到点水准面上）是正则的，因此 Δg 和 $\Delta g'$ 也限制为同一个解析函数，即 Δg 是 Σ 上的，$\Delta g'$ 是 $U=U_A$ 上的。它们之间的关系可用泰勒级数来联系

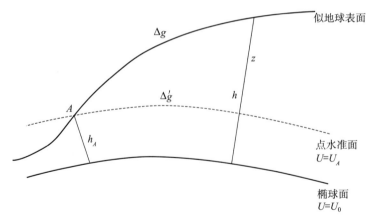

图 6-6　点水准面

$$\Delta g = \Delta g' + z\,\frac{\partial \Delta g'}{\partial z} + \frac{1}{2!}z^2\,\frac{\partial^2 \Delta g'}{\partial z^2} + \frac{1}{3!}z^3\,\frac{\partial^3 \Delta g'}{\partial z^3} + \cdots \tag{6-125}$$

$$= \Delta g' + \sum_{n=1}^{\infty}\frac{1}{n!}z^n\,\frac{\partial^n \Delta g'}{\partial z^n}$$

其中

$$z = h - h_A$$

z 是相对于计算点 A 的高差。这里假设上面的级数式是收敛的。

应当注意，上面的级数式中的偏导数表示对变量 z 的导数，所以它们是垂线方向的导数。作为球近似它们是径向导数

$$\frac{\partial^n}{\partial z^n} = \frac{\partial^n}{\partial r^n} \tag{6-126}$$

上面的级数式可用符号写为

$$\Delta g = U\Delta g' \tag{6-127}$$

式中　　U ——正延拓算子，它表示按上面的级数式由函数 $\Delta g'$ 来求函数 Δg 所进行的运算。

在地球表面上已进行了重力测量获得了 Δg，那么可以经由上述关系的逆运算获得 $\Delta g'$

$$\Delta g' = U^{-1}\Delta g = D\Delta g \tag{6-128}$$

其中的算子 D 是逆延拓算子。

既然 $\Delta g'$ 隶属于点水准面，那么可以应用 Stokes 公式和 Vening - Meinesz 公式来求 A 点的异常位（扰动位）和垂线偏差

$$T = \frac{R}{4\pi}\iint_{\sigma}\Delta g' S(\psi)\,\mathrm{d}\sigma \tag{6-129}$$

$$\begin{Bmatrix}\xi\\\eta\end{Bmatrix} = \frac{1}{4\pi\gamma_0}\iint_{\sigma}\Delta g'\,\frac{\mathrm{d}S}{\mathrm{d}\psi}\begin{Bmatrix}\cos\alpha\\\sin\alpha\end{Bmatrix}\mathrm{d}\sigma \tag{6-130}$$

　　严格来说，在上面异常位中应该用 $R+h_A$ 代替 R，但是可以采用 R，对精度没有影响。同理，在垂线偏差的计算公式中采用 980 Gal 作为正常重力的平均值。

6.2.2.2　水准面上重力异常推导

　　根据地面观测到的重力异常 Δg 计算点水准面上的重力异常 $\Delta g'$。将前面的级数式用符号表示为

$$\Delta g = \Delta g' + \left(\sum_{n=1}^{\infty} \frac{1}{n!} z^n \frac{\partial^n}{\partial z^n} \right) \Delta g' = \left(I + \sum_{n=1}^{\infty} z^n L_n \right) \Delta g' \qquad (6-131)$$

其中

$$L_n = \frac{1}{n!} \frac{\partial^n}{\partial z^n} = \frac{1}{n!} \frac{\partial^n}{\partial r^n} \qquad (6-132)$$

式中　L_n ——垂线（向径）方向的微分算子；

　　　　I ——恒等算子，$If = f$。

　　因此可以发现

$$U = I + \sum_{n=1}^{\infty} z^n L_n \qquad (6-133)$$

逆延拓算子为

$$D = U^{-1} \qquad (6-134)$$

$\Delta g'$ 为

$$\Delta g' = U^{-1} \Delta g = D \Delta g \qquad (6-135)$$

推导过程如下。

　　用 kh 代替所有的高度 h，这里 k 是 Molodensky 参数，$0 \leqslant k \leqslant 1$，正延拓算子 U 变为

$$U = I + \sum_{n=1}^{\infty} k^n z^n L_n = \sum_{n=0}^{\infty} k^n U_n \qquad (6-136)$$

其中

$$\begin{aligned} U_0 &= I \\ U_n &= z^n L_n \quad (n=1,2,3,\cdots) \end{aligned} \qquad (6-137)$$

　　用同样方法将逆延拓算子 $D = U^{-1}$ 表示成同一个形式上的级数

$$D = \sum_{n=0}^{\infty} k^n D_n \qquad (6-138)$$

　　D_n 可由下列算子等式确定，即

$$UD = I$$

将相应的级数分别代入上式得

$$\sum_{p=0}^{\infty} k^p U_p \sum_{q=0}^{\infty} k^q D_q = 1 \qquad (6-139)$$

根据幂级数乘积公式

$$\sum_{n=0}^{\infty} k^n \sum_{r=0}^{n} U_r D_{n-r} - I = 0 \qquad (6-140)$$

这个等式成立的条件是有的 k^n 的乘因子为零。当 $n=0$ 时有

$$U_0 D_0 - I = 0 \tag{6-141}$$

由于 $U_0 = I$，则

$$D_0 = I \tag{6-142}$$

当 $n \neq 0$ 时有下列方程

$$\sum_{r=0}^{n} U_r D_{n-r} = 0 \tag{6-143}$$

因此

$$D_n = -\sum_{r=1}^{n} U_r D_{n-r} \tag{6-144}$$

此式是根据已知的 U_r 和预先确定的 D_1，D_2，…，D_{n-1} 来表示 D_n，所以从 $D_0 = I$ 开始可以递推确定算子 D_1，D_2，D_3，…。

为了使计算更方便一些，引进函数

$$g_n = D_n (\Delta g) \tag{6-145}$$

然后

$$\sum_{r=0}^{n} U_r D_{n-r} (\Delta g) = 0 \tag{6-146}$$

即

$$\sum_{r=0}^{n} z^r L_r (g_{n-r}) = 0 \tag{6-147}$$

顾及

$$z^0 L_0 (g_n) = g_n \tag{6-148}$$

可按上式解出 g_n

$$g_n = -\sum_{r=1}^{n} z^r L_r (g_{n-r}) \tag{6-149}$$

上式可从 $g_0 = \Delta g$ 开始，通过递推确定 g_n。然后按下式求得 $\Delta g'$

$$\Delta g' = D (\Delta g) = \sum_{n=0}^{\infty} D_n (\Delta g) = \sum_{n=0}^{\infty} g_n \tag{6-150}$$

6.2.2.3　地面边延拓算子

由 L_n 的定义给出

$$L_n = \frac{1}{n!} \frac{\partial^n}{\partial z^n} = \frac{1}{n} \frac{1}{(n-1)!} \frac{\partial^{n-1}}{\partial z^{n-1}} \frac{\partial}{\partial z} \tag{6-151}$$

或

$$L_n = \frac{1}{n} L_{n-1} L = \frac{1}{n} L L_{n-1} \tag{6-152}$$

式（6-151）和式（6-152）是根据 L_{n-1} 和 L_1 表示 L_n 的递推公式。

L_n 的原来意义是只限于和水准面上的异常 $\Delta g'$ 一起使用的一个空间算子，即垂线方向导数，并且这个垂线方向的导数是沿着水准面的法线方向进行的，形象地说它是由水准

面引出来的。

但是 L_n 也可以解释为一个表面算子,它不是由水准面引出来的,而是可以和任一个光滑曲面上给定的数据一起使用,此曲面不是一个水准面。

垂线方向的导数 $\partial/\partial r$ 可以通过已知的球面公式表达为曲面上的数值

$$\frac{\partial f}{\partial r} = -\frac{1}{R}f + \frac{R^2}{2\pi}\iint_\sigma \frac{f - f_P}{l_0^3}\mathrm{d}\sigma \tag{6-153}$$

P 是计算 $\partial f/\partial r$ 的点,并且上式右边第一项中的 f 也是该点上的数值。σ 表示单位球,同时

$$l_0 = 2R\sin\frac{\psi}{2} \tag{6-154}$$

作为平面近似可以略去上式中的微小项 f/R,这样基本算子就变为表面算子

$$L(f) = \frac{R^2}{2\pi}\iint_\sigma \frac{f - f_P}{l_0^3}\mathrm{d}\sigma = L_1(f) \tag{6-155}$$

二阶导数

$$\frac{\partial^2}{\partial r^2} = \frac{\partial^2}{\partial z^2} = 2L_2 \tag{6-156}$$

甚至可以更容易地表示为表面算子。

令 xyz 是计算点上的局部直角坐标系,根据上述,xy 平面是切平面,z 轴是垂线方向。作为平面近似 Δg 是空间的调和函数,满足 Laplace 方程

$$\frac{\partial^2 \Delta g}{\partial x^2} + \frac{\partial^2 \Delta g}{\partial y^2} + \frac{\partial^2 \Delta g}{\partial z^2} = 0 \tag{6-157}$$

所以

$$L_2(\Delta g') = -\frac{1}{2}\left[\frac{\partial^2 \Delta g}{\partial x^2} + \frac{\partial^2 \Delta g}{\partial y^2}\right] \tag{6-158}$$

这样可以将 L_2 的定义扩展到任意的光滑曲面函数

$$L_2(f) = -\frac{1}{2}[f_{XX} + f_{YY}] \tag{6-159}$$

式中　X,Y ——偏导数。

式 (6-159) 是对任意曲面的 Laplace 表面算子的平面近似。

实际上也可以按 L_n 的递推公式来表示 L_2

$$L_2(f) = \frac{1}{2}L^2(f) = \frac{1}{2}L[L(f)] \tag{6-160}$$

6.2.2.4　垂线偏差计算公式

高程异常和垂线偏差的实用计算公式如下

$$\zeta = \frac{R}{4\pi\gamma^0}\iint_\sigma \Delta g S(\psi)\mathrm{d}\sigma + \sum_{n=1}^\infty \frac{R}{4\pi\gamma^0}\iint_\sigma g_n S(\psi)\mathrm{d}\sigma \tag{6-161}$$

$$\begin{Bmatrix} \xi \\ \eta \end{Bmatrix} = \frac{R}{4\pi\gamma^0}\iint_\sigma \Delta g\,\frac{\mathrm{d}S}{\mathrm{d}\psi}\begin{Bmatrix} \cos\alpha \\ \sin\alpha \end{Bmatrix}\mathrm{d}\sigma + \sum_{n=1}^\infty g_n\,\frac{\mathrm{d}S}{\mathrm{d}\psi}\begin{Bmatrix} \cos\alpha \\ \sin\alpha \end{Bmatrix}\mathrm{d}\sigma \tag{6-162}$$

式中　　γ^0——全球平均值。

改正项 g_n 为

$$g_n = -\sum_{r=1}^{n} z^r L_r(g_{n-r}) \tag{6-163}$$

其中

$$z = h - h_A$$

计算时，是从下式开始

$$g_0 = \Delta g \tag{6-164}$$

L_n 也是递推计算的，即

$$L_n(\Delta g) = \frac{1}{n} L_1[L_{n-1}(\Delta g)] \tag{6-165}$$

计算时由下式开始

$$L_1(f) = \frac{R^2}{2\pi} \iint_\sigma \frac{f - f_P}{l_0^3} d\sigma \tag{6-166}$$

以上是计算任意高次逼近所需要的全部公式。所有出现的算子都是有规则地简化为重复使用上式的积分。

最后再给出当 $n = 1, 2, 3$ 时，g_n 的具体计算方法，即

$$\begin{aligned}
g_1 &= -zL_1(\Delta g) \\
g_2 &= -zL_1(g_1) - z^2 L_2(\Delta g) \\
g_3 &= -zL_1(g_2) - z^2 L_2(g_1) - z^3 L_3(\Delta g)
\end{aligned} \tag{6-167}$$

若只局限于 $n = 1$，则现在的解变为

$$\zeta = \frac{R}{4\pi\gamma^0} \iint_\sigma \left[\Delta g - (h - h_A) \frac{\partial \Delta g}{\partial h} \right] S(\psi) d\sigma \tag{6-168}$$

$$\begin{Bmatrix} \xi \\ \eta \end{Bmatrix} = \frac{R}{4\pi\gamma^0} \iint_\sigma \left[\Delta g - (h - h_A) \frac{\partial \Delta g}{\partial h} \right] \frac{dS}{d\psi} \begin{Bmatrix} \cos\alpha \\ \sin\alpha \end{Bmatrix} d\sigma \tag{6-169}$$

因为

$$g_1 = -(h - h_A) L_1(\Delta g) = -(h - h_A) \frac{\partial \Delta g}{\partial z} = -(h - h_A) \frac{\partial \Delta g}{\partial h} \tag{6-170}$$

并且算子 L_1 可以看作是垂线方向导数。所以这个一阶解可以称为梯度解，非常适合于实际应用。

6.3　垂线偏差模型的构建方法

6.3.1　基于重力和地形数据确定高程异常和垂线偏差

众所周知，重力场局部变化不规则的原因，除了源于地壳密度的局部变化外，主要来自地形质量的影响。如果从重力异常场中先消除地形影响部分（这可视为高频部分），所得剩余重力场（视为中低频部分）就会平滑得多。有少量的重力点便可较精密地内插或推

估得到所求点或网格内平均的剩余重力异常，利用它们按照 Stokes 积分计算出所需高程异常中相应的中低频部分，最后再加上地形改正求得的高频部分。近几年来国际上广泛地根据这种"消除—恢复"方法进行重力场的计算工作。

6.3.1.1　地形物质引力位

如图 6-7 所示，Σ 为地球自然表面，其上的重力异常值为 Δg。A 为研究点，P 为计算与 A 有关量的流动点，Q 为计算与 P 有关量的流动点。$W = W_A$ 表示过 A 点的重力位水准面，其上的点到似大地水准面的距离可视为正常高 H_A^γ，用 h_A 代替之。在传统的球近似意义下，Δg 与外部扰动位 T 的关系为

$$\Delta g = -\frac{\partial T}{\partial r} - \frac{2T}{r}\bigg|_\Sigma \qquad (6-171)$$

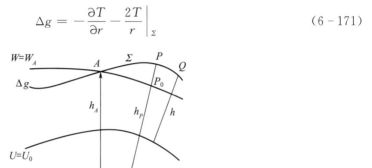

图 6-7　地形物质的引力位

若以似大地水准面（或大地水准面）为界将扰动位分为两个部分，分别以 T_i 表示其内部扰动质量的位，T_e 表示外部地形质量的位。相应地，Σ 面上的重力异常也可分解为两个部分 Δg_i 和 Δg_e，即

$$\begin{cases} T = T_i + T_e \\ \Delta g = \Delta g_i + \Delta g_e \end{cases} \qquad (6-172)$$

$$\begin{cases} \Delta g_e = -\dfrac{\partial T_e}{\partial r} - \dfrac{2T_e}{r}\bigg|_\Sigma \\ \Delta g_i = -\dfrac{\partial T_i}{\partial r} - \dfrac{2T_i}{r}\bigg|_\Sigma \end{cases} \qquad (6-173)$$

对于地形物质（在似大地水准面之外的物质）的位，有

$$T_e = f\rho \iiint\limits_v \frac{\mathrm{d}v}{l} \qquad (6-174)$$

若只取通常的球近似，也就是说，用一个半径为 R 的球来代替似大地水准面（如图 6-8 所示），则上式积分区域为似大地水准面之外（$R \leqslant r \leqslant R+h$）；$\mathrm{d}v$ 是体积单元，而 l 是 $\mathrm{d}v$ 至 P 的距离，点 P 是计算地形位的点，ρ 是地形质量的密度，式中已假定为常数 $\rho = \rho_0 = 2.67 \ \mathrm{g/cm^3}$。则有

$$\mathrm{d}v = r^2 \mathrm{d}r \mathrm{d}\sigma ; \ \mathrm{d}\sigma = \sin\theta' \mathrm{d}\theta' \mathrm{d}\lambda \qquad (6-175)$$

$$l = \sqrt{r^2 - 2rr_P\cos\psi + r_P^2} \tag{6-176}$$

式中　$\mathrm{d}\sigma$——立体角元。

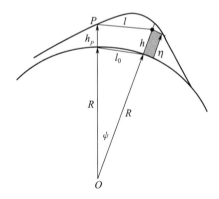

图 6-8　球近似距离示意图

略去 $h/R \leqslant 0.14\%$ 的相对误差，可以将体积元简化为

$$\mathrm{d}v = R^2\mathrm{d}\eta\mathrm{d}\sigma \tag{6-177}$$

式（6-174）就变为

$$T_e = f\rho R^2 \iiint_{\sigma}\int_{\eta=0}^{\eta=h} \frac{1}{l}\mathrm{d}\eta\mathrm{d}\sigma \tag{6-178}$$

式中对于 $\mathrm{d}\sigma$ 的积分，表示对整个立体角积分，而

$$\eta = r - R \tag{6-179}$$

表示积分 $\mathrm{d}v$ 的海拔高（球近似意义的海面也是指 $r=R$ 的球面）。将式（6-178）分解为两个部分，完成积分可将地形质量的位表示为

$$T_e = 4\pi f\rho R h_P + f\rho R^2 \sum_{n=0}^{\infty} \frac{1}{n+1}\iint_{\sigma} \frac{(h-h_P)^{n+1}}{l_0^{\,n+1}} P_n\left(-\sin\frac{\psi}{2}\right)\mathrm{d}\sigma \tag{6-180}$$

或

$$T_e = f\rho R^2 \iint_{\sigma} \frac{h}{l_0}\mathrm{d}\sigma + f\rho R^2 \sum_{n=1}^{\infty} \frac{1}{n+1}\iint_{\sigma} \frac{(h-h_P)^{n+1}}{l_0^{\,n+1}} P_n\left(-\sin\frac{\psi}{2}\right)\mathrm{d}\sigma \tag{6-181}$$

地形物质的垂直引力是地形物质位的向径方向导数的负值，即

$$A_e = -\frac{\partial T_e}{\partial r_P} = -f\rho \iiint \frac{\partial}{\partial r_P}\left(\frac{1}{l}\right)\mathrm{d}v \tag{6-182}$$

由式（6-176）可得

$$\frac{\partial}{\partial r_P}\left(\frac{1}{l}\right) = -\frac{r_P - r\cos\psi}{l^3} = \frac{r^2 - r_P^2}{r_P l^3} - \frac{1}{2r_P l} \tag{6-183}$$

代入式（6-182）得

$$A_e = B + \frac{T_e}{2r_P} \tag{6-184}$$

并有

$$B = -f\rho R^2 \iiint_{\sigma} \int_{\eta=0}^{\eta=h} \frac{r^2 - r_P^2}{2r_P l^3} \mathrm{d}\eta \mathrm{d}\sigma \tag{6-185}$$

与式（6-178）比较，也可以将其分解为相应的两项，分别完成积分后，得

$$B = 2\pi f\rho h_P - C \tag{6-186}$$

其中

$$C = f\rho R^2 \sum_{n=1}^{\infty} \frac{n}{n+1} \iint_{\sigma} \frac{(h-h_P)^{n+1}}{l_0^{n+2}} P_{n-1}\left(-\sin\frac{\psi}{2}\right) \mathrm{d}\sigma \tag{6-187}$$

式中　C ——球面近似地形改正。

将式（6-186）代入式（6-184）得

$$A_e = 2\pi f\rho h_P - C + \frac{T_e}{2R} \tag{6-188}$$

将式（6-188）代入式（6-173），得

$$\Delta g_e = A_e - \frac{2T_e}{R} = 2\pi f\rho h_P - C - \frac{3T_e}{2R} \tag{6-189}$$

由式（6-172）和式（6-189）得

$$\Delta g_i = \Delta g - \Delta g_e = \Delta g - 2\pi f\rho h_P + C + \frac{3T_e}{2R} = \Delta g_B \tag{6-190}$$

称为完全球面布格异常。由于完全球面布格异常不仅扣除了地形物质引力的影响，而且也扣除了地形位的影响；与平面布格异常相比，进一步消除了地形有关的高频部分，因而其变化更加平缓，值得实践中采用。

6.3.1.2　完全布格异常梯度改正

剩下的问题是如何确定计算点处的$(T_i)_A$。对于线性地面边值问题，一般而言都是作为固定边值问题来处理的，也就是说 $W = W_A$ 的曲面是一个物理曲面，同时也可作为一个几何曲面来看待。在减去地形物质产生的重力异常 Δg_e 之后，则可视为似大地水准面外已没有质量存在。此时 T_i 在似大地水准面外是调和的，并且该扰动位对应的重力异常在 Σ 面上的值 Δg_i 也是已知的。这样的边值问题可解释为重力在 Σ 面上进行测量，确定 Σ 上的扰动位 T_i 的问题。其解可依照 Moritz 的解析延拓理论，将 Σ 面上 P 点处的$(\Delta g_i)_P$ 解析延拓到移动地形物质前的过 A 点的水准面 $W = W_A$ 上（这时可视为几何曲面，是固定界面）的 P_0 点，则

$$(\Delta g_i)_{P_0} = \sum_{n=0}^{\infty} D_n \Delta g_i = \sum_{n=0}^{\infty} D_n \Delta g_B = \sum_{n=0}^{\infty} B_n \tag{6-191}$$

其中

$$\begin{cases} B_0 = \Delta g_i = \Delta g_B \\ B_1 = -(h_P - h_A)L(\Delta g_B) \\ B_n = -\sum_{r=1}^{n}(h_P - h_A)^r L_r(B_{n-r}) \end{cases} \tag{6-192}$$

扰动位 T_i 在 A 点处的值为

$$(T_i)_A = \frac{R}{4\pi}\iint\limits_\sigma [\Delta g_B - (h_P - h_A)L(\Delta g_B)]S(\psi_{AP})\mathrm{d}\sigma + \delta T_i \qquad (6-193)$$

其中

$$L(\Delta g_B)_P = \frac{R^2}{2\pi}\iint\limits_\sigma \frac{\Delta g_B - (\Delta g_B)_P}{l_0^3}\mathrm{d}\sigma \qquad (6-194)$$

$$\delta T_i = \frac{R}{4\pi}\iint\limits_\sigma \sum_{n=2}^{\infty} B_n S(\psi_{AP})\mathrm{d}\sigma \qquad (6-195)$$

将式（6-181）和式（6-193）相加直接写出联合地形和地面重力异常数据确定地面扰动位的基本公式

$$\begin{aligned}
T_A &= (T_e)_A + (T_i)_A \\
&= \frac{R}{4\pi}\iint\limits_\sigma [(\Delta g - \Delta g_e) - (h_P - h_A)L(\Delta g_B)]S(\psi_{AP})\mathrm{d}\sigma + f\rho R^2 \iint\limits_\sigma \frac{h_P}{l_0}\mathrm{d}\sigma + \delta T_i + \delta T_e
\end{aligned}$$

$$(6-196)$$

其中

$$\delta T_e = f\rho R^2 \sum_{n=1}^{\infty} \frac{1}{n+1}\iint\limits_\sigma \frac{(h_P - h_A)^{n+1}}{l_0^{n+1}} P_n\left(-\sin\frac{\psi_{AP}}{2}\right)\mathrm{d}\sigma \qquad (6-197)$$

这一解式，各项物理意义明晰，但是每个量的计算都是一个全球积分，在进行实际数据处理时，除了地形高数据和重力异常数据密度不匹配会引入很大的附加误差外，还存在布格改正直接、间接影响量级很大，相互抵偿后也会引入计算误差。为此，利用球近似下恒等式

$$\begin{cases}
2\pi\chi_0 - \dfrac{3R}{2}\iint\limits_\sigma \dfrac{\chi_0}{l_0}\mathrm{d}\sigma = G_0 \\[2mm]
R^2 \iint\limits_\sigma \dfrac{\chi_0}{l_0}\mathrm{d}\sigma = \dfrac{R}{4\pi}\iint\limits_\sigma G_0 S(\psi)\mathrm{d}\sigma
\end{cases} \qquad (6-198)$$

取 $\chi_0 = f\rho h$ 并顾及式（6-181）、式（6-189）和式（6-197），则可得到

$$\begin{cases}
2\pi f\rho h - \dfrac{3f\rho R}{2}\iint\limits_\sigma \dfrac{h}{l_0}\mathrm{d}\sigma = \Delta g_e + C + \dfrac{3}{2R}\delta T_e \\[2mm]
f\rho R^2 \iint\limits_\sigma \dfrac{h}{l_0}\mathrm{d}\sigma = \dfrac{R}{4\pi}\iint\limits_\sigma [\Delta g_e + C + \dfrac{3}{2R}\delta T_e]S(\psi)\mathrm{d}\sigma
\end{cases} \qquad (6-199)$$

利用第二个式子，可将式（6-196）简化为

$$T = \frac{R}{4\pi}\iint\limits_\sigma [(\Delta g + C + \frac{3}{2R}\delta T_e) - (h - h_A)L(\Delta g_B)]S(\psi)\mathrm{d}\sigma + \delta T_e + \delta T_i$$

$$(6-200)$$

至此，可以看出，基于球面布格异常所得球面地形改正解的主项是前述空间异常与高程呈线性关系时的地形改正解，再加上空间异常与高程异常非线性部分的改正项

$$\frac{R}{4\pi}\iint\limits_\sigma \left[\frac{3}{2R}\delta T_e - (h - h_A)L(\Delta g_B)\right]S(\psi)\mathrm{d}\sigma_i \qquad (6-201)$$

和所有地面边值问题解中都要涉及的高阶改正项，这里为 $\delta T_e + \delta T_i$。

最后，由 Bruns 公式，略去式（6 - 200）的高阶项，得到联合地形和重力异常数据确定似大地水准面的公式

$$\zeta = \frac{R}{4\pi\gamma} \iint_\sigma \left[(\Delta g + C) - (h - h_A)L(\Delta g_B) \right] S(\psi) d\sigma \tag{6 - 202}$$

再利用垂线偏差与扰动位的关系，得到联合地形和重力异常数据确定垂线偏差的公式

$$\left\{ \begin{matrix} \xi \\ \eta \end{matrix} \right\} = \frac{1}{4\pi\gamma} \iint_\sigma \left[(\Delta g + C) - (h - h_A)L(\Delta g_B) \right] \frac{d}{d\psi} S(\psi) \left\{ \begin{matrix} \cos A \\ \sin A \end{matrix} \right\} d\sigma \tag{6 - 203}$$

式中　A——流动点到计算点的球面方位角。

6.3.2　地面垂线偏差快速确定算法

从目前所具备的地形高程、重力数据、天文大地测量数据和 GPS 水准数据的情况，在几年来的研究和实践基础上，特制定如下软件数值实现的具体实施方案，以便独立编制解算软件，确保软件及其计算结果的可靠性。

6.3.2.1　大地坐标系统

大地坐标系统采用 2000 坐标系。参考椭球与正常椭球一致。椭球的物理和几何参数为

$$a = 6\ 378\ 137\ \text{m}$$
$$f = 1:298.257\ 222\ 101$$
$$GM = 3\ 986\ 004.418 \times 10^8\ \text{m}^3\text{s}^{-2}$$
$$\omega = 7\ 292\ 115 \times 10^{-11}\ \text{rad} \cdot \text{s}^{-1}$$

正常重力场的球谐系数为

$$J_2 = 0.108\ 262\ 983\ 226 \times 10^{-2}$$
$$J_4 = -0.237\ 091\ 125\ 614 \times 10^{-5}$$
$$J_6 = 0.608\ 346\ 525\ 889 \times 10^{-8}$$
$$J_8 = -0.142\ 681\ 100\ 980 \times 10^{-10}$$
$$J_{10} = -0.121\ 439\ 338\ 334 \times 10^{-13}$$

正常重力公式为

$$\gamma = 978\ 032.533\ 61(1 + 0.005\ 302\ 44\ \sin^2 B - 0.000\ 005\ 82\sin^2 2B) \times 10^{-5}\ \text{m/s}^2$$

6.3.2.2　垂线偏差计算方法

利用地形和重力数据推求地面点重力垂线偏差并将其分成三个部分，即

$$\left\{ \begin{matrix} \xi \\ \eta \end{matrix} \right\} = \left\{ \begin{matrix} \xi_M \\ \eta_M \end{matrix} \right\} + \left\{ \begin{matrix} \xi_{\delta g} \\ \eta_{\delta g} \end{matrix} \right\} + \left\{ \begin{matrix} \xi_h \\ \eta_h \end{matrix} \right\} \tag{6 - 204}$$

第一项是模型垂线偏差，计算公式为

$$\xi_M^{ij} = \sum_{m=0}^{N} (xE_m^i \cos m\lambda_j + xF_m^i \sin m\lambda_j)$$

$$xE_m^i = -\frac{fM}{R^2 \gamma_i} \sum_{n=0}^{N} \left(\frac{R}{r_i}\right)^{n+2} \bar{C}_{nm}^* \frac{\mathrm{d}}{\mathrm{d}\phi} \bar{P}_{nm}(\sin\phi_i) \qquad (6-205)$$

$$xF_m^i = -\frac{fM}{R^2 \gamma_i} \sum_{n=0}^{N} \left(\frac{R}{r_i}\right)^{n+2} \bar{S}_{nm} \frac{\mathrm{d}}{\mathrm{d}\phi} \bar{P}_{nm}(\sin\phi_i)$$

和

$$\eta_M^{ij} = \sum_{m=0}^{N} (yE_m^i \cos m\lambda_j + yF_m^i \sin m\lambda_j)$$

$$yE_m^i = -\frac{fM}{R^2 \gamma_i} \sum_{n=0}^{N} \left(\frac{R}{r_i}\right)^{n+2} m\bar{S}_{nm} \frac{1}{\cos\phi_i} \bar{P}_{nm}(\sin\phi_i) \qquad (6-206)$$

$$yF_m^i = +\frac{fM}{R^2 \gamma_i} \sum_{n=0}^{N} \left(\frac{R}{r_i}\right)^{n+2} m\bar{C}_{nm}^* \frac{1}{\cos\phi_i} \bar{P}_{nm}(\sin\phi_i)$$

式中　(r_i, ϕ_i, λ_j)——第 i 个纬度圈第 j 个网格中点处的地心向径和经纬度。

同一纬度圈上只需递推勒让德函数及其导数一次便可求得系数 xE_m^i、xF_m^i、yE_m^i 和 yF_m^i，从而加快其计算速度。而经度的正余弦函数值亦可递推求得。

第二项是近区域残余重力异常和地形改正的贡献，该项的单带或多带傅里叶计算式为

$$(\xi + \mathrm{i}\eta)_{\delta g}(\phi_n, \lambda_j) = \frac{\Delta B \Delta\lambda}{4\pi\gamma} \mathrm{DFT}^{-1} \left[\sum_i \cos\phi_i \mathrm{DFT}(\Delta g + C - \Delta g_M) \mathrm{DFT}(R_{ni}) \right]$$
$$j = 0, 1, \cdots, M-1$$
$$(6-207)$$

其中核函数

$$R_{ni,j} = \frac{\mathrm{d}}{\mathrm{d}\psi} S[\psi(\phi_n, \phi_i', j\Delta\lambda)][\cos A(\phi_n, \phi_i', j\Delta\lambda) + \mathrm{i}\sin A(\phi_n, \phi_i', j\Delta\lambda)] \quad (6-208)$$

第三项是与球面完全布格异常和高程有关的改正项，该项的单带或多带傅里叶计算式为

$$(\xi + \mathrm{i}\eta)_h(\phi_n, \lambda_j) = \frac{\Delta B \Delta\lambda}{4\pi\gamma} \Big\{ \mathrm{DFT}^{-1} \left[\sum_i \cos\phi_i \mathrm{DFT}(h_i L_i(\Delta g_B)) \mathrm{DFT}(R_{ni}) \right]$$
$$- h(\phi_n, \lambda_j) \mathrm{DFT}^{-1} \left[\sum_i \cos\phi_i \mathrm{DFT}(L_i(\Delta g_B)) \mathrm{DFT}(R_{ni}) \right] \Big\}$$
$$j = 0, 1, \cdots, M-1$$
$$(6-209)$$

其中核函数

$$R_{ni,j} = \frac{\mathrm{d}}{\mathrm{d}\psi} S[\psi(\phi_n, \phi_i', j\Delta\lambda)][\cos A(\phi_n, \phi_i', j\Delta\lambda) + \mathrm{i}\sin A(\phi_n, \phi_i', j\Delta\lambda)] \quad (6-210)$$

要精密确定重力垂线偏差，采用的数据必须是 $1' \times 1'$ 网格的平均值。

6.3.3　垂线偏差地形改正项性能分析

Molodensky 问题不同级数解法的地形效应过去没有深入研究和对比分析，这里针对 Molodensky 问题的三种解法，探讨不同一阶解的量级及其对垂线偏差确定精度的贡献，试图给出改正性能的定量结论。

6.3.3.1　Molodensky 一阶改正 G_1 项性能分析

如前述，Molodensky 一阶改正 G_1 项的主项为

$$G_1 \approx G_1' = r_P^2 \iint\limits_{\omega} \chi_0 \frac{h - h_P}{l_0^3} \mathrm{d}\omega \approx r_P^2 \iint\limits_{\omega} \Delta g \frac{h - h_P}{l_0^3} \mathrm{d}\omega \qquad (6-211)$$

以往因重力异常和高程数据的分辨率没能很好解决，该项计算实际应用中一般不予考虑。目前，高分辨率地形数据已在某种程度上缓解了重力异样推估的压力，依托高分辨率地形弥补重力测量不足实现高分辨率平均重力异常的推估技术得到了发展，使得在局部相对意义上平均重力异常的推估具有一定的精度，从而使得确定 Molodensky 一阶改正 G_1 项成为可能。下面具体给出 H-48 Molodensky 一阶改正 G_1 项的性能分析。

（1）G_1 的量级分析

对于式（6-211），在局部近似意义下，利用融合处理给出的 $1' \times 1'$ 的平均异常和平均高，给出了 Molodensky 一阶改正 G_1 项的计算结果，如图 6-9 所示。

图 6-9　H-48 Molodensky G_1 项影像图（见彩插）

该计算表明，G_1 项的计算确实存在数据粗糙化误差的影响，未必是真正需要的 G_1 项值。若利用 Molodensky 一阶理论确定高程异常和垂线偏差，必须考虑采用频域化（如 $1' \times 1'$ 对应的球谐频谱）确定方法，提取需要分辨率（如 $1' \times 1'$）的 G_1 项信息，才能确保其计算的合理性。

（2）$V(G_1)$ 项的量级分析

Molodensky 一阶改正 G_1 项对垂线偏差的影响主项为

$$\xi_{1P} = \frac{1}{4\pi\gamma}\iint\limits_{\omega} G_1' \frac{\mathrm{d}}{\mathrm{d}\psi} S(\psi)\cos A\,\mathrm{d}\omega$$

$$\eta_{1P} = \frac{1}{4\pi\gamma}\iint\limits_{\omega} G_1' \frac{\mathrm{d}}{\mathrm{d}\psi} S(\psi)\sin A\,\mathrm{d}\omega$$

$$(6-212)$$

利用前面 G_1 项计算结果，可以算得 ξ_{1P}，η_{1P}，如图 6-10 和图 6-11 所示。

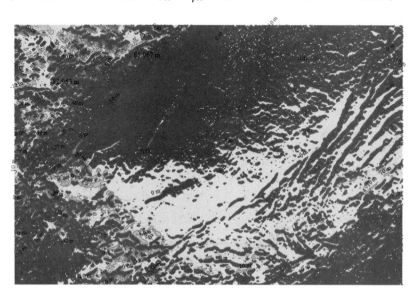

图 6-10　H-48 $V(G_1)$ 子午分量影像图（见彩插）

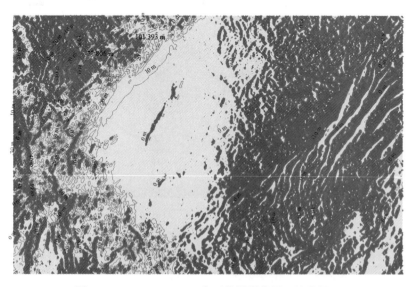

图 6-11　H-48 $V(G_1)$ 卯酉分量影像图（见彩插）

数值结果和影像表明，$V(G_1)$ 项的计算也存在数据粗糙化误差的影响，与地形复杂度强相关，未必是真正需要的 $V(G_1)$ 值。因此，直接计算 G_1 项及其对垂线偏差的影响，还需要进一步研究。

6.3.3.2　Moritz 一阶改正 G_1 项性能分析

Moritz 曾证明，在重力异常与高程呈线性关系时，Molodensky 一阶解与地形改正解近似等价，因此，实践中普遍采用地形改正解作为地面边值问题一阶解的实用形式。

若要顾及其非线性部分，经推导，给出了地形改正＋一阶布格异常梯度，从而实现 Molodensky 的一阶严格解。

这里，为了探究 Moritz 一阶项的性能及其可实现性，对其进行数值分析。

（1）$L(\Delta g)$ 的量级分析

利用融合处理给出的 $1' \times 1'$ 的平均异常数据，按照 Moritz 的垂直梯度计算公式，给出了 $L(\Delta g)$ 的计算结果，如图 6-12 所示。

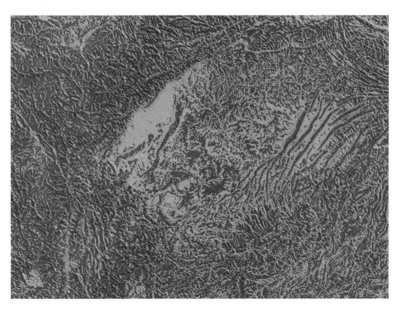

图 6-12　H-48 $L(\Delta g)$ 影像图（见彩插）

影像条纹明显表明，$L(\Delta g)$ 项的计算也存在数据粗糙化误差的影响，未必是真正需要的 $L(\Delta g)$ 项值。若利用 Moritz 一阶理论确定高程异常和垂线偏差，也必须考虑采用频域化（如 $1' \times 1'$ 对应的球谐频谱）确定方法，提取需要分辨率（如 $1' \times 1'$）的 $L(\Delta g)$ 信息，才能确保其计算的合理性。

（2）$V(g_1)$ 项的量级分析

Moritz 的 $V(g_1)$ 项与 Molodensky $V(G_1)$ 项具有类似的数值结果，也存在数据粗糙化误差的影响，且与地形复杂度强相关，未必是真正需要的 $V(g_1)$ 值。因此，直接计算 g_1 项及其对垂线偏差的影响，还需要细致研究。

故将研究的重心放在联合重力和地形数据确定高程异常和垂线偏差的工程实现上。

联合重力和地形数据确定高程异常和垂线偏差的解，移除了地形强相关项，数据粗糙化误差的影响得到了抑制，是较为实用的垂线偏差确定方法之一。

6.3.3.3 完全布格异常梯度改正项性能分析

（1）完全布格异常梯度改正项量级分析

地形改正 C 在线性边值问题中的作用已为大家认可，下面主要讨论布格异常梯度改正 g_1 项 $[g_1 = -(h - h_A)L(\Delta g_B)]$ 对高程异常和垂线偏差的影响，并与地形改正 C 的作用相比较。为此，先对某区域重力异常的垂向梯度和完全布格异常垂向梯度的数值结果做一比较，比较结果见表 6-1 和表 6-2。

表 6-1 重力异常的垂向梯度

区间/E		点数	百分比
−5 588.28	−3215.63	2	0.001%
−3 215.63	−842.98	21	0.006%
−842.98	1 529.66	331 013	99.958%
1 529.66	3 902.31	114	0.034%

表 6-2 完全布格异常的垂向梯度

区间/E		点数	百分比
−139.10	−45.45	3 846	1.161%
−45.45	48.19	323 557	97.707%
48.19	141.85	2 954	0.892%
141.85	235.50	226	0.068%

从表中可以看出，重力异常的垂向梯度 $L(\Delta g)$ 比完全布格异常的垂向梯度 $L(\Delta g_B)$ 的变化幅度大一个数量级。显然，这是重力异常与地形高程近似呈线性关系之故。扣除地形相关部分所得的完全布格异常的垂线梯度的量级较小，便于实际数值计算。

下面列出该区域地形改正 C 和 g_1 项对高程异常和垂线偏差的影响，见表 6-3～表 6-8。

表 6-3 地形改正对高程异常的影响

区间/m		点数	百分比
0.008	0.018	8	0.002%
0.018	0.028	4 558	1.376%
0.028	0.038	26 522	8.009%
0.038	0.048	39 762	12.007%
0.048	0.058	54 780	16.542%
0.058	0.068	67 755	20.460%
0.068	0.078	55 736	16.831%
0.078	0.088	34 156	10.314%
0.088	0.098	47 873	13.457%

表 6 - 4　g_1 项对高程异常的影响

区间/m		点数	百分比
0.003	0.013	88 270	26.656%
0.013	0.023	88 385	26.690%
0.023	0.033	54 610	16.491%
0.033	0.043	41 130	12.420%
0.043	0.053	35 271	10.651%
0.053	0.063	14 281	3.313%
0.063	0.073	59 89	1.809%
0.073	0.083	2 799	0.845%
0.083	0.093	379	0.114%

表 6 - 5　地形改正对子午垂线偏差的影响

区间/(″)		点数	百分比
−1.117	−0.283	15 104	3.561%
−0.283	0.551	312 391	93.335%
0.551	1.385	3 655	1.104%
1.385	2.219	0	0.000%
2.219	3.053	0	0.000%
3.053	3.887	0	0.000%
3.887	3.721	0	0.000%
3.721	5.555	0	0.000%
5.555	6.389	0	0.000%
6.389	7.223	1	0.000%

表 6 - 6　g_1 项对子午垂线偏差的影响

区间/(″)		点数	百分比
−6.860	−5.492	12	0.004%
−5.492	−3.125	31	0.009%
−3.125	−2.758	208	0.063%
−2.758	−1.390	1 073	0.324%
−1.390	−0.023	10 0952	30.485%
−0.023	1.343	227 697	68.759%
1.343	2.711	986	0.298%
2.711	3.078	163	0.049%
3.078	5.445	23	0.007%
5.445	6.813	6	0.002%

表 6 - 7　地形改正对卯酉垂线偏差的影响

区间/(″)		点数	百分比
−3.302	−3.532	1	0.000%
−3.532	−2.763	0	0.000%
−2.763	−1.993	0	0.000%
−1.993	−1.224	0	0.000%
−1.224	−0.454	10	0.003%
−0.454	0.315	292 233	88.248%
0.315	1.084	38 552	11.642%
1.084	1.854	353	0.107%
1.854	2.623	1	0.000%
2.623	3.393	1	0.000%

表 6 - 8　g_1 项对卯酉垂线偏差的影响

区间/(″)		点数	百分比
−8.277	−6.770	4	0.001%
−6.770	−5.264	26	0.008%
−5.264	−3.758	66	0.020%
−3.758	−2.251	291	0.088%
−2.251	−0.745	3 651	1.103%
−0.745	0.760	32 3467	97.680%
0.760	2.267	3 360	1.015%
2.267	3.773	244	0.074%
3.773	5.279	25	0.008%
5.27	6.786	17	0.005%

从表中可以看出，g_1 项对高程异常的影响同地形改正影响的量级相当，也为几个厘米；对垂线偏差的影响也同地形改正影响的量级相当，为一个角秒左右。这大体上与理论估计的影响相当，也与该地区为丘陵地形特征相一致。这些数值结果也说明了，边值问题的地形改正项与完全布格异常所引起的梯度改正项具有同等的量级。若同时顾及这两项改正，可达到取至一阶项解析延拓解的精度。

（2）完全布格异常梯度改正项精度贡献分析

利用该区域中部 50 km×70 km 范围内的 97 个天文大地垂线偏差值（精度约 ±0.4″）作为真值，按插值方法由格网垂线偏差值分别推求出 97 个子午和卯酉垂线偏差的计算值（未加完全布格异常梯度改正项的计算值，加了完全布格异常梯度改正项的计算值），二者之差作为真误差，得到它们的中误差见表 6 - 9。

表 6 – 9　重力垂线偏差的计算精度

垂线偏差	点数	不加 g_1 项的影响/(″)	加入 g_1 项的影响/(″)
卯酉分量	97 点中误差	±1.459	±1.407
子午分量	97 点中误差	±1.619	±1.442

　　从表 6 – 9 中中误差的数值可以看出，加了完全布格异常梯度改正项能提高垂线偏差的计算精度。此外比较 1 000 m 与 200 m 分辨率的数据的计算结果，可以得出近区域重力和地形数据对垂线偏差的影响是比较大的。欲精密确定垂线偏差，高分辨率的地形数据起着不容忽视的作用。

第7章 远程火箭重力场补偿

提高飞行精度是远程火箭发展的重点方向之一，而影响飞行精度的主要因素包括制导工具误差、制导方法误差、地球扰动重力场引起的误差以及其他误差。从国内外公开的资料来看，制导工具误差和地球扰动重力场引起的误差占了整个误差的 80% 以上。随着基础工业水平以及硬件技术的发展，制导工具误差逐渐下降，这导致地球扰动重力场引起的误差在整个误差中所占的比重不断提高，以至于成为影响飞行精度的瓶颈。

远程火箭飞行器在飞行过程中始终受到地球重力场的作用，而箭上的惯性器件却无法敏感到地球重力，只能由制导系统在飞行时利用装定的地球扰动重力场重构模型，实时计算其影响，并结合具体制导方法予以补偿，从而保证高精度飞行。因此，在突破地球扰动重力场精确表征理论，解决广域建模方法与快速重构技术后，提高飞行精度的重点就落在分析扰动重力场对飞行器运动影响传播特性，进而在飞行过程中，对地球扰动重力场的影响进行精确补偿上。显然这一目标需由飞行器的制导系统来实现。

理论上如果知道了发射条件，就可以根据飞行运动方程进行弹道计算，并得到一条可行的理论弹道。实际上，由于飞行过程中的环境条件不确定、箭体本身特征参数的偏差等因素，会导致弹道产生一定的偏差，为了在偏差或外界干扰条件下使飞行器仍可以精确达到交班点，就需要由制导系统通过一定的制导算法，计算制导指令，控制飞行器飞行。本章将对常用制导方法进行介绍。

7.1 弹道制导基础

7.1.1 坐标系及转换

7.1.1.1 坐标系定义

（1）地心坐标系 $O_E - x_E y_E z_E$

坐标系原点在地心 O_E 处。$O_E x_E$ 在赤道面内指向本初子午线（通常取格林威治天文台所在子午线）；$O_E z_E$ 轴垂直于赤道平面指向北极；$O_E - x_E y_E z_E$ 为右手坐标系，由于 $O_E x_E$ 所指向的本初子午线随地球一起转动，因此这个坐标系是一个动坐标系。

地心坐标系适用于确定飞行器相对于地球表面的位置。

（2）地心惯性坐标系 $O_E - x_1 y_1 z_1$

坐标系原点在地心 O_E 处。$O_E x_1$ 轴在赤道平面内指向平春分点（以 2000 年 1 月 1.5 日的平春分点为基准）；$O_E z_1$ 轴垂直于赤道平面，与地球自转轴重合，指向北极；$O_E y_1$ 轴的方向是使得该坐标系成为右手直角坐标系的方向。

该坐标系可用来描述运载火箭的飞行弹道以及地球卫星、飞船等的轨道。

（3）发射坐标系 $O - xyz$

坐标系原点与发射点 O 固连。Ox 轴在发射点水平面内，指向发射瞄准方向；Oy 轴垂直于发射点水平面指向上方；Oz 轴与 xOy 面相垂直并构成右手坐标系。由于发射坐标系的原点 O 随地球一起旋转，因此这个坐标系是一个动坐标系。

利用该坐标系可建立飞行器相对于地面的运动方程，便于描述飞行器相对大气运动所受到的作用力。

（4）发射惯性坐标系 $O_A - x_A y_A z_A$

飞行器起飞瞬间，原点 O_A 与发射点 O 重合，各坐标轴与发射坐标系各轴也相应重合。飞行器起飞后，O_A 点及坐标系各轴方向在惯性空间保持不动。

利用该坐标系可建立飞行器在惯性空间的运动方程。

（5）体坐标系 $O_1 - x_1 y_1 z_1$

坐标系原点 O_1 为飞行器质心 O_1。$O_1 x_1$ 轴为飞行器体轴，指向飞行器的头部；$O_1 y_1$ 轴在飞行器主对称面内并垂直于 $O_1 x_1$ 轴；$O_1 z_1$ 轴垂直于主对称面，顺着发射方向看去，$O_1 z_1$ 轴指向右方。$O_1 - x_1 y_1 z_1$ 为右手坐标系。

该坐标系在空间的位置反映了飞行器在空中的姿态。

（6）速度坐标系 $O_1 - x_v y_v z_v$

坐标系原点为飞行器的质心 O_1。$O_1 x_v$ 轴沿飞行器速度方向；$O_1 y_v$ 轴在飞行器的主对称面内，垂直于 $O_1 x_v$；$O_1 z_v$ 轴垂直于 $x_v O_1 y_v$ 平面，顺着飞行方向看去，$O_1 z_v$ 指向右方。$O_1 - x_v y_v z_v$ 为右手坐标系。

用该坐标系与其他坐标系的关系可反映出飞行器的飞行速度矢量状态。

（7）北天东坐标系 $O_1 - x_T y_T z_T$

坐标系原点为飞行器的质心 O_1。$O_1 y_T$ 在地球地心 O_E 与飞行器质心 O_1 的连线方向，指向地球外部空间；$O_1 x_T$ 为在过飞行器质心 O_1 的子午面内垂直于 $O_1 y_T$，指向北极为正；$O_1 z_T$ 与 $O_1 x_T$，$O_1 y_T$ 构成右手直角坐标系。

7.1.1.2　坐标系转换

（1）发射坐标系与速度坐标系之间的转换

两个坐标系转动至平行的顺序及欧拉角如图 7-1 所示。图中将两个坐标系原点重合，绕 Oz 轴正向转动 θ 角（速度倾角），接着绕 y' 轴正向转动 σ 角（航迹偏航角），最后绕 x_v 正向转动 v 角（倾侧角），即可使发射坐标系与速度坐标系重合，上述 θ，σ，v 角即为三个欧拉角，图 7-1 中的欧拉角均定义为正值。可得这两个坐标系的方向余弦阵关系为

$$\begin{bmatrix} x_v^0 \\ y_v^0 \\ z_v^0 \end{bmatrix} = \boldsymbol{V}_G \begin{bmatrix} x^0 \\ y^0 \\ z^0 \end{bmatrix} \tag{7-1}$$

其中

$$\boldsymbol{V}_G = \begin{bmatrix} \cos\theta\cos\sigma & \sin\theta\cos\sigma & -\sin\sigma \\ \cos\theta\sin\sigma\sin v - \sin\theta\cos v & \sin\theta\sin\sigma\sin v + \cos\theta\cos v & \cos\sigma\sin v \\ \cos\theta\sin\sigma\cos v + \sin\theta\sin v & \sin\theta\sin\sigma\cos v - \cos\theta\sin v & \cos\sigma\cos v \end{bmatrix} \tag{7-2}$$

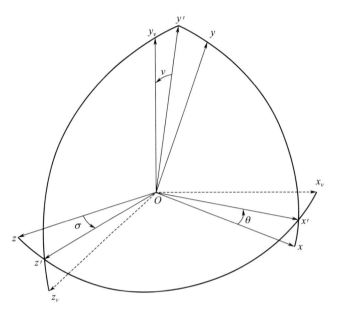

图 7-1　发射坐标系与速度坐标系关系图

（2）体坐标系与速度坐标系之间的转换

根据定义，速度坐标系 O_1y_v 轴在飞行器主对称面 $x_1O_1y_1$ 内。因此，这两个坐标系间只存在两个欧拉角。将速度坐标系先绕 O_1y_v 转动 β 角（侧滑角）；再绕 O_1z_1 转动 α 角（攻角）。即可使两个坐标系重合。图 7-2 给出两个坐标系的欧拉角关系。图中 α 和 β 均为正值。可得两个坐标系的方向余弦阵为

$$\begin{bmatrix} x_1^0 \\ y_1^0 \\ z_1^0 \end{bmatrix} = \boldsymbol{B}_V \begin{bmatrix} x_v^0 \\ y_v^0 \\ z_v^0 \end{bmatrix} \tag{7-3}$$

其中

$$\boldsymbol{B}_V = \begin{bmatrix} \cos\beta\cos\alpha & \sin\alpha & -\sin\beta\cos\alpha \\ -\cos\beta\sin\alpha & \cos\alpha & \sin\beta\sin\alpha \\ \sin\beta & 0 & \cos\beta \end{bmatrix} \tag{7-4}$$

（3）发射坐标系与体坐标系之间的转换

这两个坐标系的关系用以表示箭体相对于发射坐标系的姿态角。采用下列转动顺序：先绕 Oz 轴正向转动俯仰角 φ，然后绕新的 y' 轴正向转动偏航角 ψ，最后绕新的 x_1 轴正向转动滚转角 γ。图 7-3 给出了两坐标系的欧拉角关系，相应的方向余弦关系如下

$$\begin{bmatrix} x^0 \\ y^0 \\ z^0 \end{bmatrix} = \boldsymbol{G}_B \begin{bmatrix} x_1^0 \\ y_1^0 \\ z_1^0 \end{bmatrix} \tag{7-5}$$

其中

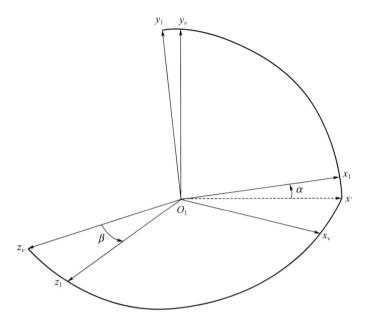

图 7 - 2　速度坐标系与体坐标系关系图

$$\boldsymbol{G}_B = \begin{bmatrix} \cos\varphi\cos\psi & \cos\varphi\sin\psi\sin\gamma - \sin\varphi\cos\gamma & \cos\varphi\sin\psi\cos\gamma + \sin\varphi\sin\gamma \\ \sin\varphi\cos\psi & \sin\varphi\sin\psi\sin\gamma + \cos\varphi\cos\gamma & \sin\varphi\sin\psi\cos\gamma - \cos\varphi\sin\gamma \\ -\sin\psi & \cos\psi\sin\gamma & \cos\psi\cos\gamma \end{bmatrix} \quad (7-6)$$

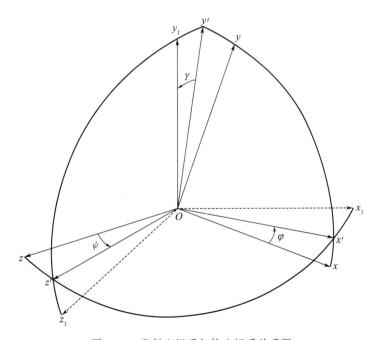

图 7 - 3　发射坐标系与体坐标系关系图

（4）发射惯性坐标系与发射坐标系之间的转换

根据定义，发射瞬时发射惯性坐标系与发射坐标系重合，只是由于地球旋转，固定在地球上的发射坐标系在惯性空间内方位发生变化。记从发射瞬时到所讨论时刻的时间间隔为 t，则发射坐标系绕地轴旋转 $\omega_e t$。图 7-4 给出了一般情况下两个坐标系的关系。由此可先将 $O_A - x_A y_A z_A$ 与 $O - xyz$ 分别绕 y_A 与 y 轴转动角 α_0，这使得 x_A 轴、x 轴转到发射点 O_A、O 所在子午面内，此时 z_A 轴、z 轴即转到垂直于各自子午面在过发射点的纬圈的切线方向。然后再绕各自新的侧轴转 ϕ_0，从而得到新的坐标系 $O_A - \xi_A \eta_A \zeta_A$ 与 $O - \xi \eta \zeta$，此时 ξ_A 轴与 ξ 轴均平行于地球转动轴。最后，将新的坐标系与原坐标系固连起来。考虑到发射瞬时，$O_A - \xi_A \eta_A \zeta_A$ 与 $O - \xi \eta \zeta$ 重合，且 ξ_A 轴与 ξ 轴的方向与地球自转轴 ω_e 的方向一致。那么，任意瞬时 t 时，两个坐标系间存在一绕 ξ_A 的欧拉角 $\omega_e t$。因此，根据转换矩阵的传递关系，发射惯性坐标系与发射坐标系间的方向余弦关系为

$$
\begin{bmatrix} x^0 \\ y^0 \\ z^0 \end{bmatrix} = \boldsymbol{G}_A \begin{bmatrix} x_A^0 \\ y_A^0 \\ z_A^0 \end{bmatrix} \tag{7-7}
$$

其中

$$
\boldsymbol{G}_A = \boldsymbol{A}^{-1} \boldsymbol{B} \boldsymbol{A}
$$

$$
\boldsymbol{A} = \begin{bmatrix} \cos\alpha_0 \cos\phi_0 & \sin\phi_0 & -\sin\alpha_0 \cos\alpha \\ -\cos\alpha_0 \sin\phi_0 & \cos\phi_0 & \sin\alpha_0 \sin\alpha \\ \sin\alpha_0 & 0 & \cos\alpha_0 \end{bmatrix} \tag{7-8}
$$

$$
\boldsymbol{B} = \begin{bmatrix} 1 & 0 & 0 \\ 0 & \cos\omega_e t & \sin\omega_e t \\ 0 & -\sin\omega_e t & \cos\omega_e t \end{bmatrix}
$$

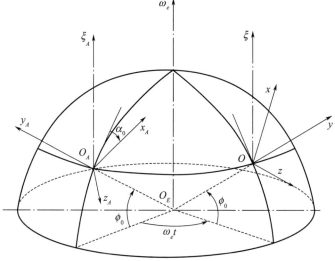

图 7-4　发射坐标系与发射惯性坐标系关系图

如果将地球考虑为标准椭球体，则只需将上述方向余弦阵元素中之地心方位角 α_0 与地心纬度 ϕ_0 分别代之以大地方位角 A_0 与大地纬度 B_0。

（5）大地坐标系与地心坐标系之间的转换

大地坐标系坐标 $(H，\lambda，B)$ 分别为大地高程、大地经度及大地纬度，其转换到地心坐标系坐标 $(x_E，y_x，z_E)$ 的转换公式为

$$x_E = (N + H) \cos B \cos\lambda$$
$$y_E = (N + H) \cos B \sin\lambda \qquad (7-9)$$
$$z_E = (N(1 - e^2) + H) \sin B$$

其中

$$N = a_e / \sqrt{1 - e^2 \sin^2 B}$$

式中　N ——卯酉圈半径；

　　　a_e ——地球赤道半径；

　　　e ——地球偏心率。

7.1.2　远程火箭运动方程

根据变质量力学基本原理，远程火箭主动段在发射惯性坐标系中以矢量描述的质心动力学方程为

$$m \frac{\mathrm{d}^2 \boldsymbol{r}}{\mathrm{d}t^2} = \boldsymbol{P} + \boldsymbol{F} \qquad (7-10)$$

式中　$\boldsymbol{P}$ ——发动机推力矢量；

　　　$\boldsymbol{F}$ ——作用在飞行器上的其他合外力（含地球引力）矢量。

从地球观测飞行器运动，必须研究其相对运动，因此在发射坐标系内建立三自由度弹道模型，但此时哥氏力和牵连力的影响不能忽略。

在发射坐标系下，飞行器的质心运动方程为

$$m \frac{\mathrm{d}^2 \boldsymbol{r}}{\mathrm{d}t^2} = m \frac{\mathrm{d}\boldsymbol{V}}{\mathrm{d}t} = \boldsymbol{P} + \boldsymbol{R} + \boldsymbol{F}_c + m\boldsymbol{g} + \boldsymbol{F}_k + \boldsymbol{F}_{rel} \qquad (7-11)$$

式中　$\boldsymbol{R}$ ——作用在飞行器上的气动力矢量；

　　　$\boldsymbol{F}_c$ ——作用在飞行器上的控制力矢量；

　　　$m\boldsymbol{g}$ ——作用在飞行器上的引力矢量；

　　　$\boldsymbol{F}_k$ ——哥氏惯性力矢量；

　　　$\boldsymbol{F}_{rel}$ ——牵连惯性力矢量。

下面将式（7-11）各项在发射坐标系中进行分解。

7.1.2.1　加速度

$$\frac{\mathrm{d}\boldsymbol{V}}{\mathrm{d}t}=\begin{bmatrix}\dfrac{\mathrm{d}\upsilon_x}{\mathrm{d}t}\\[2mm]\dfrac{\mathrm{d}\upsilon_y}{\mathrm{d}t}\\[2mm]\dfrac{\mathrm{d}\upsilon_z}{\mathrm{d}t}\end{bmatrix} \tag{7-12}$$

7.1.2.2　发动机推力

发动机推力 $\boldsymbol{P}$ 在飞行器体坐标系的分量为

$$\boldsymbol{P}=\begin{bmatrix}P\\0\\0\end{bmatrix} \tag{7-13}$$

飞行器体坐标系到发射坐标系坐标转换矩阵为 $\boldsymbol{G}_B(\boldsymbol{G}_B=\boldsymbol{V}_G^{-1}\boldsymbol{B}_V^{-1})$，则推力在发射坐标系的分量

$$\begin{bmatrix}P_x\\P_y\\P_z\end{bmatrix}=\boldsymbol{G}_B\begin{bmatrix}P\\0\\0\end{bmatrix} \tag{7-14}$$

7.1.2.3　气动力

飞行器飞行中所受气动力在速度坐标系中的分量为

$$\boldsymbol{R}=\begin{bmatrix}-X\\Y\\Z\end{bmatrix}=\begin{bmatrix}-C_xqS_M\\C_y^\alpha qS_M\alpha\\-C_y^\alpha qS_M\beta\end{bmatrix} \tag{7-15}$$

速度坐标系到体坐标系的方向余弦阵为 $\boldsymbol{B}_V$，气动力 $\boldsymbol{R}$ 在体坐标系的分量为

$$\boldsymbol{R}=\begin{bmatrix}R_x\\R_y\\R_z\end{bmatrix}=\begin{bmatrix}-C_AqS_m\\C_NqS_m\\C_ZqS_m\end{bmatrix}=\boldsymbol{B}_V\begin{bmatrix}-C_xqS_M\\C_y^\alpha qS_M\alpha\\-C_y^\alpha qS_M\beta\end{bmatrix} \tag{7-16}$$

式中　C_A，C_N，C_Z——分别表示轴向力系数、法向力系数与横向力系数。

同理可得气动力在发射坐标系下的表达式

$$\boldsymbol{R}=\boldsymbol{G}_B\boldsymbol{B}_V\begin{bmatrix}-C_xqS_M\\C_y^\alpha qS_M\alpha\\-C_y^\alpha qS_M\beta\end{bmatrix} \tag{7-17}$$

航天常用的大气模型为 1976 年美国标准大气模型 USSA76。该模型以地理纬度 $45°32'33''$ 地区海平面为基准，以全年实际大气参数的统计平均值作为标准大气参数。大气基准值为：压强 $p_0=101\ 325\ \mathrm{Pa}$；温度 $T_0=288.15\ \mathrm{K}$；密度 $\rho_0=1.225\ 0\ \mathrm{kg/m^3}$；空气平均分子量 $M_0=28.964\ 4\ \mathrm{g/mol}$；声速 $a_0=340.294\ \mathrm{m/s}$；动力粘性 $\eta_0=1.789\ 4\times10^{-5}\ \mathrm{kg/(m\cdot s)}$。USSA76 适用高度范围是 $0\sim1\ 000\ \mathrm{km}$，并分成低层和高层两部分。

7.1.2.4　基本引力模型

标准弹道引力模型一般取到 J_2 项，高阶项作为扰动引力项进行分析。把 g 在矢径 r 及地球自转轴 $\boldsymbol{\omega}_e$ 方向进行分解，则引力加速度 g

$$\boldsymbol{g} = g_r' \boldsymbol{r}^0 + g_{we} \boldsymbol{\omega}_e^o \tag{7-18}$$

其中

$$\begin{cases} g_r' = -\dfrac{f_M}{r^2}\left[1 + J\left(\dfrac{a_e}{r}\right)^2 (1 - 5\sin^2\phi)\right] \\ g_{we} = -2\dfrac{f_M}{r^2}J\left(\dfrac{a_e}{r}\right)^2\sin\phi \end{cases}, J = 3/2 J_2 \tag{7-19}$$

则此时有

$$m\boldsymbol{g} = mg_r'\boldsymbol{r}^0 + mg_{we}\boldsymbol{\omega}_e^o \tag{7-20}$$

地球自转角速度矢量在该发射坐标系下可写成

$$\boldsymbol{\omega}_e^o = \frac{\omega_{ex}}{\omega_e}\boldsymbol{x}^0 + \frac{\omega_{ey}}{\omega_e}\boldsymbol{y}^0 + \frac{\omega_{ez}}{\omega_e}\boldsymbol{z}^0 \tag{7-21}$$

其中

$$\begin{bmatrix} \omega_{ex} \\ \omega_{ey} \\ \omega_{ez} \end{bmatrix} = \omega_e \begin{bmatrix} \cos B_0 \cos A_0 \\ \sin B_0 \\ -\cos B_0 \sin A_0 \end{bmatrix} \tag{7-22}$$

地心矢径在发射坐标系中投影为

$$\boldsymbol{r}^0 = \frac{x + R_{0x}}{r}\boldsymbol{x}^0 + \frac{y + R_{0y}}{r}\boldsymbol{y}^0 + \frac{z + R_{0z}}{r}\boldsymbol{z}^0 \tag{7-23}$$

式中　　$\boldsymbol{R}_0$——发射点地心矢径。

$\boldsymbol{R}_0$ 在该坐标系下投影为

$$\begin{bmatrix} R_{0x} \\ R_{0y} \\ R_{0z} \end{bmatrix} = \begin{bmatrix} -R_0 \sin\mu_0 \cos A_0 \\ R_0 \cos\mu_0 \\ R_0 \sin\mu_0 \sin A_0 \end{bmatrix} \tag{7-24}$$

其中

$$\mu_0 = B_0 - \phi_0$$

式中　　A_0——发射方位角；

B_0——发射点地理纬度；

μ_0——发射点地理纬度 B_0 与地心纬度 ϕ_0 之差。

于是引力在该坐标系下的投影为

$$m\begin{bmatrix} g_x \\ g_y \\ g_z \end{bmatrix} = m\frac{g_r'}{r}\begin{bmatrix} x + R_{0x} \\ y + R_{0y} \\ z + R_{0z} \end{bmatrix} + m\frac{g_{we}}{\omega_e}\begin{bmatrix} \omega_{ex} \\ \omega_{ey} \\ \omega_{ez} \end{bmatrix} \tag{7-25}$$

7.1.2.5　控制力

无论执行机构是何种形式，均可将控制力以体坐标系的分量表示为同一形式

$$\boldsymbol{F}_c = \begin{bmatrix} -X_{1c} \\ Y_{1c} \\ Z_{1c} \end{bmatrix} \tag{7-26}$$

各控制力的具体计算公式则根据采用何种执行机构而定，因此控制力在发射坐标系的三分量不难用下式得到

$$\begin{bmatrix} F_{cx} \\ F_{cy} \\ F_{cz} \end{bmatrix} = \boldsymbol{G}_B \begin{bmatrix} -X_{1c} \\ Y_{1c} \\ Z_{1c} \end{bmatrix} \tag{7-27}$$

7.1.2.6　哥氏惯性力

飞行器飞行中所受哥氏惯性力在发射坐标系的分量形式为

$$\begin{bmatrix} F_{kx} \\ F_{ky} \\ F_{kz} \end{bmatrix} = -m \begin{bmatrix} a_{kx} \\ a_{ky} \\ a_{kz} \end{bmatrix} = -m \begin{pmatrix} b_{11} & b_{12} & b_{13} \\ b_{21} & b_{22} & b_{23} \\ b_{31} & b_{32} & b_{33} \end{pmatrix} \begin{bmatrix} v_x \\ v_y \\ v_z \end{bmatrix} \tag{7-28}$$

其中

$$\begin{aligned} b_{11} &= b_{22} = b_{33} = 0 \\ b_{12} &= -b_{21} = -2\omega_{ez} \\ b_{31} &= -b_{13} = -2\omega_{ey} \\ b_{23} &= -b_{32} = -2\omega_{ex} \end{aligned} \tag{7-29}$$

7.1.2.7　牵连惯性力

飞行器飞行中所受牵连惯性力在发射坐标系的分量形式为

$$\begin{bmatrix} F_{ex} \\ F_{ey} \\ F_{ez} \end{bmatrix} = -m \begin{bmatrix} a_{ex} \\ a_{ey} \\ a_{ez} \end{bmatrix} = -m \begin{pmatrix} a_{11} & a_{12} & a_{13} \\ a_{21} & a_{22} & a_{23} \\ a_{31} & a_{32} & a_{33} \end{pmatrix} \begin{bmatrix} x + R_{0x} \\ y + R_{0y} \\ z + R_{0z} \end{bmatrix} \tag{7-30}$$

其中

$$\begin{aligned} a_{11} &= \omega_{ex}^2 - \omega_e^2 \\ a_{12} &= a_{21} = \omega_{ex}\omega_{ey} \\ a_{22} &= \omega_{ey}^2 - \omega_e^2 \\ a_{23} &= a_{32} = \omega_{ez}\omega_{ey} \\ a_{33} &= \omega_{ez}^2 - \omega_e^2 \\ a_{13} &= a_{31} = \omega_{ex}\omega_{ez} \end{aligned} \tag{7-31}$$

7.1.2.8　补充方程

上面所建立的质心动力学方程，其未知参数个数大于方程的数目，因此求解远程火箭运动参数还需要补充有关方程。

（1）地心纬度

$$\phi = \arcsin \frac{(x + R_{0x})\omega_{ex} + (y + R_{0y})\omega_{ey} + (z + R_{0z})\omega_{ez}}{r\omega_e} \quad (7-32)$$

（2）高度

轨道上任一点的地心距为

$$r = \sqrt{(x + R_{0x})^2 + (y + R_{0y})^2 + (z + R_{0z})^2} \quad (7-34)$$

对应于地心纬度 ϕ 的椭球表面距地心的距离为

$$R = \frac{a_e b_e}{\sqrt{a_e^2 \sin^2\phi + b_e^2 \cos^2\phi}} \quad (7-34)$$

在理论弹道计算中计算高度时，可忽略 μ 的影响，则空间任一点距地球表面距离为

$$h = r - R \quad (7-35)$$

（3）速度倾角及偏航角

$$\begin{cases} \theta = \arctan \dfrac{v_y}{v_x} \\[3mm] \sigma = -\arcsin \dfrac{v_z}{v} \end{cases} \quad (7-36)$$

（4）地理纬度

$$B = \arctan \frac{a_e^2}{b_e^2}\tan\phi \quad (7-37)$$

（5）质量、速度计算方程

$$m = m_0 - \dot{m}t$$
$$v = \sqrt{v_x^2 + v_y^2 + v_z^2} \quad (7-38)$$

7.2　远程火箭摄动制导

7.2.1　基本原理

从理论上来说，如果知道了发射条件，即给出了一组发射的初始条件，则可唯一地确定一条弹道。针对某一特定型号的远程火箭，给定发射点坐标和终端要求，便可在射前通过弹道迭代或者弹道优化的方法得到一条标准弹道。然而实际上影响远程火箭运动的因素有很多，诸如飞行运动的环境条件、箭体本身的特征参数、发动机与控制系统的特性，都会对弹道产生影响，从而造成飞行偏差。飞行偏差可以用纵向偏差和横向偏差来描述。摄动制导的终端目标是使纵向偏差与横向偏差最小。其基本思想为：在此理论运动规律的基础上，利用小偏差理论来研究这些偏差对箭体运动特性的影响，并设法使实际运动规律对这些理论运动规律的偏差是小量。

摄动制导指令计算包括横向、法向导引指令计算及关机方程的计算。根据小偏差理论，某一指标 X 的偏差可表示为

$$\Delta X = \frac{\partial X}{\partial \dot{r}_k} \dot{\Delta} r_k + \frac{\partial X}{\partial \bar{r}_k} \bar{\Delta} r_k + \frac{\partial X}{\partial t_k} \Delta t_k \qquad (7-39)$$

横向、法向导引指令的计算即可令某一指标（横向 H，速度 V 或倾角 θ 等）偏差最小，具体计算过程将在 7.2.2 节阐述。纵向偏差可通过关机条件来控制，即当纵向偏差最小时发出关机指令。具体方法将在 7.2.3 节阐述。

7.2.2　横向导引和法向导引

远程火箭摄动制导的目的是使飞行的纵向偏差和横向偏差均为零。横向距离的控制需要由横向导引来实现，根据摄动制导的设计过程可知，为了保证其正确性，必须保证二阶以上各项是高阶微量。为此，要求实际弹道运动参量与标准弹道参量之差是微量，特别是要保证高阶纵向距离偏导数较大的运动参量是微量，则必须辅以法向导引来实现。

7.2.2.1　横向导引

远程火箭制导的任务在于使纵向偏差 ΔL 和横向偏差 ΔH 都为零。横向偏差 ΔH 可表示为

$$\Delta H = \frac{\partial H}{\partial \dot{r}_k} \dot{\Delta} r_k + \frac{\partial H}{\partial \bar{r}_k} \bar{\Delta} r_k + \frac{\partial H}{\partial t_k} \Delta t_k \qquad (7-40)$$

横向导引控制即要求在关机时刻 t_k 满足

$$\Delta H(t_k) = 0$$

但是关机时刻 t_k 是由关机控制方程来确定的，由于干扰的随机性，不可能同时满足纵向距离和横向距离的关机条件，为此往往采用先满足横向距离的控制要求再考虑纵向距离的关机控制原则，即在标准弹道关机时刻 $\bar{t}_k$ 之前，某一时刻 $\bar{t}_k - T$ 开始，直到 t_k 时，一直保持

$$\Delta H(t) = 0 \quad (\bar{t}_k - T \leqslant t < t_k) \qquad (7-41)$$

这就是说，先满足横向控制要求，并加以保持，再按纵向距离控制要求来关机。因为横向只能控制 z 和 v_z，为了满足横向距离精度要求，必须在 $\bar{t}_k - T$ 之前足够长时间内对质心的横向运动进行控制，故称横向控制为横向导引。

式（7-40）中的偏差为全偏差，将其换成等时偏差，则

$$\Delta H(t_k) = \delta H(t_k) + \dot{H}(\bar{t}_k) \Delta t_k \qquad (7-42)$$

其中

$$\delta H(t_k) = \frac{\partial H}{\partial \dot{r}_k} \delta \dot{r}_k + \frac{\partial H}{\partial \bar{r}_k} \delta \bar{r}_k$$

$$\dot{H} = \sum_{i=1}^{6} \frac{\partial H}{\partial X_{ik}} \ddot{X}_i(\bar{t}_k) + \frac{\partial H}{\partial t_k}$$

由于 t_k 是按纵向距离控制方程关机的时间，故

$$\Delta L(t_k) = \delta L(t_k) + \dot{L}(\bar{t}_k) \Delta t_k = 0 \qquad (7-43)$$

其中

$$\dot{L} = \sum_{i=1}^{6} \frac{\partial L}{\partial X_{ik}} \overline{\dot{X}}_i(\overline{t}_k) + \frac{\partial L}{\partial t_k}$$

$$\Delta t_k = -\frac{\delta L(t_k)}{\dot{L}(\overline{t}_k)} \tag{7-44}$$

代入式 (7-42)，则得

$$\Delta H(t_k) = \delta H(t_k) - \frac{\dot{H}(\overline{t}_k)}{\dot{L}(\overline{t}_k)} \delta L(t_k) \tag{7-45}$$

其中

$$\delta L(t_k) = -\frac{\delta L}{\partial \dot{r}_k} \delta \dot{r}_k + \frac{\partial L}{\partial \overline{r}_k} \delta \overline{r}_k$$

故

$$\Delta H(t_k) = \left(\frac{\partial H}{\partial \dot{r}_k} - \frac{\dot{H}}{\dot{L}} \frac{\partial L}{\partial \dot{r}_k}\right)_{\overline{t}_k} \delta \dot{r}_k + \left(\frac{\partial H}{\partial \overline{r}_k} - \frac{\dot{H}}{\dot{L}} \frac{\partial L}{\partial \overline{r}_k}\right)_{\overline{t}_k} \delta \overline{r}_k \tag{7-46}$$

由标准弹道确定。令

$$W_H(t) = k_1(\overline{t}_k) \delta \dot{r}_k + k_2(\overline{t}_k) \delta \overline{r}_k$$

$W_H(t)$ 称为横向控制函数，当 $t \to t_k$，$W_H(t) \to \Delta H(t_k)$。因此，按 $W_H(t) = 0$ 控制横向质心运动，与按 $\Delta H(t) \to 0$ 控制是等价的。

横向导引系统，利用和纵向偏差关机控制相同的位置、速度信息，经过横向导引计算，计算出控制函数 $W_H(t)$，由该函数组成的控制信号

$$u_\psi = a_0^H W_H(t) \tag{7-47}$$

式中　　a_0^H——控制系统放大系数；

　　　　u_ψ——对应 $W_H(t)$ 的控制电压。

将 u_ψ 送入偏航姿态控制系统，实现对横向质心运动的控制，使远程火箭产生偏航以消除 $W_H(t)$，也即消除 $\Delta H(t)$，实现横向控制。其控制结构方框图如图 7-5 所示。

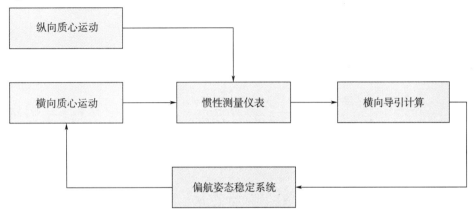

图 7-5　横向导引系统控制框图

7.2.2.2　法向导引

计算和分析表明，在二阶射程偏导数中 $\dfrac{\partial^2 L}{\partial \theta^2}$，$\dfrac{\partial^2 L}{\partial \theta \partial v}$ 最大，因此必须控制 $\Delta\theta(t_k)$ 小于允许值，该要求可通过法向导引来保证。

（1）令速度倾角偏差最小的控制方案

关机点当地速度倾角偏量 $\Delta\theta(t_k)$ 写成关机点参数的一阶展开式

$$\Delta\theta(t_k)=\frac{\partial\theta}{\partial\dot{r}_k}\dot{\bar{\Delta}r}_k+\frac{\partial\theta}{\partial\bar{r}_k}\bar{\Delta}r_k+\frac{\partial\theta}{\partial\bar{t}_k}\bar{\Delta}t_k \tag{7-48}$$

经过与横向导引系统类似的推导后，可得

$$\Delta\theta(t_k)=\left(\frac{\partial\theta}{\partial\dot{r}_k}-\frac{\dot\theta}{\dot L}\frac{\partial L}{\partial\dot{r}_k}\right)_{\bar{t}_k}\delta\dot{\bar{r}}_k+\left(\frac{\partial\theta}{\partial\bar{r}_k}-\frac{\dot\theta}{\dot L}\frac{\partial L}{\partial\bar{r}_k}\right)_{\bar{t}_k}\delta\bar{r}_k=k_3(\bar{t}_k)\delta\dot{\bar{r}}_k+k_4(\bar{t}_k)\delta\bar{r}_k \tag{7-49}$$

其中

$$\dot\theta=\sum_{i=1}^{6}\frac{\partial\theta}{\partial X_{ik}}\dot{\bar{X}}_i(\bar{t}_k)+\frac{\partial\theta}{\partial t_k}$$

相应引入法向控制函数

$$W_\theta(t)=k_3(\bar{t}_k)\delta\dot{\bar{r}}_k+k_4(\bar{t}_k)\delta\bar{r}_k \tag{7-50}$$

并组成控制信号

$$u_\varphi=a_0^\theta W_\theta(t) \tag{7-51}$$

式中　a_0^θ——控制系统放大系数；

　　　u_φ——对应 $W_\theta(t)$ 的控制电压。

将 u_φ 送入俯仰姿态控制通道，使远程火箭产生俯仰以消除 $W_\theta(t)$，也即消除 $\Delta\theta(t)$，实现法向导引控制。

（2）令高度偏差为零的控制方案

按高度进行导引的系统是控制 $\Delta h(t_k)$ 小于容许值。关机点高度偏差量 $\Delta h(t_k)$ 写成关机点参数的一阶展开式

$$\Delta h(t_k)=\frac{\partial h}{\partial\dot{r}_k}\dot{\bar{\Delta}r}_k+\frac{\partial h}{\partial\bar{r}_k}\bar{\Delta}r_k+\frac{\partial h}{\partial\bar{t}_k}\bar{\Delta}t_k \tag{7-52}$$

经过与横向导引系统类似的推导后，可得

$$\Delta h(t_k)=\left(\frac{\partial h}{\partial\dot{r}_k}-\frac{\dot h}{\dot V}\frac{\partial V}{\partial\dot{r}_k}\right)_{\bar{t}_k}\delta\dot{\bar{r}}_k+\left(\frac{\partial h}{\partial\bar{r}_k}-\frac{\dot h}{\dot V}\frac{\partial V}{\partial\bar{r}_k}\right)_{\bar{t}_k}\delta\bar{r}_k=k_3(\bar{t}_k)\delta\dot{\bar{r}}_k+k_4(\bar{t}_k)\delta\bar{r}_k \tag{7-53}$$

其中

$$\dot h=\sum_{i=1}^{6}\frac{\partial h}{\partial X_{ik}}\dot{\bar{X}}_i(\bar{t}_k)+\frac{\partial h}{\partial t_k}$$

相应引入法向控制函数

$$W_h(t) = k_3(\bar{t}_k)\delta\dot{\bar{r}}_k + k_4(\bar{t}_k)\delta\bar{r}_k \tag{7-54}$$

并组成控制信号

$$u_\varphi = a_0^h W_h(t) \tag{7-55}$$

式中　a_0^h——控制系统放大系数；

　　　u_φ——对应 $W_h(t)$ 的控制电压。

将 u_φ 送入俯仰姿态控制通道，使远程火箭产生仰俯以消除 $W_h(t)$，也即消除 $\Delta h(t)$，实现法向导引控制。

7.2.3　关机方程设计

当远程火箭摄动制导的目的是使飞行的纵向和横向偏差均为零时，纵向距离的控制可由关机方程来保证。

若关机点参数都是标准值，那么纵向距离就等于预定值

$$L(\bar{X}_k, \bar{t}_k) = \bar{L} \tag{7-56}$$

飞行的横向偏差 ΔH 为零

$$H(\bar{X}_k, \bar{t}_k) = \bar{H} \tag{7-57}$$

当实际关机点参数偏离标准值时，实际终端状态 b 将偏离预定状态 $\bar{b}$。由于主动段的干扰较小且有控制系统的作用，因此关机点的参数偏差一般属于小偏差范围。利用弹道摄动理论在标准关机点处将纵向距离计算公式线性展开就得到纵向偏差 ΔL 和横向偏差 ΔH 的线性近似表达式

$$\Delta L(t_k) = [\boldsymbol{a}, \Delta X(t_k)] + \frac{\partial L}{\partial t_k}\Delta t_k \tag{7-58}$$

$$\Delta H(t_k) = [\boldsymbol{b}, \Delta X(t_k)] + \frac{\partial H}{\partial t_k}\Delta t_k \tag{7-59}$$

其中

$$\boldsymbol{a} = \left(\frac{\partial L}{\partial x_{1k}}, \frac{\partial L}{\partial x_{2k}}, \frac{\partial L}{\partial x_{3k}}, \frac{\partial L}{\partial x_{4k}}, \frac{\partial L}{\partial x_{5k}}, \frac{\partial L}{\partial x_{6k}}\right) \tag{7-60}$$

$$\boldsymbol{b} = \left(\frac{\partial H}{\partial x_{1k}}, \frac{\partial H}{\partial x_{2k}}, \frac{\partial H}{\partial x_{3k}}, \frac{\partial H}{\partial x_{4k}}, \frac{\partial H}{\partial x_{5k}}, \frac{\partial H}{\partial x_{6k}}\right) \tag{7-61}$$

式中　符号（“,”）——矢量内积。

关机点状态变量偏差 $\Delta X(t_k)$ 是指实际关机时刻 t_k 的状态变量与标准关机时刻 $\bar{t}_k$ 的标准值之差，$\Delta X(t_k)$ 表示全偏差

$$\Delta X(t_k) = X(t_k) - \bar{X}(\bar{t}_k) \tag{7-62}$$

$$\Delta t_k = t_k - \bar{t}_k \tag{7-63}$$

各偏导数 $\dfrac{\partial L}{\partial x_{ik}}$，$\dfrac{\partial H}{\partial x_{ik}}$，$\dfrac{\partial L}{\partial t_k}$，$\dfrac{\partial H}{\partial t_k}$（$i=1，2，3，4，5，6$）的计算公式可由纵向距离计算公式求出。当标准弹道确定之后，这些偏导数都是确定的常数，把 t_k 换成 t，得到纵向

偏差函数

$$\Delta L\ (t) = \left[(\boldsymbol{a}, X(t)) - (\boldsymbol{a}, \bar{X}(\bar{t}_k)\right] + \frac{\partial L}{\partial t_k}(t - \bar{t}_k) \tag{7-64}$$

该式是一个用 t 时刻运动参数 $X(t)$ 预测火箭射程偏差的公式，可以看出 $\Delta L\ (t)$ 是时间的单调递增函数，在接近关机点时，$\Delta L\ (t)$ 由负值变成正值，式 (7-58) 是纵向距离控制的基本公式。

摄动制导的目的是使远程火箭达到预定的终端状态，当发射点和终端参数确定之后，可以按照发动机和箭体结构的额定参数，事先设计标准飞行弹道。如果实际飞行之中的一切条件和标准飞行条件一致，则制导系统只需在预定的关机时刻发出关闭发动机指令，就可以达到预定终端状态。但是，实际的飞行条件总会偏离标准条件，例如发动机的推力偏差、箭体结构的参数偏差、大气条件偏差等，在这些干扰的作用下飞行器将不能沿着标准的弹道飞行，如果不施加适当的制导，而是仍然按照标准关机时刻进行关机，必然出现关机点运动参数偏差 $\Delta X(t_k)$，则实际飞行结束点将对预定终端状态产生纵向偏差 $\Delta L(t_k)$ 和横向偏差 $\Delta H(t_k)$。纵向偏差是外干扰作用引起实际弹道偏离标准弹道造成的。式 (7-58) 是弹道参数偏差 $\Delta X(t_k)$、关机时间偏差 Δt_k 与纵向偏差 $\Delta L(t_k)$ 之间的数学关系式，这个关系说明只要 $[\Delta X(t_k), \Delta t_k]^{\mathrm{T}}$ 与偏导数矢量 $\left(\boldsymbol{a}, \dfrac{\partial L}{\partial t_k}\right)^{\mathrm{T}}$ 正交，就可使纵向偏差为零。从弹道学的观点来看，其物理实质是达到同一终端的主动段弹道可以有无数条，或者说为了达到同一纵向距离的 $L = L(X_k, t_k)$ 可以有无穷多组解。在进行关机设计的时候只需要在标准值附近找到一组解，即在标准关机点附近选择一个实际关机点，使 $\Delta L(t_k) = 0$ 即可，而不必要在标准关机时刻使得 $\Delta L(\bar{t}_k) = 0$。

进一步研究式 (7-64) 可以发现弹道参数 $X(t)$（主要是 v_x，v_y，x，y）是飞行时间 t 的单调递增函数，而且当 $t < t_k$ 的时候有

$$\left[(\boldsymbol{a}, X(\bar{t}_k)) + \frac{\partial L}{\partial t_k}\bar{t}_k\right] > \left[(\boldsymbol{a}, X(t)) + \frac{\partial L}{\partial t_k}t\right] > 0 \tag{7-65}$$

因而纵向偏差函数 $\Delta L(t)$ 在主动段飞行过程中是时间 t 的单调递增函数，而且最初为负值，逐渐增加为零最后再为正。$\Delta L(\bar{t}_k) = 0$ 的时刻 t_k，就是关闭发动机使飞行器开始自由飞行的时刻，因此纵向距离控制归结为对关机时间的控制。

关机控制方程设计的任务就是找出关机控制状态量 $K(t)$ 的表达式。如果按照条件 $K(t_k) = \bar{K}(\bar{t}_k)$ 关机，即在 t_k 时刻系统达到零控无偏状态。故此刻

$$\Delta L(t_k) = 0 \tag{7-66}$$

因此

$$K(t_k) = \bar{K}(\bar{t}_k) \text{ 关机} \Leftrightarrow \Delta L(t_k) = 0 \tag{7-67}$$

此时可得

$$\Delta L(t_k) = \sum_{i=1}^{6} \frac{\partial L}{\partial x_{ik}} x_i(t_k) + \frac{\partial L}{\partial t_k}\Delta t_k - \sum_{i=1}^{6} \frac{\partial L}{\partial x_{ik}} \bar{x}_i(\bar{t}_k) = 0 \tag{7-68}$$

现取标准关机控制量

$$\bar{K}(\bar{t}_k) = \sum_{i=1}^{6} \frac{\partial L}{\partial x_{ik}} \bar{x}_i(\bar{t}_k) \tag{7-69}$$

再由式（7-67）～式（7-69）可得，正确的关机控制必须使关机时刻 t_k 的状态变量满足以下条件

$$J(t_k) = \sum_{i=1}^{6} \frac{\partial L}{\partial x_{ik}} x_i(t_k) + \frac{\partial L}{\partial t_k} \Delta t_k - \bar{K}(\bar{t}_k) = 0 \tag{7-70}$$

把式（7-70）作为关机方程的设计指标，如果该指标得到满足，必然使 $\Delta L(t_k) = 0$ 成立，因此关机控制方程的设计任务就是选择关机状态变量 $K(t)$，使其在实际的关机时刻 t_k 满足终端设计指标 $J(t_k) = 0$。

箭载计算机能够实时解算出真实位置和速度，可以直接从纵向距离控制的基本方程出发来设计显式形式的关机方程，不必将关机方程表示成为加速度表输出形式的隐式反馈控制形式。由式（7-70）知，可取关机控制状态量 $K(t)$ 为

$$K(t) = \sum_{i=1}^{6} \frac{\partial L}{\partial x_{ik}} x_i(t_k) + \frac{\partial L}{\partial t_k} \Delta t_k \tag{7-71}$$

因而关机条件可以表示为

$$K(t_k) - \bar{K}(\bar{t}_k) = 0 \tag{7-72}$$

箭上制导计算机解算出实时运动参数 $x(t)$，$y(t)$，$z(t)$，$v_x(t)$，$v_y(t)$，$v_z(t)$，不断按式（7-71）计算出 $K(t)$，与由标准弹道决定的标准关机控制量 $\bar{K}(\bar{t}_k)$ 相比较，当满足式（7-72）时，发出发动机关机指令，关闭发动机。

7.3　远程火箭闭路制导

7.3.1　基本原理

摄动制导的基本思想是根据标准弹道参数、实际弹道参数实时计算制导指令，令实际弹道与标准弹道偏差尽量小，关机方程也是在标准关机点附近将偏差展开为泰勒级数推导出来的，因此摄动制导导引指令的计算与关机控制依赖于标准弹道。然而实际飞行过程中，如果弹道参数偏差过大，超过了泰勒级数的线性范围，将导致终端状态偏差过大，为了克服摄动制导的以上缺点，闭路制导方案应运而生。

闭路制导是一种显式制导方法，其是在导航计算的基础上，根据当前状态（位置、速度）和终端位置进行制导，利用需要速度概念将当前位置和终端状态联系起来。

需要速度是指假定在当前位置上关机，完成高精度交班所应具有的速度。任意瞬时的需要速度均是实时确定，根据需要速度进行导引和关机控制。

根据计算的需要速度及当前的速度解算满足终端约束要求所需的速度增量，采用按速度增量逐渐趋于 0 的导引模型进行导引（姿态指令），精确控制质心空间运动，当需要速度增量足够小并满足制导任务需求时，飞行控制系统发出指令关闭发动机。

闭路制导算法的基本内容包括需要速度计算、导引指令确定和关机控制。

需要速度的计算是闭路制导的核心内容，本书主要介绍远程火箭需要速度计算方法，根据需要速度的定义，某一点的需要速度通过迭代计算才能确定。本书将首先介绍地球不旋转条件下，根据轨道动力学标准二体问题理论，考虑一定的初始条件与终端条件约束情况下的需要速度计算方程 f

$$v_c = f(r_0, r_t, \gamma_t, \cdots) \tag{7-73}$$

式中　v_c——需要速度；

　　r_0，r_t，γ_t，$\cdots$——约束条件。

在考虑地球自转时，可根据轨道动力学理论求解飞行时间 t，并通过迭代的方法消除 t 时间内地球自转带来的终端状态偏差即可。

需要速度计算完成后，即可根据当前状态计算制导指令。首先应求取待增速度，即需要速度与当前速度的矢量差，并根据当前状态，选择合适的姿态角指令求解方案，计算令终端状态偏差最小的制导指令。直至待增速度小于某一允许值时，发出关机指令，完成制导工作。

7.3.2　需要速度计算

"需要速度"是指假定在当前的位置上关机，达到终端状态所需要的速度。

根据需要速度的定义，以终端状态进行导引时，求某一点的需要速度，要通过迭代计算才能确定。由于在自由飞行段中，受到具有扁率影响的地球引力的作用，其运动轨迹不是椭圆弹道，其弹道不能用简单的解析方法求得，计算比较复杂。从而，使在实时确定需要速度方面遇到困难。为克服这个困难，需要引入虚拟目标概念。

对于远程火箭而言，地球引力的扁率影响较大。因此，可以设法对再入阻力影响和地球扁率影响预先进行单独修正，即事先分别求出它们所造成的飞行偏差，然后在终端状态上迭加这两项偏差的负值，便可求得虚拟目标的位置。这样，不计地球扁率的惯性飞行弹道便是平面椭圆弹道，因而通过发射点和虚拟目标的椭圆弹道所确定的需要速度，便能保证实际飞行轨道经过真正的交班点。从而简化了需要速度的计算，提供了实时完成计算的可能。

为了兼顾计算效率和计算精度，在事先求解地球扁率造成的飞行偏差影响时，一般采用考虑地球引力 J_2 项影响的自由飞行弹道解析解和再入弹道解析解，国内外有较多公开发表的文献对此有描述，在此不再赘述。如果为了进一步提高计算精度，可将扰动引力项引入到自由飞行弹道解析解和再入弹道解析解以及在线实时补偿中。需要说明的是，本节中所涉及的目标均指虚拟目标。

（1）地球不旋转条件下需要速度的计算

为了求解需要速度，首先给出关于计算椭圆轨道的有关公式，椭圆轨道方程式为

$$r = \frac{p}{1 - e\cos\xi} \tag{7-74}$$

其中

$$p = K^2/\mu$$

式中　p ——半通径；

　　　K ——角动量；

　　　e ——偏心率；

　　　ξ ——偏心矢量 $\boldsymbol{e}$ 的负向与 $\boldsymbol{r}$ 的夹角（如图 7 - 6 所示）。

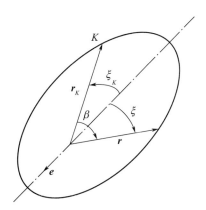

图 7 - 6　椭圆轨道示意图

①已知椭圆轨道上一点的参数，求解轨道上任一点的参数

若已知椭圆轨道上 K 处的地心矢径 $\boldsymbol{r}_K$，速度 v_K，速度倾角 θ_{HK}（速度矢量与地心矢径的夹角），则椭圆轨道参数为

$$p = K^2/\mu \tag{7-75}$$

$$K = r_K v_K \cos\theta_{HK} \tag{7-76}$$

$$\xi_K = \arctan\left[\frac{p v_K \sin\theta_{HK}}{\left(\dfrac{p}{r_K} - 1\right) K}\right] \tag{7-77}$$

$$e = \left(1 - \frac{p}{r_K}\right)/\cos\xi_K \tag{7-78}$$

质点沿椭圆运动，转过地心角 β 时对应的矢径 r 和飞行时间 t_f 分别为

$$r = \frac{p}{1 - e\cos(\xi_K + \beta)} \tag{7-79}$$

$$\xi = \xi_K + \beta$$

$$t_f = \frac{1}{\sqrt{\mu}}\left(\frac{p}{1-e^2}\right)^{\frac{3}{2}}\left[\gamma - \gamma_K + e(\sin\gamma - \sin\gamma_x)\right] \tag{7-80}$$

其中

$$\begin{cases} \gamma = 2\arctan\left[\sqrt{\dfrac{1+e}{1-e}}\tan\dfrac{\xi}{2}\right] \\ \gamma_K = 2\arctan\left[\sqrt{\dfrac{1+e}{1-e}}\tan\dfrac{\xi_K}{2}\right] \end{cases} \tag{7-81}$$

②通过地球外两点 K，T 的椭圆轨道

已知 K，T 两点的地心矢径分别为 r_K，r_T，矢径间地心角为 β，则有

$$r_K = p/(1 - e\cos\xi_K) \tag{7-82}$$

$$r_T = p/[1 - e\cos(\beta + \xi_K)] \tag{7-83}$$

上述两个方程，有三个待定常数：p，e 和 ξ_K，有无穷多组解。那么，经过 K，T 两点的椭圆轨道有无穷多个，因此还需要根据具体要求规定限定条件，限定条件有多种选择方式，常用的补充限定条件可以是最小能量消耗量、再入点弹道倾角约束、弹道最高点高度约束等。

若给定 θ_{HK}，则由式（7-82）可得

$$e = \left(1 - \frac{p}{r_K}\right)/\cos\xi_K \tag{7-84}$$

再将式（7-84）代入式（7-83）得

$$r_T = \frac{p}{1 - \left(1 - \dfrac{p}{r_K}\right)(\cos\beta - \sin\beta\tan\xi_K)} \tag{7-85}$$

而由式（7-77）得

$$\tan\xi_K = \frac{pv_K\sin\theta_{HK}}{\left(\dfrac{p}{r_K} - 1\right)K} \tag{7-86}$$

将式（7-86）代入式（7-85），并考虑 $K = r_K v_K\cos\theta_{HK}$，整理可得

$$p = \frac{r_T(1 - \cos\beta)}{1 - \dfrac{r_T}{r_K}(\cos\beta - \sin\beta\tan\theta_{HK})} \tag{7-87}$$

于是，给定 θ_{HK} 后便可由式（7-87）、式（7-86）、式（7-84）求出唯一的一组椭圆轨道参数 p，ξ_K 和 e。

由式（7-75）、式（7-76）导出 K 点的速度为

$$v_K = \frac{\sqrt{p \cdot fM}}{r_K\cos\theta_{HK}} \tag{7-88}$$

可将

$$\xi_K = \arctan\left(\frac{\tan\theta_{HK}}{1 - \dfrac{r_K}{p}}\right) \tag{7-89}$$

$$\xi = \xi_T = \beta + \xi_K \tag{7-90}$$

代入式（7-80）和式（7-81）求得由 K 点至 T 点飞行时间 t_f。

将式（7-87）代入式（7-88），经整理可得到关于 $\tan\theta_{HK}$ 的二次方程

$$fM(1 - \cos\beta)\tan^2\theta_{HK} - r_K v_K{}^2\sin\beta\tan\theta_{HK} + \left[fM(1 - \cos\beta) - v_K{}^2 r_K\left(\frac{r_K}{r_T} - \cos\beta\right)\right] = 0 \tag{7-91}$$

该方程的两个根为

$$\tan\theta_{HK} = \left\{ r_K v_K^2 \sin\beta \pm \sqrt{ r_K^2 v_K^4 \sin^2\beta - fM(1-\cos\beta)\left[fM(1-\cos\beta) - v_K^2 r_K\left(\frac{r_K}{r_T} - \cos\beta\right) \right] } \right\} \Big/$$
$$2fM(1-\cos\beta)$$

$$(7-92)$$

在式（7-92）中，根号内的式子大于等于零时，$\tan\theta_{HK}$ 才有实根，即

$$r_K^2 \sin^2\beta v_K^4 + 4fM(1-\cos\beta)r_K\left(\frac{r_K}{r_T} - \cos\beta\right)v_K^2 - 4[fM(1-\cos\beta)]^2 v_K^2 - 4[fM(1-\cos\beta)]^2 \geqslant 0$$

$$(7-93)$$

或

$$v_K^2 \geqslant v_K^{*2} \tag{7-94}$$

$$v_K^{*2} = \frac{2fM(1-\cos\beta)\left[\cos\beta - \dfrac{r_K}{r_T} + \sqrt{\left(\dfrac{r_K}{r_T} - \cos\beta\right)^2 + \sin^2\beta} \right]}{r_K \sin^2\beta} \tag{7-95}$$

上式表明，v_K^{*2} 是由 r_K，r_T 和 β 唯一确定的。不等式（7-94）表明，只有 K 点的质点速度 v_K 大于等于 v_K^*，质点才有可能到达 T 点，所以称 $v_K = v_K^*$ 所对应的椭圆轨道为最小能量轨道，此时 θ_{HK} 有唯一解 θ_{HK}^*

$$\tan\theta_{HK}^* = \frac{r_K v_K^* \sin\beta}{2fM(1-\cos\beta)} \tag{7-96}$$

即最小能量的椭圆轨道只有一条，还可以导出

$$\theta_{HK}^* = \frac{1}{2}\arctan\left[\frac{\sin\beta}{r_K/r_T - \cos\beta} \right] \tag{7-97}$$

及

$$v_K^* = \left[\frac{2fM(1-\cos\beta)}{r_K \sin\beta}\tan\theta_M^* \right]^{\frac{1}{2}} \tag{7-98}$$

若给定 K 点的速度大于 v_K^*，则由式（7-92）可解出两个 θ_{HK}，其中一个大于 θ_{HK}^*，另一个小于 θ_{HK}^*。根据式（7-92），给定不同的大于 v_{HK}^* 的 v_K，可画出如图 7-7 所示的双曲线 AB。图中，O_E 为地心，可以证明：$O_E K$ 的延长线 KD 及 KT 两直线是此双曲线的渐近线，最小能量速度 v_K^* 所在方向 KM 是 $\angle DKT$ 的角平分线。双曲线相对于角平分线 KM 是对称的，例如，K 点的速度 $\boldsymbol{v}_1$ 和 $\boldsymbol{v}_3$ 的模相同，它们与直线 KM 之间的夹角相等，若记 v_1，v_K^*，v_3 对应的椭圆轨道分别为 1，2，3，它们是以地心为一个焦点的通过 K，T 两点的三个椭圆轨道，它们的另一个焦点有如下特点：最小能量轨道的另一个焦点在 KT 直线上；轨道 1 的另一个焦点在直线 KT 之上；而轨道 3 的另一个焦点在 KT 之下。因为 $|\boldsymbol{v}_1| = |\boldsymbol{v}_3|$，所以轨道 1 和轨道 3 的长轴相等。另外，若轨道 1，2，3 自 K 点到 T 点的飞行时间分别为 t_{f1}，t_f^*，t_{f3}，则有 $t_{f1} > t_f^* > t_{f3}$。

若给定自 K 点到 T 点的飞行时间 $t_f = T_a$，求对应的椭圆轨道，迭代计算下列各式

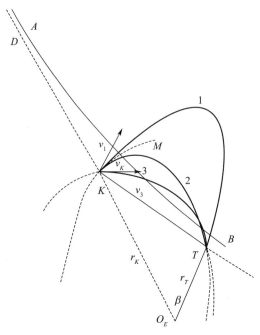

图 7 - 7 需要速度倾角变化曲线图

$$\begin{cases} p_i = \dfrac{r_T(1-\cos\beta)}{1-\dfrac{r_T}{r_K}(\cos\beta-\sin\beta\tan\theta_{HKi})} \\[4ex] \xi_{Ki} = \arctan\dfrac{\tan\theta_{HKi}}{1-\dfrac{r_K}{p_i}} \\[4ex] \xi_{Ti} = \xi_{Ki} + \beta \\[2ex] e_i = \left(1-\dfrac{p_i}{r_K}\right)/\cos\xi_{Ki} \\[3ex] \gamma_{Ti} = 2\arctan\left[\sqrt{\dfrac{1+e_i}{1-e_i}}\tan\dfrac{\xi_{Ti}}{2}\right] \\[3ex] \gamma_{Ki} = 2\arctan\left[\sqrt{\dfrac{1+e_i}{1-e_i}}\tan\dfrac{\xi_{Ki}}{2}\right] \\[3ex] t_{fi} = \dfrac{1}{\sqrt{fM}}\left(\dfrac{p_i}{1-e_i^2}\right)^{\frac{3}{2}}\left[\gamma_{Ti}-\gamma_{Ki}+e_i(\sin\gamma_{Ti}-\sin\gamma_{Ki})\right] \\[3ex] \Delta\theta_i = D(T_a-t_{fi}),\ D=\dfrac{\partial\theta_{HK}}{\partial t_f} \\[3ex] \theta_{HK,i+1} = \theta_{HKi}+\Delta\theta_i \end{cases} \qquad (7-99)$$

当 $|T_a-t_{fi}|$ 小于允许值时结束迭代，取 $\theta_{HK}=\theta_{HKi}$，$p=p_i$，并由式（7 - 88）求出 v_K。

若给定 T 点的速度倾角 $\theta_{HT} = \theta_{HT}^*$，求对应的椭圆轨道，可迭代计算下列各式

$$\begin{cases} p_i = \dfrac{r_T(1-\cos\beta)}{1 - \dfrac{r_T}{r_K}(\cos\beta - \sin\beta\tan\theta_{HKi})} \\[4mm] v_K = \dfrac{\sqrt{p\mu}}{r_K\cos\theta_{HKi}} \\[4mm] v_T = \sqrt{v_K^2 - 2\mu(1/r_K - 1/r_T)} \\[4mm] \theta_{HTi} = -\arccos\dfrac{r_K v_K \cos\theta_{HKi}}{r_T v_T} \\[4mm] \Delta\theta_i = D(\theta_{HT}^* - \theta_{HTi}), D = \dfrac{\partial\theta_{HK}}{\partial\theta_{HT}} \\[4mm] \theta_{HK,i+1} = \theta_{HKi} + \Delta\theta_i \end{cases} \tag{7-100}$$

当 $|\theta_{HT} - \theta_{HT}^*|$ 小于允许值时结束迭代，取 $\theta_{HK} = \theta_{HKi}$，并求出 v_K。

若给定 T 点的速度 $v_T = v_T^*$，求对应的椭圆轨道，可迭代计算下列各式

$$\begin{cases} p_i = \dfrac{r_T(1-\cos\beta)}{1 - \dfrac{r_T}{r_K}(\cos\beta - \sin\beta\tan\theta_{HKi})} \\[4mm] v_K = \dfrac{\sqrt{p\mu}}{r_K\cos\theta_{HKi}} \\[4mm] v_{Ti} = \sqrt{v_K^2 - 2\mu(1/r_K - 1/r_T)} \\[4mm] \Delta\theta_i = D(v_T^* - v_{Ti}), D = \dfrac{\partial\theta_{HK}}{\partial v_T} \\[4mm] \theta_{HK,i+1} = \theta_{HKi} + \Delta\theta_i \end{cases} \tag{7-101}$$

当 $|v_T - v_T^*|$ 小于允许值时结束迭代，取 $\theta_{HK} = \theta_{HKi}$，并求出 v_K。

上面讨论了通过给定的 K，T 两点的椭圆轨道，说明通过这两点的椭圆轨道有无穷多个，是一个椭圆轨道族。它们对应的 K 点的速度曲线为图 7 - 7 所示的双曲线 AB。图 7 - 8 为给定算例下需要速度随关机点速度倾角变化的仿真曲线。

式（7 - 97）给出的角 θ_{HK}^* 所对应的轨道为最小能量轨道。当给定 K 点的速度的大小（其模大于最小能量轨道所对应的速度的模），可得到两个椭圆轨道，其中一个高弹道，一个低弹道，高弹道的自由飞行时间长于低弹道；当给定自由飞行时间时，可以确定唯一的一条椭圆轨道。显然，按照需要速度的定义，每条椭圆轨道上 K 点的速度 v_K 就是该点的需要速度 v_R。

（2）地球旋转条件下需要速度的计算

因为导航计算通常是在发射惯性坐标系内进行的，其飞行过程中任一点 K（飞行时间 t_K）的速度、位置是相对于发射惯性坐标系的，而终端 T 是与地球固连的，随地球一起旋转，因此，若按照地球不旋转条件下所确定的需要速度，则当落地时，终端 T 已随地球转过了 $(t_K + t_f)\Omega$ 角度，于是，考虑地球旋转时的需要速度必须采用迭代算法来确定。

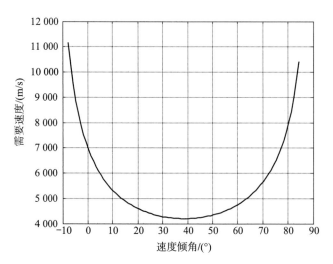

图 7 - 8 需要速度随关机点速度倾角变化曲线

根据任务需求，这里给出给定关机点速度倾角、终端速度倾角、终端速度条件下具体的需要速度计算方法。

当 K 点需要速度倾角给定时，计算需要速度的迭代公式如下

$$
\begin{cases}
\lambda_{KT,j}^{A} = \lambda_{OT} - \lambda_{KT,j}^{A} + (t_K + t_{f,j})\Omega \\[2mm]
\beta_j = \arccos(\sin\phi_K \sin\phi_r + \cos\phi_K \cos\phi_r \cos\lambda_{KT,j}^{A}) \\[2mm]
\theta_{H,j} = \begin{cases} \dfrac{1}{2}\arctan\left(\dfrac{\sin\beta_j}{\dfrac{r_K}{r_T} - \cos\beta_j}\right) \\[4mm] \theta_H \end{cases} \\[6mm]
p_j = \dfrac{r_T(1 - \cos\beta_j)}{1 - \dfrac{r_T}{r_K}(\cos\beta_j - \sin\beta_j \tan\theta_{H,j})} \\[4mm]
\xi_{K,j} = \arctan\left(\dfrac{\tan\theta_{H,j}}{1 - \dfrac{r_K}{p_i}}\right) \\[4mm]
\xi_{T,j} = \beta_j + \xi_{K,j} \\[2mm]
e_j = \left(1 - \dfrac{p_i}{r_K}\right)/\cos\xi_{K,j} \\[3mm]
\gamma_{T,j} = 2\arctan\left[\sqrt{\dfrac{1+e_j}{1-e_j}}\tan\dfrac{\xi_{T,j}}{2}\right] \\[3mm]
\gamma_{K,j} = 2\arctan\left[\sqrt{\dfrac{1+e_j}{1-e_j}}\tan\dfrac{\xi_{K,j}}{2}\right] \\[3mm]
t_{f,j+1} = \dfrac{1}{\sqrt{fM}}\left(\dfrac{p_j}{1-e_j^2}\right)^{\frac{3}{2}}\left[\gamma_{T,j} - \gamma_{K,j} - e_j(\sin\gamma_{T,j} - \sin\gamma_{K,j})\right]
\end{cases}
\tag{7-102}
$$

当 $|p_{j+1}-p_j|<\varepsilon$ 时，结束迭代，取 $\beta=\beta_{j+1}$，$p=p_{j+1}$，$\theta_H=\theta_{H,j+1}$，然后由下式求出 v_R

$$v_R=\frac{\sqrt{fM}}{r_K\cos\theta_H}\sqrt{p} \qquad (7-103)$$

v_R 与 r_K 所在平面与当地子午面夹角 $\hat{\alpha}$ 为

$$\begin{cases} \sin\hat{\alpha}=\cos\phi_T\ \dfrac{\sin\lambda_{KT}^A}{\sin\beta} \\[2mm] \cos\hat{\alpha}=(\sin\phi_T-\cos\beta\sin\phi_K)/(\sin\beta\cos\phi_K) \end{cases} \qquad (7-104)$$

ϕ_T 为终端 T 的地心纬度，λ_{OT} 为在地球上终端 T 与发射点 O 之间的经差。角 $\hat{\alpha}$，θ_H 给定了 v_R 的方向，式（7-103）给出了 v_R 的大小，故 v_R 可完全确定。在飞行诸元计算时，可以按照工具误差最小、满足飞行约束等为指标预先求出对应的角 θ_H 作为制导参数存入箭上计算机中，便可按式（7-102）求需要速度。

采用内外层迭代的方式计算需要速度：外层迭代以终端速度倾角或速度为目标，迭代求解关机点的速度倾角，采用改进的拟牛顿迭代算法求解；内层迭代以外层迭代修正的关机点速度倾角为目标，采用迭代算法求解，其计算流程如图7-9所示。

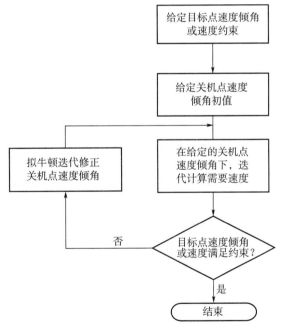

图 7-9　终端速度倾角或速度大小约束条件下需要速度计算流程

7.3.3　姿态角指令计算

之前给出了计算需要速度 $\boldsymbol{v}_R$ 的大小 v_R、方位角 $\hat{\alpha}$ 和倾角 θ_H 的计算公式，因为制导计算是在发射惯性坐标系内进行的，因此需将它们转化为 $\boldsymbol{v}_R$ 在发射惯性坐标系各轴上的投影 v_{Rx}、v_{Ry}、v_{Rz}。

首先，v_R 在当地北天东坐标系下表示为

$$\begin{bmatrix} v_{R_{xn}} \\ v_{R_{yn}} \\ v_{R_{zn}} \end{bmatrix} = \begin{bmatrix} \cos\theta_H \cos\hat{\alpha} \\ \sin\theta_H \\ \cos\theta_H \sin\hat{\alpha} \end{bmatrix} v_R \qquad (7-105)$$

然后将其转到地心坐标系，再由地心坐标系转到发射惯性坐标系。

定义需要速度 v_R 与火箭实际速度 v 之差为待增速度（增益速度），即

$$v_{ga} = v_R - v \qquad (7-106)$$

待增速度的物理含义是，由当前状态 (r, v) 给其瞬时增加速度增量 v_{ga}，而后依惯性飞行便可达到终端状态，因此将 v_{ga} 称为待增速度，如图 7-10 所示。

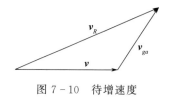

图 7-10　待增速度

显然，关机条件应为

$$v_{ga} = 0 \qquad (7-107)$$

实际上，待增速度不可能瞬时增加，它是通过推力矢量控制实现的，因而导引的任务是如何使飞行器尽快满足关机条件，使推进剂消耗为最少。为了使待增速度趋于 0，目前主要有以下几种准则模型：

1）"使箭的加速度 $\dot{v}(a)$ 和 v_{ga} 一致"，即控制箭的推力加速度矢量 a_T，使得 a 与增益速度 v_{ga} 的方向一致，即 $a \times v_{ga} = 0$；

2）"使箭的视加速度 $\dot{w}$（在真空条件下为推力加速度矢量 a_T）和 v_{ga} 一致"，即控制 a_T，使得箭的视加速度 $\dot{w}$ 与增益速度 v_{ga} 的方向一致，即 $\dot{w} \times v_{ga} = 0$；

3）"使 $\dot{v}_{ga}$ 与 v_{ga} 一致"，即控制 a_T，使得待增速度 v_{ga} 与其自身的导数方向一致，即 $\dot{v}_{ga} \times v_{ga} = 0$；

4）第 2）、3）种方法的组合，取 $v_{ga} \times (\gamma\dot{w} - a_T) = 0$ 导引模型来控制 a_T，其中 $0 < \gamma < 1$，$\dot{w} = \dot{v}_R - g$。显然，当 $\gamma = 0$ 时，该方案为模型 2）中的导引方案；$\gamma = 1$ 时，方案为模型 3）中的导引方案。

对于上述 4 种导引方案，通过对比分析可知：

1）方案 4）的导引律通常是最优的，但计算过程较为复杂；

2）第 1）、2）种导引律是准最优的，具有易于实施的特点；

3）第 1）、3）、4）种方案均需在高加速度推力情况下解算得到制导指令，故高加速度推力的闭路导引均可使用上述 4 种方法，低加速度推力的闭路导引仅适用第 2 种方法。

下面给出不同导引模型下的导引指令计算方法。

（1）加速度与待增速度方向一致

为了使箭的加速度 $\dot{\boldsymbol{v}}$ 和 $\boldsymbol{v}_{ga}$ 一致，必须确定这两个矢量间的夹角。一个矢量的空间方位可用两个欧拉角 φ，ψ 来表示，如图 7-11 所示。若 $\boldsymbol{v}_{ga}$ 对应的欧拉角为 φ_g、ψ_g；$\dot{\boldsymbol{v}}$ 对应的欧拉角为 φ_a，ψ_a，则有

$$\begin{cases}\tan\varphi_g=\dfrac{v_{gay}}{v_{gax}}\\[3mm]\tan\psi_g=-\dfrac{v_{gaz}}{v'_{gx}}\end{cases}\tag{7-108}$$

$$\begin{cases}\tan\varphi_a=\dfrac{\dot{v}_y}{\dot{v}_x}\approx\dfrac{\Delta v_y}{\Delta v_x}\\[3mm]\tan\psi_a=-\dfrac{\dot{v}_z}{\dot{v}_x}\approx-\dfrac{\Delta v_z}{\Delta v'_x}\end{cases}\tag{7-109}$$

其中

$$v'_{gx}=\sqrt{v_{gax}^2+v_{gay}^2}\ ,\Delta v'_x=\sqrt{\Delta v_x^2+\Delta v_y^2}$$

根据三角公式

$$\tan(\varphi_g-\varphi_a)=\frac{\tan\varphi_g-\tan\varphi_a}{1+\tan\varphi_g\tan\varphi_a}\tag{7-110}$$

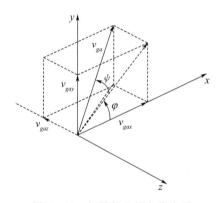

图 7-11　矢量的空间方位表示

考虑到 $(\varphi_g-\varphi_a)$，$(\psi_g-\psi_a)$ 都比较小，近似可得

$$\varphi_g-\varphi_a=\frac{v_{gay}\Delta v_x-v_{gax}\Delta v_y}{v_{gax}\Delta v_x+v_{gay}\Delta v_y}\tag{7-111}$$

$$\psi_g-\psi_a=\frac{v'_{gx}\Delta v_z-v_{gaz}\Delta v'_x}{v'_{gx}\Delta v'_x-v_{gaz}\Delta v_z}\tag{7-112}$$

可以证明：当 $g/\dot{w}$ 比较小时，箭轴俯仰 $(\varphi_g-\varphi_a)\times(1+g\sin\varphi/\dot{w})$、偏航 $(\psi_g-\psi_a)\cos\psi$ 后，即可消除两矢量的差角，因此可以近似取俯仰、偏航控制指令为

$$\begin{cases}\Delta\varphi_c=\varphi_g-\varphi_a\\\Delta\psi_c=\psi_g-\psi_a\end{cases}\tag{7-113}$$

显然，当 $\Delta\varphi = \Delta\psi = 0$ 时，$\dot{v}$ 和 v_{ga} 方向一致。

上述方法以 $(\varphi_g - \varphi_a)$、$(\psi_g - \psi_a)$ 小量假设为基础，但实际过程中仅有偏航方向偏差非常小，俯仰方向偏差较大，不能达到最佳的控制。为了实现精确地控制俯仰通道，可以采用如下的方案。

在纵向平面内，为了使箭的加速度 $\dot{v}$ 和 v_{ga} 一致，其视加速度 $\dot{w}$ 与 v_{ga} 的关系应如图7-12所示，则可推导得俯仰方向控制指令

$$\varphi_c = \arcsin[g\sin(p_i/2 + \varphi_g)/\dot{w}] + \varphi_g \tag{7-114}$$

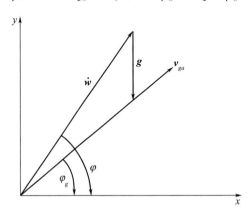

图 7-12　视加速度与待增速度关系图

还有一个比较合理且实用的导引方法，即对关机点的 $v_R(t_K)$ 进行预测的导引方法。若 v_R 不随 r，t 的变化而变化，为使 v_{ga} 尽快达到零，若取"使火箭的加速度 $\dot{v}$ 与 v_{ga} 一致"的准则，则将是"推进剂消耗为最少"意义下的最优导引。实际上，在导引过程中，由于火箭的位置和时间的变化，其对应的 v_R 也在不断地变化着，故按照"使 $\dot{v}$ 与 v_{ga} 一致"的准则进行导引便不是最优了。但因 v_R 的变化比较缓慢，可以对关机点的 v_R 进行预测。记关机处 v_R 为 $v_{R,K}$，并将 v_R 在 t_i 点展开为泰勒级数，近似取

$$v_{R,K} = v_R(t_i) + \dot{v}_R(t_i)(t_K - t_i) \tag{7-115}$$

其中

$$\dot{v}_R(t_i) \approx \frac{v_R(t_i) - v_R(t_{i-1})}{t_i - t_{i-1}} \tag{7-116}$$

另外，由 t_i 至关机 t_K 的时间 $(t_K - t_i)$，则根据 $v_{ga}(t_K) = 0$ 确定，这里定义

$$v_{ga} = v_{R,K} - v \tag{7-117}$$

假定 v_{gax} 是 v_{ga} 的较大分量，则由

$$v_{gax}(t_K) = v_{gax}(t_i) + \dot{v}_{gax}(t_K - t_i) = 0 \tag{7-118}$$

可得

$$(t_K - t_i) = -v_{gax}(t_i)/\dot{v}_{gax}(t_i) \tag{7-119}$$

因为 $\dot{v}_x \gg \dot{v}_{Rx,K}$，所以有

$$\dot{v}_{gax}(t_i) = \dot{v}_{Rx,K} - \dot{v}_x(t_i) \approx -\dot{v}_x(t_i) \approx -\frac{\dot{v}_x(t_i) - \dot{v}_x(t_{i-1})}{t_i - t_{i-1}} \tag{7-120}$$

将式（7-118）代入式（7-119），得

$$t_K - t_i = \frac{v_{gax}(t_i)}{v_x(t_i) - v_x(t_{i-1})}(t_i - t_{i-1}) \tag{7-121}$$

在分别将式（7-121）、式（7-116）代入式（7-115），整理可得

$$\boldsymbol{v}_{R,K} = \boldsymbol{v}_{R,i} + \frac{\boldsymbol{v}_{R,i} - \boldsymbol{v}_{R,i-1}}{\nabla v_{x,i}} v_{gax,i} \tag{7-122}$$

其中

$$v_{gax,i} = v_{Rx,K,i-1} - v_{x,i} \tag{7-123}$$

研究表明，用式（7-117）确定 $\boldsymbol{v}_{ga}$，再按照"使 $\dot{\boldsymbol{v}}$ 与 $\boldsymbol{v}_{ga}$ 一致"的准则进行导引，效果较好，可以达到推进剂消耗的准最佳，且计算简单，而且可保证关机点附近姿态变化平稳。

（2）视加速度与待增速度方向一致

导引模型采用"按箭的视加速度和待增速度方向一致"准则，在真空条件下，即为使纵轴与待增速度方向一致，由此进行推导可得姿态方向就是待增速度的方向，因此俯仰、偏航程序角指令为

$$\varphi_c = \varphi_g = \arctan \frac{v_{gay}}{v_{gax}}$$
$$\psi_c = \psi_g = -\arctan \frac{v_{gaz}}{v'_{gx}} \tag{7-124}$$

（3）待增速度与其导数方向一致

首先，将式（7-106）对时间 t 求导

$$\frac{\mathrm{d}\boldsymbol{v}_{ga}}{\mathrm{d}t} = \frac{\mathrm{d}\boldsymbol{v}_R}{\mathrm{d}t} - \frac{\mathrm{d}\boldsymbol{v}}{\mathrm{d}t} \tag{7-125}$$

因为 $\boldsymbol{v}_R$ 是 $\boldsymbol{r}$ 和 t 函数，所以

$$\frac{\mathrm{d}\boldsymbol{v}_R}{\mathrm{d}t} = \frac{\partial \boldsymbol{v}_R}{\partial \boldsymbol{r}^{\mathrm{T}}}\frac{\mathrm{d}\boldsymbol{r}}{\mathrm{d}t} + \frac{\partial \boldsymbol{v}_R}{\partial t}$$
$$= \frac{\partial \boldsymbol{v}_R}{\partial \boldsymbol{r}^{\mathrm{T}}}\boldsymbol{v} + \frac{\partial \boldsymbol{v}_R}{\partial t} \tag{7-126}$$

及

$$\frac{\mathrm{d}\boldsymbol{v}}{\mathrm{d}t} = \dot{\boldsymbol{w}} + \boldsymbol{g} \tag{7-127}$$

于是将式（7-126），式（7-127）代入式（7-125），得

$$\frac{\mathrm{d}\boldsymbol{v}_{ga}}{\mathrm{d}t} = \frac{\partial \boldsymbol{v}_R}{\partial \boldsymbol{r}^{\mathrm{T}}}\boldsymbol{v} + \frac{\partial \boldsymbol{v}_R}{\partial t} - \dot{\boldsymbol{w}} - \boldsymbol{g} \tag{7-128}$$

若飞行器在 t 点的速度为 $\boldsymbol{v}_R$，其后按惯性飞行。当沿惯性飞行轨道飞行时，只受地球引力作用，即有

$$\frac{\mathrm{d}\boldsymbol{v}_R}{\mathrm{d}t} = \boldsymbol{g} = \frac{\partial \boldsymbol{v}_R}{\partial \boldsymbol{r}^{\mathrm{T}}}\boldsymbol{v} + \frac{\partial \boldsymbol{v}_R}{\partial t} \tag{7-129}$$

再将式 (7-129) 代入式 (7-128)，整理得

$$\frac{\mathrm{d}\boldsymbol{v}_{ga}}{\mathrm{d}t} = -\frac{\partial \boldsymbol{v}_R}{\partial \boldsymbol{r}^{\mathrm{T}}}\boldsymbol{v}_{ga} - \dot{\boldsymbol{w}} \qquad (7-130)$$

记

$$\boldsymbol{Q} = \begin{bmatrix} \dfrac{\partial v_{Rx}}{\partial x} & \dfrac{\partial v_{Rx}}{\partial y} & \dfrac{\partial v_{Rx}}{\partial z} \\[3mm] \dfrac{\partial v_{Ry}}{\partial x} & \dfrac{\partial v_{Ry}}{\partial y} & \dfrac{\partial v_{Ry}}{\partial z} \\[3mm] \dfrac{\partial v_{Rz}}{\partial x} & \dfrac{\partial v_{Rz}}{\partial y} & \dfrac{\partial v_{Rz}}{\partial z} \end{bmatrix} \qquad (7-131)$$

于是，式 (7-130) 可写成如下矩阵形式

$$\frac{\mathrm{d}\boldsymbol{v}_R}{\mathrm{d}t} = -\boldsymbol{Q}\boldsymbol{v}_{ga} - \dot{\boldsymbol{w}} \qquad (7-132)$$

方程 (7-130) 中消去了 $\boldsymbol{v}$，$\boldsymbol{r}$，$\boldsymbol{v}_{ga}$ 的变化，仅与 $\dot{\boldsymbol{w}}$，$\dfrac{\partial \boldsymbol{v}_R}{\partial \boldsymbol{r}^{\mathrm{T}}}$ 有关；而 $\dfrac{\partial \boldsymbol{v}_R}{\partial \boldsymbol{r}^{\mathrm{T}}}$ 的元素变化缓慢，可以预先求出每个元素随时间变化的曲线并装定到箭上计算机中，箭上不需导航计算，只解方程 (7-132) 便可。当 v_{gax}，v_{gay}，v_{gaz} 中的大者小于允许值时，即可关机。对于中近程火箭 $\boldsymbol{Q}$ 的元素可取为常值，所以 $\dot{\boldsymbol{v}}_{ga}$ 的实时解算非常简单。

为了使 $\dot{\boldsymbol{v}}_{ga}$ 与 $\boldsymbol{v}_{ga}$ 的作用线一致，尽快使 $\boldsymbol{v}_{ga} \to 0$，姿态控制指令角速度为

$$\boldsymbol{\omega}_c = k \frac{\dot{\boldsymbol{v}}_{ga} \times \boldsymbol{v}_{ga}}{|\dot{\boldsymbol{v}}_{ga} \boldsymbol{v}_{ga}|} \qquad (7-133)$$

式中 k ——常数。

对于具有推力终止能力的固体运载火箭，关机前推力产生的加速度均大于一个 g，甚至是 g 的许多倍，即所谓高加速度推力。在高 g 推力条件下，$|\dot{\boldsymbol{w}}| \gg \left| \dfrac{\partial \boldsymbol{v}_R}{\partial \boldsymbol{r}^{\mathrm{T}}}\boldsymbol{v}_{ga} \right|$，故可取 $\dot{\boldsymbol{w}}$ 与 $\boldsymbol{v}_{ga}$ 方向一致作为导引的准则。可以导出，使 $\dot{\boldsymbol{w}}$ 与 $\boldsymbol{v}_{ga}$ 一致的俯仰、偏航导引信号分别为

$$\Delta\varphi_c = \frac{v_{gy}\Delta w_x - v_{gx}\Delta w_y}{v_{gx}\Delta w_x + v_{gy}\Delta w_y} \qquad (7-134)$$

$$\Delta\psi_c = \frac{v_{gx}\Delta w_z - v_{gz}\Delta w_x}{v_{gx}\Delta w_x + v_{gz}\Delta w_z} \qquad (7-135)$$

上述导引方法一般可得到满意的结果。只是要注意一点，在临近关机时，$\boldsymbol{v}_{ga}$ 接近于零时，$\boldsymbol{v}_R$ 的微小变化就会使 $\boldsymbol{v}_{ga}$ 的方向变化很大，使火箭有很大的转动角速度，为避免此现象发生，在临近关机的一小段的时间区间内取姿态为常值，即 $\Delta\varphi_c = \Delta\psi_c = 0$。

7.3.4 关机方程确定

按照需要速度的定义，关机条件应为

$$\boldsymbol{v}_{ga} = 0 \qquad (7-136)$$

由于在实际飞行过程中，远程火箭各项偏差与干扰较大，往往导致弹道各项偏差较

大，待增速度在接近关机时并不能收敛为绝对的零值，因此需要根据实际任务的需要进行关机条件的设置。对于远程火箭，通常是 $\dot{v}_{gax} > \dot{v}_{gay} > \dot{v}_{gaz}$，所以取关机条件为

$$v_{gax} = 0 \tag{7-137}$$

为减小关机时间误差造成的飞行偏差，可采取如下措施：

1）合理简化关机点附近计算公式，从而缩小计算步长；

2）对关机时间做线性预报。

关机点附近制导计算如下：

1）关机点附近姿态的微小变化对飞行器质心运动影响不大，故不加导引。

2）在关机点附近重力可视为常值。

3）因 v_R 变化缓慢，不再通过迭代计算求取其准确值，而是采用线性外推的方法进行计算，具体计算公式为

$$v_{Rx,j} = v_{Rx,N} + \Delta v_{Rx}(t_j - t_N)/\tau$$
$$\Delta v_{Rx} = v_{Rx,N} - v_{Rx,N-1} \tag{7-138}$$

式中　$v_{Rx,N}$——大步长计算最后一点的 v_{Rx} 值；

　　　$v_{Rx,N-1}$——大步长计算倒数第二点的 v_{Rx} 值；

　　　τ——计算步长。

4）因关机条件为 $v_{gax} = 0$，所以在关机点附近只需计算 v_x，v_{Rx} 和 v_{gax} 几个分量。

在关机点附近的制导计算做了上述简化后，使计算量降低为大步长计算量的 $\dfrac{1}{50} \sim \dfrac{1}{100}$，因此，可将计算步长改为大步长的 $\dfrac{1}{50} \sim \dfrac{1}{100}$，此缩小后的步长称为小步长，记为 τ'。显然，为了保证制导精度，希望小步长计算次数越少越好，因此必须给出一个合理的转入小步长计算的判别式。对关机时间进行线性预报至少需要两个小步长，且最后一个大步长计算是在 $t_N + \tau$ 时刻给出 t_N 时刻的参考值，故取转入小步长的判别条件为

$$t_K - t_N \leqslant 2\tau - 2\tau' \tag{7-139}$$

将上式代入式（7-121），整理可得转入小步长判别式为

$$v_{gx,i} \leqslant \left(\frac{2 + 2\tau'/\tau}{3 + 2\tau'/\tau}\right) v_{gx,i-1} \tag{7-140}$$

采用线性预报的方法可以大大提高关机时间的控制精度。显然 $t_K - t$ 越小，v_{gx} 的线性度越高。所以，$t_K - t$ 越小越好。而考虑计算机计算的延迟，$t_K - t$ 必须大于 τ' 才能实现预报。因此，进行线性预报的条件为

$$t_k - t \leqslant 2\tau' \tag{7-141}$$

因计算是连续的，故取线性预报的条件为

$$\tau' \leqslant t_k - t \leqslant 2\tau' \tag{7-142}$$

线性预报判别式为

$$v_{gax,i} \leqslant \frac{2}{3} v_{gax,i-1} \tag{7-143}$$

预报的关机时间为

$$t_K = t_j + \frac{\tau' v_{gax,j}}{v_{gax,j-1} - v_{gax,j}} \tag{7-144}$$

综上所述，闭路制导要求箭上计算机做如下计算。

（1）大步长计算（步长为 τ）

1）导航计算；

2）v_{ga} 及导引计算；

3）计算的每一步均需判断是否满足式（7-140），若不满足，则继续进行大步长计算；若满足，则转入小步长计算。

（2）小步长计算（步长为 τ'）

小步长计算式为

$$\begin{cases} v_{x,j} = v_{x,N} + \Delta\omega_{x,N+1} + \sum_{l=1}^{j} \Delta\omega_{x,l} + (\tau + j\tau') g_{x,N} \\ v_{Rx,j} = v_{Rx,N} + \left(1 + j\frac{\tau'}{\tau}\right)(v_{Rx,N} - v_{Rx,N-1}) \\ v_{Rx,K,j} = v_{Rx,j} + \frac{v_{Rx,j} - v_{Rx,j-1}}{v_{x,j} - v_{x,j-1}}(v_{Rx,K,j} - v_{x,j}) \\ v_{gax,j} = v_{Rx,K,j} - v_{x,j} \qquad j = 0,1,2,\cdots \end{cases} \tag{7-145}$$

当 $v_{gax,i} \leqslant \frac{2}{3} v_{gax,i-1}$ 时，计算式（7-144）求得 t_K，当 $t = t_K$ 时发出关机指令。

7.4　扰动重力场等效补偿理论与补偿模式

7.4.1　等效补偿描述

（1）扰动重力对飞行精度的影响分析

扰动重力对远程火箭飞行精度的影响是通过弹道传播的，可对主动段、被动段分别进行分析。

1）主动段：采用惯性制导的火箭，需要通过积分实际加速度获得实际位置、速度信息。而火箭上的惯性敏感装置只能测得视加速度，这样，为获得实际加速度需要实时计算同一时刻的引力加速度。引力加速度需要通过模型计算获得，但在实际应用过程中箭载计算机上加装的模型往往是实际模型的简化版，模型提供的引力与地球实际引力有一定差异，由此将产生导航偏差，进而引起关机点状态偏差，并最终影响飞行精度。

2）被动段：由于再入段的飞行时间短、速度快且接近于终端点，再入段扰动重力引起的飞行偏差十分有限，因而可将自由段和再入段扰动重力一同视为被动段扰动重力考虑。在被动段，火箭处于无动力、无控制的真空飞行状态，假设暂不考虑再入段空气动力的影响，被动段扰动重力的作用是造成飞行偏差的主要原因，即由被动段扰动重力模型与实际所受重力的差异所致。

（2）正常系统、扰动系统与等效补偿系统

根据现代控制理论，扰动重力对火箭运动影响的补偿算法实质上属于最优控制问题。制导系统按照是否考虑扰动重力可分为正常系统和扰动系统。

①正常系统

不考虑扰动重力的影响时，可将制导控制系统定义为正常系统，系统各要素间的关系如图 7－13 所示。

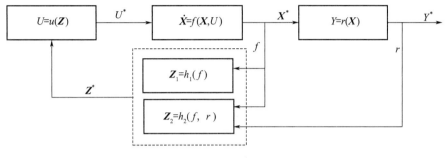

图 7－13　正常系统

正常系统由状态方程、输出方程、观测方程和控制方程组成。

$\dot{X}=f(X,U)$ 为状态方程。f 表示火箭主动段运动方程。其中，X 是状态量，包括火箭真实的位置和速度矢量；U 是控制量，包括发动机推力方向、关机时间、发射诸元等。

$Y=r(X)$ 为输出方程。r 表示被动段运动方程，可用来根据火箭主动段关机点状态 X^* 计算火箭的飞行信息。Y 是反映飞行信息的输出量，根据采用的制导方式，可将其定义为飞行偏差或虚拟目标点坐标等。

$Z_1=h_1(f)$，$Z_2=h_2(f,r)$ 统称为观测方程。其中 h_1 表示利用主动段运动模型 f 对 Z_1（真速度、真位置）的估计；h_2 表示利用模型 f 和 r 对火箭飞行信息 Z_2 的估计。

$U=u(Z)$ 为控制方程，包括导引方程、关机方程两部分。Z 为观测方程的估计值；U 表示控制方程输出的导引、关机信号，也可称为控制飞行的特征量。

在正常系统控制下生成的弹道可称为正常弹道，正常弹道不考虑扰动重力的影响、能够达到终端。

②扰动系统

将考虑扰动重力影响时的制导控制系统定义为扰动系统。如图 7－14 所示，δf、δr 分别表示主、被动段扰动重力项，δf、δr 体现在状态方程和输出方程中即为系统的干扰项。在实际弹道计算中，因为制导方法设计的原因，往往简化、忽略了 δf、δr 的计算，观测方程仍按原有模型 $Z_1=h_1(f)$、$Z_2=h_2(f,r)$ 对火箭飞行状态进行估计，估计结果 Z^* 通过控制信号 U^* 使得火箭在关机点处产生状态误差 δX，并由此导致飞行产生偏差 δY。

在扰动系统控制下的弹道可称为扰动弹道，扰动弹道将会偏离正常弹道、无法准确达到终端。

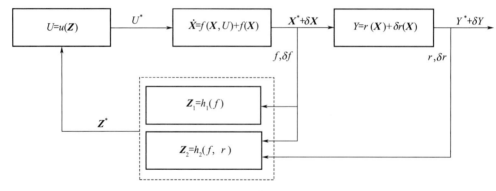

图 7 - 14　扰动系统

（3）等效补偿系统

如图 7 - 15 所示，等效补偿就是要通过改进观测器和控制器的设计实现对扰动重力影响的补偿。改进后的观测器和控制器可统称为等效补偿系统 $\tilde{U} = s(f + \delta f, \ r + \delta r)$。等效补偿系统的观测器考虑了扰动重力项 δf 和 δr，通过修正后的控制信号 $U^* + \Delta U$ 以及关机点状态修正量 $\Delta \boldsymbol{X}$ 的补偿，使得扰动重力引起的飞行偏差 $\Delta Y \rightarrow 0$。其中，δ 表示不受控，Δ 表示受控。

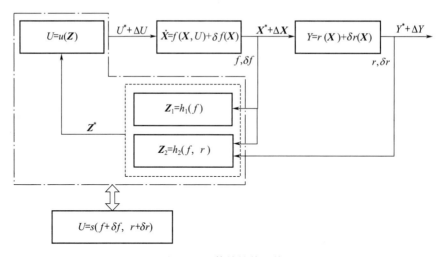

图 7 - 15　等效补偿系统

（4）直接补偿与等效补偿

正常弹道在正常系统的控制下可以达到终端。在扰动重力作用下的扰动弹道如仍采用正常系统控制，产生的关机点状态误差 $\boldsymbol{X}_K - \boldsymbol{X}_{K^*}^* \neq 0$ 将会导致飞行偏差

$$\begin{bmatrix} \Delta L \\ \Delta H \end{bmatrix} = f(\boldsymbol{X}_K - \boldsymbol{X}_{K^*}^* \neq 0) \tag{7 - 146}$$

直接补偿是通过控制力的作用，使得实际弹道参数 $\boldsymbol{X}(t)$ 在任意时刻 t 都等于或逼近正常弹道参数 $\boldsymbol{X}^*(t)$，即通过使得 $\boldsymbol{X}(t) - \boldsymbol{X}^*(t) \rightarrow 0$ 实现飞行偏差 $\Delta L \rightarrow 0$，$\Delta H \rightarrow 0$ 的目标。

等效补偿是通过改变发射参数或飞行特征量，等效地实现 $\Delta L \to 0$，$\Delta H \to 0$ 的目标。以摄动制导关机方程为例

$$\Delta L = \frac{\partial L}{\partial \boldsymbol{X}}(\boldsymbol{X} - \boldsymbol{X}^*) \qquad (7-147)$$

为了使 $\Delta L = 0$，补偿有两种方法：一种是使 $\boldsymbol{X} - \boldsymbol{X}^* \to 0$，这是直接补偿的思路；另一种思路为等效补偿，即在 $\boldsymbol{X} - \boldsymbol{X}^* \neq 0$ 的情况下，也能使得 $\Delta L = 0$。

综上所述，等效补偿的含义可表述为：根据扰动重力影响的特性，不直接生成抵消扰动重力的控制力，而是通过建立影响与修正量之间的映射关系来改变导引、关机控制量，使得火箭在扰动重力作用下仍能达到同一终端状态的补偿方法。

7.4.2　等效补偿模式设计

补偿模式是在等效补偿理论指导下所采用的具体补偿方法。针对地面和箭上补偿等不同应用需求，可能的补偿模式包括嵌入式补偿、分步式补偿、分段式补偿等。

（1）嵌入式补偿

如果能够在箭上或地面弹道计算过程中装定扰动重力的计算模型，那么制导方法就可以顾及扰动重力的影响。嵌入式补偿是把扰动重力补偿直接嵌入到观测器的设计中，即在原有的制导计算中，把扰动重力的影响直接体现到弹道计算中，从而使得所得到的飞行特征量直接反映了扰动重力的影响。图 7-16 为嵌入式补偿模式。

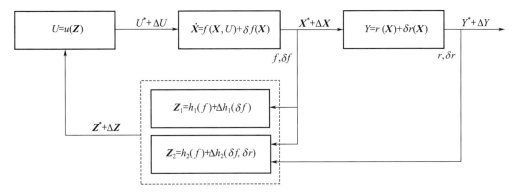

图 7-16　嵌入式补偿模式

在火箭飞行主动段，状态方程中出现的扰动重力项 δf 会影响真位置和真速度的计算；同理，被动段扰动重力项 δr 将会对飞行终端状态（虚拟目标点）产生影响。嵌入式补偿的本质是设计新的观测器，将扰动重力计算模型嵌入观测器中，通过增加修正量 Δh 估算考虑扰动重力影响下的火箭主动段运动状态和飞行信息。这样输出的观测量（位置、速度、终端信息）$\boldsymbol{Z}^* + \Delta \boldsymbol{Z}$ 直接包含了扰动重力的影响。将补偿量引入控制系统并达到新的稳定状态后，随后可得到期望的输出 $\Delta Y \to 0$。

（2）分步式补偿

在许多情况下，可以较为容易得到正常重力模型下的弹道计算结果。在此基础上，可

以充分利用已有条件，通过改变制导方法，实现对扰动重力影响的等效补偿。如图 7 - 17 所示，分步式补偿是把飞行特征量的计算分为两步：首先，不考虑扰动重力的影响，得到飞行特征量的初值；而后，寻找快速计算方法，得到飞行特征量在扰动重力影响下的修正量。

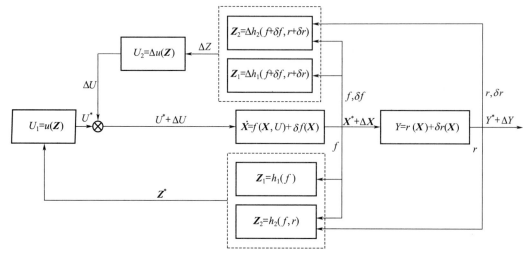

图 7 - 17   分步式补偿模式

分步式补偿的本质是在原有观测器和控制器的基础上，设计用于补偿的新的观测器和控制器。在第一步计算飞行特征量初值 U^* 时，观测器中仍然使用的是原有不考虑扰动重力时的模型 f、r；而在计算飞行特征量的修正量 ΔU 时，在原有模型基础上考虑了扰动重力项 δf、δr，这样得到的修正量与原有特征量 U^* 交互后得到修正后的控制量 $U^* + \Delta U$，并由此通过关机点状态的修正量 ΔX 最终使得飞行偏差 $\Delta Y \rightarrow 0$，以此达到等效补偿的目的。

（3）分段式补偿

如图 7 - 18 所示，火箭在主动段初始飞行阶段可以暂不考虑扰动重力影响的补偿问题，按正常飞行程序飞行即可；在接近关机前的一段时间，利用主、被动段弹道快速计算方法计算扰动重力对飞行精度的影响，同时生成扰动重力影响对应的终端位置或关机量修正量，这一阶段可称为扰动重力影响解算段；利用扰动重力影响解算结果求解修正量，在后续制导过程中对扰动重力的影响进行补偿，这一飞行阶段为扰动重力影响修正段。以基于虚拟目标的显式制导为例，利用制导系统对扰动重力的影响进行补偿，无须实时计算主、被动段扰动重力，只需在关机前一小段时间采用解算得到的虚拟目标实时迭代计算即可，之前采用地面装定的虚拟目标。这就是分段式补偿的思路。

如图 7 - 19 所示，分段式补偿的核心是设计新的观测器和控制器。这种方法在控制方程中加入了选择条件，当未达到补偿时刻（$t < t_K$）时，根据原有的观测量通过控制器 $U = u_1(\boldsymbol{Z})$ 进行制导控制；当到达补偿阶段（$t \geqslant t_K$）后，采用新观测器生成的观测量 $\boldsymbol{Z}^* + \Delta \boldsymbol{Z}$ 通过控制器 $U = u_2(\boldsymbol{Z})$ 进行控制，最终实现 $\Delta Y \rightarrow 0$ 的目标。

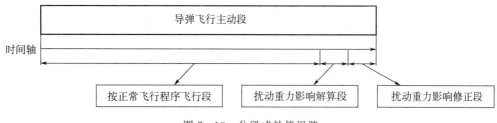

图 7 - 18　分段式补偿思路

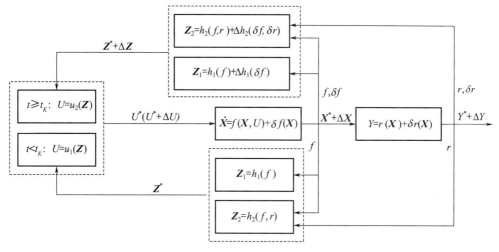

图 7 - 19　分段式补偿模式

（4）各种补偿模式的特点及适用范围

等效补偿按照补偿的时机可分为地面参数补偿和箭上实时补偿两种；按用途可分为弹道用参数补偿和制导用参数补偿。上述补偿模式在特点、适用范围和设计方法上均有所区别，对比结果见表 7 - 1。

表 7 - 1　各种补偿模式的特点

补偿模式	适用范围	设计方法	特点
嵌入式	弹道参数补偿、制导参数补偿、箭上实时补偿	在观测器或控制器中直接嵌入补偿量	对箭上计算机性能要求较高
分步式	弹道参数补偿、制导参数补偿	增加一个新的观测器和一个新的控制器	需迅速找到飞行特征量的初值，为后续快速补偿奠定基础
分段式	制导参数补偿、箭上实时补偿	设计两个观测器，同时控制器增加选择功能	可用于箭上实时补偿

嵌入式补偿思路清晰、简单明了，但因计算量、存储量过大，对箭载计算机的性能要求比较苛刻；同时，该补偿模式对扰动重力影响下的弹道快速计算方法也有着迫切的需求。随着计算机技术的发展和对弹道计算方法的不断改进，嵌入式补偿实现的瓶颈将会得以突破。

分步式补偿将大量的计算工作放在地面射前进行，简化了箭上计算、大大减轻了箭上计算机的运算负荷和存储压力，但该方法对标准弹道有很高的要求。

分段式补偿在火箭发射初始阶段可以不考虑扰动重力的影响，仅在主动段末端快速计算和修正即可，该方法实用性较强、适合用作箭上实时补偿。但该方法需要弹道快速计算方法作为支撑。

7.4.3　导航扰动重力补偿

7.4.3.1　显式制导箭上补偿策略

显式制导地面补偿方法采用线性化方法计算虚拟目标的修正量，其中飞行偏差对虚拟目标的偏导数是基于不考虑扰动重力的影响计算得到的。由于扰动重力的影响为小量，该方法具有一定的准确性。但如果在初始制导点受其他误差影响且影响偏差较大时，该方法将造成较大的系统误差。

相对于地面补偿方法，箭上实时补偿的优越性包括两个方面：一是不依赖标准弹道；二是实时快速计算被动段扰动重力和地球扁率引起的飞行偏差，准确修正虚拟目标点的位置。

补偿可按如下步骤进行：

第一步，取虚拟终端经纬度（λ_V、B_V）等于终端经纬度（λ_T、B_T）计算需要速度；

第二步，以需要速度和当前时刻飞行状态量，采用自由飞行弹道的快速计算方法计算被动段扰动重力和地球扁率引起的飞行偏差 ΔL、ΔH

$$\begin{cases} \Delta L = \Delta L_{J_2} + \Delta L_{dis} \\ \Delta H = \Delta H_{J_2} + \Delta H_{dis} \end{cases} \tag{7-148}$$

第三步，计算地球扁率飞行偏差需要修正的虚拟目标点修正量 $\Delta\lambda_{V,J_2}$、$\Delta B_{V,J_2}$ 和被动段扰动重力飞行偏差需要修正的虚拟终端修正量 $\Delta\lambda_{V,dis}$、$\Delta B_{V,dis}$。

第四步，对地球扁率和被动段扰动重力引起的飞行偏差进行修正，获得虚拟目标点的位置坐标

$$\begin{cases} \lambda_V = \lambda_T + \Delta\lambda_{V,J_2} + \Delta\lambda_{V,dis} \\ B_V = B_T + \Delta B_{V,J_2} + \Delta B_{V,dis} \end{cases} \tag{7-149}$$

其中，对虚拟目标修正量的求解可采用偏导数方法

$$\begin{bmatrix} \Delta\lambda_V \\ \Delta B_V \end{bmatrix} = - \begin{bmatrix} \dfrac{\partial L}{\partial \lambda_V} & \dfrac{\partial L}{\partial B_V} \\ \dfrac{\partial H}{\partial \lambda_V} & \dfrac{\partial H}{\partial B_V} \end{bmatrix}^{-1} \begin{bmatrix} \Delta L \\ \Delta H \end{bmatrix} \tag{7-150}$$

第五步，以虚拟目标点坐标（λ_V、B_V）作为修正后的结果计算制导弹道，即可满足飞行精度的要求。

7.4.3.2　自由段弹道运动解析解

基于弹道摄动思想，自由段弹道的摄动方程可统一表示为

$$Y = \int_0^{\Delta\beta} F(\boldsymbol{\Phi}_\beta, r_\beta, \delta g_r, \delta g_\beta, \delta g_z) \mathrm{d}\beta \qquad (7-151)$$

式中 δg_r，δg_β，δg_z——扰动重力沿径向、迹向和法向的分量；

r_β——地心距；

$\boldsymbol{\Phi}_\beta$——状态转移矩阵；

$\Delta\beta$——射程角。

已有研究工作表明：如果 δg_r、δg_β 和 δg_z 能够表示为 β 的可积函数，那么由上述积分则可以得到弹道摄动方程的完整解析解；而且，δg_r、δg_β 和 δg_z 的具体表达式与扰动重力重构方法有关。

如图 7-20 所示为被动段有限元扰动重力重构原理图。本质上有限元扰动重力重构模型就是扰动重力空间三维插值或拟合模型，可以在直角坐标系中表示，也可以在球坐标系中表示。

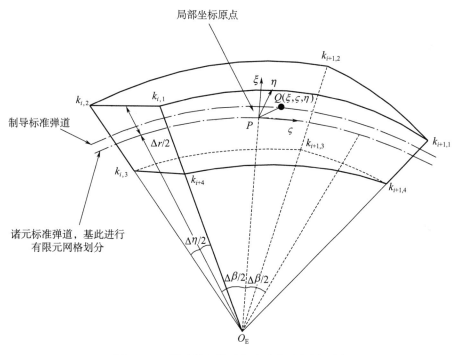

图 7-20 被动段有限元扰动重力重构原理图

有限元网格的划分基于标准弹道进行，对于每个有限元网格，需要首先构建其局部坐标系，一般选择网格中心位置，即以 $\Delta\beta/2$ 地心角所在的地心矢径为 ξ 轴，相应的周向为 ς 轴，侧向为 η 轴；其次要将各个节点坐标在网格局部坐标系内表达；最后将当前计算点也在局部坐标系内表达，并通过相应的三维差值函数求解当前计算点的扰动重力三分量。一般采用 8 节点扰动重力重构模型，空间一点 $Q(\xi, \varsigma, \eta)$ 的扰动重力计算公式可表示为

$$\delta \bar{g} = \sum_{i=1}^8 N_i \cdot \delta \bar{g}_i \qquad (7-152)$$

且有 $\sum\limits_{i=1}^{8} N_i = 1$，$N_i$ 称为权函数，其随插值函数不同而不同。对于三维线性拉格朗日插值模型而言，权函数可表示为

$$N_1 = \frac{\xi - \xi_4}{\xi_1 - \xi_4} \cdot \frac{\varsigma - \varsigma_5}{\varsigma_1 - \varsigma_5} \cdot \frac{\eta - \eta_2}{\eta_1 - \eta_2} \qquad (7-153)$$

$$N_2 = \frac{\xi - \xi_3}{\xi_2 - \xi_3} \cdot \frac{\varsigma - \varsigma_6}{\varsigma_2 - \varsigma_6} \cdot \frac{\eta - \eta_1}{\eta_2 - \eta_1} \qquad (7-154)$$

$$N_3 = \frac{\xi - \xi_2}{\xi_3 - \xi_2} \cdot \frac{\varsigma - \varsigma_7}{\varsigma_3 - \varsigma_7} \cdot \frac{\eta - \eta_4}{\eta_3 - \eta_4} \qquad (7-155)$$

$$N_4 = \frac{\xi - \xi_1}{\xi_4 - \xi_1} \cdot \frac{\varsigma - \varsigma_8}{\varsigma_4 - \varsigma_8} \cdot \frac{\eta - \eta_3}{\eta_4 - \eta_3} \qquad (7-156)$$

$$N_5 = \frac{\xi - \xi_8}{\xi_5 - \xi_8} \cdot \frac{\varsigma - \varsigma_1}{\varsigma_5 - \varsigma_1} \cdot \frac{\eta - \eta_6}{\eta_5 - \eta_6} \qquad (7-157)$$

$$N_6 = \frac{\xi - \xi_7}{\xi_6 - \xi_7} \cdot \frac{\varsigma - \varsigma_2}{\varsigma_6 - \varsigma_2} \cdot \frac{\eta - \eta_5}{\eta_6 - \eta_5} \qquad (7-158)$$

$$N_7 = \frac{\xi - \xi_6}{\xi_7 - \xi_6} \cdot \frac{\varsigma - \varsigma_3}{\varsigma_7 - \varsigma_3} \cdot \frac{\eta - \eta_8}{\eta_7 - \eta_8} \qquad (7-159)$$

$$N_8 = \frac{\xi - \xi_5}{\xi_8 - \xi_5} \cdot \frac{\varsigma - \varsigma_4}{\varsigma_8 - \varsigma_4} \cdot \frac{\eta - \eta_7}{\eta_8 - \eta_7} \qquad (7-160)$$

显然，火箭实际制导弹道与标准弹道并不重合，实现弹道摄动方程的解析解需要将当前计算点的扰动重力表示为关于制导标准弹道地心角 β 的函数。如图 7-21 所示，把当前标准二体轨道（即制导标准弹道）中的点 $P(\beta)$ 坐标，表示为事前基于参考二体轨道（即标准弹道）的有限元单元内局部坐标系中的坐标。

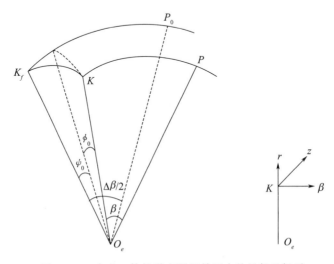

图 7-21　参考二体轨道有限元单元内的局部坐标系

根据几何关系可知，点 $P(\beta)$ 对应的局部坐标为

$$\begin{bmatrix} \xi \\ \eta \\ \zeta \end{bmatrix} = M_3 \left(\frac{\Delta\beta}{2} - \psi_0 \right) M_1 (A_0) M_2 (-\phi_0) \begin{bmatrix} r_\beta \cos\beta \\ r_\beta \sin\beta \\ 0 \end{bmatrix} - \begin{bmatrix} r_{p0} \\ 0 \\ 0 \end{bmatrix} \qquad (7-161)$$

其中，ϕ_0、ψ_0 和 A_0 是由 K 和 K_f 之间的关系确定的，r_{p0} 和 $\Delta\beta$ 可由单元划分方式确定。因此，局部坐标 ξ、η 和 ζ 均可表示为 β 的函数。

经推导可知

$$\begin{bmatrix} \xi \\ \zeta \\ \eta \end{bmatrix} = \begin{bmatrix} p_1 r_\beta \cos\beta + p_2 r_\beta \sin\beta - r_0 \\ p_3 r_\beta \cos\beta + p_4 r_\beta \sin\beta \\ p_5 r_\beta \cos\beta + p_6 r_\beta \sin\beta \end{bmatrix} \qquad (7-162)$$

其中

$$\begin{cases} p_1 = \cos\left(\frac{\Delta\beta}{2} - \psi_0 \right) \cos\phi_0 - \sin\left(\frac{\Delta\beta}{2} - \psi_0 \right) \sin A_0 \sin\phi_0 \\ p_2 = \sin\left(\frac{\Delta\beta}{2} - \psi_0 \right) \cos A_0 \\ p_3 = -\sin\left(\frac{\Delta\beta}{2} - \psi_0 \right) \cos\phi_0 - \cos\left(\frac{\Delta\beta}{2} - \psi_0 \right) \sin A_0 \sin\phi_0 \\ p_4 = \cos\left(\frac{\Delta\beta}{2} - \psi_0 \right) \cos A_0 \\ p_5 = -\cos A_0 \sin\phi_0 \\ p_6 = -\sin A_0 \end{cases} \qquad (7-163)$$

显然，理论上将上式代入权函数 N_i 中即可得到只关于地心角 β 的权函数 $N_i(\beta)$，$i = 1, 2, \cdots, 8$，则可得扰动重力关于 β 的函数表达式为

$$\delta\bar{g}(\beta) = \sum_{i=1}^{8} N_i(\beta) \cdot \delta\bar{g}_i \qquad (7-164)$$

经过推导，式（7-164）可具体表示为

$$\delta\bar{g}(\beta) = M_1 q_1^3(\beta) + M_2 q_2^3(\beta) + M_3 q_1^2(\beta) q_2(\beta) + M_4 q_1(\beta) q_2^2(\beta) +$$
$$M_5 q_1(\beta) q_2(\beta) + M_6 q_1^2(\beta) + M_7 q_2^2(\beta) + M_8 q_1(\beta) + M_9 q_2(\beta) + M_{10}$$
$$\qquad (7-165)$$

其中，M_i，$i = 1, 2, \cdots, 10$ 为常系数。

将式（7-165）代入式（7-151）进行积分即可求得被动段摄动方程的完整解析解。注意到摄动方程扰动项的表达式为

$$U = \begin{bmatrix} \dfrac{r_\beta^2}{\sqrt{\mu p}} \delta g_r & 0 & \dfrac{r_\beta^2}{\sqrt{\mu p}} \delta g_\beta & 0 & \dfrac{r_\beta^2}{\sqrt{\mu p}} \delta g_z & 0 \end{bmatrix} \qquad (7-166)$$

再结合 q_1，q_2 的表达式，显然要实现公式（7-151）可积，需要首先对如下所示的积分表达式进行求解

$$\int_{\beta_0}^{\beta_1} \frac{\cos^{m_1}(\beta) \sin^{m_2}(\beta)}{[1 + e\cos(f_k + \beta)]^n} d\beta$$

其中，$n = 1, 2, \cdots, 6$，$m_1 = m_2 = 0, 1, \cdots, 4$。定义积分核函数 $T(f)$，且有

$$T_{lmn}(f) = \int r^l(f) \cos^m(f) \sin^n(f) \mathrm{d}f \qquad (7-167)$$

（1）等角摄动模型完整解析解

等角摄动偏差状态 $\boldsymbol{Y}$ 为

$$\boldsymbol{Y} = [\Delta V_r \quad \Delta r \quad \Delta V_\beta \quad \Delta t \quad V_z \quad z]^{\mathrm{T}} \qquad (7-168)$$

扰动项可表示为

$$\boldsymbol{U} = \left[\frac{r_\beta^2}{\sqrt{\mu p}} \delta g_r \quad 0 \quad \frac{r_\beta^2}{\sqrt{\mu p}} \delta g_\beta \quad 0 \quad \frac{r_\beta^2}{\sqrt{\mu p}} \delta g_z \quad 0 \right] \qquad (7-169)$$

设等地心距摄动状态参数的初值误差为

$$\boldsymbol{Y}(0) = [\Delta V_r(0) \quad \Delta r(0) \quad \Delta V_\beta(0) \quad \Delta t(0) \quad V_z(0) \quad z(0)]^{\mathrm{T}} \qquad (7-170)$$

根据前述自由段弹道误差传播理论，当自由段标准地心角为 β 时，扰动重力引起的等角摄动纵向偏差可表示为

$$
\begin{cases}
\Delta V_r = \Phi_{\beta 11} \Delta V_r(0) + \Phi_{\beta 12} \Delta r(0) + \Phi_{\beta 13} \Delta V_\beta(0) + \int_{f_0}^{f_1} [\Phi_{\beta 11} U_1(\tau) + \Phi_{\beta 13} U_3(\tau)] \mathrm{d}\tau \\[2mm]
\Delta r = \Phi_{\beta 21} \Delta V_r(0) + \Phi_{\beta 22} \Delta r(0) + \Phi_{\beta 23} \Delta V_\beta(0) + \int_{f_0}^{f_1} [\Phi_{\beta 21} U_1(\tau) + \Phi_{\beta 23} U_3(\tau)] \mathrm{d}\tau \\[2mm]
\Delta V_\beta = \Phi_{\beta 31} \Delta V_r(0) + \Phi_{\beta 32} \Delta r(0) + \Phi_{\beta 33} \Delta V_\beta(0) + \int_{f_0}^{f_1} [\Phi_{\beta 31} U_1(\tau) + \Phi_{\beta 33} U_3(\tau)] \mathrm{d}\tau \\[2mm]
\Delta t = \Phi_{\beta 41} \Delta V_r(0) + \Phi_{\beta 42} \Delta r(0) + \Phi_{\beta 43} \Delta V_\beta(0) + \Phi_{\beta 44} \Delta t(0) + \int_{f_0}^{f_1} [\Phi_{\beta 41} U_1(\tau) + \Phi_{\beta 43} U_3(\tau)] \mathrm{d}\tau
\end{cases}
$$
$$(7-171)$$

侧向偏差可表示为

$$
\begin{cases}
\Delta V_z = \Phi_{\beta 55} \Delta V(0) + \Phi_{\beta 56} \Delta z(0) + \int_{f_0}^{f_1} [\Phi_{\beta 55} U_5(\tau)] \mathrm{d}\tau \\[2mm]
\Delta z = \Phi_{\beta 65} \Delta V(0) + \Phi_{\beta 66} \Delta z(0) + \int_{f_0}^{f_1} [\Phi_{\beta 65} U_5(\tau)] \mathrm{d}\tau
\end{cases} \qquad (7-172)
$$

其中

$$
\begin{aligned}
U_1(\tau) &= \frac{r^2(\tau)}{\sqrt{\mu p}} \delta a_r(\tau) \\
&= \frac{1}{h} \big[A_1 r^5(\tau) \cos^3\tau + A_2 r^5(\tau) \sin^3\tau + A_3 r^5(\tau) \cos^2\tau \sin\tau + \\
&\quad A_4 r^5(\tau) \cos\tau \sin^2\tau + A_5 r^4(\tau) \cos\tau \sin\tau + A_6 r^4(\tau) \cos^2\tau + \\
&\quad A_7 r^4(\tau) \sin^2\tau + A_8 r^3(\tau) \cos\tau + A_9 r^3(\tau) \sin\tau + A_{10} r^2(\tau) \big]
\end{aligned} \qquad (7-173)
$$

$$U_3(\tau) = \frac{r^2(\tau)}{\sqrt{\mu p}}\delta a_\beta(\tau)$$

$$= \frac{1}{h}[B_1 r^5(\tau)\cos^3\tau + B_2 r^5(\tau)\sin^3\tau + B_3 r^5(\tau)\cos^2\tau\sin\tau +$$
$$B_4 r^5(\tau)\cos\tau\sin^2\tau + B_5 r^4(\tau)\cos\tau\sin\tau + B_6 r^4(\tau)\cos^2\tau +$$
$$B_7 r^4(\tau)\sin^2\tau + B_8 r^3(\tau)\cos\tau + B_9 r^3(\tau)\sin\tau + B_{10} r^2(\tau)]$$

$$\tag{7-174}$$

$$U_5(\tau) = \frac{r^2(\tau)}{\sqrt{\mu p}}\delta a_z(\tau)$$

$$= \frac{1}{h}[C_1 r^5(\tau)\cos^3\tau + C_2 r^5(\tau)\sin^3\tau + C_3 r^5(\tau)\cos^2\tau\sin\tau +$$
$$C_4 r^5(\tau)\cos\tau\sin^2\tau + C_5 r^4(\tau)\cos\tau\sin\tau + C_6 r^4(\tau)\cos^2\tau +$$
$$C_7 r^4(\tau)\sin^2\tau + C_8 r^3(\tau)\cos\tau + C_9 r^3(\tau)\sin\tau + C_{10} r^2(\tau)]$$

$$\tag{7-175}$$

经推导，可得 $\mathbf{Y} = [\Delta V_r \quad \Delta r \quad \Delta V_\beta \quad \Delta t \quad V_z \quad z]^{\mathrm{T}}$ 的解析表达式如下。

① $\Delta V_r(f_1)$

$$\Delta V_r(f_1) = I_{Y10}(f_1) + I_{Y11}(f_1) + I_{Y12}(f_1) + I_{Y13}(f_1) \tag{7-176}$$

其中

$$I_{Y10}(f_1) = \cos(f_1 - f_0)\Delta u'(f_0) + \sqrt{\frac{\mu}{p}}\frac{1}{r_0}\sin(f_1 - f_0)\Delta r(f_0) +$$
$$\sin(f_1 - f_0)\Delta V_\beta(f_0) + \frac{r_0}{p}\sin(f_1 - f_0)\Delta V_\beta(f_0)$$

$$\tag{7-177}$$

$$I_{Y11}(f_1) = \frac{\cos(f_1)}{h}\sum_{i=1}^{10}A_i P_{Y1i} + \frac{\sin(f_1)}{h}\sum_{i=1}^{10}A_i Q_{Y1i} \tag{7-178}$$

$$I_{Y12}(f_1) = \frac{\sin(f_1)}{h}\sum_{i=1}^{10}B_i P_{Y1i} - \frac{\cos(f_1)}{h}\sum_{i=1}^{10}B_i Q_{Y1i} \tag{7-179}$$

$$I_{Y13}(f_1) = \frac{\sin(f_1)}{hp}\sum_{i=1}^{10}B_i P_{Y2i} - \frac{\cos(f_1)}{hp}\sum_{i=1}^{10}B_i Q_{Y2i} \tag{7-180}$$

② $\Delta r(f_1)$

$$\Delta r(f_1) = I_{Y20}(f_1) + I_{Y21}(f_1) + I_{Y22}(f_1) + I_{Y23}(f_1) + I_{Y24}(f_1) \tag{7-181}$$

其中

$$I_{Y20}(f_1) = \frac{r_1^2}{\sqrt{\mu p}}\sin(f_1 - f_0)\Delta V_r(f_0) + \left[\frac{r_1}{r_0} + \frac{r_1^2}{r_0 p} - \frac{r_1^2}{r_0 p}\cos(f_1 - f_0)\right]\Delta r(f_0) +$$
$$\left[\frac{r_1^2 r_0}{hp} + \frac{r r_0}{h} - \frac{r_1^2 r_0}{hp} - \frac{r_1^2}{h}\cos(f_1 - f_0)\right]\Delta V_\beta(f_0)$$

$$\tag{7-182}$$

$$I_{Y21}(f_1) = \frac{r_1^2\sin(f_1)}{h^2}\sum_{i=1}^{10}A_i P_{Y1i} - \frac{r_1^2\cos(f_1)}{h^2}\sum_{i=1}^{10}A_i Q_{Y1i} \tag{7-183}$$

$$I_{Y22}(f_1) = \left(\frac{r_1^2}{h^2 p} + \frac{r_1}{h^2}\right)\sum_{i=1}^{10}B_i P_{Y3i} \tag{7-184}$$

$$I_{Y23}(f_1) = -\frac{r_1\cos(f_1)}{h^2 p}\sum_{i=1}^{10}C_i P_{Y2i} - \frac{r_1\sin(f_1)}{h^2 p}\sum_{i=1}^{10}C_i Q_{Y2i} \qquad (7-185)$$

$$I_{Y24}(f_1) = -\frac{r_1^2\cos(f_1)}{h^2}\sum_{i=1}^{10}C_i P_{Y1i} - \frac{r_1^2\sin(f_1)}{h^2}\sum_{i=1}^{10}C_i Q_{Y1i} \qquad (7-186)$$

③ $\Delta V_\beta(f_1)$

$$\Delta V_r(f_1) = I_{Y30}(f_1) + I_{Y31}(f_1) + I_{Y32}(f_1) + I_{Y33}(f_1) + I_{Y34}(f_1) \qquad (7-187)$$

其中

$$I_{Y30}(f_1) = -\sin(f_1-f_0)\Delta V_r(f_0) + \sqrt{\frac{\mu}{p}}\frac{1}{r_0}\cos(f_1-f_0)\Delta r(f_0) - \sqrt{\frac{\mu}{p}}\frac{1}{r_0}\Delta r(f_0) +$$

$$\frac{r_0}{p}\cos(f_1-f_0)\Delta V_\beta(f_0) + \cos(f_1-f_0)\Delta V_\beta(f_0) - \frac{r_0}{p}\Delta V_\beta(f_0)$$

$$(7-188)$$

$$I_{Y31}(f_1) = -\frac{\sin(f_1)}{h}\sum_{i=1}^{10}A_i P_{Y1i} - \frac{\cos(f_1)}{h}\sum_{i=1}^{10}A_i Q_{Y1i} \qquad (7-189)$$

$$I_{Y32}(f_1) = \frac{\cos(f_1)}{hp}\sum_{i=1}^{10}B_i P_{Y2i} + \frac{\sin(f_1)}{hp}\sum_{i=1}^{10}B_i Q_{Y2i} \qquad (7-190)$$

$$I_{Y33}(f_1) = \frac{\cos(f_1)}{h}\sum_{i=1}^{10}B_i P_{Y1i} + \frac{\sin(f_1)}{h}\sum_{i=1}^{10}B_i Q_{Y1i} \qquad (7-191)$$

$$I_{Y34}(f_1) = \frac{-1}{hp}\sum_{i=1}^{10}B_i P_{Y3i} \qquad (7-192)$$

④ $V_z(f_1)$

$$\Delta V_z(f_1) = I_{Y50}(f_1) + I_{Y51}(f_1) + I_{Y52}(f_1) \qquad (7-193)$$

其中

$$I_{Y50}(f_1) = \cos(f_1-f_0)V_z(0) - \sin(f_1-f_0)z(0) \qquad (7-194)$$

$$I_{Y51}(f_1) = \frac{\cos(f_1)}{h^2}\sum_{i=1}^{10}C_i P_{Y4i} \qquad (7-195)$$

$$I_{Y52}(f_1) = \frac{\sin(f_1)}{h^2}\sum_{i=1}^{10}C_i P_{Y3i} \qquad (7-196)$$

⑤ $z(f_1)$

$$\Delta z(f_1) = I_{Y60}(f_1) + I_{Y61}(f_1) + I_{Y62}(f_1) \qquad (7-197)$$

其中

$$I_{Y60}(f_1) = \sin(f_1-f_0)\zeta'(0) + \cos(f_1-f_0)\zeta(0) \qquad (7-198)$$

$$I_{Y61}(f_1) = \frac{\sin(f_1)}{h^2}\sum_{i=1}^{10}C_i P_{XYi} \qquad (7-199)$$

$$I_{Y62}(f_1) = -\frac{\cos(f_1)}{h^2}\sum_{i=1}^{10}C_i P_{Y3i} \qquad (7-200)$$

（2）解析解精度验证

对等角摄动模型导出的解析计算方法精度进行验证。仿真条件如下。

求差法扰动重力模型：108 阶球谐模型，不考虑 J_2 项。

解析法扰动重力模型：有限元模型，节点赋值采用 108 阶球谐模型。

标准关机点状态：

$$[x \quad y \quad z \quad v_x \quad v_y \quad v_z]^T =$$

$$[-24\,549.3 \quad 5\,605\,456.4 \quad 3\,568\,691.7 \quad -6\,141.1 \quad 1\,218.6 \quad 3\,943.3]^T$$

终端条件：地心角转过 $130°$。

假定实际关机点相对标准关机点的状态偏差为

$[\Delta x \quad \Delta y \quad \Delta z \quad \Delta v_x \quad \Delta v_y \quad \Delta v_z]^T = [100 \quad 100 \quad 100 \quad 0.5 \quad 0.5 \quad 0.5]^T$。

采用求差法、摄动法、解析法三种方法结果对比见表 7 - 2；三种方法耗时对比见表 7 - 3。

表 7 - 2　三种方法结果对比

方法	初始偏差					终端偏差			
	$\Delta V_r(0)$	$\Delta r(0)$	$\Delta V_\beta(0)$	$\Delta V_z(0)$	$\Delta z(0)$	$\Delta V_r(0)$	$\Delta r(0)$	Δz	Δt
求差法	0.3	10	0.2	1.0	100.0	0.379	1046.0	794.99	0.399
摄动法	0.3	10	0.2	1.0	100.0	0.379	1045.2	795.28	0.399
解析法	0.3	10	0.2	1.0	100.0	0.379	1045.2	795.34	0.399

表 7 - 3　三种方法耗时对比

方法	耗时
求差法	152.765 s
摄动法	0.640 0 s
解析法	5.235 ms

结论：

1）解析法的精度很高，位置误差在厘米量级，特别是当初态误差增大时，解析法的计算结果仍然能保证高精度；

2）解析法的计算速度较求差法提升了 3 万倍，计算效率很高。

参 考 文 献

[1] BJERHAMMAR A. Discrete physical geodesy [M] . Columbus: The Ohio State University. 1987.

[2] BOWIN. Depth of principal mass anomalies contributing to the Earth's geoidal undulations and gravity anomalies [J] . Marine Geodesy, 1983, 7 (4): 61 – 100.

[3] BROUWER D. Solution of the problem of artificial satellite theory without drag [J] . The Astronomical Journal, 1959, 64: 378 – 390.

[4] CHANDLER D C, SMITH I E. Development of the iterative guidance mode with its application to various vehicles and missions [J] . Journal of Spacecraft and Rockets, 1967, 4 (7): 898 – 903.

[5] CHATFIELD A B, BENNETT M, CHEN T. Effect of gravity model inaccuracy on navigation performance [J] . AIAA Journal, 1975, 13 (11): 1494 – 1501.

[6] COLOMBO O L. Numerical methods for harmonic analysis on the sphere [R] . Reports of the Department of Geodetic Science and Surveying, Ohio State University, Report No. 310, 1981.

[7] CRUZ J Y. Disturbance vector in space from surface gravity anomalies using complementary models [R] . Reports of the Department of Geodetic Science and Surveying, Ohio State University, Report No. 366, 1985.

[8] EDWARDS R. Gravity model evaluation for precise terrestrial inertial navigation—a system accuracy approach [C] . Guidance and Control Conference. 1979.

[9] EUGENE M W. A priori and real time use of a gravity gradiometer to improve inertial navigation system accuracy [D] . StanFord University, 1981.

[10] FORSBERG R A. Study of terrain reductions, density anomalies, and geophysical inversion methods in gravity field modeling [R] . Reports of the Department of Geodetic Science and Surveying, Ohio State University, Report No. 355, 1984.

[11] HEISKANEN W A, MORITZ H. Physical geodesy [M] . San Francisco, California: W H Freeman and Co. , 1967.

[12] HILDEBRANT R R, BRITTING K R, MADDEN S J. The effects of gravitational uncertainties on the errors of inertial navigation systems [J] . Navigation, 1974, 21 (4): 357 – 363.

[13] JEKELI C. An analysis of vertical deflections derived from high – degree spherical harmonic models [J] . Journal of Geodesy, 1999, 73 (1): 10 – 22.

[14] JEKELI C. Potential theory and static gravity field of the Earth [M] . Elsevier B. V. 2007.

[15] JEKELI C, LEE J K, KWON J H. On the computation and approximation of ultra – high – degree spherical harmonic series [J] . Journal of Geodesy, 2007, 274 (3): 795 – 819.

[16] JOHN L J. Investigation of finite – element representation of the geopotential [J] . AIAA Journal, 1976, 14 (6): 803 – 808.

[17] KOZAI Y. The motion of a close Earth satellite [J] . The Astronomical Journal, 1959, 64: 367 – 377.

[18] LEMOINE F G, KENYON S C, FACTOR J K, et al. The development of the joint NASA GSFC

and the National Imagery and Mapping Agency (NIMA) geopotential model EGM96 [R] . NASA technical paper NASA/TP – 1998 – 206861, Greenbelt: Goddard Space Flight Center, 1998.

[19] LEONDES, CORNELIUS T. Guidance and control of aerospace vehicles [M] . McGraw – Hill, 1963.

[20] LI J C. A formula for computing the gravity disturbance from the second radial derivative of the disturbing potential [J] . Journal of Geodesy, 2002, 76 (4): 226 – 231.

[21] LI J C, CHAO D B, NING J S. Spherical cap harmonic expansion for local gravity field representation [J] . Manuscripta Geodaetica, 1995, 20 (4): 265 – 277.

[22] LI J C, NING J S, CHAO D B. Comments on two dimensional convolution of the geodetic problems in planar and spherical coordinates [C] . Proceeding of Scientific Assemble of the International Association of Geodesy, IAG97. 1997.

[23] LI J C. Consistent estimates of the dynamic figure parameters of the Earth [J] . Journal of Geodesy, 2015, 89: 179 – 188.

[24] LIU L H, ZHU J W, TANG G J, et al. Diving guidance via feedback linearization and sliding mode control [J] . Aerospace Science and Technology, 2015, 41: 16 – 23.

[25] LIU X G, LI Y C, XIAO Y, et al. Downward continuation of airborne magnetic data based on two iterative regularization methods in frequency domain [J] . Geodesy and Geodynamics, 2015, 6 (1): 34 – 40.

[26] LIU X G, WU X P. Construction of Earth's gravitational field model from CHAMP, GRACE and GOCE data [J] . Geodesy and Geodynamics, 2015, 6 (4): 292 – 298.

[27] LIU X G, ZHANG Y F, LI Y, et al. Construction of nonsingular formulae of variance and covariance function of disturbing gravity gradient tensors [J] . Geodesy and Geodynamics, 2013, 4 (4): 1 – 8.

[28] MOLODENSKII M S, EREMEEV V F, YURKINA M I. Methods for study of the external gravitational field and figure of the earth [R] . Moscow, Works of Central Research Institute of Geodesy, Aerial Photography and Cartography. 1960.

[29] MORITZ, H. Advanced physical geodesy [M] . England Abacus Press. 1980.

[30] NEEDHAM P E. The formation and evaluation of detailed geopotential models based on point masses [R] . Reports of the Department of Geodetic Science and Surveying, Ohio State University, Report No. 149, 1970.

[31] PAUL Z. Tactical and strategic missile guidance [M] . Sixth Edition. 1801 Alexander Bell Drive, Reston, VA 20191 – 4344: American Institute of Aeronautics and Astronautics, 2012.

[32] PAVLIS N K. Modeling and estimation of a low degree geopotential model from terrestrial gravity data [R] . Reports of the Department of Geodetic Science and Surveying, Ohio State University, Report No. 386, 1988.

[33] PAVLIS N K, HOLMES S A, KENYON S C, et al. The development and evaluation of the Earth Gravitational Model 2008 (EGM2008) [J] . Journal of Geophysical Research, 2012, 117 (3): 205 – 213.

[34] RAPP R H, CRUZ J Y. The representation of the Earth's gravitational potential in a spherical harmonic expansion to degree 250 [R] . Reports of the Department of Geodetic Science and Surveying, Ohio State University, Report No. 372, 1986.

[35] SANSO F, TSCHERNING C C. Fast spherical collocation: theory and examples [J] . Journal of

Geodesy，2003，77：101－112.

[36]　SUNKEL，H. The generation of a mass point model from surface gravity data［R］. Reports of the Department of Geodetic Science and Surveying，Ohio State University，1983.

[37]　SIDERIS M G. A fast Fourier transform method of computing terrain corrections［J］. Manuscripta Geodaetica，1985，10（1）：4－6.

[38]　TEREN F. Explicit guidance equations for multistage boost trajectories［J］. NASA－TN－D－3189，1966.

[39]　TSCHERNING C C. A note on the choice of norm when using collocation for the computation of approximations to the anomalous potential［J］. Bull. Geod.，1977，51：137－147.

[40]　TSCHERNING C C. Computation of spherical harmonic coefficients and their error estimate using least－squares collocation［J］. Journal of Geodesy，2001，75（1）：12－18.

[41]　TSCHERNING C C，RAPP R H. Closed covariance expressions for gravity anomalies，geoid undulations，and deflection of the vertical implied by anomaly degree variance models［R］. Reports of the Department of Geodetic Science and Surveying，Ohio State University，Report No. 208，1974.

[42]　VAN－HEERS，G S. Stokes formula using fast Fourier techniques［J］. Manuscripta Geodaetica，1990，15：235－239.

[43]　VANICEK P，TENZER R，SJOBERG L E，et al. New views of the spherical Bouguer gravity anomaly［J］. Geophysical Journal International，2004，159：460－472.

[44]　WANG P，TANG G J，LIU L H，et al. Nonlinear hierarchy－structured predictive control design［J］. Sci China Tech Sci，2013，56（8）：2025－2036.

[45]　WILLIAM J F，SHU J C. Inertial navigation gravity model evaluation using covariance integrals［R］. AD－A16，1996.

[46]　ZHAO D M，LI S S，BAO H，et al. Accurate approximation of vertical gravity gradient within the Earth's external gravity field［J］. International Association of Geodesy Symposia，2015.

[47]　ZHOU H，ZHENG W，TANG G J. Ballistic error propagation algorithm for glide trajectory based on perturbation theory［J］. Journal of Aerospace Engineering，2017，231（9）.

[48]　ZHOU H，AN X Y，ZHENG W，et al. Fast local representation of gravity anomaly along flight trajectory［J］. Proc IMechE Part G：Journal of Aerospace Engineering，2015，230（7）：1201－1215.

[49]　常岑，王庆宾，吴亮，等. 三层残差点质量模型的边界效应分析及有效性准则构建［J］. 地球物理学进展，2016，31（2）：0893－0899.

[50]　常晓华，丰海，张婕，等. 一种空间飞行轨迹的大地坐标计算方法［J］. 导航与航天运载技术，2017，353：32－35.

[51]　常晓华，杨宇和，张鸣，等. 任意大地高约束下的弹道飞行器自由段解析解［J］. 导航与航天运载技术，2016，349：62－65.

[52]　常晓华. 考虑 J_2 摄动影响的零射程线计算方法研究［J］. 飞行力学，2017，35（3）：78－80.

[53]　常晓华，蒋鲁佳，杨锐，等. 垂线偏差对弹道落点精度的影响分析［J］. 国防科技大学学报，2017，39（4）：1－5.

[54]　陈国强. 异常重力场中飞行器动力学［M］. 长沙：国防科技大学出版社，1982.

[55]　陈国强. 引力异常对惯性制导的影响［J］. 国防科技大学学报，1980，1：141－160.

[56] 陈国强. 远程弹道导弹误差传播特性 [J]. 宇航学报, 1984, 03: 50 - 65.

[57] 陈世年. 控制系统设计 [M]. 北京: 宇航出版社, 1996.

[58] 陈新民, 余梦伦. 迭代制导在运载火箭上的应用研究 [J]. 宇航学报, 2003, 24 (5): 484 - 489.

[59] 程国采. 弹道导弹制导方法与最优控制 [M]. 长沙: 国防科技大学出版社, 1987.

[60] 程芦颖, 许厚泽. 外空扰动引力计算方法的内在联系 [J]. 测绘学院学报, 2003, 20 (3): 161 - 164.

[61] 程雪荣. 边值问题的离散解法 [J]. 测绘学报, 1984, 13 (2): 122 - 130.

[62] 董茜, 张华伟, 王文灿, 等. 扰动引力对被动段弹道的影响 [J]. 弹箭与制导学报, 2007, 02: 200 - 202.

[63] 段晓君. 自由段重力异常对弹道导弹精度的影响 [J]. 导弹与航天运载技术, 2002, 260: 1 - 4.

[64] 范昊鹏, 王庆宾, 吴晓平. 广域多项式在扰动引力场逼近中的应用 [J]. 大地测量与地球动力学, 2015, 35 (4): 326 - 330.

[65] 方开泰. 均匀设计与均匀设计表 [M]. 北京: 科学出版社, 1994.

[66] 傅容珊. 地球重力异常源的深度 [J]. 地壳形变与地震, 1983, 7 (4): 19 - 23.

[67] 高新兵, 李姗姗, 李海, 等. 点质量模型与最小二乘配置在多源重力数据融合中的应用 [J]. 大地测量与地球动力学, 2013, 33 (1): 145 - 149.

[68] 管泽霖, 宁津生. 地球形状及外部重力场 [M]. 北京: 测绘出版社, 1981.

[69] 郭俊义. 物理大地测量学基础 [M]. 武汉: 武汉测绘科技大学出版社, 2000.

[70] 韩祝斋. 用于大型运载火箭的迭代制导方法 [J]. 宇航学报, 1983, 1 (1): 11 - 20.

[71] 何力. 扰动引力作用下的弹道导弹弹道计算 [J]. 军事测绘, 1996, 2: 28 - 30.

[72] 赫林, 李建成, 褚永海. 联合 GRACE/GOCE 重力场模型和 GPS/水准数据确定我国 85 高程基准重力位 [J]. 测绘学报, 2017, 46 (7): 815 - 823.

[73] 胡敏章, 李建成, 金涛勇. 顾及局部地形改正的 GGM 海底地形反演 [J]. 武汉大学学报·信息科学版, 2013, 38 (1): 60 - 63.

[74] 胡明城. 现代大地测量学的理论及其应用 [M]. 北京: 测绘出版社, 2003.

[75] 黄佳喜, 王庆宾, 张超, 等. 大范围点质量模型快速构建方法研究 [J]. 大地测量与地球动力学, 2017, 37 (1): 11 - 15.

[76] 黄谟涛, 翟国君, 管铮. 关于重力场元计算中积分元和积分域的确定问题 [J]. 海洋测绘, 1994, 3: 5 - 13.

[77] 贾鲁, 王世忠, 王庆宾, 等. 基于 Android 平台的两种重力垂直梯度解算方法研究 [J]. 测绘工程, 2016, 25 (7): 57 - 61.

[78] 贾沛然, 陈克俊, 何力. 远程火箭弹道学 [M]. 长沙: 国防科技大学出版社, 2009.

[79] 蒋福珍, 操华胜, 蔡少华, 等. 确定地球外部重力场及其结果分析 [J]. 大地测量与地球动力学, 1986, (4): 16 - 26.

[80] 蒋鲁佳, 辛万青, 赵雯, 等. 多学科设计优化在飞行器总体设计中的应用 [J]. 弹箭与制导学报, 2012, 32 (3): 39 - 43.

[81] 蒋涛, 李建成, 党亚民, 等. 基于矩谐分析的区域重力场建模 [J]. 中国科学: 地球科学, 2014, 44 (1): 82 - 89.

[82] 孔祥元, 郭际明, 刘宗泉. 大地测量学基础 [M]. 武汉: 武汉大学出版社, 2005.

[83] 李济生. 航天器轨道确定 [M]. 北京: 国防工业出版社, 2003.

[84] 李建成, 陈俊勇, 宁津生, 等. 地球重力场逼近理论与中国 2000 似大地水准面的确定 [M]. 武

汉：武汉大学出版社，2003.

[85] 李建成，楮永海，徐新禹. 区域与全球高程基准差异的确定 [J]. 测绘学报，2017，46（10）：1262 - 1273.

[86] 李连仲. 远程弹道导弹闭路制导方法研究 [J]. 系统工程与电子技术，1980，04：1 - 17.

[87] 李连仲. 弹道飞行器自由飞行轨道的解析解法 [J]. 宇航学报，1982，1：1 - 17.

[88] 李庆扬，王能超，易大义. 数值分析 [M]. 北京：清华大学出版社，2008.

[89] 李姗姗，曲政豪. 重力数据误差对大地水准面模型建立的影响 [J]. 大地测量与地球动力学，2016，36（10）：847 - 850.

[90] 李小明. 经典 fg 级数的修正法 [J]. 国防科学技术大学学报，1991，13（2）：59 - 67.

[91] 李晓燕，王兴涛，李建涛. 弹道计算中的扰动引力影响研究 [J]. 测绘科学技术学报，2008，25（4）：292 - 295.

[92] 李新星，吴晓平，李姗姗，等. 块对角最小二乘方法在确定全球重力场模型中的应用 [J]. 测绘学报，2014，43（8）：778 - 785.

[93] 李照稳，张传定，陆银龙，等. 顾及频谱特性组合点质量模型的建立 [J]. 测绘学报，2004，21（3）：166 - 168.

[94] 梁伟，徐新禹，李建成，等. 联合 EGM2008 模型重力异常和 GOCE 观测数据构建超高阶地球重力场模型 SGG - UGM - 1 [J]. 测绘学报，2018，47（4）：425 - 434.

[95] 廖洪昌，陈奇昌，王明海，等. 远程弹道导弹闭路制导方法建模与仿真 [J]. 弹箭与制导学报，2006，26（2）：363 - 366.

[96] 刘长弘，吴晓平，田家磊，等. 确定外部扰动重力场的改进直接积分方法 [J]. 测绘科学技术学报，2016，33（6）：561 - 565.

[97] 刘晓刚，肖云，李迎春，等. 扰动重力场元无 θ 奇异性计算公式的推导 [J]. 测绘科学与工程，2013，33（5）：5 - 14.

[98] 刘晓刚，闫志闯，孙文，等. 确定地球重力场模型的最小二乘配置法与调和分析法的精度评析 [J]. 地球物理学进展，2014，29（1）：46 - 50.

[99] 刘晓刚，李迎春，肖云，等. 重力与磁力测量数据向下延拓中最优正则化参数确定方法研究 [J]. 测绘学报，2014，43（9）：881 - 887.

[100] 刘晓刚，明锋，常宜峰，等. 航空重力数据向下延拓的频域正则化迭代法 [J]. 测绘科学与工程，2014，34（2）：5 - 11.

[101] 刘晓刚，李迎春，肖云，等. Landweber 正则化迭代法向下延拓中最优正则化参数的确定方法研究 [J]. 大地测量与地球动力学进展，2014，2：1097 - 1110.

[102] 刘晓刚，孙文，李新星，等. 由 GOCE 卫星的高低卫卫跟踪数据反演地球重力场的模拟研究 [J]. 大地测量与地球动力学，2014，34（6）：66 - 71.

[103] 刘晓刚，赵东明，吴星，等. 点质量模型和单层密度模型计算弹道扰动引力的比较 [J]. 信息工程大学学报，2010，11（2）：160 - 165.

[104] 陆仲连. 地球重力场理论与方法 [M]. 北京：解放军出版社，1996.

[105] 陆仲连，吴晓平，艾贵斌. 弹道导弹重力学 [M]. 北京：八一出版社，1993.

[106] 马宝林，张洪波，吴杰. 初态误差对显式制导弹道导弹命中精度的影响特性 [J]. 弹道学报，2016，28（3）：23 - 29.

[107] 马宝林，张洪波，郑伟，等. 地球扰动引力对弹道导弹命中精度影响的等效补偿理论 [J]. 国防科技大学学报，2016，38（4）：153 - 158.

[108] 牟志华，阎肖鹏，赵丽莉 . 原点垂线偏差对远程导弹定位结果的影响 [J] . 弹箭与制导学报，2007，27 (3)：176 - 178.

[109] 钱杏芳，林瑞雄，赵亚男 . 导弹飞行力学 [M] . 北京：北京理工大学出版社，2012.

[110] 曲政豪，李姗姗，马越原，等 . 利用 EGM2008 模型快速构建扰动重力梯度基准图 [J] . 海洋测绘，2017，37 (1)：17 - 21.

[111] 任萱 . 自由飞行时摄动方程的状态转移矩阵的解析解 [J] . 中国空间科学技术，1983，01：1 - 16.

[112] 任萱 . 扰动引力作用时自由飞行弹道计算的新方法 [J] . 国防科技大学学报，1985，02：41 - 52.

[113] 申文斌，宁津生，晁定波 . 边值问题虚拟压缩恢复原理及其在 Bjerhammar 理论中的应用 [J] . 测绘学报，2005，34 (1)：14 - 18.

[114] 申文斌，宁津生 . 虚拟压缩恢复基本原理及应用实例解析 [J] . 武汉大学学报·信息科学版，2005，30 (6)：474 - 477.

[115] 石磐 . 利用局部重力数据改进重力场模型 [J] . 测绘学报，1994，23 (4)：276 - 281.

[116] 施浒立，颜毅华，徐国华 . 工程科学中的广义延拓逼近法 [M] . 北京：科学出版社，2005.

[117] 孙文，吴晓平，王庆宾，等 . 基于 Airy 均衡理论的空间重力异常构建 [J] . 地球物理学进展，2015，30 (3)：1011 - 1016.

[118] 孙文，吴晓平，王庆宾，等 . 高精度重力数据格网化方法比较 [J] . 大地测量与地球动力学，2015，35 (2)：342 - 345.

[119] 田家磊，吴晓平，李姗姗 . 应用格林积分直接以地面边值确定外部扰动重力场 [J] . 测绘学报，2015，44 (11)：1189 - 1195.

[120] 王继平，肖龙旭，王安民，等 . 一种虚拟目标点的弹道迭代确定方法 [J] . 飞行力学，2012，06：550 - 555.

[121] 王建强，李建成，王正涛，等 . 球谐函数变换快速计算扰动引力 [J] . 武汉大学学报·信息科学版，2013，09：1039 - 1043.

[122] 王建强，李建成，赵国强，等 . 多项式拟合快速计算扰动引力方法 [J] . 大地测量与地球动力学，2013，04：52 - 55.

[123] 王明海，杨辉耀，何浩东 . 垂线偏差对导弹命中精度影响研究 [J] . 飞行力学，1995，13 (2)：90 - 95.

[124] 王伟，李姗姗，马彪，等 . 基于均衡理论构建区域平均空间重力异常方法研究 [J] . 大地测量与地球动力学，2013，33 (4)：146 - 150.

[125] 王兴涛，陆银龙，刘晓刚 . 空中扰动引力赋值中的地形影响分析 [J] . 大地测量与地球动力学进展，2014，2：211 - 218.

[126] 王昱 . 扰动引力的快速计算及其落点偏差的影响 [D] . 长沙：国防科技大学硕士论文，2002.

[127] 王正涛，党亚民，晁定波 . 超高阶地球重力场模型确定的理论与方法 [M] . 北京：测绘出版社，2011.

[128] 王宗强，吴燕生，张兵，等 . 被动段扰动引力对闭路制导的影响及补偿方法研究 [J] . 导弹与航天运载技术，2017，356：49 - 53.

[129] 王宗强，吴燕生，张兵，等 . 主动段扰动引力对闭路制导的影响分析 [J] . 飞行力学，2017，35 (5)：62 - 65.

[130] 文汉江 . 重力场的有限元内插模型 [J] . 测绘科学，1993，1：41 - 47.

[131] 吴亮，王庆宾，常岑，等 . 基于重力垂直梯度的欧拉反褶积改进措施 [J] . 大地测量与地球动力

学，2016，36（3）：193-197.

[132] 吴晓平. 局部重力场的点质量模型 [J]. 测绘学报，1984，04：249-258.

[133] 夏哲仁，石磐，李迎春. 高分辨率区域重力场模型 DQM2000 [J]. 武汉大学学报·信息科学版，2003，28（S1）：124-128.

[134] 谢愈，郑伟，汤国建. 弹道导弹全程扰动引力快速赋值方法 [J]. 弹道学报，2011，03：18-23.

[135] 邢志斌，李姗姗，王伟，等. 利用垂线偏差计算高程异常差法方程的快速构建方法 [J]. 武汉大学学报·信息科学版，2016，41（6）：778-783.

[136] 许厚泽，蒋福珍. 关于重力异常球函数展式的变换 [J]. 测绘学报，1964，04：252-260.

[137] 徐延万. 控制系统 [M]. 北京：宇航出版社，1989.

[138] 袁宇，王明海. 扰动引力计算及其对导弹精度影响研究 [J]. 弹箭与制导学报，2006，26（2）：360-362.

[139] 翟曜. 基于附加参数最小二乘配置的扰动引力逼近方法研究 [D]. 郑州：信息工程大学，2016.

[140] 张池平. 计算方法 [M]. 北京：科学出版社，2006.

[141] 张晔，吴晓平，赵东明. 点质量模型计算弹道扰动引力的快速替代算法 [J]. 测绘科学技术学报，2007，04：287-290.

[142] 张艳玲，辛万青，王增寿. 平台单星方案原理及仿真研究 [J]. 导弹与航天运载技术，2007，5：16-19.

[143] 赵东明. 地球外部引力场的逼近与重力卫星状态的估计 [R]. 武汉：武汉大学博士后研究工作报告，2009.

[144] 赵东明，吴晓平. 弹道扰动引力的有限元逼近算法 [J]. 测绘学院学报，2002，19（2）：99-101.

[145] 郑伟. 地球物理摄动因素对远程弹道导弹命中精度的影响分析及补偿方法研究 [D]. 长沙：国防科技大学博士学位论文，2006.

[146] 郑伟，钱山，汤国建. 弹道导弹制导计算中扰动引力的快速赋值 [J]. 飞行力学，2007，25（3）：42-48.

[147] 郑伟，汤国建. 扰动引力场中弹道导弹飞行力学 [M]. 北京：国防工业出版社，2009.

[148] 钟波，罗志才，李建成，等. 联合高低卫-卫跟踪和卫星重力梯度数据恢复地球重力场的谱组合法 [J]. 测绘学报，2012，41（5）：735-742.

[149] 朱建文，刘鲁华，汤国建，等. 高超声速飞行器俯冲机动最优制导方法 [J]. 国防科技大学学报，2013，35（6）：25-30.

[150] 朱龙根. 改进的 Barrar 型中间轨道 [J]. 国防科技大学学报，1985，02：61-75.

[151] 朱灼文，许厚泽. 顾及局部地形效应的离散型外部边值问题 [J]. 中国科学（B 辑），1985，2：185-192.

[152] 邹贤才，金涛勇，朱广彬. 卫星跟踪卫星技术反演局部地表物质迁移的 MASCON 方法研究 [J]. 地球物理学报，2016，59（12）：4623-4632.

[153] 邹贤才，李建成. 卫星精密定轨与重力场建模的同解法 [J]. 地球物理学报，2016，59（7）：2413-2423

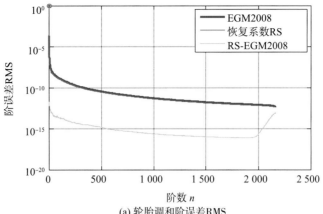

(a) 轮胎调和阶误差RMS

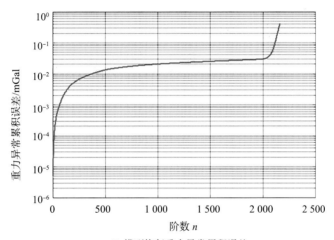

(b) 模型恢复重力异常累积误差

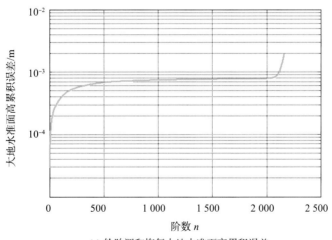

(c) 轮胎调和恢复大地水准面高累积误差

图 4 - 2　各误差与阶数的关系（P85）

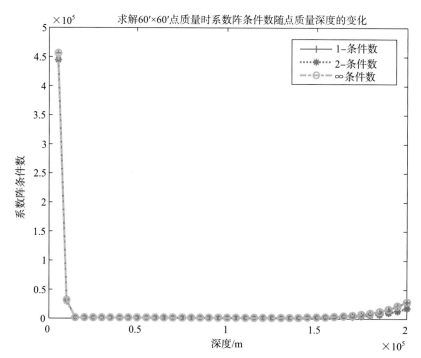

图 4 - 7 $60' \times 60'$ 点质量系数阵条件数随深度的变化趋势 （P102）

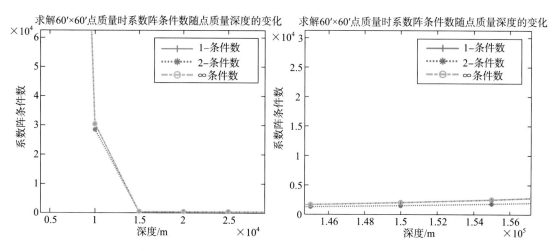

图 4 - 8 $60' \times 60'$ 点质量系数阵条件数随深度的变化趋势 （局部放大）（P102）

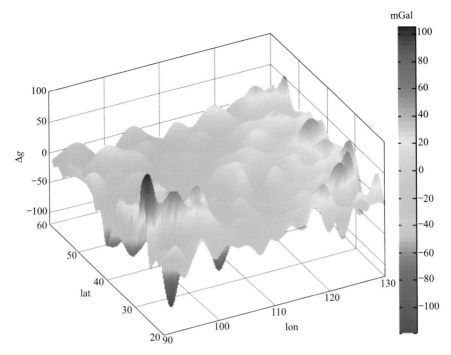

图 4 - 12　实验区域重力异常（P115）

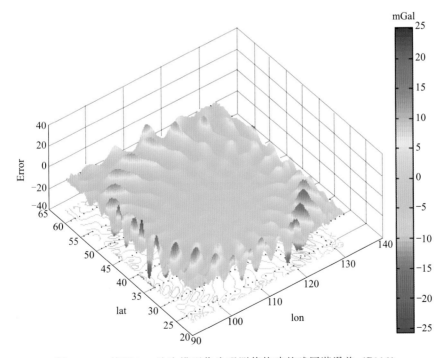

图 4 - 13　使用 100 阶次模型作为观测值构建的球冠谐误差（P116）

图 5 - 7　20 km 扰动重力径向梯度图 （P135）

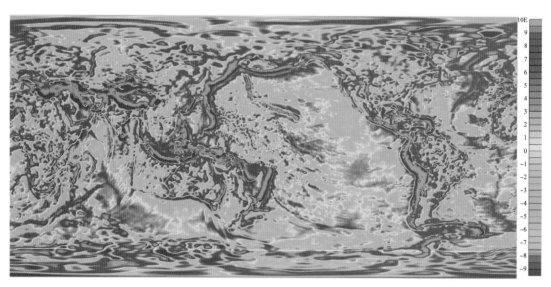

图 5 - 8　100 km 扰动重力径向梯度图 （P136）

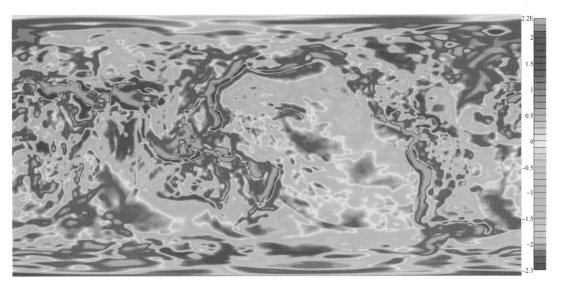

图 5 - 9　200 km 扰动重力径向梯度图（P136）

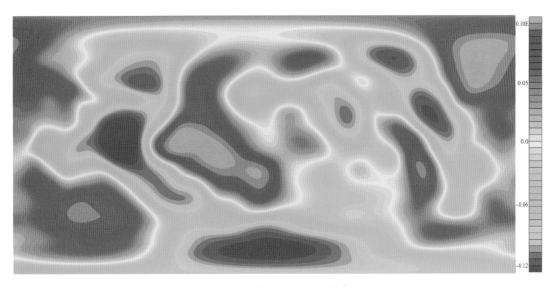

图 5 - 10　1 500 km 扰动重力径向梯度图（P136）

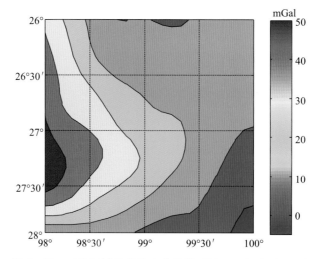

图 5 - 28 三类区域扰动重力准确值（$H = 30$ km）（P158）

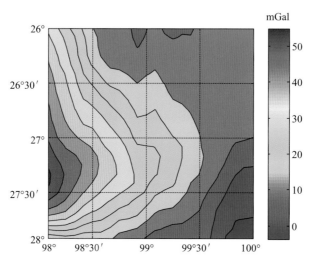

图 5 - 29 三类区域分层模型计算值（$H = 30$ km）（P158）

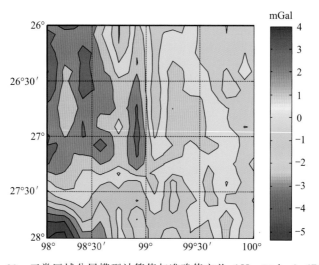

图 5 - 30 三类区域分层模型计算值与准确值之差（$H = 30$ km）（P158）

图 6 - 9　H - 48 Molodensky G_1 项影像图 （P223）

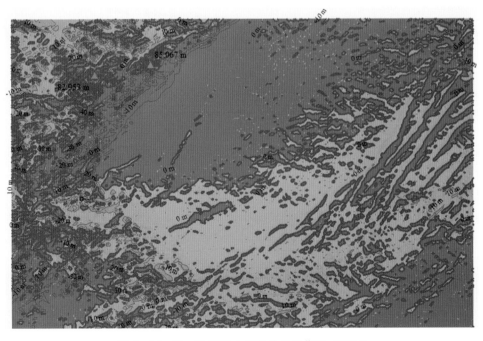

图 6 - 10　H - 48 V(G_1) 子午分量影像图 （P224）

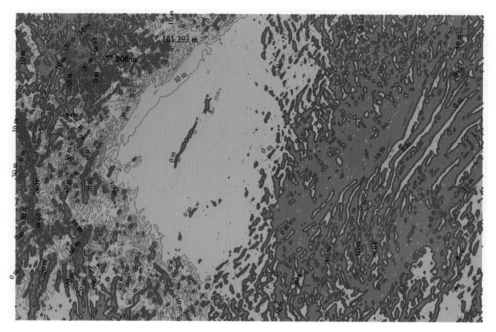

图 6 - 11　H - 48 $V(G_1)$ 卯酉分量影像图 （P224）

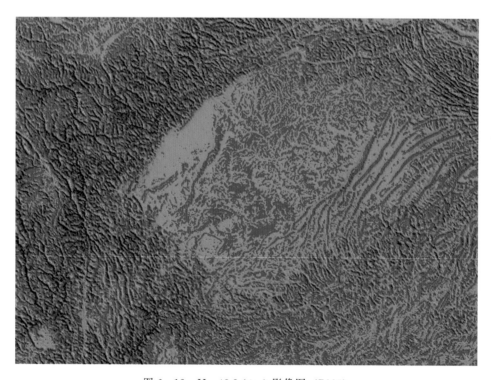

图 6 - 12　H - 48 $L(\Delta g)$ 影像图 （P225）